Itasca 岩土工程数值模拟方法及应用丛书

3DEC 块体离散元数值模拟方法及应用

王 涛 崔 臻 徐景茂 朱永生 编著

中国建筑工业出版社

图书在版编目（CIP）数据

3DEC 块体离散元数值模拟方法及应用 / 王涛等编著
. — 北京：中国建筑工业出版社，2024.7
（Itasca 岩土工程数值模拟方法及应用丛书）
ISBN 978-7-112-29696-5

Ⅰ. ①3⋯ Ⅱ. ①王⋯ Ⅲ. ①土木工程-数值计算-
应用软件 Ⅳ. ①TU17

中国国家版本馆 CIP 数据核字（2024）第 058236 号

自 1971 年 Peter Cundall 院士创立了离散元以后，该方法已经在科研和工程实践中得到了广泛的应用。本书主要介绍了 3DEC 数值方法及基本理论；3DEC7.0 快速入门；基于离散元的岩体力学特性数值试验方法；3DEC 中复杂模型的建立方法；基于块体离散元的合成岩体方法及工程应用；基于离散元方法的岩体动力学分析及工程应用；3DEC 模拟与地下工程模型试验的对比分析；3DEC 在岩质边坡稳定分析中的应用；3DEC 在地下厂房围岩稳定分析中的应用。

本书可供土木、水利、矿山、地质、石油、地球物理、交通和材料等行业从事宏细观数值模拟、科学计算方法和理论研究的科研人员参考使用，也可作为相关专业的本科生和研究生教材或教学参考书。

责任编辑：辛海丽
文字编辑：王　磊
责任校对：姜小莲

Itasca 岩土工程数值模拟方法及应用丛书
3DEC 块体离散元数值模拟方法及应用
王　涛　崔　臻　徐景茂　朱永生　编著
*
中国建筑工业出版社出版、发行（北京海淀三里河路 9 号）
各地新华书店、建筑书店经销
北京鸿文瀚海文化传媒有限公司制版
北京云浩印刷有限责任公司印刷
*
开本：787 毫米×1092 毫米　1/16　印张：32½　字数：805 千字
2024 年 5 月第一版　　2024 年 5 月第一次印刷
定价：**108.00** 元
ISBN 978-7-112-29696-5
（42247）

序 一

3DEC，这一基于离散元数值方法的岩石力学三维计算程序，已经在岩土工程及相关领域中产生了深远的影响。本书的作者，通过他们丰富的实践经验和深入的理论研究，全面深入地介绍了 3DEC 软件的基本理论、建模方法以及各类经典算例。此外，他们还深入探讨了该程序在各种工程实践中的应用，包括但不限于岩体力学特性数值试验方法、合成岩体方法、岩体动力学分析、边坡稳定分析、水力压裂模拟、地下工程围岩稳定计算等领域。

本书的出版对于从事岩石力学计算和相关领域的研究人员、教育工作者以及研究生具有深远的意义，甚至可能是关键性的。它不仅为读者深入了解 3DEC 软件的基本原理和使用方法提供了全面的视角，更为读者更好地应用该程序解决实际工程问题提供了重要的支撑。此外，作者们还提供了多个实际应用案例，这些案例生动地展示了 3DEC 软件的使用策略和实现技术，大大增强了本书的实用性和指导性。

最后，我要感谢本书的所有作者们，他们用自己的智慧和勤奋，为计算岩石力学数值模拟技术的发展做出了积极的贡献。我期望本书能够成为学术交流和工程实践的重要参考，为 3DEC 软件在工程应用领域的推广和应用提供有力的支持。同时，我也期待未来能够看到基于 3DEC 的更多研究成果和应用案例，为推动我国岩土力学事业的发展做出更多的贡献。

杨春和

中国工程院院士
中国科学院岩土力学研究所研究员
2023 年 9 月 14 日于武汉小洪山

序　二

　　3DEC 是世界范围内第一款以非连续介质力学模拟作为目标，采用离散单元法作为基本理论进行定制开发的三维分析软件，特别适用于因不连续界面导致变形和破坏现象的机制性研究，如节理岩体、砌体结构等。类似于 FLAC3D 与 FLAC 之间的发展演变关系，3DEC 程序继承了 UDEC 的核心思想，本质上是对二维空间离散介质力学描述向三维空间延伸的结果。尽管连续力学方法中也可以处理一些非连续特征，比如有限元中的 Goodman 单元（节理单元）和 FLAC/FLAC3D 中的 Interface（界面单元），但包含了节理单元和界面单元的这些连续介质力学方法与 3DEC 技术存在理论上的本质差别，具体表现在 3DEC 为非连续介质的描述与模拟提供了一整套针对性专有技术策略，典型如节理网格模拟、接触搜索与识别和显式非线性求解等。

　　本书通过大量实例和案例研究来说明在不同工程背景下 3DEC 的应用，让读者可以更好地了解如何使用该程序来开展各种地质、力学及工程过程的模拟，并提供了相关的输入命令和参数说明，以帮助读者建立模型和解释结果。王涛教授及其合著者有着深厚的地学造诣，在 3DEC 应用方面成果突出。本书求实创新，图文并茂，深入浅出，是一本非常难得的参考书和教材。作为 3DEC 研发机构 Itasca 中国公司的总经理，我非常乐意向读者们郑重推荐。

教授级高级工程师

浙江中科依泰斯卡岩石工程研发有限公司

中国电建集团华东勘测设计研究院有限公司

2023 年 9 月 12 日于杭州

前　言

　　本书属于"Itasca 岩土工程数值模拟方法及应用丛书"的第三本成果。3DEC 是由 Itasca 国际集团公司/咨询集团（Itasca International Inc.）开发的岩土工程专业数值分析软件中最富魅力的一款，由"离散元之父"Peter Cundall 博士主持开发，他目前是美国工程院院士和英国工程院院士。早期研发团队还包括来自葡萄牙的 Jose Lemos 和美国的 Mark Christianson 等。在全球范围内，3DEC 已经成为岩土工程及相关行业数值计算的高端主流工具和产品，广泛应用于边坡、地震、构造地质、隧道（洞）、地下洞室、采矿、石油与页岩气开发、核废料存储等领域。3DEC 可以计算岩体在各种外部荷载作用下产生的非连续变形、应力以及相应的稳定性分析，尤其擅长处理基于随机裂隙网络（DFN）块状岩体的滑动、崩落、滚动与破坏等问题。此外，该软件还在非线性动力、接触本构模型的二次开发和多场耦合等方面提供了专业的解决方案。至今，该软件已在岩石力学工程和教育领域产生了深远的影响。

　　我们早在 2003 年开始接触 3DEC（版本 2.0）。与之前使用的有限元软件相比，该软件的独特建模思路、求解功能和开放性吸引了我们的注意。我们成功地运用该软件完成了广西岩滩扩建工程地下厂房围岩稳定的计算，并在国内权威期刊《岩土力学》上发表了相关论文，开创了国内使用 3DEC 进行工程科研项目的先河。后来，2004 年下半年，我在位于加拿大 Sudbury 的 Itasca 分公司访问时，进一步了解了 3DEC。当时，加拿大的工程师主要采用 3DEC 处理大量矿山问题的计算。随后，2004 年圣诞节前后访问了位于美国明尼阿波利斯的 Itasca 美国总部，与 Marc Ruest（加拿大）、Terje Brandshaug（挪威）、韩彦辉（2013 年国际 N. G. W. Cook 奖获得者，Journal of Petroleum Science and Engineering 副主编，Peter Cundall 院士唯一华裔博士生，2011 年于美国明尼苏达大学获得博士学位）等就 3DEC 的计算原理、特点和应用进行了更深入的交流。

　　回国后，我们针对 3DEC 开展了一系列的研究和探索，完成了一系列工程项目，包括：长沙矿山研究院有限责任公司委托的金川矿区崩落法模拟、中钢集团委托的熊家湾磷矿开采模拟、湖北兴发集团委托的磷矿开采问题计算、中煤科工集团委托的成庄煤矿开采稳定性计算、中国电建集团华东勘测设计研究院有限公司委托的句容抽水蓄能电站等地下厂房围岩稳定、中国电建集团中南勘测设计研究院有限公司委托的句容厂房围岩稳定计算、中国电建集团北京勘测设计研究院有限公司委托的朝阳、灵寿和太子河抽水蓄能电站地下厂房围岩稳定计算等。通过这些实践，我们积累了比较丰富的使用经验，也深刻地体会到了该程序的先进性和在工程领域内广泛的认可程度。

　　编撰本书最初的动机之一是为了系统总结我们的工作。一方面，我们希望为相关专业的本科生和研究生提供一本高质量的专业参考书；另一方面，也希望为国内外同行的交流与学习提供支撑材料。近年来，我们承担了武汉大学研究生离散元计算的相关授课工作。经过几轮的教学，我们认识到编写一本完善的块体离散元教材也是非常必要的。出版这本书的另一个原因是得益于中国建筑工业出版社辛海丽编审（清华大学博士）的建议。因此，我们开始了这本参考书的编写工作。

国内河海大学石崇教授等专家曾经编写了一本介绍 3DEC 5.0 版本的专业书籍。我们这本书主要以 3DEC 7.0 版本为主要介绍对象（部分早期项目成果采用5.2版本完成）。本书立足理论联系实际，既包含了离散元的基础理论知识和操作方法，以满足初学者的需求，又同时涵盖了国际领域内一些最新的研究成果，为有一定基础的读者深入学习提供理论支撑和应用导向。本书可供土木、矿山、地质、水利水电、石油、交通等专业从事岩土力学数值模拟、工程设计与研究的工程师和在校师生参考使用，也可作为相关专业的本科生和研究生的教材。

全书共 9 章，其中 1～3 章为基础理论和基本操作部分，4～9 章为专题及应用部分。全书的编写分工如下：全书的章节安排和统稿由武汉大学王涛负责，第 1 章由王涛、徐景茂（中国人民解放军军事科学院国防工程研究院工程防护研究所）和崔臻（中国科学院武汉岩土力学研究所）执笔；第 2 章由张丛彭（长江勘测规划设计研究有限责任公司）、胡索奥和蒋婉玉执笔；第 3 章由王涛、徐景茂和杨凯执笔；第 4、6、7 章由崔臻执笔；第 5 章由朱永生（浙江中科依泰斯卡岩石工程研发有限公司）和雷鸣（中国电建集团中南勘测设计研究院有限公司）执笔；第 8 章由王穗丰、范博文和朱远乐（长沙矿山研究院有限责任公司）执笔；第 9 章由王涛、赵连政（青岛市市政工程设计研究院有限责任公司）和蒋婉玉执笔；参与本书编写的还有武汉大学张祺能、刘骞、刘松成、谭安然、彭思睿，以及三峡大学赵先宇和英国伦敦大学学院（UCL）唐麟博等。

在此，作者们非常感谢中国电力建设股份有限公司重点科技项目（编号：DJ-ZDXM-2023-03）；国家自然科学基金海外及港澳学者合作项目（编号：51428902）；中国科学院青年创新促进会（编号：2019323）资助；水资源与水电工程科学国家重点实验室水工结构所科研业务费的资助。非常感谢武汉大学水利水电学院伍鹤皋教授、武汉大学研究生院院长周伟教授、武汉大学水力发电工程系系主任苏凯教授、中国电建集团北京勘测设计研究院有限公司熊将教授级高工、中国地质大学（武汉）谭飞教授、重庆大学庄丽教授、长沙矿山研究院有限公司总工李向东教授、中煤科工集团重庆研究院有限公司陈金华研究员等专家，在本书完成过程中给予的鼓励和帮助。**最后，特别感谢中国科学院武汉岩土力学研究所杨春和院士在百忙之中为本书作序。**

这里需要说明，3DEC 自带手册是学习该软件的基础，同时可以称为岩石力学工程与科学研究的一部宝典，本书是在这个巨人的基础上编撰完成。由于作者水平有限和当今计算理论和技术的飞速发展，书中难免出现一些欠妥或疏漏的地方，敬请读者在使用过程中批评指正。

如果读者在学习过程中需要本书中涉及的相关资料，可以与我们联系：htwang@whu.edu.cn。

王 涛

2023 年 10 月于武昌珞珈山

目　　录

第1章 3DEC 块体离散元数值方法及基本理论

1.1 离散元产生的背景

岩体中包含不同尺寸的不连续面。大规模地质结构，如断层、岩脉和裂隙带，通常在尺寸上延伸数十米、数百米甚至数千米，且一般具有构造成因（如断层）作用，但它们在工程中数量非常有限。微观尺度的不连续面（如晶界和微裂隙）在岩块中的分布更为随机，且数量极为庞大，常用标准试样的室内试验结果已包含其对完整岩体的影响。在上述两种极端尺寸情况之间的不连续面通常为节理、层理面、片理或爆破等工程事件引起的人工裂隙，它们的尺寸通常从几厘米到几十米不等（图 1-1），依据其聚集方向，这些不连续面常常以集合（组）的形式出现。它们经常大量出现在岩体中，并把岩体切割成复杂形状的块体。这些不连续面的存在使得岩体在结构上不均匀，在力学变形和流体流动性质方面具有高度的不连续和非线性。由于它们数量大且几何形状复杂，在数值模型中如何考虑这类不连续面是一项极具挑战性的工作（Jing 和 Stephansson，2007）。

图 1-1 岩体中包含了大量的节理、断层、层面等不连续面

一般情况下，连续、均质、各向同性和线弹性（Continuous, Homogeneous, Isotropic and Linear-Elastic, CHILE）是模拟过程中最常见的对材料性质的假设。传统应力分析的方程就是建立于对这四种性质假定之上的。然而，这样假设仅仅是为了更简单、方便地得到问题封闭形式的解析解。过去限于计算技术水平，较为复杂的分析受到限制。当前，特别是在一些咨询和研究机构可用计算机程序轻松突破对传统材料性质的假定，进而引出了下一组缩写词：非连续、非均质，各向异性和非弹性（Discontinuous, Inhomogeneous, Anisotropic and Nonlinear-Elastic, DIANE）岩石材料。我们应当考虑

1

模拟时用到的 CHILE 材料与工程实际中遇到的 DIANE 材料性质之间差异的意义，以及直接用 CHILE 材料模拟可能带来的误差。另外，DIANE 岩石材料的特性也可以在模拟的过程中实现。块体理论的发展以及离散元技术在数值分析中的应用为 DIANE 岩石材料模拟提供了一些很好的范例（Hudson 和 Harrison，1997，2009）。

岩体力学数值模拟的主要任务之一是能够在计算模型中明确地描述裂隙系统（几何和行为），无论是显式的（单个裂隙是用裂隙单元，如有限单元法中的薄层单元或离散单元法中的接触单元，在计算模型中表示）还是隐式的（计算模型中不包含显式裂隙单元，而是通过将裂隙岩体作为等效连续介质的本构规律来考虑对物理行为，如变形、强度和渗透性的影响，即系统和材料的概念化）。然而，在面向设计和性能评估的建模过程中，必须考虑岩体和工程结构之间的相互关系，以便能够描述施工过程的影响。

连续介质最常用的数值方法是有限差分法（FDM）、有限单元法（FEM）和边界单元法（BEM）。这些数值方法所采用的基本假设是：在整个物理过程中，材料是连续的。这种连续性的假设认为，在问题域中的所有点上，材料都不能被撕裂或破碎成碎片，在整个物理模拟过程中，问题域中某一点的邻域内所有质点都保持在同一邻域内。在材料中存在裂隙的情况下，连续性假设意味着沿裂隙或跨裂隙的变形与裂隙附近的固体基质变形具有相同的量级，因此不允许发生大规模的宏观滑移或裂隙张开。在基于连续介质力学的方法中，已经开发了一些特殊的算法来处理裂隙材料，如 FEM 中的特殊节点单元（Goodman，1976）和 BEM 中的位移不连续技术（Crouch 和 Starfield，1983）。然而，它们只能在限定条件下应用：

（1）为了保持材料的宏观连续性，禁止裂隙单元发生大规模（显著）滑移和张开。

（2）裂隙单元的数量必须保持相对较少，这样才能很好地保持整体刚度矩阵的稳定性，而不会造成严重的数值不稳定性。

（3）对于由于变形而导致的单元或单元组的完全分离和旋转情况，要么是不允许的，要么采用特殊算法处理。

这些限制使得基于连续介质力学的方法最适用于无裂隙或少量裂隙且发生小变形的问题。虽然已经发展了专门的积分算法或本构方程来处理有限（或大）变形和非线性材料的问题，但基于连续介质的数值方法还是在处理线性材料的小变形（或小应变）问题中最有效。

地质和工程问题的 DEM 求解方法是在 20 世纪 70—80 年代逐步发展起来的。岩石力学和土力学是块体/颗粒系统运动和变形思想的重要起源学科。概念上的突破见 Cundall（1971）、Cundall 和 Strack（1979）及 Shi（1988）的文献。用于地质和工程系统建模的其他离散单元法包括用于裂隙岩体中流动和传输分析的离散裂隙网络（DFN）方法（Long 等，1982，1985；Andersson 等，1984；Endo 等，1984；Robinson，1984，1986；Smith 和 Schwartz，1984；Elsworth，1986；Andersson 和 Dverstorp，1987；Charlaix 等，1987；Dershowitz 和 Einstein，1987；Tsang 和 Tsang，1987；Billaux 等，1989；Cacas 等，1990；Stratford 等，1990）和结构分析方法（Kawai，1977，1979；Kawai 等，1978；Nakezawa 和 Kawai，1978）。这些文献只涵盖了这一领域早期的一些原创发展，而且还不完整。在上述时期及之后，岩体工程领域继续保持广泛的进一步发展和工业应用。

　　离散单元法的理论基础为刚体和可变形体运动方程，参见 Wittenburg（1997）和 Wang（1975）描述狭窄裂隙中流体流动的 Navier-Stokes 方程（DFN 中的物质输运方程）和热传递方程。上述理论均以连续介质力学的一般原理为基础，采用连续介质力学的 FEM（Zienkiewicz 和 Taylor，2000）和 FDM（Wilkins，1969）的基本数值表达形式。

　　应用于岩石工程问题的 DEM 表达形式也经历了从刚体运动的早期阶段发展静态、准静态或动态问题的有限元或有限差分离散的可变形块体系统的运动和变形阶段。该方法在岩体力学、土力学、冰科学、结构分析、颗粒材料、材料加工、刚体力学、多体系统、机器人仿真和计算机动画等方面有着广泛的应用，它是力学发展最迅速的领域之一。在上述应用中，DEM 存在 3 个核心计算策略：

　　（1）单元（岩块、材料颗粒、机械部件或裂隙系统）系统拓扑结构的识别。

　　（2）根据所需要的基本概念，对包括或不包括变形的单个单元的运动方程进行求解。

　　（3）作为单元运动和变形的结果，检测和更新单元之间的不同接触（或连接）。

　　DEM 与其他基于连续介质的数值方法的基本区别在于系统的拓扑结构，即系统各单元之间的接触/连接性模式是计算的核心问题，它可能随时间和变形过程而演化，但对连续介质方法来说是一个固定的初始条件。不同 DEM 表达形式的求解策略不同，其基本差异与材料的变形处理有关。对于刚体分析，采用有限差分显式时间步进格式求解刚体系统动力学方程，或采用动态松弛格式求解拟静力问题。对于可变形体系统，存在两种积分格式：

　　（1）对变形体内部进行有限元离散的隐式解，可得到一个既表示变形体运动又表示其变形的矩阵方程。

　　（2）对变形体内部进行有限差分离散的显式解，这种积分格式下在一个时间步长内仅在局部方程左侧保留一组未知量，因此不需要求解矩阵方程。

　　第一种积分式是用非连续变形分析表示的隐式离散单元法（DEM）。隐式离散单元法（DEM）与有限单元法（FEM）相似。这两种方法都以位移作为基本未知量，并利用能量最小原理推导出矩阵形式的系统运动方程。DEM 与 FEM 之间最主要的区别在于对材料非连续性的处理。FEM 假设整个计算域为单个连续体，相邻单元的边界上满足位移协调条件。FEM 将不连续界面（如岩石中的结构面）视为单元边界，并用特殊的结构面单元表示。结构面单元可以沿结构面和垂直于结构面发生法向与切向变形，条件是这些变形不应超过其连续相邻单元的变形总量，从而不违反连续变形假设，同时不允许单元之间脱离或结构面单元张开。非连续变形分析（DDA）的发展历史可追溯到 1985 年石根华和 Goodman 共同提出的基于实际测量得到的位移和变形，利用有限元与刚性块体系统耦合方法进行反分析，以确定与块体系统变形的最佳拟合（Shi 和 Goodman，1985）。1988 年，石根华将上述工作做了进一步发展，将块体系统的变形分析称为 DDA（Shi，1988）。

　　第二种积分式称为显式离散单元法（Distinct Element Method），是代表性方法；在 DFN 方法（用于解决连通裂隙系统中的流体流动）中，当分别用 FEM 和 FDM 进行区域离散化和求解流体方程时，可以是隐式或显式的。目前，最具代表性的显式 DEM 程序是模拟二维和三维块体系统 UDEC 和 3DEC 以及模拟颗粒材料问题的颗粒流程序 PFC 2D/3D。

1.2　离散元数值计算方法简介

离散单元法（Discrete/Distinct Element Method，简称 DEM）是 Peter Cundall 院士于 1971 年提出来的。当时，他把自己在英国帝国理工（ICL）完成的博士论文"The measurement and analysis of acceleration on rock slopes"的部分成果发表在法国 Nancy 的国际岩石力学会议上，这篇论文显示，当时他的导师是国际岩石力学专家-Evert Hoek 教授。Evert Hoek 教授是岩石力学学科的奠基人之一，他曾经和 Ted Brown 院士合作提出了著名的岩石力学 Hoek-Brown 破坏准则。1979 年，Cundall 和 Strack 在 Geotechnique 上发表经典论文"A discrete numerical model for granular assembles"，标志着离散元理论的基本成熟。截至 2022 年 12 月 20 日，该论文在 Google Scholar 上被引频次为 18146 次，这个记录在整个计算力学历史上是罕见的，被认为是岩土力学领域内论文被引之冠。

1.2.1　显式离散单元法

在显式 DEM 中，每当内力平衡时，块体/颗粒的相互作用就被视为具有平衡状态的动态过程。通过跟踪单个块体的运动，可以找到受力作用的块体新的接触力和位移。运动是由特定的边界条件，块体运动和/或体力引起的扰动通过颗粒系统传播而产生的，这是一个动态过程。其中，传播速度取决于离散系统的物理属性。在显式 DEM 的力学分析过程中，有三个重要的基本任务：

(1) 建立块体集合，使用适当的数据结构记录块体拓扑，并在整个变形过程中更新记录。

(2) 选择合适的岩石和裂隙的运动方程、本构模型以及求解方法。

(3) 在变形过程中，确定和更新块体之间接触的几何特征和力学行为。

大多数 DEM 程序使用链表数据结构来建立和更新块体系统的几何特征。基于动态或静态松弛方法，采用中心差分对刚体系统的 Newton-Euler 运动方程积分，或者对可变形块体系统的 Cauchy 运动方程进行积分。接触识别和更新是基于接触重叠这一概念进行的，接触点上两块体之间的嵌入深度视为两块体在接触点上的相对法向变形。DEM 可分为两类：静态松弛方法和动态松弛方法。尽管后者目前在实践中得到了更广泛的应用，但前者在概念化和理论发展方面都具有重要价值。

松弛方法是结构和应力分析问题中的经典求解方法（Southwell，1935，1940），后来扩展到解决物理和工程科学的一般问题（Southwell，1956）。Cross（1932）首次使用这一方法求解连续梁的力矩分布问题，而不需要求解联立方程。松弛方法的基本概念是"松弛"，即以较小步骤逐渐移动或加载初始未加载且受限系统部件或全部系统（连续或离散），计算与相邻单元的相互作用应力/力和应变/位移，并根据控制方程解除适当位置单元的初始约束和人工约束，直到系统总储存的内部（应变）能量最小。因此，松弛是一个渐进的过程，这个过程通常采用时间步进方法。通过对部件逐个进行松弛（Southwell 称为块体松弛），计算中不需要像有限单元法那样求解大量联立方程。

基于 Southwell（1940）提出的原理和有限差分表达形式，Otter 等（1966）提出了一种动态松弛方法来求解弹性应力问题。这一方法意义非凡，因为它是 Cundall（1971）、Parekh（1976）、Hocking（1977）、Ozgenoglu（1978）、Cundall 和 Strack（1979）开发

DEM 的先驱。该方法具有以下特点：

（1）类似初边值问题，该方法中对弹性连续体的动态运动方程（振动方程）采用逐步积分法，因此计算中包括惯性项。

（2）由于接触采用弹簧模型产生了多余动能，采用临界黏性阻尼获得稳态解。

（3）采用 FDM 计算应力和位移，使用三角形单元网格离散内部求解域。

（4）只有在同一迭代循环中所有块体/单元都做过松弛处理后（即相应时间步长内每个完整的迭代周期结束时），由相邻块体/单元引起的每个块体/单元上的荷载/应力才会更新（即块体/单元的约束被解除，或称块体已经松弛）。

（5）采用导数的有限差分近似法建立运动的动力学方程，并逐个单元求解，因此不需要构建和求解传统 FDM 中的联立方程组。

（6）需要选择合适的块体接触识别方法和不同接触的本构模型（点接触、边接触和面接触）来确定块体的反作用力/应力。

1.2.2　不连续模拟方法的特征

不连续数值模型必须能够考虑系统中两种类型的力学行为：（1）不连续面的行为；（2）固体材料的行为。针对第一种类型的力学行为，模型必须能够识别构成系统的离散体之间存在的接触或界面。数值方法根据它们处理接触处法向运动方向的行为方式，分为两组。在第一组中（使用软接触方法），采用有限法向刚度来表示存在于接触或关节处的可测量刚度；在第二组中（使用硬接触方法），互穿被认为是非物理的，并且使用算法来防止形成接触的两个物体的任何互穿。

接触选择的假设应该基于物理学而不是数值方便或数学方法。根据所涉及的情况，同一物理系统可能表现出不同的行为。例如，当摩擦系数为零且应力水平非常小时，球体的组合最好用刚性接触来表示（Papadopoulos，1986）。然而，如果波传播是通过同一组件在更高的应力和摩擦下模拟的，则必须考虑接触刚度以获得正确的波速。

前面的说明与接触力的大小有关。此外，接触位置必须在模型中识别。对于点接触（或近似点接触），合力矢量的位置显然是经过接触点的，但当接触条件存在于两个物体的有限表面积上时，力的位置就不那么明显了。一种假设是合力作用于贯穿体的质心。Cundall（1988）认为，位置应该被视为一个独立的本构属性，而且取决于两个接触表面的相对旋转。即使计算机程序可以将力的位置与几何变量联系起来，目前也很少有来自物理测试的数据证实这些物理假设。

模型必须表示的第二种力学行为是构成不连续系统中颗粒或块体的固体材料本身的行为。在这种表述中可以包含两种情况：材料可以被假定为刚性的或可变形的。当一个物理系统中的大部分变形都是由不连续点上的运动所引起时，将材料假设为刚体是一个很好的方法。例如，这种方法适用于低应力水平的无约束岩块组合，如由节理发育良好的岩石组成的浅埋边坡，运动主要包括块体的滑动和旋转，以及界面的打开和闭合。

如果固体材料本身的变形不可忽视，可以用两种主要的方法来计算变形能力。在引入可变形的直接法中，为了增加自由度，将物体分为内部单元或边界单元。变形可能的复杂性取决于物体被划分成单元的数量。例如，3DEC 可以自动将任何块体离散为四面体单元（常应变）。在弹性情况下，这些单元的公式与常应变有限元相同。单元也可以遵循任意的非线性本构规律。这种方法的缺点是形状复杂的物体必须被划分成大量的单元，即使只是一个简单的变形模式。

通过对整个模型叠加几种模态振型，也可以在模型内形成复杂的变形模式。例如，Williams 和 Mustoe（1987）用一组正交模重写了一个单元的矩阵运动方程，这些正交模可能是也可能不是本征模。为了获得所需的变形图形的复杂性，可以添加任意数量的这些模态。这种方法对于形状复杂、变形简单的物体是非常有效的，因为只需要少量的低阶模态。然而，由于需要叠加，将材料非线性纳入其中并不容易。

石根华（1989）在"不连续变形分析"（DDA）中设计了一个类似的方案。这种方法使用系列近似来提供一组逐渐复杂的应变模式，这些应变模式叠加在每个块体上。然而，直接应变模式的使用可能是不一致的（Williams 和 Mustoe，1987）；该评论也适用于 Cundall 等（1978）提出的"简单变形"单元。

1.2.3 不连续模拟的计算程序

许多基于连续介质力学公式（例如，有限元和拉格朗日有限差分法）的计算机程序可以模拟大部分与岩体相关的材料，以及非线性本构特性的多变性，但是不连续体的表示需要基于不连续的公式。这里可以使用的几种程序包括有限元、边界元和有限差分程序。这些程序具有的界面单元或者说是"滑移线"，可以帮助它们在一定程度上对不连续的材料进行模拟。然而，它们的公式通常受到以下一种或多种情况的限制：首先，当使用过多会相交的界面时逻辑可能会崩溃；其次，可能没有自动方案来识别新接触；最后，公式可能受限于小位移和小旋转。出于这些原因，具有界面单元的连续性代码在分析节理岩体地下开挖工程的适用性方面受到限制。

有一类计算机程序，统称为离散元代码，具有明确地表示多个相交不连续体运动的能力。Cundall 和 Hart（1992）提供了离散元法的以下定义：要想让"离散元"适用于计算机程序，有以下限制条件：

（1）允许离散物体的有限位移和旋转，包括完全分离；并随着计算进行自动识别新接触。

（2）通常离散元代码包含用于检测和分类接触的有效算法。它将执行一个数据结构和内存分配方案，可以处理成千上万个不连续面。

Cundall 和 Hart（1992）指明了符合离散元法定义的以下四类主要代码：

（1）离散元程序使用显式时间差分方案直接求解运动方程。主体可以是刚性的或可变形的（通过细分为单元），而且接触是可变形的。"静态松弛"是一种变换方法。代表性代码有 TRUBAL（Cundall 和 Strack，1979），UDEC（Cundall，1980；Cundall 和 Hart，1985；Itasca 2011），3DEC（Cundall，1988；Hart 等，1988），DIBS（Walton，1980），3DSHEAR（Walton 等，1988）和 PFC（Itasca 2008）。

（2）模态方法类似于刚性块体情况下的离散元法，但对于可变形体，使用模态叠加（例如，Williams 和 Mustoe，1987）。这种方法似乎更适合松散的不连续填充；在致密填充的动态仿真中，特征模态显然没有能力为考虑额外的接触约束而作变化。一个代表性的代码是 CICE（Hocking 等，1985）。

（3）不连续变形分析假设接触和主体可能是刚性的或可变形的，具体取决于所使用的版本。无穿透的条件是通过迭代法实现的；变形是由应变模式的叠加所产生的。相关的计算机程序是 DDA（Shi，1989）。

（4）动量交换法假设接触和物体都是刚性的：在瞬间碰撞时，两个接触物体之间交换动量，摩擦滑动可以表征（例如，参见 Hahn，1988）。

另一类代码，定义为极限平衡方法，也可以对多个相交的不连续体进行建模，但不满足离散元代码的要求。这些代码使用矢量分析来确定块体系统中的任何块体在运动学上是否有可能移动并与系统分离。这种方法不检查块体系统随后的特性或荷载的重新分配。所有块体都假定为刚性。Goodman 和 Shi（1985）的"key-block"理论和 Warburton（1981）的向量稳定性分析方法，就是这种方法的例子。

Cundall 和 Hart（1992）总结了各种离散计算方法和极限平衡方法的属性（图 1-2）。因为程序之间的差异性，所以类别中并没有包括带有滑移线的有限元或有限差分法。此类中，有一些程序展示了下面所呈现的大多数功能，但它们不具有自动接触检测和普遍交互逻辑，包括有限旋转和块体的互锁。

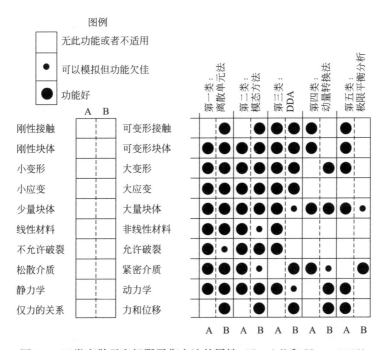

图 1-2　四类离散元和极限平衡方法的属性（Cundall 和 Hart，1992）

1.2.4　Itasca 体系的离散元程序发展历程

离散单元法最初被用于分析块体岩石系统和岩石边坡的力学行为问题。它的基本思想是将岩体视为由不连续体（断层、节理和裂隙等）分离而成刚性单元的集合，使各个刚性单元都满足运动方程；同时，允许刚体单元的相对滑移和旋转，用显式中心差分进行迭代求解，从而获得不连续体的整体运动状态。因此，离散单元法十分适合大位移和非线性问题的分析，尤其在研究节理岩体等非连续介质的力学行为问题具备显著优势。

Cundall 于 1971 年创立了离散元，用于分析岩石力学问题；Cundall 和 Strack 于 1979

年提出了适用于研究岩土力学的颗粒离散元方法，并推出了二维程序 BALL 和三维程序 TURBAL；后来 Itasca Consulting Group（ICG）进一步发展为颗粒流商用程序 PFC2D 和 PFC3D。因此，考虑到计算组分的集合特性，离散元方法可以分为块体离散元和颗粒离散元，本书主要介绍块体离散元 3DEC 的理论及应用。

研究者开发的计算程序如果能满足以下条件，就可以称为离散元计算方法（DEM）（Cundall 和 Hart，1992）：

（1）允许离散物体的有限位移和旋转，包括完全分离；随着计算的进行自动识别新的交互作用（接触）；

（2）离散元代码将包含了用于检测和分类接触的有效算法。它将执行一个数据结构和内存分配方案，该方案可以处理成千上万个不连续面或接触。

而 Itasca 提出的离散元为 "Distinct Element Method"，该 DEM 主要是针对使用牛顿运动定律的显式动态解决方案而命名。自 Cundall（1971）提出离散元法 50 多年以来，该方法相关的理论和开发越来越完善。图 1-3 所示是 Cundall 院士及其同事完善该方法和相关程序的时间顺序图。

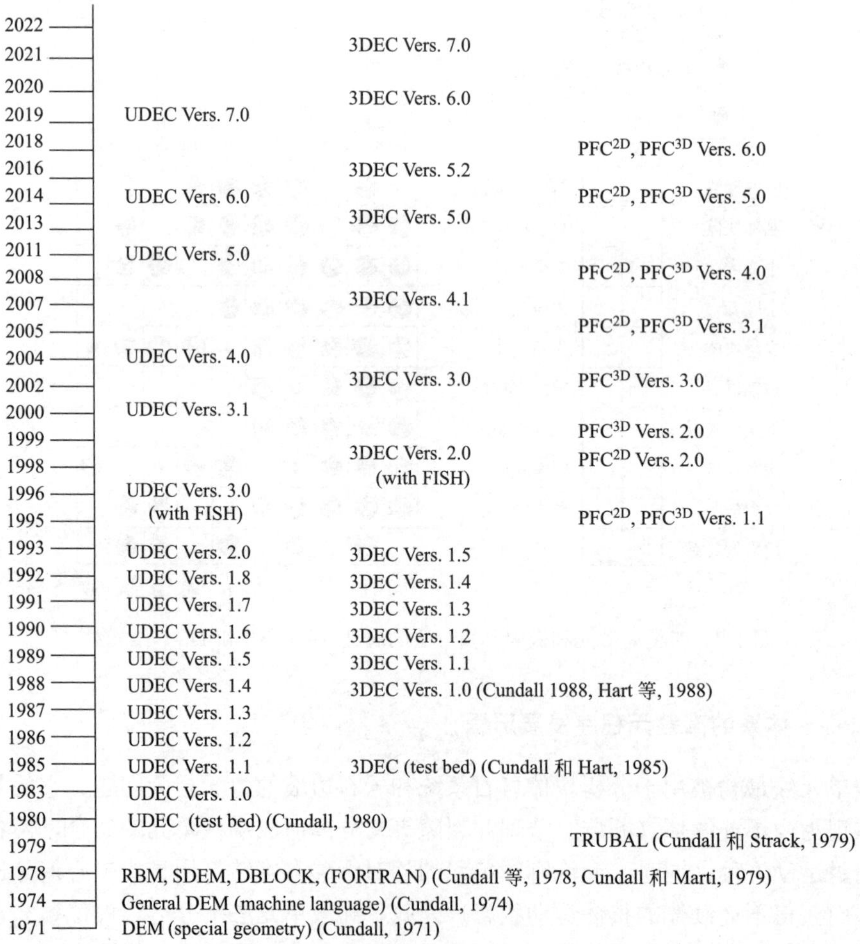

年份	UDEC	3DEC	PFC
2022			
2021		3DEC Vers. 7.0	
2020		3DEC Vers. 6.0	
2019	UDEC Vers. 7.0		
2018			PFC2D, PFC3D Vers. 6.0
2016		3DEC Vers. 5.2	
2014	UDEC Vers. 6.0		PFC2D, PFC3D Vers. 5.0
2013		3DEC Vers. 5.0	
2011	UDEC Vers. 5.0		
2008			PFC2D, PFC3D Vers. 4.0
2007		3DEC Vers. 4.1	
2005			PFC2D, PFC3D Vers. 3.1
2004	UDEC Vers. 4.0		
2002		3DEC Vers. 3.0	PFC3D Vers. 3.0
2000	UDEC Vers. 3.1		
1999			PFC3D Vers. 2.0
1998		3DEC Vers. 2.0 (with FISH)	PFC2D Vers. 2.0
1996	UDEC Vers. 3.0 (with FISH)		
1995			PFC2D, PFC3D Vers. 1.1
1993	UDEC Vers. 2.0	3DEC Vers. 1.5	
1992	UDEC Vers. 1.8	3DEC Vers. 1.4	
1991	UDEC Vers. 1.7	3DEC Vers. 1.3	
1990	UDEC Vers. 1.6	3DEC Vers. 1.2	
1989	UDEC Vers. 1.5	3DEC Vers. 1.1	
1988	UDEC Vers. 1.4	3DEC Vers. 1.0 (Cundall 1988, Hart 等, 1988)	
1987	UDEC Vers. 1.3		
1986	UDEC Vers. 1.2		
1985	UDEC Vers. 1.1	3DEC (test bed) (Cundall 和 Hart, 1985)	
1983	UDEC Vers. 1.0		
1980	UDEC (test bed) (Cundall, 1980)		
1979			TRUBAL (Cundall 和 Strack, 1979)
1978	RBM, SDEM, DBLOCK, (FORTRAN) (Cundall 等, 1978, Cundall 和 Marti, 1979)		
1974	General DEM (machine language) (Cundall, 1974)		
1971	DEM (special geometry) (Cundall, 1971)		

图 1-3 有关离散元法程序开发的时间年表

离散元法最初是为了表示二维节理岩体而创立的，但该方法已延伸到颗粒流动研究中的应用（参见 Walton，1980），颗粒材料中的微观机制研究（参见 Cundall 和 Strack，1983），以及岩石和混凝土中的裂缝发展（参见 Plesha 和 Aifantis，1983；Lorig 和 Cundall，1987）。许多研究者已经建立了节理岩体问题的离散元模型（例如，Bardet 和 Scott，1985；Butkovich，1988；Cundall，1974；Hart，1990；Heuzé，1990）。二维程序 UDEC（Cundall，1980；Lemos，1985）于 1980 年首次开发，将理论公式开发成一套计算代码，以表示由不连续面分隔的刚性和可变形体（块）。此代码可以执行静力或动力计算分析。

1983 年，Cundall 院士开始开发该方法的三维版本。这项工作主要体现为 3DEC 代码里（Cundall，1988；Hart 等，1988）。离散元最新的发展应该是二维和三维颗粒流程序，即代码 PFC2D 和 PFC3D。这些代码可用于模拟散体材料（如砂子）和粘结材料（如混凝土和岩石）（王涛等，2020）。

1.3　块体离散元的基本力学理论

本节将讨论在三维空间中，不同单元模型的数值计算理论。该理论主要包括三维接触检测和表征方法，以及三维运动和相互作用的力学计算。

1.3.1　在三维空间中接触的检测和表征

目前，离散单元法已经进入快速发展阶段，不连续系统的复杂力学行为可以在三维空间中开展模拟。一个关键的技术是提出一个稳定和快速的方法来检测和分类三维块体之间的接触。下面介绍的这项技术可以检测任意形状（凸或凹）的块体之间的接触，并表征为约定的接触几何和物理特征（例如，三维岩石节理行为）。该方法利用了一种高效的数据结构，允许在个人计算机对成百上千个块体的系统开展快速计算。

离散单元法是一种模拟由块体或颗粒组成系统的力学响应的方法（Cundall 和 Strack，1979）。块体的形状是任意的：任何块体都可以与任何其他块体相互作用，并且对块体的位移或旋转没有限制。鉴于这种普遍性，必须找到一种稳定和快速的方法来识别正在接触的块体对，并表示出它们的几何和物理特征（例如，是否涉及面、边或顶点，以及潜在滑动的方向）。针对由许多块体组成的三维系统，下面介绍一种快速执行此任务的方法。一般来说，块可以是凸的或凹的，面则由任意的平面多边形组成。

下面将深入研究数据结构的各个部分。具备一个可以在需要时快速检索相关数据的数据结构是很重要的，特别是考虑到力学计算的显式性质，通常需要通过主循环数千次。Key（1986）提出了一个 3D 滑动界面的数据结构。然而，在他的方案中，潜在的交互必须由用户预先识别出来。

1. 数据结构

所有数据都存储在一个主数组中，该数组可以保存为实数或整数，并采用任何需要的方式混合。在 3DEC 的 64 位版本中，实数和整数存储为 64 位数字。每个物理实体（如块、面或接触）由一个"数据单元（data element）"表示，它是由两个或多个数字组成的连续组。数据单元根据需要从主数组动态分配，并通过指针链接到数据结构。下面两个部分将描述各种类型的链表和数据单元。不再需要的数据单元（例如，来自已经断开的接触数据）被收集在一个集合中。如果需要新的数据单元，则在分配新内存之前检查此集合。在 3DEC 程序中，单元的大小范围有限，因此不需要一般的"垃圾收集器"。这样，可以经常从相同长度的废弃单元中分配新的数据单元。需要注意的是，链表方案的维护只需要很少的计算机时间：它只需要两个或三个整数赋值就可以将一个项目删除或添加到链表中，而不需要重新排序。

数据结构中的每个单元在主数组中都有一个地址（address），其是数据单元的第一个单词在主数组中的索引。例如，岩块不是通过连续的数字或用户给定的数字来引用的，而是通过主数组中的地址来引用的。通常情况下，用户不需要知道地址，因为区块、接触等都是由它们的坐标来确定的。

设计数据结构的一个指导原则是减少计算机时间，以使用更多内存来存储数据，并以指向数据的指针为代价。内存正迅速变得非常廉价，而计算机的处理速度却没有以同样的速度增长。链表虽然在 3DEC 中广泛使用，然而链表数据结构并不适合那些通过向量或流水线处理获得速度的超级计算机，因为这些数据在内存中不是按顺序组织的。与此相反，有的程序则可以被放置在利用三维结构连接的并行处理器组成的超级计算机上。程序的数据空间采用下面描述的单元逻辑自然分区，每个处理器可以控制一个或多个元胞和其中包含的块体。当块体移动时，它们会被重新映射到相邻的元胞（如果合适，则也会映射到相邻的处理器中）。

跨处理器边界的交互（接触）由连接处理器的快速数据总线来处理的。这里假定每个处理器都有足够的本地内存来存储与处理 3DEC 单元相关联的所有数据。实际上，3DEC 的显式计算非常适合并行处理，因为从概念上讲，它们已经在每个步骤中并行地完成了。对于隐式方法来说，则不是这样，隐式方法中的所有元素在每一步都采用数值方式交互。

（1）多面体的表征。有两种类型的多面体块可以采用 3DEC 建模：刚性块体，有六个自由度（三个平移和三个转动）；可变形块体，在内部被细分为每个顶点（或节点）有三个平移自由度的四面体。刚性块体可以是具有任意数量边的多边形的平面。

图 1-4 说明了刚性块体的数据结构。请注意，数据结构中的每个单元虽然是单独绘制的，但都嵌入到了主数据数组中，并通过指针连接。块体是通过一个全局指针访问的，该指针以任意顺序提供所有块的列表条目。每个块体的数据单元包含一个指针，该指针提供对顶点和面列表的访问。每个面单元指向一个循环列表，其中包含组成面的顶点的地址，并按顺序排列。然后，有两种方式可以访问顶点数据：首先，可以直接扫描角点（例如，在块体运动期间更新它们的速度和坐标）；其次，顶点也可以通过对每个面的访问来获取（这在接触检测中很有用）。完全可变形块体的数据结构与此相似，只是每个原始多边形面被离散为多个三角形子面，而三维块体其内部被离散化为四面体。每个子面及其关联的数据结构与普通面完全相同。然而，块体单元中的字节指向所有内部四面体单元的列表。

对于用户而言，3DEC 可以接受凹的，甚至是空心的或多连通的块。然而，凸块有更多优点，在计算程序中，凹块被分解成两个或多个凸块：一个被称为"主块体"；其他的则被称为"隶属块体"。在这里描述的所有逻辑中，为了利用凸性优势，隶属块体的处理方式与主块体完全相同。然而，在力学计算中，整个块体（主块体和隶属块体）被视为一个，这样就具备共同的重心和共同的质量。下面将调用凸块来证明几个过程，但没有什么

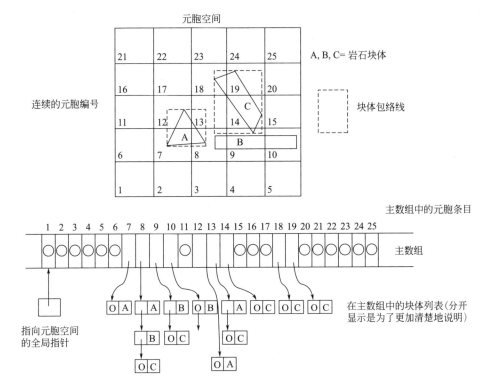

图 1-4　二维块体映射到元胞空间的示例

能限制程序处理任意形状块体的能力。

（2）接触的表征。对于每一对接触（或被一个足够小的间隙隔开）的凸性、刚性块体，分配一个单独的数据单元。该单元对应两个块体之间的物理接触，包含摩擦力、剪切力等相关数据。每个接触被离散为若干子接触，并分别赋予相互作用力。子接触点是为刚性块体和可变形块体所创建。单个接触单元包含一个指向一系列子接触的指针。

每个接触单元中的主要组成如图 1-5 所示。每个接触都被全局地链接到所有其他接触中，也被局部地链接到组成该接触的一对块体中。体现这种接触的数据结构的形式如

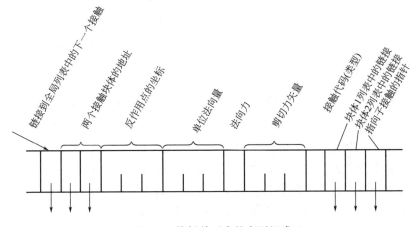

图 1-5　接触单元中的主要组成

图 1-6 所示，它是一个由四个块体（ABCD）组成的示例系统。根据需要，可以通过多种方式访问每个接触。在主计算周期，当所有的接触力更新时，依次遍历全部接触，这是通过使用附加到全局指针的链表来实现的。一旦一个接触被访问，它的构成块体将从该接触的块体指针中标识出来。在接触检测和重新分配时，可以方便地知道与给定块体的接触点已经存在。来自每个块的局部列表贯穿块体的接触。例如，如果追踪块体 C 的指针（图 1-6），则会发现块体 C 的三个接触。

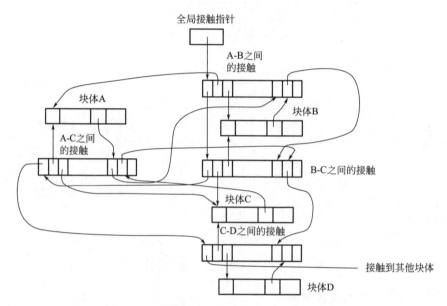

图 1-6　四块体组成系统的局部和全局接触链接

2. 相邻识别方法

在计算机程序研究一对块体的相对几何形状之前，必须要先识别出来候选块对。考虑到计算时间，检查所有候选块对是不可能的，因为搜索时间会随着块体数量呈二次方增加。在二维空间中，可以建立一个"规范"数据结构来自动表示块体之间的空隙（Cundall，1980）。通过简单地扫描块体周围的局部空隙，可以获得所有可能的接触块的列表。该方案的搜索时间随着系统中块体数量呈线性增加，但可惜的是，该数据结构并不能转化为三维。BALL 和 TRUBAL 程序使用了一种不那么简洁但可能更实用的方案，它们分别对圆盘和球体进行模拟（Cundall 和 Strack，1979），这就是这里采用的相邻识别方法。

（1）元胞映射和搜索。包含块体系统的空间被划分为长方体 3D 单元。每个块体都映射到其"包络空间"占据的一个或多个元胞中。块体的包络空间被定义为最小的 3D 盒子，其侧面平行于可以包含该块体的坐标轴系统。每个元胞以链表形式存储映射到其中的所有块体的地址。图 1-4 说明了二维空间的映射逻辑（很难在三维空间中说明这个概念）。一旦所有块体都映射到单元空间中，识别给定块体的相邻块体就会很容易，与其包络空间相对应的元胞包含所有附近块体的条目。通常，这个"搜索空间"会在所有方向上增加一个容差，以便找到给定容差内的所有块体。请注意，执行每个块的映射和搜索功能所需的计算机时间取决于块体的大小和形状，而不是系统中块的数量。因此，如果单元体积与平均块体体积成正比，则用于相邻块体检测总的计算机时间与块体的数量成正比。

由于可能遇到各种各样的块体形状，因此难以提供最佳单元尺寸的公式。在这种限制下，如果只使用一种元胞，则所有块体都将映射到其中，并且搜索时间将是二次方的。随着元胞密度的增加，为给定块体检索到的非相邻块体的数量将减少。在某种程度上，增加元胞的密度并没有益处，因为可能检索到的所有块都将是邻居。然而，随着进一步增加元胞密度，与映射和搜索相关的时间会显著增加。因此，最佳元胞密度必须与每个块体元胞的数量级一致，以减少计算时间的浪费。

（2）触发相邻块体搜索器的方案。当一个块体在模拟过程中移动时，它被重新映射并测试与新邻居的联系。这个过程是由块体的累积位移触发的——变量 u_{acc}，该变量在每次重映射后设置为零，在每个时间步被更新，如下所示：

$$u_{acc} := u_{acc} + \max\{abs(\mathrm{d}u)\} \tag{1-1}$$

式中，$\mathrm{d}u$ 为顶点的增量位移；$\max\{\}$ 函数用于块体的所有顶点。

当 u_{acc} 超过 CTOL（CTOL 是预设容差，可以通过 block list information 查看并通过命令 block contact tolerance 进行更改）时，将激活重新映射和接触测试。接触测试是针对在所有维度上都比块体包络大两倍 CTOL 的体积进行搜索。通过这种方式，允许块体和任何潜在邻近块体的最大移动。如果任何块体试图移出元胞空间（即元胞覆盖的总体积），则元胞空间将被重新定义，会在受影响维度中增加 10%。在这种情况下，会发生所有块的完整重新映射。

CTOL 的值还用于确定接触是否被创建或删除。如果发现两个块体之间的间隙等于或小于 CTOL，则创建接触；相反，如果现有接触获得的间隔大于 CTOL，则删除该接触。上述逻辑可确保所有潜在接触的数据结构在物理接触发生之前就位；它还确保仅对移动块体进行接触搜索，而没有浪费时间在相对不活跃的块体上。

3. 接触检测

方案要求：在两个块体被识别为相邻块体后，对它们进行接触测试。如果它们不接触，则必须确定它们之间的最大间隙，以便使得间隔超过一定容差的块体可以被忽略。对于间隔小于此容差但不接触的块对，则仍会形成"接触"。虽然接触面没有承受荷载，但在力学计算的每个步骤中都会对其进行跟踪。这样，一旦块体接触，相互作用力就开始起作用（请注意，接触检测是一个漫长的过程，并非每个力学步骤中都要进行）。接触检测逻辑还必须提供一个单位法向量，该向量定义了可能发生滑动的平面。当两个块体相对于彼此移动时，这个单位法线按照一定的规则变化（它应该以连续的方式改变方向）。该逻辑应该能够以一种合理的方式处理某些极端情况，例如图 1-7 所示的情况。

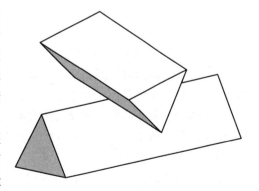

最终接触检测逻辑必须快速地对接触类型进行分类（例如，面-边接触或点-面接触）。有了分类数据后，才能选择适用于每个接触的最合适的物理定律。总之，接触检测逻辑必须在尽可能小的延迟下提供接触类型（接触）、最

图 1-7　接触检测难以确定
单位法线的极端情况

大间隙（不接触）和单位法向量。下面首先介绍一种直接方法，然后指出了这种方法的困难，并描述了一种更好的方案。

块体接触的直接判别——判别块体间是否存在接触的最简单方法是检查接触发生的所有可能性。在三维空间中，块体有多种相互接触的方式（例如，可以测试第一个块的每个顶点与第二个块的每个顶点、边和面的接触，等等）。如果块体 A 有 v_A 个顶点、e_A 条边、f_A 个面，第二个块体 B 有 v_B 个顶点、e_B 条边、f_B 个面，则采用直接法判别接触存在的计算次数为：

$$n = (v_A + e_A + f_A)(v_B + e_B + f_B) \tag{1-2}$$

在这个例子中，两个立方体间存在 676 种接触的可能性。事实上，并不需要如此多次的判别，因为有些接触类型可以并入其他类型中。这样，只需要检测点-面、边-边接触两种类型即可，而其他类型可用下面的方法通过点-面、边-边接触两种类型来体现：

- 当在同样位置存在三个或更多个点-面接触时，说明在该位置存在点-点接触；
- 当两个点-面接触在同一位置同时存在时，表明在该位置存在点-边接触；
- 当两个块体间存在两个边-边接触时，表明存在边-面接触；
- 当三个或更多个边-边接触、三个或更多个点-面接触存在时，表明两个块体间存在面-面接触。

即使按照上面的方法进行类型合并，接触判别的次数仍然有：

$$n = v_A \cdot f_B + v_B \cdot f_A + e_B \cdot f_A \tag{1-3}$$

对于两个立方体块体的接触，判别次数为 240。

两个观察结果与接下来的情况有关。首先，接触检验的次数二次方依赖于所要判别块体的边（顶点或面）的平均数量；其次，对某些类型的接触检测是很困难的，例如，在点-面接触检测中，不仅要检查点位于该面的上方或下方，还要检验点是否位于该面投影的边界内，而这在数值计算中并不能通过简单的判别就能实现。

考虑到上述要求，在检测计算过程中需要确定接触类型，而且每一类型都应依次进行校核。单位法线的确定在某些情况下很容易（例如，在所有涉及面的情况下），但在其他情况下很难（特别是对于未定义的边-边、点-边和点-点接触）。此外，当从一种接触类型跳转到另一种接触类型时，也不能保证接触法线会平稳演变。使用这种直接测试方案，确定两个任意的、非接触块体之间的最大间隙并非易事。针对这些困难，构思了以下新方案。

4. 公共面

公共面（Common Plane，缩写为"C-P"）的概念——上一节提到的困难源于需要直接用另一个多面体测试任意多面体。如果这个问题可以分成以下两部分，许多困难就会消失：（1）构造一个公共面，通过公共面把两个块体所占据的空间分为两部分；（2）分别检验每个块体与公共面的接触情况。公共面的构造方法可以用一个悬在两个未接触块体间的金属盘来说明（图 1-8），随着两个块体逐步靠近直至接触时，金属盘在两个块体的作用下发生扭转，直至完全被两个块体夹紧。

无论这两个块体的形状和方位如何（假设它们是凸面的），金属盘被夹紧后，总会在一个特定位置达到稳定，而金属盘达到稳定的位置恰恰就是处于接触中的两个块体的接触面。进一步对金属盘与两个块体间的相对位置进行分析，当两个块体逐步靠近但还没有接

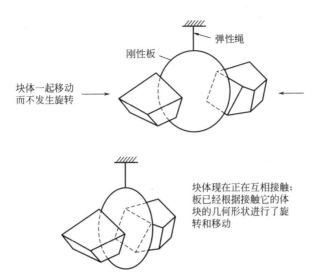

图 1-8　响应块体几何图形的公共平面的定位可视化

触时，金属盘在块体的推力作用下发生移动和扭转。这时，金属盘总是位于两个块体中间的某个位置。这样，就可以很容易地通过把两个块体到金属盘的距离相加，求得两个块体间的空隙尺寸。事实上，如果我们能以某种方式为金属板（上面提到的公共平面）设计一个数值等效，许多事情就会变得更容易。假设我们现在确实有办法做到这一点，可通过以下方式简化和加速接触测试任务。

（1）只需要对点-面接触进行判别（通过点积），因为块体（或子块体）都是凸多面体，所以面-边接触都可以通过点-面接触的数量来体现。

（2）检测的次数线性地依赖顶点的数量（直接法的检测次数与顶点数为二次方关系）。可以分别检测块体 A、B 的顶点与公共面的接触情况，检测次数为：

$$n = v_A + v_B \tag{1-4}$$

对于两个立方体的示例，测试数为 16，而上面用直接法是 240。

（3）对于点-面接触类型，没有必要检测该接触是否位于面的周边以内，如果两个块体都与公共面接触，那么这两个块体必然接触（如果两个块体没有接触，则肯定与公共面不接触，因为公共面被定义为对块体之间的空间进行等分）。

（4）公共面的法向矢量就是接触的法向矢量，不需要额外进行计算。

（5）既然公共面的法向是唯一的，那么就可以排除接触法向矢量的不连续变化。公共面的法向矢量可能会发生迅速变化（如点-点接触），但是不会因为接触类型的改变而发生跳跃式变化。

（6）可以很容易地确定两个未接触块体间的最小空隙，只需要把两个块体与公共面的距离相加即可。

确定公共面位置的算法——公共面简化和加速接触测试后，我们需要提供一种方法来确定公共面位置，并表明与它相关的计算付出不超过它所带来的接触测试的好处。公共面的定位和移动只是一个几何问题。但是，与力学计算一样，需要在每个时间步长上对其进行更新，默认情况下每 10 步更新一次。该算法可以用一句话来描述："把公共面与最接近

15

公共面的顶点间的间隙最大化"。

图 1-9 展示了几个二维空间内的公共面示例，与上述算法一致。公共面的任何平移和旋转都会减小与最接近顶点间的距离或保持不变。对于已经重叠的块体，仍旧可以采用该方法，但这时的空隙和最近距离用负值表示。此时的"gap"和"closet"仅仅指数学意义上的重叠与最近；从物理意义而言，此时的 gap 应翻译为"负重叠"，而 closest 应翻译为"重叠最深"。为了提高可读性，算法可能会针对重叠块体的情况重新说明。此时，该算法可描述为："把公共面与最接近顶点间的重叠值最小化"。必须向算法提供两个尚未被识别为接触块体的起始条件。把公共面放置在两个块体质心连线的中点，其法向向量为从一个块体的质心指向另一个块体的质心：

$$
\begin{cases}
C_i = \dfrac{\boldsymbol{A}_i + \boldsymbol{B}_i}{2} \\[2mm]
\boldsymbol{n}_i = \dfrac{\boldsymbol{Z}_i}{z}
\end{cases}
\tag{1-5}
$$

式中，$\boldsymbol{Z}_i = \boldsymbol{B}_i - \boldsymbol{A}_i$；$z^2 = \boldsymbol{Z}_i\boldsymbol{Z}_i$；$\boldsymbol{n}_i$ 为公共面的单位法向量；C_i 为公共面上的参考点；$\boldsymbol{A}_i$ 与 $\boldsymbol{B}_i$ 分别为块体 A 与 B 质心的位置矢量；下标 i、j、k 取值 1～3，表示全局坐标系中向量或张量的分量（求和约定适用于重复索引）。

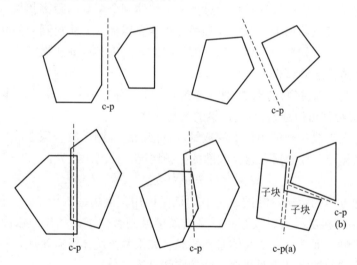

图 1-9　两块体之间的公共面示例

然后，该算法通过平移或转动公共面以使公共面与块体间的间隙最小或最大化。参考点的作用包含两个方面：（1）公共面绕该点转动；（2）两个块体接触时的法向和切向力的作用点。

公共面的平动——平动可以分解为沿公共面法向和切向的平动，首先确定块体顶点与公共面的最小距离：

$$d_{\mathrm{B}} = \min\{n_i \boldsymbol{V}_i(\boldsymbol{B})\} \tag{1-6}$$

$$d_{\mathrm{A}} = \max\{n_i \boldsymbol{V}_i(\boldsymbol{A})\} \tag{1-7}$$

式中，d_{A} 为块体 A 的角点与公共面最近的距离（间隙为负）；d_{B} 为块体 B 的角点与公共面最近的距离（间隙为正）；$\boldsymbol{V}_i(\boldsymbol{A})$ 为块体 A 的角点位置矢量；$\boldsymbol{V}_i(\boldsymbol{B})$ 为块体 B 的角点位

置矢量；min{} 取块体 B 上最接近公共面的顶点；max{} 取块体 A 上最接近公共面的顶点。

把公共面上的参考点 C_i 移至：

$$C_i := C_i + \frac{(d_A + d_B) n_i}{2} \tag{1-8}$$

总间隙为 $d_B - d_A$。如果块体相互接触（即总间隙为负），则参考点将成为接触力的反作用点，并在处理力学计算的程序部分中确定。对于非接触块，参考点则在最近顶点之间移动：

$$C_i = \frac{V_i(A_{max}) + V_i(B_{min})}{2} \tag{1-9}$$

式中，$V_i(A_{max})$ 和 $V_i(B_{min})$ 分别为块体 A、B 上离公共面最近的顶点。

公共面的转动——公共面的平动只需要通过一个步骤即可完成，但是其旋转必须要经过迭代才能确定。因为块体上最接近公共面的顶点，将随公共面的旋转而改变。由于单位法线可以围绕两个独立的轴旋转，间隙的最大化就类似于爬坡过程。在当前公共面内构造两个方向任意但互相垂直的矢量作为转轴；然后，由于公共面的法向量绕两轴发生微小转动，转动角正负各一次，迭代的每一步令公共面的法向矢量转动四次。如果 $\boldsymbol{p}_i$ 与 $\boldsymbol{q}_i$ 为所构造的两个互相正交的向量，则四次转动为：

$$n_i := \frac{n_i + k\boldsymbol{p}_i}{z}$$
$$n_i := \frac{n_i - k\boldsymbol{p}_i}{z}$$
$$n_i := \frac{n_i + k\boldsymbol{q}_i}{z}$$
$$n_i := \frac{n_i - k\boldsymbol{q}_i}{z} \tag{1-10}$$

式中，$z^2 = 1 + k^2$，k 为控制摄动大小的参数。

首次创建接触时，参数 k 最初设置为 k_{max}，该值一般取为 5°；然后，使用图 1-10 中所示的迭代过程来搜索间隙的最大值。请注意，最大间隙定义为 max $\{d_B, d_A\}$，其中 d_B、d_A 由式（1-6）和式（1-7）给出。

当所有四个最小扰动的间隙都减小时，迭代停止。因此，这个最终单位法线是引起最大间距的单位法线。最小扰动 k_{min} 的值对应于 0.01°的角度变化。为了防止迭代在鞍点上过早终止，扰动轴在迭代的交替循环中旋转 45°。如果在迭代的任何阶段，间隙超过了为接触形成所设置的容差（CTOL），则迭代过程停止并删除接触。

当接触已经存在时，最初使用 $k = k_{max}$ 尝试四种扰动，计算四个摄动量。如果最大间隙没有增加，则不需要做任何进一步的工作；否则，执行图 1-10 给出的迭代。

力学循环期间公共面的平移——当接触上存在力时，公共面的正常平移仍根据式（1-8）完成。但是，以下两个进一步的增量平移适用于公共面。

（1）刚体平移
平移增量的第一部分与接触点处两个块体的平均运动有关：

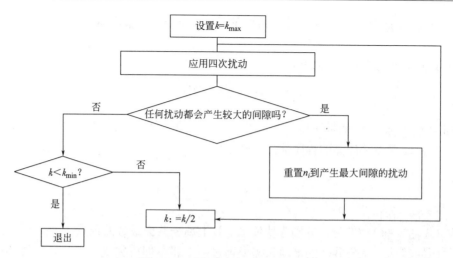

图 1-10 搜索最大间隙的迭代过程

$$C_i := C_i + \frac{\{\mathrm{d}u_i(A) + \mathrm{d}u_i(B)\}}{2} \tag{1-11}$$

式中，$\mathrm{d}u_i(A)$ 和 $\mathrm{d}u_i(B)$ 分别为块体 A 和 B 在接触点（参考点）处的增量位移。

例如，如果两个块都以相同的速度在空间中移动，则公共面上的参考点也将以该速度移动。在这种情况下，式（1-8）提供的校正将是不必要的。请注意，式（1-11）中的增量位移包括块体旋转的影响。

（2）相对旋转

如前所述，假设公共面的参考点是合成接触力作用的点。当接触平面的上表面相对于下表面旋转时，产生的接触力将移动，因为平面将会加载得不均匀。图 1-11 说明了这种效果。参考点的移动和曲面旋转之间的关系必须取决于界面的性质，如果法向刚度与应力相关，则还取决于当前的法向应力。上述关系似乎是一种材料特性并且不能仅从几何因素推导出来。因此，在 3DEC 中，参考点的平移被视为两个块的相对角度变化乘以用户指定的常数 K_T：

$$C_i := C_i + K_T e_{ijk} n_j \{\mathrm{d}T_k(B) - \mathrm{d}T_k(A)\} \tag{1-12}$$

式中，$\mathrm{d}T_k(A)$ 为块体 A 的增量旋转向量；$\mathrm{d}T_k(B)$ 为块体 B 的增量旋转向量；e_{ijk} 为置换张量。

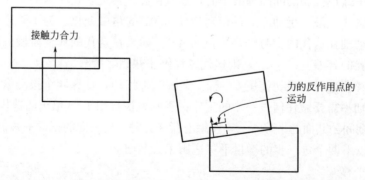

图 1-11 由接触面的旋转而产生的合成接触力的运动示意图（重叠部分被放大）

如上定义的 K_T 为长度单位，但它可能应该由接触平面在 C_i 运动方向上的长度进行归一化。然而，在正确定义 K_T 之前，需要更多来自试验室测试的数据。

（3）参考点移动限制

因为参考点是接触力作用的点，所以它必须位于两个块体的表面上。应用方程式（1-11）和式（1-12）后，参考点针对构成接触的两个块体的每个面进行测试。如果发现它位于任何一面之外，则将其带回该面，如下：

$$C_i := C_i + \{n_i n_k n_k(f) - n_i(f)\} \cdot d \tag{1-13}$$

式中，$n_i(f)$ 为面的向外单位法线；d 为面到 C_i 的法线距离。只有当 n_i 与 $n_i(f)$ 正交时，式（1-13）才使 C_i 完全回到表面。但是，在其他情况下，重复使用公式（这是自动发生的，因为它在每个计算循环中都会被调用）实现收敛。图 1-12 说明了这一点。如果 C_i 同时落在两个或多个面之外，也会出现相同的效果，这可能发生在角或边。

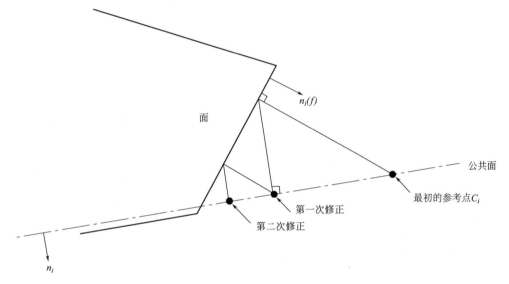

图 1-12　将参考点 C_i 置于块体边界内的过程

与公共面法向相关的计算——为一对块体建立公共平面所需的操作数与顶点数线性相关。对于式（1-8）的平移校正，测试次数为 $(v_A + v_B)$。对于旋转迭代，测试次数为 $(4N + 1)(v_A + v_B)$，其中 N 是迭代次数。因此，测试的总数是：

$$n = (4N + 1)(v_A + v_B) \tag{1-14}$$

很难将该式与式（1-2）和式（1-3）直接比较，前面的公式对应于寻找接触的直接方案。对于已经建立的块体接触，公共面法一般优于直接判别方法。因为公共面法通常只需要一次旋转迭代，就可以确定最优的公共面位置。

然而，在初始接触形成时，通过测试发现，迭代次数可能在 9～30 的范围内。对于顶点较少的块体，公共面法比块体接触的直接判别法需要更多的测试来建立接触条件。但是，当考虑到前面提到的六个优点时，总体上首选公共面法。

接触类型——接触类型很重要，因为它决定了接触的力学响应。例如，边-面接触与面-面接触的力学行为不同，在岩石力学中，面-面接触被认为是"节理"，其中重要的变量为应力，而不是力。可以通过注意每个块有多少顶点碰到公共面来将接触分类。表 1-1 将接触类型与每个块体的接触顶点数目联系起来。

接触类型

表 1-1

与 C-P 接触的点数		基础类型
块体 A	块体 B	
0	0	无
1	1	点-点
1	2	点-边
1	2	点-面
2	1	边-点
2	2	边-边
2	2	边-面
2	1	面-点
2	2	面-边
2	2	面-面

对于面-面接触，为了使用应力-位移关系来描述界面的力学行为，有必要定义一个接触单元。因为构成接触的两个面都是凸多边形，所以接触的公共面积也是一个凸简单连通多边形。因此，公共面积的计算是一个简单但冗长的过程。在 3DEC 中，面-面接触之间的交互通过点-面或边-边类型的点来表示。

5. 点-边接触模型

这是一种最简单的接触模型，该模型认为块体之间不存在拉力。而且，当切向力 F_s 达到某一最大值，就会发生塑性剪切滑移，并由下式确定：

$$|F_s| \leqslant F_n \tan\varphi = (F_s)_{\max} \tag{1-15}$$

式中，φ 为摩擦角；F_n 为法向力；$(F_s)_{\max}$ 为最大切向力。

此模型的力与位移关系如图 1-13 和图 1-14 所示。

图中的法向刚度系数和切向刚度系数可由下面公式近似计算。

如图 1-15 所示的两个接触块体，其长度和宽度分别为 a 和 b，其弹性模量为 E，泊松比为 ν。

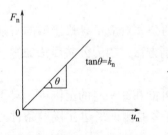
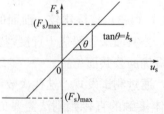
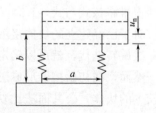

图 1-13　切向力与法向位移　　图 1-14　切向力与切向位移　　图 1-15　块体接触计算模型

则根据弹性力学理论有：

$$2k_n u_n / a = E u_n / b \tag{1-16}$$

从而可得法向刚度系数：

$$k_n = (Ea) / (2b) \tag{1-17}$$

切向刚度系数 k_s，可由法向刚度系数 k_n 求得：

$$k_s = k_n / [2(1+\nu)] \tag{1-18}$$

这里需要指出的是，当块体之间由点-边接触变成点-点接触时，即使是一个很小的"叠合"。也会造成块体沿点发生断裂，因此，块体之间点-点接触应有一定的判据。图 1-16 所示为块体点-点接触条件。解决块体之间点-点接触的另一方法，是将棱角圆弧化（图 1-17a）。

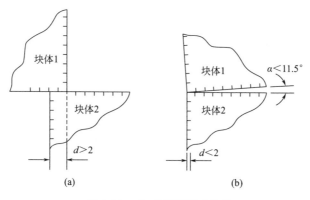

图 1-16　点-点接触形成条件

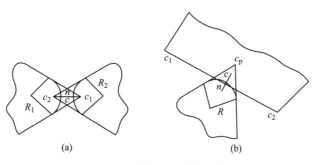

图 1-17　块体棱角的圆弧化

设 $\boldsymbol{n}(n_x, n_y)$ 为接触面的单位法向矢量，$C(x_c, y_c)$ 为接触点坐标，$C_1(x_1, y_1)$ 和 $C_2(x_2, y_2)$ 分别为两个角的角点坐标，则有：

$$\begin{cases} D_{12} = \sqrt{(x_2 - x_1)^2 + (y_2 - y_1)^2} \\ n_x = (x_2 - x_1) / D_{12} \\ n_y = (y_2 - y_1) / D_{12} \end{cases} \tag{1-19}$$

和

$$\begin{cases} D = R_1 - R_2 + D_{12} \\ x_c = x_1 + n_x D \\ y_c = y_1 + n_y D \end{cases} \tag{1-20}$$

式中，R_1 和 R_2 分别为圆弧半径。

实际上，对于角-边接触也可对角进行圆弧化（图 1-17b）。此时，设角的坐标 $C_p(x_p, y_p)$，接触边的单位法向矢量为 $\boldsymbol{n}$（n_x，n_y），其两端点坐标分别为 $C_1(x_1, y_1)$ 和 $C_2(x_2, y_2)$，则有：

$$\begin{cases} D_{12} = \sqrt{(x_2 - x_1)^2 + (y_2 - y_1)^2} \\ n_x = -(y_2 - y_1)/D_{12} \\ n_y = (x_2 - x_1)/D_{12} \end{cases} \tag{1-21}$$

和

$$\begin{cases} D = R - n_x(x_p - x_1) - n_y(y_p - y_1) \\ x_c = x_1 + n_x D \\ y_c = y_1 + n_y D \end{cases} \tag{1-22}$$

式中，R 为接触角的圆弧半径。

6. 边-边接触模型

边-边接触模型与点-边接触模型不同，其接触刚度单位是应力/位移，因此，接触边作用的是应力。由于应力在接触边的分布不确定，最简便的方法是将该应力近似地表示成两个均匀分布的应力（图 1-18），且

$$\begin{cases} \sigma_n^1 = k_n u_n^1 \\ \Delta\sigma_s^1 = k_s u_n^1 \end{cases} \tag{1-23}$$

式中，σ_n^1 为法向应力；$\Delta\sigma_s^1$ 为切向应力增量；k_n 和 k_s 分别为法向和切向刚度系数。

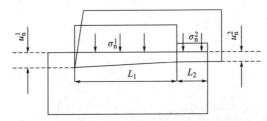

图 1-18　边-边接触模型

由上式可得接触力：

$$\begin{cases} F_n^1 = \sigma_n^1 L_1 \\ \Delta F_s^1 = \Delta\sigma_s^1 L_1 \end{cases} \tag{1-24}$$

式中，F_n^1 为法向接触力；ΔF_s^1 为切向接触力。由下式计算：

$$L_1 = u_n^1 L / (u_n^1 + u_n^2) \tag{1-25}$$

式中，L 为接触总长度。

同理，可得 L_2 部分的应力和接触力。

接触面的塑性剪切破坏准则为：

$$\sigma_s \leqslant c + \sigma_n \tan\varphi \tag{1-26}$$

式中，σ_s 为切向应力；c 为粘结力；φ 为内摩擦角。

7. 块体间的相互作用

上述方案既适用于刚性块体，也适用于可变形块体（在接触中的每个块体对只需要找

到一个公共面，并且只为接触分配一个规则数据单元）。如果一个块体的平面与公共面接触，那么它将自动离散为子接触。对于刚性块体，面被三角化以创建子接触。这些子接触通常创建在块面的顶点上。对于可变形块体，位于块体表面四面体单元的三角形面包含多个内表面节点，每个节点具有三个独立的自由度。在这种情况下，将为面上的每个节点创建子接触。

子接触记录块体之间的界面力及其他条件，如滑动和分离。定义两种类型的子接触：点-面接触和边-边接触。为了模拟面-面接触，每个子接触都分配了一个区域，允许应用标准节理本构关系，采用应力和位移形式表示（例如，剪切方向上的弹性加库仑摩擦）。子接触模拟块体之间的边-边接触，以及在公共面上边的交点处的面-面接触和边-面接触。每个子接触处的界面位移取为子接触位移减去相对面上重合点的位移。每个子接触"拥有"的面积通常等于周围三角形面积的三分之一。但是，当子接触靠近相对块上的一个或多个边时，必须调整此计算。

我们只讨论了界面一侧的子接触。如果界面的另一侧也是面，则应用相同的策略：创建子接触，并计算相对位移，从而计算力。当两个块体合在一起时，上述接触逻辑相当于两组接触弹簧并联，在这种情况下，取两组力的均值，因此整体界面特性是两组的平均值。

前面描述的公共面法逻辑仅严格适用于具有平面的凸多面体，但如果可变形块发生大应变，则可能违反这些条件。在实践中，该程序用于模拟一些位移可能很大但应变通常很小的岩体，在这些情况下，该逻辑仍然有效。但在块体应变变大的情况下（例如，大于1%），可能需要修改方案。

目前，3DEC 不允许在同一个问题上同时使用刚性块体和可变形块体。该逻辑既适用于块体间小位移相对运动，也适用于大位移相对运动。为了允许较大的位移，该逻辑集成了一个程序来自动重新定位每个子接触，特别是当相关的顶点越过了另一个块体中的面边界时。子接触位置和权重每 10 步更新一次（默认），新子接触的检测和子接触点类型的变化也以相同的周期进行。该逻辑还允许用户避免突然删除子接触点，该子接触的相关顶点从其他块的面滑出。对现有的子接触力进行重新分配，以确保相邻状态之间的平滑过渡。

1.3.2　三维空间中块体运动和相互作用的力学计算

本节介绍三维离散元法的力学计算公式。这个讨论是基于 Cundall 和 Strack（1979）以及 Cundall 和 Hart（1985）之前提出的工作，并首先给出了计算块体间力的相互作用公式的描述。在子接触力更新和库仑-滑移节理模型部分中描述的这种方案，既适用于刚性块体，也适用于变形块体。

接下来，刚性块运动部分处理刚性块运动的力学计算。这种运动描述对稳定性研究是一个充分的表述。在稳定性研究中，与完整的岩石强度相比，应用于应力状态较低，运动集中在结构特征上。

3DEC 还考虑了完整材料的块体变形和破坏。在此公式中，每个多面体块体被细分为一个内部有限差分网格，由常应变四面体单元组成。该方法采用块体材料的弹性和弹塑性模型，采用显式大应变解。可变形块逻辑类似于 Lemos（1987）给出的二维块体的公式。

1. 力学计算的循环

3DEC 是基于一种动态（时域）的算法，通过显式有限差分法求解块体系统的运动方程。基于运动方程的解法被证明比忽略速度和惯动力（例如，连续的过松弛）的解法更适合表明非连续系统的潜在破坏模式（Cundall，1987）。在每个时间步，应用运动定律和本构方程。对于刚性块体和可变形块体，分别建立子接触力-位移关系。运动定律的整合提供了新的块体位置，因此得到接触位移增量（或速度）。然后，利用子接触力-位移定律得到新的子接触力，这些力将在下一个时间步被施加到块体上。力学计算的循环如图 1-19 所示。

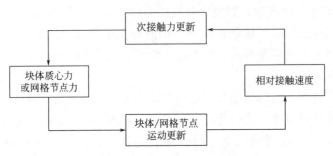

图 1-19　力学计算的循环

2. 子接触力的更新

在 1.3.1 节中的描述，指的是与块间接触相关的几何参数的更新。与公共面垂直的单位法向量被视为接触法线（从块体 A 指向块体 B），并假定所有子接触都是相同的。

通过子接触的相对速度是由与子接触相关联的速度 V_i^V 和相对面上对应点的速度 V_i^F 得到的。对于刚性块体，速度由刚体的运动方程计算［式（1-27）］。对于可变形块体，位于块面上的四面体单元顶点的速度由式（1-28）计算。

对于刚性块体，接触速度（定义为块体 B 在子接触位置相对于块体 A 的速度）计算为：

$$V_i = \dot{x}_i^B + e_{ijk}\omega_j^B(C_k - B_k) - \dot{x}_i^A - e_{ijk}\omega_j^A(C_k - A_k) \tag{1-27}$$

式中，A_k 和 B_k 为块体 A 和 B 质心的位置向量；$\dot{x}_i^A$ 和 $\dot{x}_i^B$ 为块体 A 和 B 的平移速度向量；ω_j^A 和 ω_j^B 为对应的角速度向量；e_{ijk} 为置换张量；下标 i、j、k 取值 1～3，表示全局坐标系中向量或张量的分量（求和约定适用于重复索引）。

然后，通过接触速度内插获取刚体接触相关的子接触速度。对于可变形块，速度 V_i^F 可以通过面的三个顶点速度的线性插值来计算：

$$V_i^F = W_a V_i^a + W_b V_i^b + W_c V_i^c \tag{1-28}$$

可以通过将顶点 a、b 和 c 的坐标转换为局部参考系来计算加权因子，其中一个轴垂直于平面。用 X^a 和 Y^a 表示顶点 a 的局部平面内坐标，加权因子 W_a 由下式给出：

$$W_a = \frac{Y^c X^b - Y^b X^c}{(X^a - X^c)(Y^b - Y^c) - (Y^a - Y^c)(X^b - X^c)} \tag{1-29}$$

其他两个因子可以通过上标 a、b 和 c 的循环排列得到。单位法线 n_i 从块 A 指向块 B。因此，相对速度计算为：

$$V_i = V_i^V - V_i^F \tag{1-30}$$

上式仅适用于当顶点属于块体 A 时，否则计算为：

$$V_i = V_i^F - V_i^V \tag{1-31}$$

刚性块体和可变形块体的子接触处的相对位移增量由下式给出：

$$\Delta U_i = V_i \Delta t \tag{1-32}$$

它可以沿公共面分解为法向和切向分量，法向位移增量由下式给出：

$$\Delta U^n = \Delta U_i \boldsymbol{n}_i \tag{1-33}$$

剪切位移增量向量（以全局坐标表示）为：

$$\Delta U_i^s = \Delta U_i \boldsymbol{n}_i \boldsymbol{n}_j \tag{1-34}$$

请注意，与公共面垂直的单位向量 $\boldsymbol{n}_i$ 在每个时间步都会更新。为了考虑公共面的增量旋转，表示现有剪切力 F_i^s（在全局坐标中）的矢量必须被校正为：

$$F_i^s := F_i^s - \boldsymbol{e}_{ijk} \boldsymbol{e}_{kmn} \boldsymbol{F}_j^s \boldsymbol{n}_m^{old} \boldsymbol{n}_n \tag{1-35}$$

式中，$\boldsymbol{n}_m^{old}$ 为与公共面正交的旧单位向量。

子接触位移增量用于计算弹性增量。法向力增量，以压缩为正，为：

$$\Delta F^n = -K_n \Delta U^n A_c \tag{1-36}$$

剪应力矢量增量为：

$$\Delta F_i^s = -K_s \Delta U_i^s A_c \tag{1-37}$$

式中，A_c 为子接触面积。子接触面积是通过将由包含子接触并位于公共面上的三角形面积的 1/3 形成的区域分配给该点来获得的。然后，计算该区域与位于公共面上的其他块面的交集面积。

对于面-面接触，A_c 取为该面积的二分之一，以考虑到两个块的顶点都建立了子接触，因此产生了两组平行的"弹簧"。子接触的总法向力和剪切力矢量更新为：

$$F^n := F^n + \Delta F^n \tag{1-38}$$

$$F_i^s := F_i^s + \Delta F_i^s \tag{1-39}$$

并根据接触本构关系进行调整。3DEC 中的基本本构模型为库仑滑移模型。代表块体 A 对块体 B 的作用的子接触力矢量由下式给出：

$$F_i = -(F^n n_i + F_i^s) \tag{1-40}$$

对于刚性块体，子接触力添加到作用在两个块体的质心上的力和力矩上。块体 A 的力和力矩总和因此更新为：

$$F_i^A := F_i^A - F_i \tag{1-41}$$

$$M_i^A := M_i^A - \boldsymbol{e}_{ijk}(c_j - A_j)F_k \tag{1-42}$$

式中，c_j 为子接触的位置向量。同样，对于块体 B：

$$F_i^B := F_i^B + F_i \tag{1-43}$$

$$M_i^B := M_i^B - \boldsymbol{e}_{ijk}(c_j - B_j)F_k \tag{1-44}$$

对于可变形块体，在子接触的顶点侧，该力被添加到其他网格点力中。在正面，力分布在三个顶点（a，b，c）之间，可使用上面定义的插值因子：

$$\begin{cases} F_i^a := F_i^a \pm F_i W_a \\ F_i^b := F_i^b \pm F_i W_b \\ F_i^c := F_i^c \pm F_i W_c \end{cases} \tag{1-45}$$

3. 库仑滑移节理模型

3DEC 中包含的基本节理本构模型是库仑摩擦定律的推广。对于刚体之间的子接触和可变形块之间的子接触，该定律以类似的方式起作用。剪切和拉伸破坏都被考虑在内，并且包括节理扩容。

在弹性范围内，力学行为由节理法向刚度和切向刚度 K_n 和 K_s 控制，如上面方程式（1-36）和式（1-37）所述。对于完整的节理（即之前没有滑动或分离），拉伸法向力限制为：

$$T_{\max} = -TA_c \tag{1-46}$$

式中，T 为结构面抗拉强度，允许的最大剪切力则由下式给出：

$$F_{\max}^s = cA_c F^n \tan\varphi \tag{1-47}$$

c 和 φ 是结构面凝聚力和内摩擦角，一旦在子接触处确定了破坏的开始，无论是拉伸还是剪切，抗拉强度和内聚力都为零：

$$T_{\max} = 0 \tag{1-48}$$

$$F_{\max}^s = F^n \tan\varphi \tag{1-49}$$

瞬时强度的损失近似于节理的"位移弱化"行为。新的接触力按以下方式校正（注意法向以压缩为正）：

对于拉伸破坏

$$若 F^n < T_{\max}, 则 F^n = 0, F_i^s = 0 \tag{1-50}$$

对于剪切破坏

$$若 F^s > F_{\max}^s, 则 F_i^s := F_i^s \frac{F_{\max}^s}{F^s} \tag{1-51}$$

式中，剪力大小 F^s 由下式给出：

$$F^s = (F_i^s F_i^s)^{1/2} \tag{1-52}$$

仅当节理滑动时才会发生扩张，剪切增量幅度 ΔU^s 由下式给出：

$$\Delta U^s = (\Delta U_i^s \Delta U_i^s)^{1/2} \tag{1-53}$$

这种位移会导致扩容：

$$\Delta U^n(dil) = \Delta U^s \tan\psi \tag{1-54}$$

ψ 是剪胀角，必须校正法向力以考虑扩张的影响：

$$F^n := F^n + K_n A_c \Delta U^s \tan\psi \tag{1-55}$$

近残余摩擦状态时，真实的节理显示出剪胀角的减小。在 3DEC 中，可以通过规定一个限制剪切位移 $U_{\lim}^s$ 来防止节理无限扩张。当剪切位移的大小超过 $U_{\lim}^s$ 时，扩张角设置为零。

剪胀是剪切方向的函数。如果剪切位移增量与总剪切位移方向相同，则剪胀增加；如果剪切位移增量在相反的方向，它会减小。下面的节理模型（图 1-20）说明了节理凝聚力最初为零的情况。

3DEC 中，还提供了更全面的位移弱化模型，该模型（Continuous Yielding Joint Model）旨在模拟节理在剪切作用下逐渐破坏的内在机制。

4. 刚性块体运动方程

单个块体的平移运动方程可以表示为：

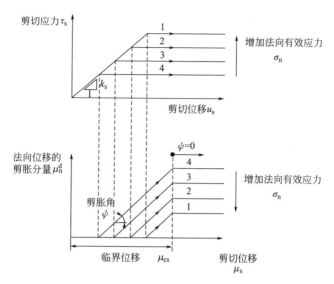

图 1-20　库仑滑移节理模型（无凝聚力时）

$$\ddot{x}_i + \alpha \dot{x}_i = \frac{F_i}{m} + g_i \tag{1-56}$$

式中，$\ddot{x}_i$ 为块体形心的加速度；$\dot{x}_i$ 为块体质心的速度；α 为黏性（质量比例）阻尼常数；F_i 为作用在块上的力的总和（来自块接触和施加的外力）；m 为块质量；g_i 为重力加速度矢量。

无阻尼刚体的旋转运动由欧拉方程描述，其中运动与刚体的惯性主轴有关：

$$I_1 \dot{\omega}_1 + (I_3 - I_2) \omega_3 \omega_2 = M_1$$
$$I_2 \dot{\omega}_2 + (I_1 - I_3) \omega_1 \omega_3 = M_2 \tag{1-57}$$
$$I_3 \dot{\omega}_3 + (I_2 - I_1) \omega_2 \omega_1 = M_3$$

式中，I_1，I_2，I_3 为块的主转动惯量；$\dot{\omega}_1$，$\dot{\omega}_2$，$\dot{\omega}_3$ 为绕主轴的角加速度；ω_1，ω_2，ω_3 为绕主轴的角速度；M_1，M_2，M_3 为相对于主轴施加到块上的扭矩分量。

刚性块模型更适合准静态分析，在这些情况下，转动运动方程可以简化。因为速度很小，所以可以去掉前面方程中的非线性项，从而解联立方程。此外，由于惯性力与施加到块体的总力相比较小，所以惯性张量的准确表示不是必需的。因此，在 3DEC 中，仅根据平均值计算近似惯性矩 I 从质心到块体的顶点的距离，这允许将前面的方程引用到全局轴。

插入黏性阻尼项，方程变为：

$$\dot{\omega}_i + \alpha \omega_i = \frac{M_i}{I} \tag{1-58}$$

式中，速度 ω_i 和弯矩 M_i 现在指的是全局轴。对质点运动方程可采用中心差分法求解，如下公式可分别描述平动与转动方程在时间 t 上的中心差分：

$$\dot{x}_i(t) = \frac{1}{2} \left[\dot{x}_i \left(t - \frac{\Delta t}{2} \right) + \dot{x}_i \left(t + \frac{\Delta t}{2} \right) \right]$$
$$\dot{\omega}_i(t) = \frac{1}{2} \left[\dot{\omega}_i \left(t - \frac{\Delta t}{2} \right) + \dot{\omega}_i \left(t + \frac{\Delta t}{2} \right) \right] \tag{1-59}$$

则加速度可以计算为：

$$\ddot{x}_i(t)=\frac{1}{\Delta t}\left[\dot{x}_i\left(t+\frac{\Delta t}{2}\right)-\dot{x}_i\left(t-\frac{\Delta t}{2}\right)\right]$$

$$\dot{\omega}_i(t)=\frac{1}{\Delta t}\left[\omega_i\left(t+\frac{\Delta t}{2}\right)-\omega_i\left(t-\frac{\Delta t}{2}\right)\right]$$

(1-60)

将这些变量分别代入平动、转动运动方程，即方程式（1-59）和式（1-60）中，并求解时间为 $\left[t+(\Delta t/2)\right]$ 时的速度，得到中心差分计算公式：

$$\dot{x}_i\left(t+\frac{\Delta t}{2}\right)=\left[D_i\dot{x}_i\left(t-\frac{\Delta t}{2}\right)+\left(\frac{F_i(t)}{m}+g_i\right)\Delta t\right]D_2 \tag{1-61}$$

$$\omega_1\left(t+\frac{\Delta t}{2}\right)=\left[D_1\omega_1\left(t-\frac{\Delta t}{2}\right)+\left[M_1t-(I_3-I_2)\omega_3\left(t-\frac{\Delta t}{2}\right)\omega_2\left(t-\frac{\Delta t}{2}\right)\frac{\Delta t}{I_1}\right]D_2\right.$$

$$\omega_2\left(t+\frac{\Delta t}{2}\right)=\left[D_1\omega_2\left(t-\frac{\Delta t}{2}\right)+\left[M_2t-(I_1-I_3)\omega_1\left(t-\frac{\Delta t}{2}\right)\omega_3\left(t-\frac{\Delta t}{2}\right)\frac{\Delta t}{I_2}\right]D_2\right.$$

$$\omega_3\left(t+\frac{\Delta t}{2}\right)=\left[D_1\omega_3\left(t-\frac{\Delta t}{2}\right)+\left[M_3t-(I_2-I_1)\omega_2\left(t-\frac{\Delta t}{2}\right)\omega_1\left(t-\frac{\Delta t}{2}\right)\frac{\Delta t}{I_3}\right]D_2\right.$$

式中：$D_1=1-\left(\alpha\frac{\Delta t}{2}\right)$；$D_2=\dfrac{1}{1+\alpha\dfrac{\Delta t}{2}}$。

平动、转角增量利用如下公式给出：

$$\Delta x_i=\dot{x}_i\left(t+\frac{\Delta t}{2}\right)\Delta t$$

$$\Delta\theta_i=\omega_i\left(t+\frac{\Delta t}{2}\right)\Delta t$$

(1-62)

则块体中心更新为：

$$x_i(t+\Delta t)=x_i(t)+\Delta x_i \tag{1-63}$$

即可得出块体顶点位置：

$$x_i^v(t+\Delta t)=x_i^v(t)+\Delta x_i+e_{ijk}\Delta\theta_j\left[x_k^v(t+\Delta t/2)-x_k(t+\Delta t/2)\right] \tag{1-64}$$

对于粘结在一起的块体组，运动方程只需要计算主块体即可，其质量、惯性矩和中心位置可由块体组决定。一旦主块体运动确定。从属块体的形心位置和顶点坐标即可通过类似于式（1-64）的表达式计算出来。而第 1 块体承受力 F_i 和弯矩 M_i 合力，因为在块体运动更新完成后，所有块体在每个循环都重置为零，并在下一循环重新开始计算。

5. 变形块体运动方程

很多工程应用中，块体的变形不可忽略（不能假设块是刚性的）。在 3DEC 中开发了完全可变形的块，以允许模型计算中每个块体的内部变形。

将刚性块划分为有限差分四面体单元，即成为变形块体。块体变形的复杂性取决于划分的单元数目。同时，使用四面体单元可消除常应变有限差分多面体计算中的"沙漏"变形问题（术语"沙漏"来自网格内单元的变形模式的形状。对于具有四个以上节点的多面体，存在不产生应变且不产生反作用力的节点位移组合，由此产生的效果是交替方向无反作用变形）。

四面体单元的顶点称为网格差分点，在每个网格点上建立如下的运动方程：

$$\ddot{u}_i=\frac{\int_s\sigma_{ij}\boldsymbol{n}_jd_s+F_i}{m}+g_i \tag{1-65}$$

式中，s 为包围质量的外表面；m 为集中在网格点上的质量；$\boldsymbol{n}_j$ 为 s 的法线单位；F_i 为施加在网格点上的外力合力（来自块体子接触或其他）；g_i 为重力加速度。

作用在网格点上的外力合力，主要由三部分构成：

$$F_i = F_i^z + F_i^c + F_i^l \tag{1-66}$$

式中，F_i^l 为外部作用力；F_i^c 为子接触力，只在块体接触网格点上存在。来自与网格点相邻的两个面的子接触力对这一项有贡献。因为假定沿着任意接触面的变形均呈线性变化，沿着面施加的子接触力可以用施加到面端点的静态平衡力来表征。最后，单元内部毗邻该网格点的单元应力 F_i^z 如下：

$$F_i^z = \int_c \boldsymbol{\sigma}_{ij} \boldsymbol{n}_j d_s \tag{1-67}$$

式中，$\boldsymbol{\sigma}_{ij}$ 为单元应力张量；$\boldsymbol{n}_j$ 为指向外轮廓的单位法向量，c 为直线段定义，平分单元表面并收敛于所考虑的网格点封闭多面体表面。

每个网格点计算网格节点力矢量为 $\sum F_i$，该向量由外部荷载、体力等合成。其中重力 $F_i^{(g)}$ 采用如下公式计算：

$$F_i^{(g)} = g_i m_g \tag{1-68}$$

式中，m_g 为网格点上的集中重力质量，由共用该网格点的四面体质量 $1/3$ 累加而成。如果物体处于平衡状态，或处于稳态流动（例如，塑性流动），则节点上的 $\sum F_i$ 将为零；否则，根据牛顿第二定律，节点会产生一个加速度：

$$\dot{u}_i^{(t+\Delta t/2)} = \dot{u}_i^{(t-\Delta t/2)} + \sum F_i^{(t)} \frac{\Delta t}{m} \tag{1-69}$$

式中，上标表示计算相应变量的时间。在每个时间步，应变和转动均与节点位移相关，其常见形式如下：

$$\dot{\varepsilon}_{ij} = \frac{1}{2}(\dot{u}_{i,j} + \dot{u}_{j,i}) \tag{1-70}$$

$$\dot{\theta}_{ij} = \frac{1}{2}(\dot{u}_{i,j} + \dot{u}_{j,i})$$

注意，由于计算一般采用增量法，式（1-70）并不局限于小应变问题。变形块体的本构关系采用增量形式，从而可分析非线性问题。增量法方程可表示如下：

$$\Delta\sigma_{ij}^e = \lambda \Delta\varepsilon_v \delta_{ij} + 2\mu \Delta\varepsilon_{ij} \tag{1-71}$$

式中，λ，μ 为拉梅常数；$\Delta\sigma_{ij}^e$ 为弹性应力张量的增量；$\Delta\varepsilon_{ij}$ 为应变增量；$\Delta\varepsilon_v = \Delta\varepsilon_{11} + \Delta\varepsilon_{22}$ 为体积应变增量；δ_{ij} 为 Kronecker 函数。

非线性和峰值后强度模型很容易以直接方式合并到代码中，而无须求助于等效刚度或初始应变等功能，这些功能需要引入面向矩阵的程序中，以保持由矩阵公式决定的线性。然而，在显式程序中，该过程要简单得多，因为在每个时间步之后，每个单元的应变状态都是已知的。然后程序需要知道每个单元的应力才能进入下一个时间步。无论是线性弹性关系还是复杂的非线性和峰值后强度模型，应力由应力-应变模型唯一确定。

3DEC 中块体的基本破坏模型是具有非关联流动规则的 Mohr-Coulomb 破坏准则。其他非线性塑性模型也可用。3DEC 中的 Plastic Collapse 精确模拟主要用于岩体内沿离散特征（如节理和断层）运动的机制。然而，许多问题中完整材料的破坏和倒塌（例如，屋顶倒塌或开挖侧壁的脱落）也必须包含在整个模拟模型中。

当使用本构模型部分中描述的块体塑性模型时，重要的是要认识到可能会高估 3DEC 中常应变四面体单元的坍塌荷载。在对经历主动塌陷的材料进行模拟时出现的一个常见问题是塑性流动的不可压缩条件。这种情况有时被称为"网格锁定"或"过度坚硬"的单元，Nagtegaal 等（1974）对此进行了详细讨论。问题的出现是因为流动过程中必须满足局部网格不可压缩性的条件下，而导致出现过度约束的单元。

克服这个问题的一种方法，称为"混合离散化"（参见 Marti 和 Cundall，1982）。混合离散化技术的原理是通过适当调整四面体第一应变率张量不变量来赋予单元体积具有更大的灵活性（这个不变量给出了恒定应变率四面体的胀率的量度。）在该方法中，单元中较粗糙的离散是采用四面体单元来离散，并且单元中特定四面体的第一应变率张量不变量作为整个单元中所有四面体的体积平均值，该方法如图 1-21 所示。在特殊模式的变形描绘中，单独的常应变率将会产生一个体积改变，而这与不可压缩塑性流动理论不符。然而，在这个例子中，四面体集合（即单元）的体积保持不变，并且混合离散化技术的应用允许每个单独的四面体都能反映该单元的这种特性，因此将与理论值比较相符。

混合离散化在 3DEC 中可用，但仅适用于六面体。该过程不能轻易地适应任意形状块的离散化（可参见单元生成六面体块体命令 block zone generate hexahedra）。

在 3DEC 中，混合离散化（m-d）单元对应于 n_t 个四面体的集合，如图 1-22 所示 n_t =5 的情况。考虑特定的 m-d 单元，局部标记为 l 的四面体单元的应变率首先被考虑，然后分解为应变偏量和体积应变：

$$\xi_{ij}^{[l]} = \eta_{ij}^{[l]} + \frac{\xi^{[l]}}{3}\delta_{ij} \tag{1-72}$$

式中，$\eta_{ij}^{[l]}$ 为应变率张量偏量；$\xi^{[l]}$ 为第一应变率张量不变量：

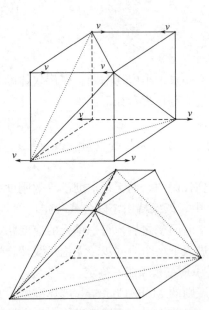

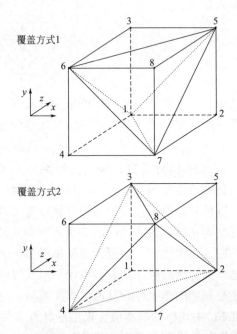

图 1-21　混合离散化最有效的变形模式　　　图 1-22　八节点单元两种离散方法（每种五个四面体）

$$\boldsymbol{\xi}^{[l]} = \boldsymbol{\xi}_{ij}^{[l]} \tag{1-73}$$

然后，该单元的第一应变率张量不变量，由每个四面体对体积的平均值得到：

$$\boldsymbol{\xi}^z = \frac{\displaystyle\sum_{k=1}^{n_t} \boldsymbol{\xi}^{[k]} V^{[k]}}{\displaystyle\sum_{k=1}^{n_t} V^{[k]}} \tag{1-74}$$

式中，$V^{[k]}$ 为四面体 k 的体积。最后，计算出四面体应变率张量：

$$\boldsymbol{\xi}_{ij}^{[l]} = \boldsymbol{\eta}_{ij}^{[l]} + \frac{\boldsymbol{\xi}^z}{3} \delta_{ij} \tag{1-75}$$

当屈服发生时，根据扩容本构规律将产生平均正应力的变化。同理，由应变率增量张量导出的第一应力不变量张量也必须作为该单元的对体积平均值进行评估。在此过程中，首先估计单元中特定四面体 l 的应力张量，并将其分解为应变偏量和体积应变：

$$\boldsymbol{\sigma}_{ij}^{[l]} = \boldsymbol{s}_{ij}^{[l]} + \boldsymbol{\sigma}^{[l]} \delta_{ij} \tag{1-76}$$

式中，$s^{[l]}$ 为偏应变率张量；$\boldsymbol{\sigma}^{[l]}$ 为平均正应力：

$$\boldsymbol{\sigma}^{[l]} = \frac{1}{3} \boldsymbol{\sigma}_{ij}^{[l]} \tag{1-77}$$

单元的第一应力不变量，可通过在所有四面体中进行体积平均得到：

$$\boldsymbol{\sigma}^z = \frac{\displaystyle\sum_{k=1}^{n_t} \boldsymbol{\sigma}^{[k]} V^{[k]}}{\displaystyle\sum_{k=1}^{n_t} V^{[k]}} \tag{1-78}$$

最后，使用下式计算四面体应力率张量分量：

$$\boldsymbol{\sigma}_{ij}^{[l]} = \boldsymbol{s}_{ij}^{[l]} + \boldsymbol{\sigma}^z \delta_{ij} \tag{1-79}$$

节点应力的计算（基于应变率和应力的计算得到）是使用两种离散方法的一个组合进行的。双叠加方法的优点在于，对称单元在对称荷载作用下产生对应的响应。在这种情况下，可采用这两种方法结合的混合离散方法。节点力由这两种方法计算后进行平均得到。

1.3.3　四面体网格的节点混合离散化

与低阶单元（例如常应变）相关的困难之一是，在分析本构约束影响材料体积行为问题时，它们会表现出"体积锁定"的特点。这一类的典型问题包括零体积应变的塑性流动模拟。Nagtegaal 等（1974）解释说，之所以会出现这种困难，是因为在不可压缩条件下，某些类型的网格会被过度约束。在普朗特楔体（Prandtl Wedge）问题的例子中，使用常应变单元不仅可能会高估承受的荷载，而且可能证明在预测极限荷载能力方面根本不可靠。

解决这个问题的一种方法是增加单元的阶数。然而，引入额外自由度一个缺点是可能出现沙漏变形模式（不产生应变的节点位移组合，因此不受应力的制约）。这些模态在实际中是无法观测到的，常常需要在单元公式中应用复杂的修正项来防止发生。高阶单元方法的另一个缺点是，增加了用于接触检测、应用边界条件的识别和一般模型的制定算法的复杂性。

为了避免这些困难，Marti 和 Cundall（1982）提出了一种减少塑性流动约束数量的程序：同时，保持单元的低阶，从而防止不必要的沙漏现象。该技术被称为"混合离散化"，因为应力和应变张量的各向同性和偏向部分的离散化是不同的。本质上，偏差行为是在三角形或四面体单元基础上定义的，而体积行为是在称为区域（四边形或六面体）的单元集合上平均得到的。

1. 混合离散技术说明

节点混合离散（Nodal Mixed Discretization，NMD）技术是混合离散方案的一种变体，其中体积行为的平均是在节点而不是单元的基础上进行的。该方法适用于基于三角形或四面体的网格，它不需要将元素组装到单元中。此外，本构模型通常以单元为基础进行调用［没有调用基于节点的体积行为，如在 Bonet 和 Burton（1998）描述的平均节点压力（ANP）公式中］。该过程包括对应变节点混合离散化和对应力的离散化。

首先，我们回顾一下 FLAC 和 3DEC 中体现的一般计算流程：

（1）节点力是根据应力、施加的荷载和体积力计算的（速度和位移呈线性变化，应力和应变在单元内是恒定的）。

（2）调用运动方程来推导新的节点速度和位移。

（3）单元应变率来自节点速度。

（4）使用材料本构方程从应变率推导出新的应力。

在 NMD 技术中，需要考虑计算顺序。然而，对应变率（步骤 3 结束）和应力增量（步骤 4 结束）执行平均化处理。

2. 应变节点混合离散化

通常情况下，应变率 $\dot{\varepsilon}_{ij}$ 来自节点速度，然后将应变率分为偏分量 $\dot{e}_{ij}$ 和体积分量 $\dot{e}$：

$$\dot{\varepsilon}_{ij} = \dot{e}_{ij} + \dot{e}\delta_{ij} \tag{1-80}$$

式中，δ_{ij} 为克罗内克符号（Kroenecker delta）。

使用以下公式计算节点体积应变率（定义为周围单元值的加权平均值）：

$$\dot{e}_n = \frac{\sum_{e=1}^{m_n} \dot{e}_e V_e}{\sum_{e=1}^{m_n} V_e} \tag{1-81}$$

式中，m_n 为节点 n 周围的单元；V_e 为单元 e 的体积。

获得节点体积应变率后，通过取节点值的平均值计算单元 e 的平均值 $\bar{e}$：

$$\bar{e} = \frac{1}{d} \sum_{n=1}^{d} \dot{e}_n \tag{1-82}$$

式中，$d=3$ 表示三角形；相应，$d=4$ 表示四面体。

最后，通过偏分量和体积分量平均值的叠加重新定义了单元应变率：

$$\dot{\varepsilon}_{ij} = \dot{e}_{ij} + \bar{e}\delta_{ij} \tag{1-83}$$

通过调用本构模型，导出新的应力（从应变率）和以前的应力。

3. 应力节点混合离散化

考虑增量体积本构应力-应变定律，对于小增量，它可以线性化为：

$$\dot{\sigma} = K(\bar{e} - \dot{e}^{\text{p}}) \tag{1-84}$$

式中，$\dot{e}^{\text{p}}$ 代表塑性体积应变增量，对于膨胀/收缩材料，该值为非零。相关的节点力必须与定义单元运动学的假设一致。为了强制执行这一点，如下所述，对 $K\dot{e}^{\mathrm{p}}$ 项应用节点混合离散化过程。为方便起见，我们将术语 $K\dot{e}^{\mathrm{p}}$ 称为 $\dot{\sigma}^{\mathrm{p}}$，根据这个约定，等式（1-84）可以表示为：

$$\dot{\sigma} = K\bar{\dot{e}} - \dot{\sigma}^{\mathrm{p}} \tag{1-85}$$

$\dot{\sigma}^{\mathrm{p}}$ 是在本构模型中评估的标准量，对应力进行节点混合离散技术应用于应变的技术。首先，$\dot{\sigma}^{\mathrm{p}}$ 的节点值被计算为周围单元值的加权平均值：

$$\dot{\sigma}_n^{\mathrm{p}} = \frac{\sum_{e=1}^{m_n} \dot{\sigma}^{\mathrm{p}} V_e}{\sum_{e=1}^{m_n} V_e} \tag{1-86}$$

获得节点值 $\dot{\sigma}_n^{\mathrm{p}}$ 后，通过取节点值的平均值计算单元的平均值 $\bar{\dot{\sigma}}^{\mathrm{p}}$，

$$\bar{\dot{\sigma}}^{\mathrm{p}} = \frac{1}{d} \sum_{n=1}^{d} \dot{\sigma}_n^{\mathrm{p}} \tag{1-87}$$

式中，对于三角形，$d=3$；对于四面体，$d=4$。

最后，通过将返回值中的 $\bar{\dot{\sigma}}^{\mathrm{p}}$ 替换为 $\dot{\sigma}^{\mathrm{p}}$ 来校正基于本构模型计算的应力：

$$\sigma_{ij} => \sigma_{ij} + (\dot{\sigma}^{\mathrm{p}} - \bar{\dot{\sigma}}^{\mathrm{p}})\delta_{ij} \tag{1-88}$$

显然，对应力的节点混合离散只与膨胀/收缩材料有关。

重要的是要注意，NMD 技术中涉及的平均化操作是独立于本构模型公式进行的，本构模型公式不受影响（由本构模型计算的塑性体积"应力校正"$\dot{\sigma}^{\mathrm{p}}$ 简单地从本构模型作为状态变量之一传回）。

此外，可以表明，由于执行平均化程序的方式，所得到的四面体公式在分片测试情况下给出了正确的行为，其中所有单元都是一致的，因此是相等的。NMD 技术中涉及的节点平均化程序消除了线性速度单元的过度约束运动特性。

4. 高阶四面体单元

标准的 3DEC 单元是 4 节点四面体，假设使用线性位移插值函数。命令（block zone generate high-order-tetra）可使块体单元生成高阶四面体单元，即基于二次位移插值函数将标准单元的网格转换为具有 10 个节点的高阶四面体网格。为此，在每个单元边缘的中点创建新节点。高阶单元公式允许在单元内部和单元表面上表征二次位移场。但是，出于接触计算和出图的目的，块体边界由三角形面网格近似处理，10 节点四面体的面被分成 4 个平面三角形。

高阶四面体单元基于标准的有限元公式，类似于用于 20 节点四面体单元的公式。对于 10 个节点四面体，有 4 个高斯点，用于计算应变和应力，该单元被制定为与 3DEC 显式求解方法兼容。节点力是由高斯点应力通过数值积分得到的，因此不需要计算刚度矩阵。在每一个高斯点，每一步都应用块体所采用的本构模型，以获得新的应力，对标准单元也是如此。出于打印和出图目的，4 个标准单元的网格叠加在每个 10 节点四面体上。高斯点应力被转移到这些单元，因此仍然可以使用 3DEC 中的标准打印云图（等值线）命令。

高阶单元可通过较粗的网格提供更好的应力结果，它们还为块体塑性计算问题提供了更精确的解。因此，这些单元适用于块体内部应力分布很重要的问题，或发生重大的块体

破坏问题。对于接触行为占主导地位的典型块体系统，考虑到用平面三角形替换弯曲变形块面所涉及的近似处理，如接触计算中所假设的那样，高阶单元可能会不太合适。

5. 数值的稳定性

用于离散元法的求解方案需要数值条件的稳定性，确定满足块体内部变形和块体间相对位移计算的稳定性标准限制时间步长，块体变形计算稳定性所需的时间步长估计为：

$$\Delta t_{\mathrm{n}} = 2\min\left(\frac{m_i}{k_i}\right)^{1/2} \tag{1-89}$$

式中，m_i 为与块体节点 i 相关的质量；k_i 为节点周围单元刚度的度量。

质量与刚度之比与线弹性系统的最高特征频率 $\omega_{\max}$ 相关。

刚度项 k_i 必须考虑完整岩石的刚度和不连续面的刚度，它被计算为两个组件的总和：

$$k_i = \sum(k_{zi} + k_{ji}) \tag{1-90}$$

右侧的第一项表示连接到节点 i 的所有单元的刚度贡献的总和，估计为：

$$k_{zi} = \frac{8}{3}\left(K + \frac{4}{3}G\right)\frac{b_{\max}^2}{h_{\min}} \tag{1-91}$$

式中，K 和 G 分别为块状材料的体积弹性模量和剪切弹性模量；$b_{\max}$ 为最大的单元边长；$h_{\min}$ 为四面体单元的最小高度。

节理刚度项 k_{ji} 仅存在于块边界上的节点，取法向或剪切节理刚度（以较大者为准）与节点 i 相邻的两个块段面积之和的乘积。

对于块体间相对位移的计算，通过采用与单自由度体系类比的方法确定临界时间步长的估计值，如下：

$$\Delta t_{\mathrm{b}} = (\mathrm{frac})2\left(\frac{M_{\min}}{K_{\max}}\right)^{1/2} \tag{1-92}$$

式中，$M_{\min}$ 为块体体系中的最小块体质量；$K_{\max}$ 为最大法向或切向刚度。

术语 frac 是用户自行定义的参数，它解释了单个块体可能同时与多个块体接触的事实。frac 的典型值为 0.1。离散元分析的临界时间步长是：

$$\Delta t = \min(\Delta t_{\mathrm{n}}, \Delta t_{\mathrm{b}}) \tag{1-93}$$

6. 质量（密度）缩放

即使每个时间步执行显式计算非常快，有时还可以采用一些另外的方法，以增加时间步，减少计算机时间。其中一种方法是通过缩放固体材料的质量（或密度）。可以注意到，在正确保留了重力的前提下，惯性密度的值与静态系统的模拟无关。对于近乎静态的系统（即仅随时间缓慢演化的系统），惯性密度可能会增加，直到与系统中的其他力相比它们开始变得明显。如果惯性力较低，系统响应不会有明显的变化。想要增加密度的原因是，关键时间步长（Δt）也可能会增加，因为它是由密度决定的：

$$\Delta t \propto \sqrt{\rho} \tag{1-94}$$

此过程称为密度缩放。仅当模型不均匀时（即模型的不同部分的自然时间步长不同），密度缩放在提高收敛性方面才有效。改变均匀模型中的密度并不能提高收敛性。

密度缩放是使用 3DEC 进行静态分析的默认模式。也可由用户通过块体力学质量比例命令进行选择和调整。当指定局部阻尼（通过局部块体力学阻尼）或指定自适应全局阻尼（通过全局块体力学阻尼）时，质量缩放会自动打开。对于大多数问题，模型中基于平均块体质量或单元质量的尺度因子时，收敛速度最快。

7. 用于动力分析的局部质量（密度）缩放

密度缩放是一种计算技术（3DEC 在准静态计算中使用），它大大提高了获得大规模模型问题解决方案的效率。在准静态问题中，惯性力并不重要，网格点质量可以在不影响求解的情况下缩放到最优数值收敛情况。然而，在动态分析中，不能使用全局缩放。对于复杂的节理系统，自动划分网格过程中会产生非常小的分块单元；而显式算法的数值稳定性却要求非常小的时间步长，使得一些动态解决方案非常耗时。然而，由于这些单元可能非常小，质量非常小，对整体计算结果的影响也较小，因此可以只对这些单元引入一些密度缩放，使系统惯性的变化可以忽略不计。这种局部密度缩放方案是在 3DEC 中实现的，用户可以通过这种方式控制引入的缩放量。给定由代码计算的时间步，用户通过使用命令（block mechanical mass-scale timestep f）指定所需的时间步，此命令会指定计算系统实现要求时间步所需的密度缩放量。当给出一个计算命令（model cycle）时，将显示出一条消息，指示缩放的网格质量的数量和引入的额外质量的数量。

1.4　总结

基于显式计算求解的 3DEC 在岩体工程领域得到了广泛的应用，主要因为它能够真实表达岩石裂隙，这一特性在学术研究和工程实践中都具有强烈吸引力。大量相关文献已经发表在期刊论文和会议论文集中，使其成为工程教育中的重要工具。

然而，对于较软和较弱的岩石而言，一些学者认为等效连续体模型更为适用。这是因为在这些岩石中，裂隙的变形能力与岩石基质之间的差异相对较小。与概念及理论简单相比，岩石裂隙的几何特征通常是未知的，这限制了 3DEC 模型在更广泛和深入领域的应用。3DEC 模型的准确性取决于对岩体实际情况的再现，而这实际情况又取决于对现场裂隙系统几何特征的解释。在实践中，适当验证这些特征是具有挑战性的。值得注意的是，这个问题不仅存在于 3DEC，也存在于其他裂隙岩体数值方法中，如有限元方法（FEM）或有限差分方法（FDM）。

因此，如何以更先进、更经济的方法提高岩石裂隙系统的表征质量，成为一个首要问题。可能的解决途径包括采用更可靠和分辨率更高的地球物理勘探方法。在未来的研究中，解决这个问题将为岩体工程领域提供更精确、更可靠的数值模拟，为实际工程中的应用提供更有力的支持。

参考文献

[1] ANDERSSON J，DVERSTORP B. Conditional simulations of fluid flow in three-dimensional networks of discrete fractures [J]. Water Resources Research，1987，23 (10)：1876-1886.

[2] ANDERSSON J，SHAPIRO A M，BEAR J. A stochastic model of a fractured rock conditioned by measured information [J]. Water Resources Research，1984，20 (1)：79-88.

[3] BARDET J P，SCOTT R F. Seismic stability of fractured rock masses with the distinct element method [C] // ARMA US Rock Mechanics/Geomechanics Symposium. ARMA，1985.

［4］BILLAUX D，CHILES J P，HESTIR K，et al. Three-dimensional statistical modelling of a fractured rock mass—An example from the Fanay-Augeres Mine ［J］. International Journal of Rock Mechanics and Mining Sciences & Geomechanics Abstracts，1989，26（3-4）：281-299.

［5］BONET J，BURTON A J. A simple average nodal pressure tetrahedral element for incompressible and nearly incompressible dynamic explicit applications ［J］. Communications in Numerical Methods in Engineering，1998，14（5）：437-449.

［6］BUTKOVICH T R，WALTON O R，HEUZE F E. Insights in cratering phenomenology provided by discrete element modeling ［C］//ARMA US Rock Mechanics/Geomechanics Symposium，1988.

［7］CACAS M C，LEDOUX E，DE M G，et al. Modeling fracture flow with a stochastic discrete fracture network：calibration and validation：1. The flow model ［J］. Water Resources Research，1990，26（3）：479-489.

［8］CACAS M C，LEDOUX E，DE M G，et al. Modeling fracture flow with a stochastic discrete fracture network：calibration and validation：2. The transport model ［J］. Water Resources Research，1990，26（3）：491-500.

［9］CHARLAIX E，GUYON E，ROUX S. Permeability of a random array of fractures of widely varying apertures ［J］. Transport in Porous Media，1987，2：31-43.

［10］CROUCH S L，STARFIELD A M，RIZZO F J. Boundary Element Methods in Solid Mechanics ［J］. Journal of Applied Mechanics，1983，50（3）：704-705.

［11］CUNDALL P A，HART R D. Development of generalized 2-D and 3-D distinct element programs for modeling jointed rock ［M］. US. AEWES，1985.

［12］CUNDALL P A，HART R D. Numerical modelling of discontinua ［J］. Engineering Computations，1992，9（2）：101-113.

［13］CUNDALL P A，STRACK O D L. A discrete numerical model for granular assemblies ［J］. Geotechnique，1979，29（1）：47-65.

［14］CUNDALL P A，STRACK O D L. Discussion：A discrete numerical model for granular assemblies ［J］. Géotechnique，1980，30（3）：331-336.

［15］CUNDALL P A，STRACK O D L. Modeling of microscopic mechanisms in granular material ［J］. Studies in Applied Mechanics. Elsevier，1983，7：137-149.

［16］CUNDALL P A. A Computer Model for Simulating Progressive Large Scale Movements in Blocky Rock Systems ［C］// in Proceedings of the Symposium of the International Society of Rock Mechanics （Nancy，France，1971），Vol. 1，Paper No. II-8，1971.

［17］CUNDALLP A. Adaptive density-scaling for time-explicit calculations ［C］// Proceedings of the 4th International Conference on Numerical Methods in Geomechanics，1982.

［18］CUNDALL P A. Distinct Element Models of Rock and Soil Structure ［J］. Analytical and Computational Method in Engineering Rock Mechanics，1987：129-163.

［19］CUNDALL P A. Explicit finite-difference methods in geomechanics ［C］// Proc. 2nd Int. Cof. Num. Meth. Geomech. ，ASCE，New York，1976：132-150.

［20］CUNDALL P A. Formulation of a three-dimensional distinct element model—Part I. A scheme to detect and represent contacts in a system composed of many polyhedral blocks ［J］. International Journal of Rock Mechanics and Mining Sciences & Geomechanics Abstracts，1988，25（3）：107-116.

［21］CUNDALL P A. Rational design of tunnel supports：A computer model for rock mass behaviour using interactive graphics for the input and output of geometrical data：Tech. Rep. No. MRD-2-74 ［R］. Missouri River Division，US Army Corps of Engineers，1974.

[22] CUNDALL P A. UDEC – A Generalized Distinct Element Program for Modelling Jointed Rock：
Report PCAR-1-80 [R]，European Research Office，US Army，Peter Cundall Associates. Contract
DAJA37-79-C-0548，1980.

[23] CUNDALL P，MARTI J，BERESFORD P，et al. Computer modelling of jointed rock masses [R].
Dames and Moore，1978.

[24] DERSHOWITZ W S，EINSTEIN H H. Three dimensional flow modeling in jointed rock masses [C] //
ISRM，1987：6C.

[25] DETOURNAY C，DZIK E. Nodal mixed discretization for tetrahedral elements [C] // 4th
International FLAC Symposium on Numerical Modeling in Geomechanics. Itasca Consulting Group，
Inc. Minneapolis，2006，7.

[26] ELSWORTH D. A hybrid boundary element-finite element analysis procedure for fluid flow simulation
in fractured rock masses [J]. International Journal for Numerical and Analytical Methods in
Geomechanics，1986，10 (6)：569-584.

[27] ELSWORTH D. A model to evaluate the transient hydraulic response of three-dimensional sparsely
fractured rock masses [J]. Water Resources Research，1986，22 (13)：1809-1819.

[28] ENDO H K，LONG J C S，WILSON C R，et al. A model for investigating mechanical transport in
fracture networks [J]. Water Resources Research，1984，20 (10)：1390-1400.

[29] GOODMAN R E，SHI G. Block theory and its application to rock engineering [M]. New Jersey：
Prentice-Hall，1985.

[30] GOODMAN R E. Methods of geological engineering in discontinuous rocks [J]. International Journal
of Rock Mechanics and Mining Sciences & Geomechanics Abstracts，1976，13 (10)：115.

[31] HAHN J K. Realistic animation of rigid bodies [J]. ACM Siggraph computer graphics，1988，22
(4)：299-308.

[32] HART R D，Lemos J V，CUNDALL P A. Block motion research：Analysis with the distinct element
method：DNA-TR-88-34-V2 [R]. Itasca Consulting Group/Agbabian Associates，1987.

[33] HART R D，LEMOS J V，LORIG L J，et al. Tunnel Prediction Using Distinct Elements：Volume II-
Computer Code Modification and Verification：DNA-TR-90-56-V2 [R]. Defense Nuclear Agency
Report，1990.

[34] HART R，CUNDALL P A，LEMOS J. Formulation of a three-dimensional distinct element model—
Part II. Mechanical calculations for motion and interaction of a system composed of many polyhedral
blocks [J]. International Journal of Rock Mechanics and Mining Sciences & Geomechanics
Abstracts，1988，25 (3)：117-125.

[35] HEUZÉ F E，WALTON O R，MADDIX D M，et al. Analysis of explosions in hard rocks：the power
of discrete element modeling [J]. Analysis & Design Methods，1993，11 (5)：387-413.

[36] HOCKING G，MUSTOE G G W，WILLIAMS J R. CICE discrete element analysis code-theoretical
manual [J]. Applied Mechanics Inc，Lakewood，Colorado，1985.

[37] HUDSON J A，HARRISON J P. Engineering rock mechanics：an introduction to the principles [M].
Oxford：Pergamon，1997.

[38] Itasca Consulting Group Inc. Particle Flow Code in 2 Dimensions and Particle Flow Code in 3
Dimensions [CP]. Version 4. 0. Minneapolis：ICG，2008.

[39] Itasca Consulting Group Inc. Universal Distinct Element Code [CP]. Version 5. 0. Minneapolis：ICG. 2011.

[40] JING L，STEPHANSSON O. Fundamentals of discrete element methods for rock engineering：theory
and applications [M]. Amsterdam：Elsevier，2007.

[41] KAWAI T. A New Discrete Model for Analysis of Solid Mechanics Problems [J]. Journal of the Seisan Kenkyu, Institute of Industrial Science, University of Tokyo, 1977, 29: 208-210.

[42] KAWAI T. Collapse load analysis of engineering structures by using new discrete element models [C] // IABSE Colloquium, Copenhagen, 1979.

[43] KAWAI T. New Discrete Structural Models and Generalization of the Method of Limit Analysis [C] //Finite Elem. Nonlinear Mech. PG Bergan al. eds. Tapir Publishers, 1977.

[44] KAWAI T. New element models in discrete structural analysis [J]. Journal of the Society of Naval Architects of Japan, 1977 (141): 174-180.

[45] KEY S W, HEINSTEIN M W, STONE C M, et al. A suitable low-order, tetrahedral finite element for solids [J]. International Journal for Numerical Methods in Engineering, 1999, 44 (12): 1785-1805.

[46] KEY S W. A data structure for three-dimensional sliding interfaces [C] //Int. Conf. on Computational Mechanics. 1986.

[47] LEMOS J V, HART R D, CUNDALL P A. A generalized distinct element program for modelling jointed rock mass-A keynote lecture [C] // International Symposium on Fundamentals of Rock Joints. 1985: 335-343.

[48] LEMOS J V. A distinct element model for dynamic analysis of jointed rock with application to dam foundations and fault motion [D]. Minnesota: University of Minnesota, 1987.

[49] LONG J C S, GILMOUR P, WITHERSPOON P A. A model for steady fluid flow in random three-dimensional networks of disc-shaped fractures [J]. Water Resources Research, 1985, 21 (8): 1105-1115.

[50] LONG J C S, REMER J S, WILSON C R, et al. Porous media equivalents for networks of discontinuous fractures [J]. Water Resources Research, 1982, 18 (3): 645-658.

[51] LORIG L J, CUNDALL P A. Modeling of reinforced concrete using the distinct element method [C] // Fracture of Concrete and Rock: SEM-RILEM International Conference. June, 1987.

[52] MARTI J. Mixed discretization procedure for accurate solution of plasticity problems [J]. Int. Jour., Num. Methods & Analy. Methods in Geomech. , 1982: 23-26.

[53] NAGTEGAAL J C, PARKS D M, RICE J R. On numerically accurate finite element solutions in the fully plastic range [J]. Computer Methods in Applied Mechanics and Engineering, 1974, 4 (2): 153-177.

[54] NAKEZAWA S, KAWAI T. A rigid element spring method with applications to nonlinear problems [J]. Numerical Methods in Fracture Mechanics, 1978: 38-51.

[55] OTTER J R H, CASSELL A C, HOBBS R E, et al. Dynamic relaxation [C] //Proceedings of the Institution of Civil Engineers, 1966, 35 (4): 633-656.

[56] PAPADOPOULOS J M. Incremental deformation of an irregular assembly of particles in compressive contact [D]. Massachusetts Institute of Technology, Department of Mechanical Engineering, 1986.

[57] PLESHA M E, AIFATIS E C. On the modeling of rocks with microstructure [C] // ARMA US Rock Mechanics/Geomechanics Symposium. ARMA, 1983.

[58] POTYONDY D O, CUNDALL P A, LEE C A. Modelling rock using bonded assemblies of circular particles [C] //ARMA US Rock Mechanics/Geomechanics Symposium. ARMA, 1996.

[59] SHI G, GOODMAN R E. Two dimensional discontinuous deformation analysis [J]. International Journal for Numerical and Analytical Methods in Geomechanics, 1985, 9 (6): 541-556.

[60] SHI G. Discontinuous Deformation Analysis-A New Numerical Model for the Statics and Dynamics of

Block Systems ［R］. Lawrence Berkeley Laboratory, Report to DOE OWTD, Contract AC03-76SF0098, 1988; also Ph. D. Thesis, University of California, Berkeley, 1989.

［61］ SHI G. Discontinuous deformation analysis: a new numerical model for the statics and dynamics of deformable block structures ［J］. Engineering Computations, 1992, 9 (2): 157-168.

［62］ SMITH L, SCHWARTZ F W. An analysis of the influence of fracture geometry on mass transport in fractured media ［J］. Water Resources Research, 1984, 20 (9): 1241-1252.

［63］ SOUTHWELL R V. Relaxation methods in engineering science: a treatise on approximate computation ［M］. Oxford: Oxford University Press, 1940.

［64］ SOUTHWELL R V. Relaxation methods in theoretical physics: a continuation of the treatise, Relaxation methods in engineering science ［M］. Oxford: Clarendon Press, 1946.

［65］ SOUTHWELL R V. Stress-calculation in frameworks by the method of systematic relaxation of constraints — I and II ［J］. Proceedings of the Royal Society of London. Series A, Mathematical and Physical Sciences, 1935, 151 (872): 56-95.

［66］ STRATFORD R G, HERBERT A W, JACKSON C P. A parameter study of the influence of aperture variation on fracture flow and the consequences in a fracture network ［C］ // International Symposium on Rock Joints. 1990: 413-422.

［67］ TSANG Y W, TSANG C F. Channel model of flow through fractured media ［J］. Water Resources Research, 1987, 23 (3): 467-479.

［68］ WALTON O R, BRAUN R L, MALLON R G, et al. Particle-dynamics calculations of gravity flow of inelastic, frictional spheres ［M］. Studies in Applied Mechanics. Elsevier, 1988, 20: 153-161.

［69］ WALTON O R. Particle dynamics modeling of geological materials: UCRL-52915 ［R］. Lawrence Livermore National Laboratory, 1980.

［70］ WANG C Y. Mathematical principles for continuum mechanics and magnetism-Part A: Analytical and continuum mechanics ［M］. New York: Plenum Press, 1975.

［71］ WARBURTON P M. Vector stability analysis of an arbitrary polyhedral rock block with any number of free faces ［J］. International Journal of Rock Mechanics and Mining Sciences & Geomechanics Abstracts. 1981, 18 (5): 415-427.

［72］ WILKINS M L. Calculation of elastic-plastic flow: UCRL-7322, Rev. I ［R］. Lawrence Radiation Laboratory, University of California, 1969.

［73］ WILLIAMS J R, MUSTOE G G W. Modal methods for the analysis of discrete systems ［J］. Computers and Geotechnics, 1987, 4 (1): 1-19.

［74］ Jens, Wittenburg, Author, et al. Dynamics of systems of rigid bodies ［J］. Journal of Applied Mechanics, 1978.

［75］ ZIENKIEWICZ O C, TAYLOR R L, ZHU J Z. The finite element method, Volume 1-the basics ［M］. 5th ed. Oxford: Butterworth-Heinemann, 2000.

［76］ J A Hudson, J P Harrison. 工程岩石力学（上卷）：原理导论 ［M］. 冯夏庭, 李小春, 焦玉勇, 等译. 北京：科学出版社, 2009.

［77］ 王涛, 韩彦辉, 朱永生, 等. PFC2D/3D 颗粒离散元计算方法及应用 ［M］. 北京：中国建筑工业出版社, 2020.

［78］ 王泳嘉, 邢纪波. 离散单元法及其在岩土力学中的应用 ［M］. 沈阳：东北工学院出版社, 1991.

第 2 章　3DEC 7.0 入门操作及基础知识

本章通过两个具有代表性的例子，向读者介绍 3DEC 7.0 的入门操作方法。同时，将介绍 3DEC 中的基本术语和概念，帮助初学者更好地理解和掌握 3DEC 软件的使用和基本原理。

2.1　3DEC 7.0 快速入门

本节将介绍使用 3DEC 时的基本步骤，帮助读者熟悉如何开始新项目并建立简单的块体模型。通过完成一个简单的楔形边坡破坏实例，将解释并说明在 3DEC 控制台中使用鼠标和脚本命令进行交互式控制的过程。通过这个例子，读者将了解如何在 3DEC 中进行基本的操作，包括创建几何体、定义材料属性、施加边界条件、求解等。这将提供一个实用的初步指南，帮助读者在实际应用中使用 3DEC 进行建模和分析。

实例中涉及的关键词：

刚性块体（Rigid block）；连接（Joint）；历史记录（History）；图形用户界面（GUI）；出图操作（Plot Manipulation）。

涉及的命令：

BLOCK CREATE，BLOCK DELETE，BLOCK FIX，BLOCK GROUP，BLOCK HIDE，BLOCK CUT，BLOCK PROPERTY，MODEL CYCLE，MODEL GRAVITY，MODEL SAVE。

2.1.1　项目

在启动 3DEC 后，会出现一个对话框（图 2-1），其中包含正在使用的版本信息。在对话框的底部，有几个与项目相关的启动选项。项目（Project）是将与 3DEC 求解的问题相关的数据文件、FISH 文件、成果图等捆绑在一起的简单处理方法。请从提示符中选择"New Project…"。

现在，会出现一个保存提示符（图 2-2）。单击左侧的 My Projects 目录，并将新项目保存为"getting_started.prj"。安装 3DEC 时，程序会在 Documents/Itasca/3dec700 中自动创建一个名为 My Projects 的目录，这是存储项目的一个地方。

用于完成本教程的命令将保存在 data（*.dat）文件中。选择"file→new data file…"或按"Ctrl+N"创建新的数据文件，将新数据文件保存为"simple_wedge.dat"。与项目文件（"getting_started.prj"）保存在同一个文件夹中。

2.1.2　布局

3DEC 图形用户界面（GUI）包含数据文件、绘图、命令控制台和项目文件的显示面

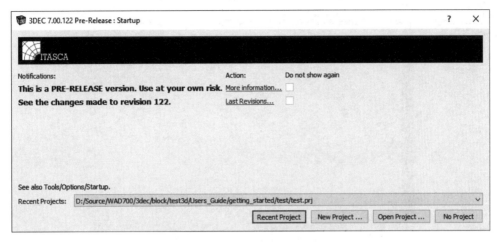

图 2-1　项目启动时的文件加载选项

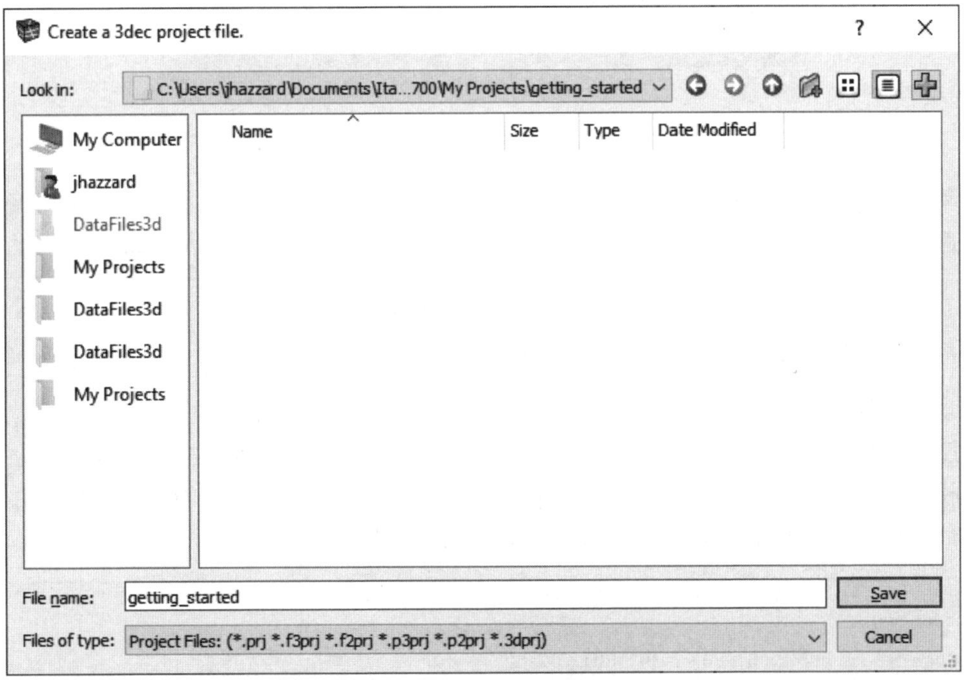

图 2-2　项目文件保存对话框

板。3DEC 图形用户界面中的窗格（Panes）布局可以根据用户的喜好进行定制。在布局菜单下，有几个预定义的布局选项，包括水平（Horizontal）、竖直（Vertical）、单个（Single）、宽大（Wide）和项目（Project）选项。通过使用鼠标设置首选的布局，并将不同的窗格拖放到适当的位置，还可以保存和恢复 3DEC 布局。窗格就位后，单击"Layout"并选择"Save Layout…"将出现一个提示，并请求保存布局文件的位置。在恢复保存的布局首选项时，此位置是必需的选择。

选择"Layout Wide"，此时屏幕应如图 2-3 所示。

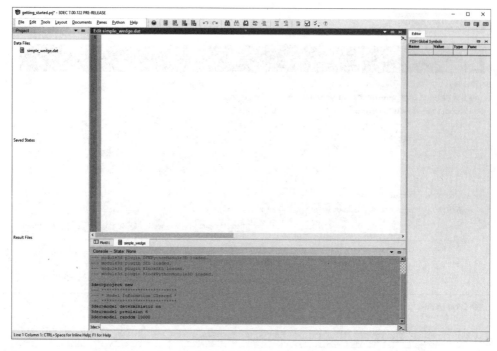

图 2-3　3DEC "Wide" 布局

新创建的数据文件列在左侧的"数据文件"下,空白数据文件本身填充了主窗格,命令控制台在底部。当显示数据文件时,右侧是一个全局 FISH 符号表。如果显示了一个 Plot(图形窗口),Plot 相关控件会出现在右边(选择 Plot01 选项卡来查看)。

2.1.3　创建模型

现在,我们可以开始输入创建模型的命令。命令可以输入到文件中,稍后执行,也可以在底部的控制台中逐个输入。建议将命令输入文本文件中,因为这样可以保存命令并允许轻松地多次运行同一组命令。下面的命令将清除以前的模型信息,创建初始块体并指定块体的大小。我们使用 block create brick 命令创建单个多面体块。

```
model new
block create brick (0, 80) (-30, 80) (0, 50)
```

这将创建一个尺寸为 $80 \times 110 \times 50$ 的块体。在软件视图窗格中创建命令文件时,用户可以随时按住 Ctrl + 空格键查看命令后的关键词。点击已显示的关键词,则会显示出后续衔接关键词。在命令窗格,可以通过在关键词后方加"?"来获取后续关键词提示。通过这些方式,可以用输入最少的关键词方式来构建命令,同时也方便我们记忆。用户也随时可以按 F1 来调出手册中与命令或关键词相关的材料(图 2-4)。

在图 2-5 中,通过单击绿色的 Execute 按钮来执行文件。

要查看图形,选择编辑器窗口下面的 Plot01 选项卡,Plot 控件现在会出现在右边。选择 Build Plot 按钮,如图 2-6 所示。

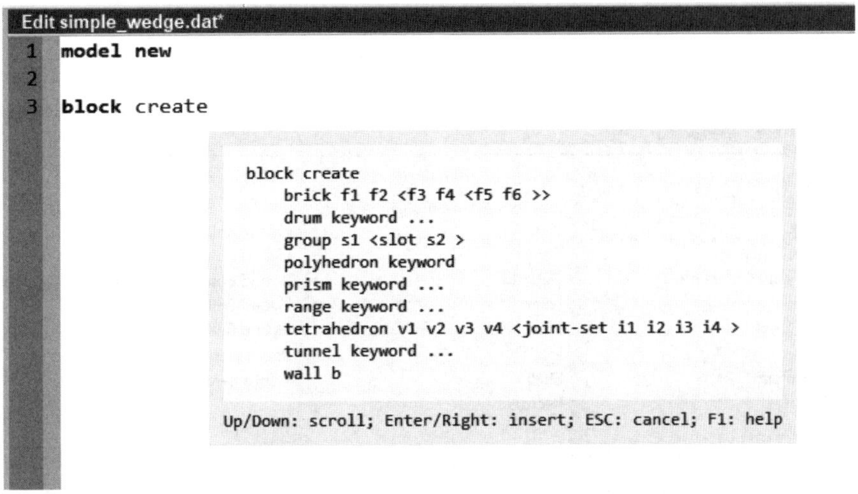

```
Edit simple_wedge.dat*
1  model new
2
3  block create

        block create
            brick f1 f2 <f3 f4 <f5 f6 >>
            drum keyword ...
            group s1 <slot s2 >
            polyhedron keyword
            prism keyword ...
            range keyword ...
            tetrahedron v1 v2 v3 v4 <joint-set i1 i2 i3 i4 >
            tunnel keyword ...
            wall b

        Up/Down: scroll; Enter/Right: insert; ESC: cancel; F1: help
```

图 2-4　3DEC 的上下文敏感帮助示例

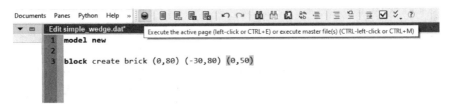

Documents Panes Python Help »
Edit simple_wedge.dat*
1 model new
2
3 block create brick (0,80) (-30,80) (0,50)

Execute the active page (left-click or CTRL+E) or execute master file(s) (CTRL-left-click or CTRL+M)

图 2-5　Execute 按钮

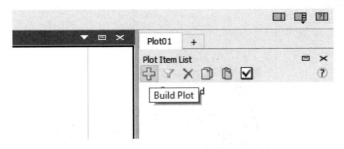

Plot01 +
Plot Item List
Build Plot

图 2-6　Build Plot 按钮

窗口中显示了所有 Plot 项目的列表，如图 2-7 所示，选择 Block 并单击"OK"。

现在，单个块体应该出现在图形窗口。模型的默认视图平行于 XZ 平面。尝试按住鼠标右键并移动鼠标，可以旋转图形。图 2-8 演示了块体的旋转视图。

用户可以通过右键单击"Plot01"选项卡，并选择 rename 来重命名 Plot，将 Plot 名称更改为 Blocks。

操作视图：按住鼠标右键，在图上拖动鼠标，可旋转模型；按住鼠标右键＋左键，可以移动模型；使用滚轮可放大和缩小模型；按 Ctrl＋R 将视图重置回 XZ 平面。有关视图操作的详细说明，可以通过右键单击"Plot"并选择 Plot Control Help，在帮助文件中查询。

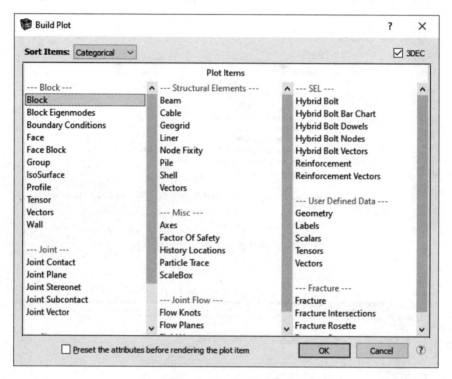

图 2-7　Plot 项目列表

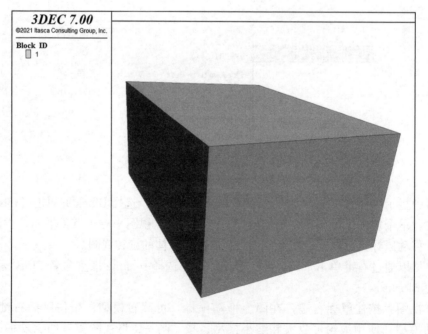

图 2-8　3DEC 块体图

2.1.4　创建节理

通过使用 JSET 命令将节理引入模型。节理可以表示实际的岩石节理，也可以用作 "construction" 来切割创建特定的几何模型。在本例中，为了创建边坡和楔块，需要构建一系列节理。我们首先使用关键词 dip、dip-direction 和 origin，在两个位置水平切割节理。注意：如果没有使用关键词，相关属性将默认为 0。

单击 "simple_wedge" 选项卡返回数据文件并添加以下命令。

block cut joint-set dip 90 dip-direction 180 origin 0, 0, 0

block cut joint-set dip 90 dip-direction 180 origin 0, 50, 0

倾向（dip-direction）为从正北（Y）方向顺时针旋转角度，执行以上命令以后，沿 Y 轴将块体切成三段。中间的块被分配给一个名为 "inner block" 的组，使用 RANGE 命令为块质心指定 Y 坐标范围，其他块体被称为 "outer blocks"，用来定义作为边界的块。

block group 'inner block' range pos-y 0 50

block group 'outer blocks' range group 'inner block' not

执行以上命令后，点击 "Blocks" 选项卡查看块体图。现在，用户将看到三个不同颜色的块。在右边的控制面板上，点击 "Block" 项目，在 "Lable" 下的 "Attributes" 中，选择 Group（图 2-9）。

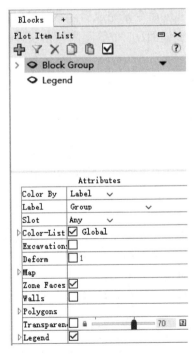

图 2-9　块体图项属性对话框

45

现在块体图看起来应如图 2-10 所示。

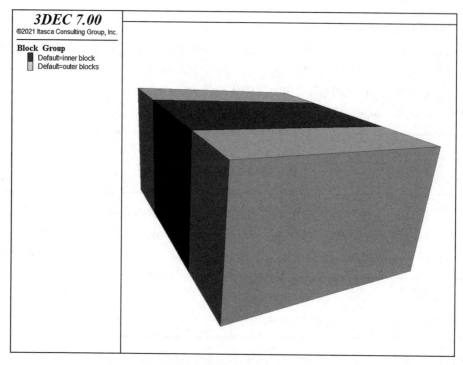

图 2-10　原来的块体分成三块

接着，在模型中引入增加的节理，并在水平和垂直方向上为未来的楔块创建滑动面。首先，隐藏外部块，用 block hide 命令来完成。隐藏的块体将不会被 block cut 命令切割。在此基础上，建立了 2 个缓倾裂缝面、5 个等距高倾角层理面。

```
block hide range group 'outer blocks'
block cut joint-set dip 2.5 dip-direction 235 origin 30，0，12.5
block cut joint-set dip 2.5 dip-direction 315 origin 35，0，30
block cut joint-set dip 76 dip-direction 270 spacing 4 num 5 origin 38，0，12.5
```

命令中的关键词 spacing 指定了节理之间的平均间距，关键词 num 定义了集合中的节理数。执行以上命令，并单击"Blocks"绘图选项卡，将"Label"更改为"ID"，模型应与图 2-11 类似。

现在，隐藏边坡体块，创建一个水平连接平面，它将构成边坡开挖的基础。

```
block hide range pos-x 30，80 pos-y 0，50 pos-z 0，50
block cut joint-set dip 0 dip-direction 0 origin 0，0，10
block hide range pos-z 0，10
block group 'excavate'
```

将开挖区域内的块体分配给名为"excavate"的组。

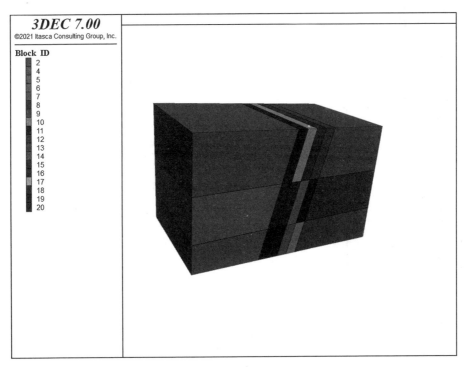

图 2-11　添加了节理面

2.1.5　创建楔形体

最后，使用以下命令创建节理面，定义边坡中的楔形体：

```
block hide off
block hide range group 'outer blocks'
block hide range pos-z 0, 10
block hide range pos-x 55, 80
block hide range pos-x 0, 30
block cut joint-set dip 70 dip-direction 200 origin 0, 35, 0
block cut joint-set dip 60 dip-direction 330 origin 50, 15, 50
```

此时执行文件后，将显示具有高角度节理的块体和定义楔形所需平面，如图 2-12 所示。

2.1.6　边界条件

接下来，固定块体边界。使用 block fix 命令并指定必要的范围，将固定每个块体的形心速度为当前值。在这种情况下，质心速度当前为零。这将阻止任何移动，从而构建了边界条件。如果固定一个已经在移动的物体，那么物体将继续以当前的速度移动。模型的基础和结构面后面的块体被固定，外部块体也是固定的。然后，将 "excavate" 组从模型中删除。为了显示的目的，外部块被隐藏起来。

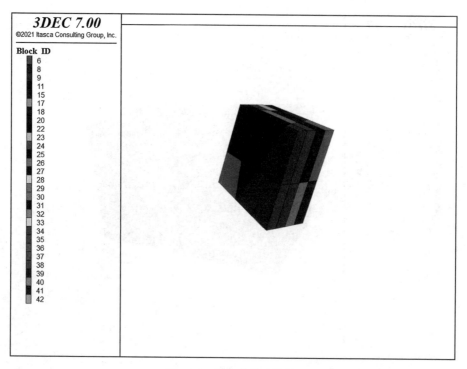

3DEC 7.00
©2021 Itasca Consulting Group, Inc.

Block ID
6
8
9
11
15
17
18
20
22
23
24
25
26
27
28
29
30
31
32
33
34
35
36
37
38
39
40
41
42

图 2-12　添加的楔形块体

```
block hide off
block fix range pos-z 0 10
block fix range pos-x 55 80
block fix range group 'outer blocks'
block hide range group 'outer blocks'
block delete range group 'excavate'
```

　　回到"Blocks"图，通过选择"Build Plot"按钮（＋）和选择 Misc→Axes 来添加坐标轴到 Plot。可以通过单击左键和拖动坐标的边缘来调整坐标轴的大小，可以通过左击和拖动坐标的中间来移动。现在，模型看起来应与图 2-13 类似。

2.1.7　重力

　　Model gravity 命令在负 Z 方向上指定一个重力加速度。在本例中，我们指定的值为 10m/s^2，X 和 Y 方向的分量是 0。

```
model gravity 0 0 -10
```

2.1.8　材料属性

　　材料属性被分配到块体和节理处。首先，必须显示隐藏的块，以便它们也被分配属

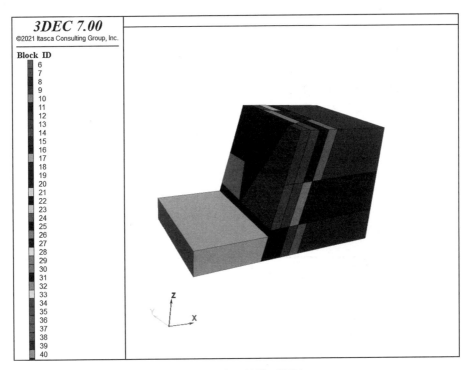

图 2-13　完整的模型视图

性。在本例中，所有块体的质量密度指定为 2000 个单位（在本例中为 kg/m^3）。假定块体是刚性的，忽略块体的可变形性。

```
block hide off
block property density 2000
```

接下来，是节理属性的分配。在节理属性被分配前，子接触需要使用 block contact generate-subcontacts 命令生成。这个命令将块体表面三角化，并在三角形顶点处添加子接触点。为了防止旋转，每个触点必须有多个子触点。请注意，如果你正在使用可变形的块，并且已经给出了 block zone generate 命令来创建区域，那么这个步骤是不必要的。在本例中，表面三角形划分与单元面相匹配。所有节理均具有相同的法向刚度和剪切刚度，在本例中为 $1.0 \times 10^9\,Pa/m$。真实的节理分配了摩擦角 89°（当前），内外块之间的节理则指定摩擦角为 0°。"boundary" 节理通过使用组名进行识别，以便稍后可以再次识别它们。

```
block contact generate-subcontacts
block contact prop stiffness-norm = 1e9 stiffness-shear = 1e9 friction = 89
block contact group 'boundary' range orientation dip 90 dip-dir 180
block contact prop fric = 0.0 range group 'boundary'
```

如果在大应变下运行模型，也有必要定义当块体滑动时可能形成的任何新接触的属性，这是通过以下命令来完成的：

```
block contact material-table default prop stiffness-norm = 1e9 stiffness-shear = 1e9 fric = 0
```

可以为接触的不同块体指定不同的接触属性，因此需要一个 "material table"。在这种情况下，我们可以假设所有的新接触都是无摩擦的。需要注意的是，对于节理，可以采用不同的本构模型。在这个例子中，使用了一个简单的莫尔-库仑模型（默认）。

2.1.9 求解

现在，问题已经准备好求解了。在解决问题的过程中，通过观察岩体中指定点的运动来判断材料的性能通常是有帮助的。在这个问题中，我们监测最接近点 $x=40$，$y=40$，$z=50$ 的顶点的 z 速度。我们需要小心地选择楔形体上的监测点。在记录历史数据前，首先将块体隐藏在节理的一侧。

```
block hide range plane dip 70 dip-direction 200 origin 0, 35, 0 below
block history vel-z position(40, 40, 50)
```

执行此命令后，程序将返回有关所选监视点的信息。

然后，再次显示块体并隐藏外面的块体。

```
block hide off
block hide range group 'outer blocks'
```

最后，使用以下命令使模型达到平衡。计算循环前，我们需要使用 model large-strain 命令表明是在大应变下运行还是在小应变下运行，然后可以使用 model solve 命令来达到平衡。注意，块体不会滑动，因为最初指定了较大的摩擦角。

```
model large-strain on
model solve
```

通过单击顶部的绿色 "Execute" 按钮来执行该文件。在执行过程中，每 10 个周期在屏幕上显示当前的循环计数、计算时间、最大的不平衡力和时钟时间。检查这些值表明是否已达到平衡（不平衡力接近零）。

通过选择 File→New Plot 并在提示符处输入名称，创建一个名为 "Vel His" 的新图表。在控制面板中，选择 "Build Plot" 按钮（＋），然后选择 Charts→History Chart，会出现一个空白的 History Chart。接下来，在 "Attributes" 标签下，通过点击蓝色的 "＋" 符号添加 "Z-velocity" 历史记录。注意，每个历史记录在创建时都被分配了一个 ID。因为只有一个历史记录，所以它的 ID 为 1。蓝色的 "＋" 符号允许你将 ID 1 的历史添加到图片中。

通过选择 Y-Axis→ Label 并输入 "Vertical Velocity"，更改 Y 轴的标签。这时，图片应如图 2-14 所示。

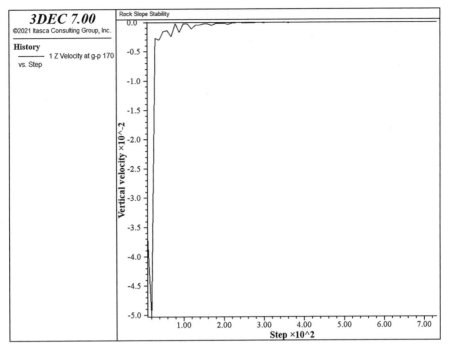

图 2-14   平衡循环过程中垂直速度的历史

2.1.10   绘制图像文件

在模型达到平衡后，创建一个初始状态的图形文件可能会有用。可以使用 model title 命令提供图片标题，并在后面包含一个字符串：

```
model title 'Rock Slope Stability'
```

标题将被保存，但不会显示到图片中。为了在图上显示标题，点击图片项目上方的 "View Settings" 按钮（看起来像框中的复选标记）。然后，在结果对话框中选中 "Job Title" 框（图 2-15）。

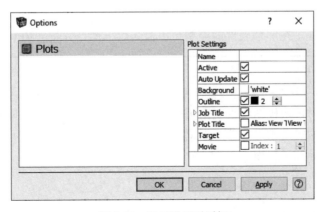

图 2-15   显示设置对话框

标题将出现在图片的顶部，在 history 的上方。标题的属性，如大小、字体、样式（粗体、斜体、粗体斜体）和颜色可以在选项对话框中修改。

然后，可以将图片导出为几种不同的文件类型。通过 File → Vel His → Export → Bitmap 导出，或者简单地右键单击绘图并选择 Export → Bitmap。当然，这必须指定一个图片和文件名。还可以通过右键单击并选择 Export→CSV File，将历史数据导出为逗号分隔值文件。CSV 文件的英文全称为 Comma Separated Values File，是由 Microsoft Corporation 软件系列创建的。CSV 文件通常都是以纯文本的形式储存，以行为单位，每行有多项数据，每项数据用逗号分隔。用户可以使用 Excel 或者系统自带的记事本、写字板来打开 CSV 文件。

2.1.11 保存初始状态

保存模型的初始状态是一个很好的习惯，这样可以在任何时候重新启动它（例如，执行参数敏感性研究）。将当前状态保存到一个输入名为"slope-initial. sav"的文件中，通过输入以下命令实现：

```
model save 'slope-initial'
```

如果没有给出扩展名，软件会自动添加扩展名 .sav。

2.1.12 减小节理的摩擦角并求解

通过减小节理的摩擦角，可以研究边坡的稳定性。使用以下命令减少摩擦角到 6°（添加到文件并重新执行，或简单地在 3DEC 用户界面底部的控制台输入命令）：

```
block contact prop fric = 6.0 range group 'boundary' not
```

下一步是在减少摩擦角的情况下继续计算 2000 个循环。因为模型不太可能达到平衡，所以这里不使用 model solve。失稳效果可以在"Blocks"图中看到。为了出图，可以在软件控制面板的"View Settings"（框中的复选标记）中打开"Job Title"选项，添加前面指定的项目标题。如果要为这个图片添加一个特定的标题，请检查"Plot Title"选项并输入一些文本（例如，"Wedge Failure"）。

要查看破坏过程，在屏幕底部的控制台中输入以下命令并按<Enter>：

```
model cycle 2000
```

在执行该命令时，块体图将说明由于摩擦角减少而导致的楔形块体破坏。这种破坏模式结合了沿节理面的滑动破坏和楔形块体的旋转破坏。如图 2-16 所示，楔块破坏为主要破坏，旋转机制则导致了坍塌。

2.1.13 出截面图

下面，通过一个模型的垂直截面图演示后处理中出截面图的方法。点击 File→New

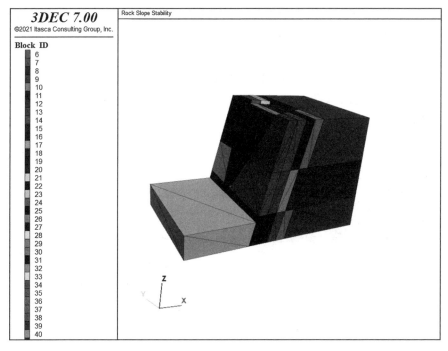

图 2-16　楔形体滑塌

Plot，将该图命名为"Cross Section"。在软件控制面板的列表中，选择 Block → Vectors。默认情况下，Vectors 将显示位移，但这可以通过 Type 属性更改。在"Attributes"下，打开"By-Magnitude"选项（图 2-17）。

图 2-17　位移矢量出图项属性对话框

53

首先，点击Build Plot，点击选定"Block"项目。然后在"Lable"下的"Attributes"中，选择ID，这样就将块体添加到图中。通过点击"Attributes"中的Polygons → Fill框关闭填充（图2-18）。

最后，需要一个切割平面来创建横截面，这是通过点击"Block ID"图项下的"Cutting Tool"来完成的（图2-19）。默认情况下，截平面将垂直于当前视图，在模型的中间进行切割。在这种情况下，平面垂直于Y轴（0，1，0），通过的原点为Y＝25。

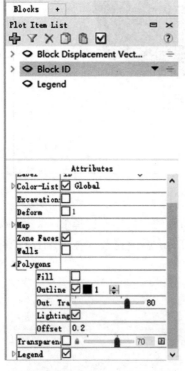

图2-18　块体绘图项属性对话框

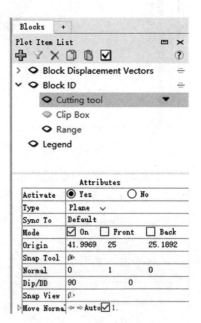

图2-19　绘制截面图属性对话框

同时，打开"Block Displacement Vectors"绘图项目的切割平面，显示位移矢量的结果截面（图2-20）。

2.1.14　小结

入门教程将到此结束。通过点击File → Save Project来保存项目，你将被询问是否也想保存模型状态。点击"Yes"，将模型保存为"slope-final"。从现在开始，用户可能会希望尝试其他各种各样的3DEC特性来稳定斜坡，你可以恢复到初始状态，这可以通过输入下方的命令来实现：

```
model restore 'slope-initial'
```

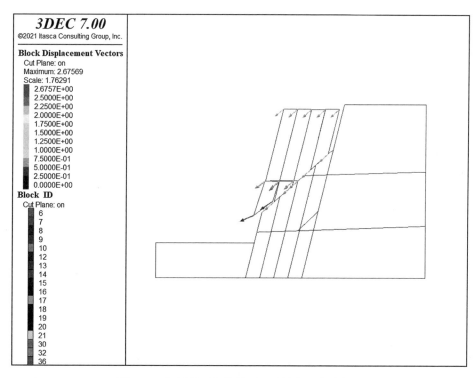

图 2-20　切割平面上的截面显示块体和位移矢量

2.1.15　完整代码

例 2-1　simple _ wedge. dat

```
; create base and identify region to be excavated
block hide range pos-x 30, 80 pos-y 0, 50 pos-z 0, 50
block cut joint-set dip 0 dip-direction 0 origin 0, 0, 10
block hide range pos-z 0, 10
block group 'excavate'
block hide off

; cut wedge
block hide range group 'outer blocks'
block hide range pos-z 0, 10
block hide range pos-x 55, 80
block hide range pos-x 0, 30
block cut joint-set dip 70 dip-direction 200 origin 0, 35, 0
block cut joint-set dip 60 dip-direction 330 origin 50, 15, 50
;
block hide off
```

```
;
block fix range pos-z 0 10
block fix range pos-x 55 80
block fix range group 'outer blocks'
block hide range group 'outer blocks'
block delete range group 'excavate'
block hide off
;
; Turn on gravity
model gravity 0 0 -10
;
; Assign block and contact properties
block property density 2000
block contact generate-subcontacts
block contact prop stiffness-norm = 1e9 stiffness-shear = 1e9 fric = 89

block contact group 'boundary' range orientation dip 90 dip-dir 180
block contact prop fric = 0. 0 range group 'boundary'

; assign default joint properites for new contacts
block contact material-table default prop stiffness-norm = 1e9 stiffness-shear = 1e9 fric = 0

; take history of point on the crest
block hide range plane dip 70 dip-direction 200 origin 0, 35, 0 below
block history vel-z position (40, 40, 50)

block hide off
block hide range group 'outer blocks'

model large-strain on
model solve

model title 'Rock Slope Stability'

model save 'slope-initial'

block contact prop fric = 6. 0 range group 'boundary' not

model cycle 2000

; simple _ wedge-plot. dat
model new
model large-strain on
```

```
;
block create brick (0, 80) (-30, 80) (0, 50)

plot 'Blocks' item modify 2 active off
plot 'Blocks' export bitmap file 'block-initial. png'
;
block cut joint-set dip 90 dip-direction 180 origin 0, 0, 0
block cut joint-set dip 90 dip-direction 180 origin 0, 50, 0
;
block group 'inner block' range pos-y 0 50
block group 'outer blocks' range group 'inner block' not

plot 'Blocks' item modify 1 label group-block
plot 'Blocks' export bitmap file 'block-split. png'
plot 'Blocks' item modify 1 label block
;
block hide range group 'outer blocks'
block cut joint-set dip 2. 5 dip-direction 235 origin 30, 0, 12. 5
block cut joint-set dip 2. 5 dip-direction 315 origin 35, 0, 30
;
block cut joint-set dip 76 dip-direction 270 spacing 4 num 5 origin 38, 0, 12. 5

plot 'Blocks' export bitmap file 'block-joints. png'
;
block hide range pos-x 30, 80 pos-y 0, 50 pos-z 0, 50
block cut joint-set dip 0 dip-direction 0 origin 0, 0, 10
block hide range pos-z 0, 10
block group 'excavate'
block hide off
block hide range group 'outer blocks'
block hide range pos-z 0, 10
block hide range pos-x 55, 80
block hide range pos-x 0, 30
block cut joint-set dip 70 dip-direction 200 origin 0, 35, 0
block cut joint-set dip 60 dip-direction 330 origin 50, 15, 50

plot 'Blocks' export bitmap file 'block-wedge. png'
;
block hide off
;
block fix range pos-z 0 10
block fix range pos-x 55 80
block fix range group 'outer blocks'
```

```
block hide range group 'outer blocks'
block delete range group 'excavate'

plot 'Blocks' item modify 2 active on
plot 'Blocks' export bitmap file 'block-complete. png'

block hide off
;
model gravity 0 0 -10
;
block prop dens = 2000
block contact generate-subcontacts
block contact prop stiffness-norm = 1e9 stiffness-shear = 1e9 fric = 89
block contact material-table default prop stiffness-norm = 1e9 stiffness-shear = 1e9 fric = 0

block contact group 'boundary' range orientation dip 90 dip-dir 180
block contact prop fric = 0. 0 range group 'boundary'

block hide range plane dip 70 dip-direction 200 origin 0, 35, 0 below
block history vel-z position (40, 40, 50)

block hide off
block hide range group 'outer blocks'

model solve

model title 'Rock Slope Stability'
model save 'slope-initial'
plot 'Vel His' export bitmap file 'history-1. png'
block contact prop fric = 6. 0 range group 'boundary' not
model cycle 2000
plot 'Blocks' export bitmap file 'block-sliding. png'
plot 'Cross Section' export bitmap file 'cross-section. png'
```

2.2　3DEC 中的基本术语与约定

2.2.1　基本术语

在很大程度上 3DEC 中术语与连续应力分析程序中的定义相似，但它同时使用了一些专门术语来描述 3DEC 模型中的不连续性特征。为了阐明这些基本定义，我们采用图 2-21 模型示意图说明 3DEC 的基本术语。

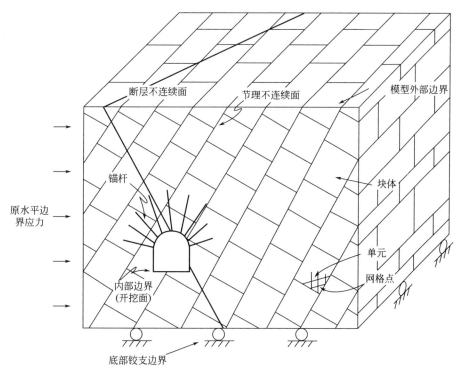

图 2-21　3DEC 模型示意图

1) 3DEC 模型（3DEC model）

使用者建立 3DEC 模型用于模拟物理力学问题，模型中蕴含了一系列 3DEC 命令，这些命令定义了数值解的问题条件。

2) 块体（Block）

块体是离散单元法计算最基础的几何实体。3DEC 模型是通过将单个块体"cutting"成许多更小的块来创建的，或者创建多个单独的块体并将它们连接在一起。每个块体都是一个独立的实体，可以与其他块体分离，也可以通过接触面与其他块体相互作用。因此，块体的另一个术语是多面体。

3) 接触（Contact）

每个块体通过点接触与相邻块体连接。因此，接触可以认为是施加外力到每个块体的边界条件。

4) 子接触（Sub-contact）

对于刚性块体和可变形块体，每个接触可以分成多个子接触。块体之间的相互作用力可施加到子接触上。

5) 不连续性（Discontinuity）

不连续性是把一个物体分割成离散部分的几何特征。例如，不连续性包括节理、断层以及岩体中的其他不连续面。3DEC 中，不连续面必须有一个与被分析的工程结构大致接近的迹长、尺度。在 3DEC 中的不连续面至少由一个接触构成。

6) 单元（Zone）

有限差分单元是一个现象（例如，应力对应变）变化的最小几何区域。不同形状的多

59

面体区域（如砖、楔形、金字塔和四面体区域）用于创建模型，并可在建模时查看。每个有限差分单元包含五个四面体子单元的两个重叠集，但用户通常不知道这些。

7）网格点（Gridpoint）

网格点与有限差分单元的角点相关联。给每个网格点分配一组 X、Y、Z 坐标，从而指定有限差分单元的确切位置。网格点也可以称为节点（node）或结点（nodal point），但为清晰计，这些通常用于结构元素。

8）模型边界（Model boundary）

模型边界是 3DEC 模型的外围。内部边界（例如开挖面）也属于模型的边界。

9）边界条件（Boundary condition）

边界条件规定沿模型边界的约束或控制条件（例如，力学问题的固定位移或力，地下水流动问题的不渗透边界，热传导问题的绝热边界等）。

10）初始条件（Initial conditions）

这是模型中所有变量（例如，应力或孔隙压力）在任何荷载变化或扰动（例如，开挖）之前的状态。

11）空块体（Null block）

空块体指在模型中代表"空"的块体，没有材料属性。空块体可以在后续的分析中重新设置为实体（例如，可以用来模拟回填）。该功能需要和删除（delete）命令相区分，一旦从模型中删除了一个块体，它就不能被恢复，而空块体可以多次改变相关设置。

12）块体本构模型（Block constitutive model）

块体本构（或材料）模型表示 3DEC 模型中可变形单元的变形和强度特征。3DEC 设置了几种本构模型来模拟与地质材料有关的力学行为。本构模型和材料属性可以单独分配到 3DEC 模型的每个区域。

13）节理本构模型（Joint constitutive model）

节理本构模型表示块体在接触（子接触）处的法向和剪切相互作用。节理模型包括法向和切向弹性刚度分量，以及剪切强度和抗拉强度分量。最常用的节理模型是库仑-滑动模型。

14）结构单元（Structural element）

3DEC 中，主要有两类结构单元。两个节点的线性单元代表梁、索和桩的性能。三个节点的平面三角形单元代表壳、衬垫和土工格栅。结构单元是用来模拟结构支撑在土体或岩体中的相互作用。材料非线性可与结构单元共存，大应变理论则导致了几何非线性的产生。

15）计算步（Step）

因为 3DEC 是采用显式求解，任何问题的求解均需要一定的计算时步。在计算过程中，与所研究现象相关的信息通过块体在模型中传播。需要一定数量的计算步骤才能达到平衡状态（静力分析、稳定渗流等）。典型的问题一般可以在 2000～4000 步内达到平衡，然而大型、复杂的问题可能需要数万步才能达到稳定状态。当求解动力问题时，model step 是指动态问题计算中的实际时间步长（the actual timestep），而在其他问题中则可能仅仅指计算步长或循环。

16）静态求解（Static solution）

当一个模型的动能变化率接近一个可以忽略的值时，在 3DEC 中可以得到一个静态或稳态的解。这是通过在运动方程中施加阻尼来实现的。在静态求解阶段结束时，如果模型的一部分（或全部）在施加的加载条件下不稳定（即破坏），则模型将要么处于平衡状态，要么处于材料稳定流动状态，这是 3DEC 中的默认计算。静力学解可以与瞬态地下水流动或热传递解耦合。作为一种选择，完全动态分析也可以通过抑制静态解阻尼来进行。

17）不平衡力（Unbalanced force）

不平衡力表示静力分析中的力所处的不平衡状态（或塑性流动开始时）。如果每个网格点上的节点力矢量（合力）为零，则模型即处于精确平衡状态。在 3DEC 中可以监视最大节点力向量，并在调用 model step 或 model solve 命令时，将其显示到屏幕上。最大节点力矢量也称为不平衡力。在数值分析中，最大不平衡力永远不会精确地达到零。但是，当最大不平衡力与问题中施加的总力相比较小时，模型被认为处于平衡状态。如果不平衡力接近一个恒定的非零值，这可能表明模型中发生了破坏和塑性流动。

18）动力分析（Dynamic solution）

对于动力学问题，需要求解全动力方程（包括惯性项），动能的产生和耗散直接影响计算结果。涉及高频和短时间荷载（如地震或爆炸荷载）的问题也需要动态求解方案。动态计算是 3DEC 的一个可选模块。

19）顶点（Vertex）

一般专门用来描述刚体的角点。然而，在 3DEC 中，当指块体表面上的网格点时，顶点和网格点可以交替使用。当块体网格化后，每个顶点都与一个网格点相连。

20）倾角与倾向（Dip and Dip Direction）

3DEC 中的 Dip 指倾角 Dip angle，是结构面与水平面的夹角，以水平（XY）平面向下测量为正；倾向指结构面最大倾斜线在水平面上的投影，在数值上通过自北（Y）顺时针旋转测量获取（图 2-22）。

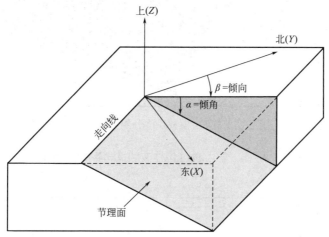

图 2-22　关于结构面倾角与倾向的定义：倾角 α 为从水平（XY）平面向下测量的正值；倾向 β 为从北面（Y）顺时针方向测量的正值

2.2.2　3DEC 建立模型的基本方法

对于大多数地质力学分析来说，3DEC 模型的创建从单个块体开始，该块体的大小为分析问题的物理区域。3DEC 通过将该块体切割成较小的块体来构建模型，这些块体的边界既可以代表地质结构（例如断层，层理平面，节理结构），又可以代表工程结构（如地下洞室和隧道）。

模型中的所有块体都是由其顶点和质心的 X、Y、Z 坐标定义的。块体之间的接触，以及可变形块体内的网格点，也由它们的坐标位置定义。沿着平面切割模型时，平面的位置由方位（倾角和倾向）和平面上的一个点坐标来确定。

3DEC 模型的所有实体（即块体、顶点、接触点、网格点和单元）由主数据数组中的地址编号唯一标识，并由 3DEC 自动分配。这些数字也可用于指代特定实体。每个实体的编号系统不是按顺序编码，因此用户必须通过 Plot 或 Print 命令输出来识别编号。

例如，图 2-23 展示了一个具有以下尺寸的 3DEC 模型块：X 方向为 10m，Y 方向为 10m，Z 方向为 10m。通过块体中心的水平不连续面，将模型块体划分为两个块体。

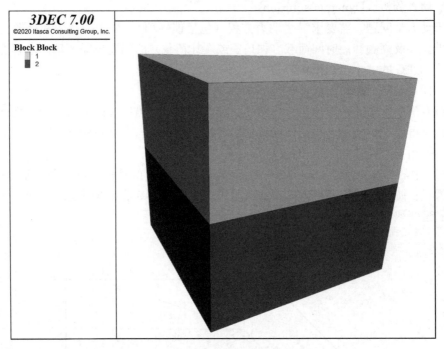

图 2-23   3DEC 模型块体分割为两个块体

这两个块体的编号为 1 和 2，并且通过位于两个块体相邻面中心的一个接触连接。可以通过以下命令获取相关信息。

```
block list information
block contact list model
```

循环时，接触点会自动分解为子接触，在子接触处计算块体之间的力学相互作用。通过对块体接触面进行三角剖分创建子接触。

通过在每个块中创建有限差分单元，这样可以使两个块体发生变形。通过添加下列命令，使示例中的块体具有变形功能：

```
block zone generate edgelength 20
```

这两个块体分别细分为六个区域，每个单元由四个网格点定义。使用以下命令输出区域和网格点编号以及网格点坐标。

```
block zone list position
```

地址编号充当指向模型中所有状态变量存储位置的指针。与模型中每个实体相关联的数据都与该实体编号一起存储。例如，刚性块体的应力、速度和位移与每个块编号一起存储。对于可变形块体，将块体的矢量（例如力、速度、位移）与网格点编号一起存储，而标量和张量（例如应力、材料特性编号）与区域编号一起存储。接触数据（例如接触力、速度和流速）存储在子接触编号处。FISH 可用于通过地址编号访问 3DEC 数据。

2.2.3　3DEC 命令流基本格式

3DEC 所有命令都是基于英文单词，并由主要命令单词和随后的一个或多个关键词或值构成。某些命令接受开关（即关键词修改命令的作用）。每个命令都具有以下格式：

```
COMMAND keyword value. . . <keyword value . . . > . . .
```

此处，位于< >内的参数为可选择参数，而 ... 表示可以赋予给定任意的值。这些命令可以依次写在命令行中。命令关键词只有前几个字母为黑体。实际输入时仅输入这些黑体字母就可由系统自动识别，命令输入不区分大小写。如果使用者愿意，也可以输入命令或关键词的整个单词。

许多关键词后面跟随着一系列值，这些数值提供关键词所需的数值输入。小数点可以从实数值中省略，但不能出现在整数值中。

命令、关键词和数值可以用任意数量的空格或以下任何定界符分隔：

```
( ), =
```

在命令行开始出现分号（;）表明该行为注释行，分号后面的所有字符都会被省略。在数据文件中的注释是非常有用的，强烈建议使用。不管是输入还是输出，都可以添加注释，从而为整体分析提供清楚的说明。

为清晰计，长命令可以分为多行文本。在这种情况下，在输入行的末尾给出省略号（...）或与号（&），以表示下一行将是该行的延续。

2.2.4　符号约定

在 3DEC 中输入或评估结果时，必须记住以下符号约定：
（1）正应力。应力正值说明为拉应力，负值则表明为压应力。

（2）剪切应力。如果一个正剪应力作用于一个具有正向外法线的表面，则该正剪应力指向第二个下标坐标轴的正方向；反之，如果表面的向外法线是负方向，则正剪应力指向第二个下标坐标轴的负方向。如图 2-24 所示的剪应力均为正。应力张量是对称的（剪应力互补且相等）。与正、负剪切应变相关的变形如图 2-25 所示。

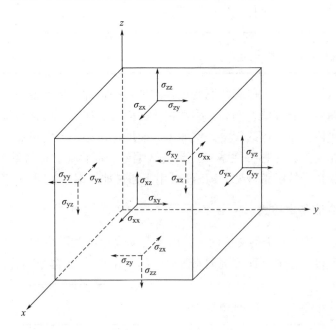

图 2-24　正应力符号约定

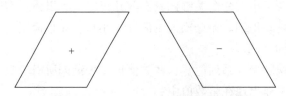

图 2-25　与正、负剪切应变相关的变形

（3）应变率。应变率的约定与应力的约定类似。

（4）接触力。每个接触力矢量都可以被分解成相对于接触平面的法向和剪切分量。法向接触力法向作用于接触平面，而剪切接触力平行作用于接触平面。正法向接触力表示压缩；负法向接触力表示张力。

（5）接触应力。接触力除以与接触有关的面积，符号约定与接触力相同。

（6）向量。所有矢量（例如力、力矩、位移和速度）的 X-、Y- 和 Z- 分量在指向正的整体 X-、Y- 和 Z- 坐标空间时都是正的。

（7）正应变。正应变说明为扩张，负应变说明为压缩。

（8）剪切应变。剪切应变遵循传统剪切应力规则。

（9）压力。正压力将沿法线方向作用于物体表面，并朝着物体表面的方向作用（即推）；负压力将沿法线方向作用于物体表面，并朝着远离物体表面的方向作用（即拉力）。图 2-26 说明了这种约定。

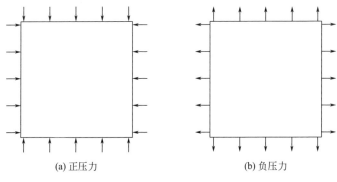

(a) 正压力　　　　　　　　(b) 负压力

图 2-26　压力

2.2.5　单位制

3DEC 接受任何相匹配的工程单位，表 2-1 中显示了匹配的单位参数，从一个单位制转换为另一个单位制时应非常小心。1977 年出版的《Journal of Petroleum Technology》（石油技术学报）曾经对英制和国际单位制系统之间的转换给出了很好的说明。在 3DEC 中，除摩擦角和膨胀角（以度为单位）外，不执行任何转换。

1. 力学分析

力学参数单位系统　　　　　　　　　　　　表 2-1

属性	国际单位制				英制	
长度	m	m	m	cm	ft	in
密度	kg/m^3	$10^3 kg/m^3$	$10^6 kg/m^3$	$10^6 g/cm^3$	$slugs/ft^3$	$snails/in^3$
力	N	kN	MN	Mdynes	lb_f	lb_f
应力	Pa	kPa	MPa	bar	lb_f/ft^2	psi
重力加速度	m/s^2	m/s^2	m/s^2	cm/s^2	ft/s^2	in/s^2
球刚度	N/m	kN/m	MN/m	Mdynes/cm	lb_f/ft	lb_f/in

其中：

$$1bar=10^6 dynes/cm^2=10^5 N/m^2=10^5 Pa;$$
$$1atm=1.013bars=14.7psi=2116lbf/ft^2=1.01325\times10^5 Pa;$$
$$1slug=1lb_f-s^2/ft=14.59kg;$$
$$1snail=1lb_f-s^2/in;$$
$$1gravity=9.81m/s^2=981cm/s^2=32.17ft/s^2$$

角度总是以度数的形式在命令行（和用户界面）中输入，尽管它们可以弧度的形式存储和使用。例外的是 FISH 语言，它（像大多数编程语言一样）假设所有的角度值都是以弧度为单位的。

2. 热分析

所有的热量必须在一个一致的单位体系中给出，程序不执行任何转换。表 2-2 和表 2-3 给出了热参数一致单元组的例子。

热问题的国际单位制

表 2-2

属性	单位			
长度	m	m	m	cm
密度	kg/m^3	$10^3 kg/m^3$	$10^6 kg/m^3$	$10^6 g/cm^3$
应力	Pa	kPa	MPa	bar
温度	K	K	K	K
时间	s	s	s	s
比热	$J/(kg \cdot K)$	$10^{-3} J/(kg \cdot K)$	$10^{-6} J/(kg \cdot K)$	$10^{-6} cal/(g \cdot K)$
热导率	$W/(m \cdot K)$	$W/(m \cdot K)$	$W/(m \cdot K)$	$(cal/s)/(cm^2 \cdot K^4)$
对流 Heat-Trans 系数	$W/(m^2 \cdot K)$	$W/(m^2 \cdot K)$	$W/(m^2 \cdot K)$	$(cal/s)/(cm^2 \cdot K)$
辐射 Heat-Trans 系数	$W/(m^2 \cdot K^4)$	$W/(m^2 \cdot K^4)$	$W/(m^2 \cdot K^4)$	$(cal/s)/(cm^2 \cdot K^4)$
通量强度	W/m^2	W/m^2	W/m^2	$(cal/s)/cm^2$
波源强度	W/m^3	W/m^3	W/m^3	$(cal/s)/cm^3$
衰减常数	s^{-1}	s^{-1}	s^{-1}	s^{-1}

热问题的英制单位制

表 2-3

属性	单位	
长度	ft	in
密度	$slugs/ft^3$	$snails/in^3$
应力	lbf	psi
温度	R	R
时间	hr	hr
比热	$(32.17)^{-1} Btu/(lb \cdot R)$	$(32.17)^{-1} Btu/(lb \cdot R)$
热导率	$(Btu/hr)/(ft \cdot R)$	$(Btu/hr)/(in \cdot R)$
对流 Heat-Trans 系数	$(Btu/hr)/(ft^2 \cdot R)$	$(Btu/hr)/(in^2 \cdot R)$
辐射 Heat-Trans 系数	$(Btu/hr)/(ft^2 \cdot R^4)$	$(Btu/hr)/(in^2 \cdot R^4)$
通量强度	$(Btu/hr)/ft^2$	$(Btu/hr)/in^2$
波源强度	$(Btu/hr)/ft^3$	$(Btu/hr)/in^3$
衰减常数	hr^{-1}	hr^{-1}

其中：

1K　　　　　　$=1.8R$；

1J　　　　　　$=0.239cal=9.48 \times 10^{-4} Btu$；

$1J/(kg \cdot K)$　$=2.39 \times 10^{-4} btu/(lb \cdot R)$；

1W　　　　　　$=1J/s=0.239cal/s=3.412Btu/hr$；

$1W/(m \cdot K) = 0.578Btu/[ft/(hr \cdot R)]$；

$1W/(m^2 \cdot K) = 0.176Btu/(ft^2 \cdot hr \cdot R)$。

请注意，温度可以用更常用的单位来表示，如℃（代替 K）或℉（代替 R），
其中：

$Temp(℃)=[Temp(℉)-32]×(5/9)$；

$Temp(℉)=[1.8Temp(℃)+32]$；

$Temp(℃)=Temp(K)-273$；

$Temp(℉)=Temp(R)-460$。

3. 流体分析

只要在力学计算中使用的单位一致，任何一组单位都可以使用（表 2-4）。

流体流动的国际单位制　　　　　　　　　　　　　　　　　表 2-4

属性	单位	符号
长度	m	l
流体密度	kg/m^3	ρ_f
时间	s	t
流体速度	m/s	$\vec{v}$
颗粒速度	m/s	$\vec{u}$
孔隙率	—	$\in$
动力黏度	Pa·s	μ
阻力系数	—	C_d
雷诺数	—	Re
流体压力	Pa	p
流体压力梯度	Pa/m	$\vec{\nabla}p$
流体动态压力	m^2/s^2	P
运动黏度	m^2/s	v

4. 结构单元

结构单元单位系统如表 2-5 所示。

结构单元单位系统　　　　　　　　　　　　　　　　　表 2-5

属性	单位	国际单位制				英制	
面积	$length^2$	m^2	m^2	m^2	cm^2	ft^2	in^2
轴向或剪切刚度	force/disp	N/m	kN/m	MN/m	Mdynes/cm	lb_f/ft	lb_f/in
出露周长	length	m	m	m	cm	ft	in
惯性矩	$length^4$	m^4	m^4	m^4	cm^4	ft^4	in^4
塑性矩	force·length	N·m	kN·m	MN·m	Mdynes·cm	$ft·lb_f$	$in·lb_f$
屈服强度	force	N	kN	MN	Mdynes	lb_f	lb_f
杨氏模量	stress	Pa	kPa	MPa	bar	lb_f/ft^2	psi

其中：$1bar=10^6 dynes/cm^2=10^5 N/m^2=10^5 Pa$。

2.3　使用 3DEC 进行隧洞开挖计算

3DEC 是主要采用命令驱动的格式，通过命令控制程序的运行。本节介绍执行简单的

3DEC 计算所需的基本命令。

为了建立一个用 3DEC 运行模拟的模型，必须指定问题的三个基本组成部分：

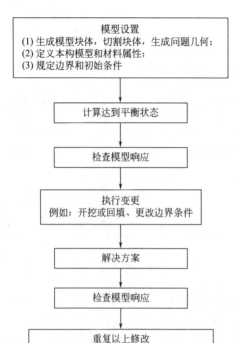

（1）离散单元模型几何匹配的问题；

（2）本构模型和材料属性；

（3）边界和初始条件。

模型块体定义了问题的几何形状，本构模型和相关的材料属性决定了模型在受到扰动时的响应类型（例如，由于开挖引起的变形响应）。边界和初始条件定义了原位状态（即介绍了问题状态发生变化或扰动前的条件）。

在 3DEC 中定义了这些条件之后，首先进行更改（例如，开挖材料或更改边界条件），然后计算模型的最终响应。对于像 3DEC 这样的显式解决方案，此问题的实际解决方案与常规的隐式解决方案不同。3DEC 使用显式的时间前进方法来求解代数方程。在一系列计算步骤之后即可找到解决方案。在 3DEC 中，达到解决方案所需的步骤数由用户手动控制。用户最终必须确定步骤数是否足以达到解决状态。

图 2-27 3DEC 显示静力分析的一般流程

图 2-27 给出了使用 3DEC 进行显式静力分析的一般求解过程。此过程很方便，因为它表示物理环境中发生过程的顺序。下面介绍使用此解决方案过程执行简单分析所需的基本 3DEC 命令。

2.3.1 模型生成

3DEC 模型通常是通过将原始的块体切割成更小的块来创建的，这些小块代表了问题中物理特征的边界。要创建的最简单的块体是长方体，用以下命令生成。

```
block create brick xl xu yl yu zl zu
```

其中，xl　xu　yl　yu 和 zl　zu 是长方体在 X、Y 和 Z 方向上的坐标范围。在本次示例中，生成块体的命令为：

```
block create brick -1 1 -1 1 -1 1
```

用于创建地质结构（如节理）的主要命令是：block cut。block cut 命令根据 dfn、geometry、joint-set、jointset-id、set、tunnel 关键词指定的参数生成一组不连续点。块体完全裂开（不允许出现部分开裂）。

下面的示例演示使用 block cut joint-set 进行块体切割。

```
block cut joint-set dip-direction = 180 dip = 0   origin   0.0, 0.0, 0.5
block hide range plane dip 0 dip-direction = 180   origin   0.0, 0.0, 0.5 above
block cut joint-set dip-direction = 180 dip = 0   origin   0.0, 0.0, 0.3
block hide range plane dip 0 dip-direction = 180   origin   0.0, 0.0, 0.3 below
block cut joint-set dip = 65 dip-direction = 90   origin   .24, 0.0, 0.3
block cut joint-set dip = 65 dip-direction = 270   origin -.24, 0.0, 0.3
block hide off
```

这 4 个 block cut 命令通过模型定义了 4 个节理平面。节理由其倾向（dip-direction）、倾角（dip）和平面上的单点（origin）确定。

输入以下命令：

```
plot view dip 115 dip-direction 30
```

在图形模式下，显示相对于参考模型坐标轴的模型块体图（图 2-28）。

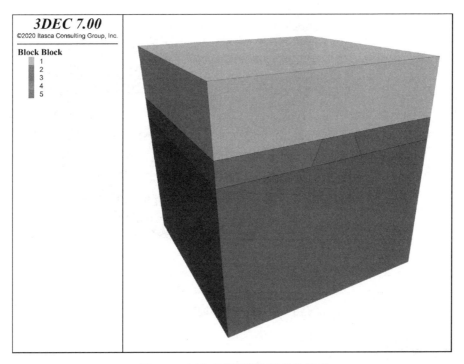

图 2-28　四个节理面相交的块体模型

工程结构的形状也必须在 3DEC 块中进行切割，并且必须在执行计算前创建这些形状。block cut 命令还可以用于模型中开挖，开挖的边界被创建为节理平面。

利用 block cut tunnel 来创建隧道形状有以下两种方法。

方法一：在关键词 face-1 和 face-2 定义的两个面之间创建一个隧道。巷道面形状由坐标为 va1、va2、va3 等任意数量的顶点规定。顶点之间的直线（按照它们各自的顺序列出）连接两个面来定义隧道边界。两个面必须存在相同数量的顶点，可以放置在模型内部或外部。

方法二：在关键词 table-1 和 table-2 定义的两个表之间创建隧道。创建隧道的过程相同：每个表上顺序相同的点由定义隧道边界的直线连接，第三维方向需要使用 axis 关键词来确定。

在本示例中：每个隧道面有四个顶点。必须以相同的顺序输入每个面的顶点，以在面之间形成连接平面。block delete 命令用于删除隧道区域内的块。生成的模型如图 2-29 所示。也可以单独显示开挖块体和节理结构，如图 2-30 所示。

需要注意的是，图 2-30 中仅绘制了由 block cut joint-set 命令创建的节理。未显示使用 block cut tunnel 命令进行隧道开挖时创建的"虚拟"节理。这些节理将相邻的块体连接在一起，以便它们表现为一个块体。通过虚拟节理连接块体，也可以使用 join 命令来完成。

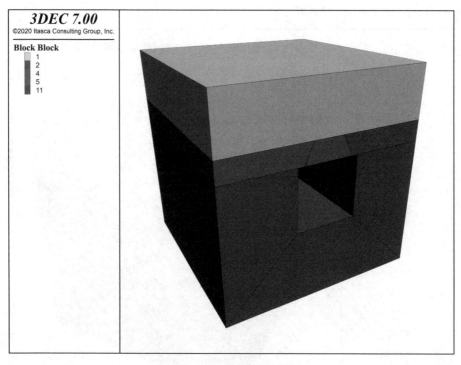

图 2-29　节理岩体隧道模型

2.3.2　分配材料属性

1. 块体模型

一旦完成所有块体切割，必须为模型中所有块体和不连续面分配材料属性。默认情况下，所有块体都是刚性的。但是，在大多数分析中，块体应该是可变形的。只有在应力水平非常低的情况下，或完整材料具有高强度和低变形能力的情况下，才可以采用刚性块体假设。

使用以下命令可以使块体具有变形功能：

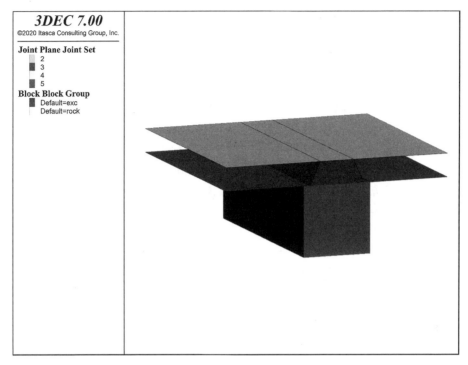

图 2-30   节理岩体隧道开挖及节理分布

```
block zone generate keyword <range>
```

block zone generate 命令后接关键词有 center、edgelength、high-order-tetra limit-iteration、hexahedra、verbose、rezone、alternate、check、fix、gridpoint-match、gridpoint-post-match、tolerance。

命令 block zone generate edgelength v，参数 v 定义了四面体网格的平均边缘长度（即 v 的值越小，块体中单元的密度越高）。关键词可以用于使用一般方案不能正确划分的块体。在这种情况下，块体独立于相邻块体进行网格划分，并且在分区后进行网格点匹配。重新尝试更长或更短的单元生成，可以安全地完成。用不同的边长重新尝试单元生成，通常会产生良好的结果。对于平坦或狭窄的块体，有时长度较小会更好。对于大的块体，边缘长度可能需要增加。

对于弹性模型，需要具备以下属性：

（1）密度；（2）体积弹性模量；（3）剪切模量。

注意：体积模量 K 和剪切模量 G 与杨氏模量 E 和泊松比 v 的关系为：

$$K = \frac{E}{3(1-2v)} \tag{2-1}$$

$$G = \frac{E}{2(1+v)} \tag{2-2}$$

$$E = \frac{9KG}{3K+G} \tag{2-3}$$

71

$$v = \frac{3K - 2G}{2(3K + G)} \qquad (2-4)$$

莫尔-库仑塑性模型，所需的属性有：（1）密度；（2）体积弹性模量；（3）剪切模量；（4）摩擦角；（5）黏聚力；（6）剪胀角；（7）抗拉强度。

如果没有分配这些属性中的任何一个，其值默认设置为零。对于弹性模型和莫尔-库仑模型，为了正确执行 3DEC 计算，密度、体积模量和剪切模量必须赋正值。

2. 节理模型

除了块体材料模型外，还必须将材料属性分配给模型中的所有不连续面（即接触）。有两个内置的不连续本构模型（Coulomb，Continuously Yielding），对于大多数分析而言，模型是（完全弹塑性的）库仑滑动模型，该模型通过以下命令分配给不连续性面：

```
block contact jmodel assign mohr
```

不连续面模型还可以通过 block contact prop 命令分配的材料属性。

对于库仑滑动模型，所需的属性是：

（1）法向刚度；

（2）剪切刚度；

（3）摩擦角；

（4）黏聚力；

（5）膨胀角；

（6）抗拉强度。

如果未分配这些属性中任何一项，默认情况下将其值设置为零。必须为法向刚度和剪切刚度分配正值，以便正确执行 3DEC 计算。

下面的示例演示了节理材料模型在隧道中的应用：

```
model large-strain on
block zone cmodel assign el
block zone prop dens 2000 bulk = 1e9 shear = .7e9
block contact jmodel assign mohr
block contact prop stiffness-shear 1e11 stiffness-normal 1e11
block contact prop fric 100 coh 1e20 tens 1e20
block contact material-table default prop stiffness-shear 1e11 stiffness-normal 1e11
```

输入示例中的命令可为可变形块指定 2000kg/m^3 的质量密度，1GPa 和 0.7GPa 的体积模量和剪切模量，以及 100GN/m 的法向和剪切刚度，100° 的内摩擦角，1×10^{20} Pa 的黏聚力和抗拉强度到节理。同时，由于是在大应变下运行模型，也通过命令定义了当块体滑动时，可能形成的任何新接触的属性，即为 100GN/m 的法向和剪切刚度。

2.3.3 设置边界和初始条件

在完成所有块体切割并生成可变形块体的网格前，不得应用边界和初始条件。力学边界条件通常与 block gridpoint apply 或 block face apply 命令一起应用。此命令用于指定力、应力和速度（位移）边界条件。

　　可以为变形块体中的所有单元应力以及沿刚性块体或可变形块体之间的接触面的所有法向应力和剪切应力指定初始应力条件。命令 block insitu 用于初始化应力，通过使用此命令，可以将初始值分配给应力。

```
block insitu stress -5e6 -5e6 -1e7 0, 0, 0
```

　　随着计算的进行，这些条件可以改变。初始应力状态也可以包括重力的影响，这是用下面的命令调用的：

```
model gravity gx gy gz
```

　　第一个值是在 X 方向上的重力加速度分量，第二个值是在 Y 方向上的重力加速度分量，第三个值是在 Z 方向上的重力加速度分量。如果由于重力引起的应力变化在整个模型中相比总地应力引起的应力变化很小，则可以从模型中忽略重力。重力通常用于帮助识别开挖面周围的松动块。如果重力引起的应力与原位应力大小相同，则应使用 block insitu 命令施加应力梯度以加速收敛至初始平衡。通过下面的命令，可以将边界条件和初始条件应用于隧道模型：

```
model grav 0 0 -10
block gridpoint apply vel-x = 0.0 range pos-x -1.0
block gridpoint apply vel-x = 0.0 range pos-x 1.0
block gridpoint apply vel-y = 0.0 range pos-y -1.0
block gridpoint apply vel-y = 0.0 range pos-y 1.0
block gridpoint apply vel-z = 0.0 range pos-z -1.0
```

　　Z 轴负方向施加 $10\mathrm{m/s^2}$ 的重力加速度。模型底部、前后左右边界速度均为零。当重力作用时，沿着底部边界的零速度边界特别重要：它可以防止模型发生移动。

2.3.4　达到初始平衡

　　在执行地质体局部更改前，3DEC 模型必须处于初始应力平衡状态。可以指定边界条件和初始条件，以使模型在开始时完全处于平衡状态。但是，通常需要在给定的边界和初始条件下计算初始平衡状态，尤其是对于具有复杂几何形状或多种材料的问题。计算可以通过使用 STEP 或 CYCLE 命令来完成。使用 STEP 命令，用户可以指定要执行的计算步骤，以使模型达到平衡。当刚性块体的每个质心处的净节点力矢量或可变形块的网格点的净节点力矢量为零时，模型处于平衡状态。在 3DEC 中监控最大节点力矢量（称为最大不平衡力），并在调用 STEP 命令时将其输出到屏幕上。这样，用户可以评估何时计算模型达到平衡。

　　对于数值分析，不平衡力永远不会精确达到零。但是，只要与问题中的总施加力相比，最大不平衡力较小时，模型处于平衡状态就足够了。例如，如果最大不平衡力从最初

1MN 降至约 100N，则可以将模型视为处于平衡状态，此时最大不平衡力与初始的不平衡力之比为 0.01%。

采用 3DEC 进行数值分析判断模型平衡是一个重要的问题。用户必须确定模型在何时达到平衡状态才能开展下一步的工作。3DEC 内置了一些功能来辅助此决策，最大不平衡力的历程记录可以通过以下命令进行：

```
model history mechanical unbalanced-maximum
```

另外，可以记录所选（监测）变量的历程（例如，网格点处的速度或位移），以下命令是示例：

```
block hist dis-z pos 0 0 0.3
```

历程记录最接近（$X=0$，$Y=0$，$Z=0.3$）位置的网格点 Z 位移。在运行了数百（或数千）个计算步骤之后，可以绘制记录的历程以指示平衡条件。

默认情况下，3DEC 通过应用自适应全局（或自动）阻尼的算法来执行静态分析。初始不平衡力约为 290N。经过 500 步后，该力已降至 40N 左右。通过绘制两个历程记录，可以看出最大不平衡力已接近零，而位移已达到约 2.5×10^{-5} m 的恒定大小。图 2-31 和图 2-32 分别显示了最大不平衡力和隧道顶部块体位移历程图。

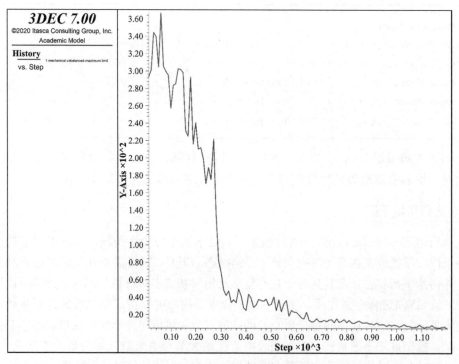

图 2-31 最大不平衡力历程记录

在模型条件改变前，使模型处于平衡状态非常重要。在整个模型中，应记录多个历程

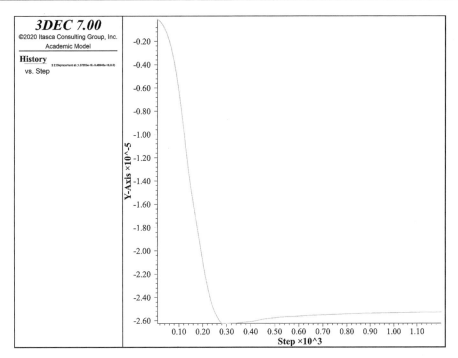

图 2-32　隧道顶部块体 Z 位移

记录，以确保不存在较大的不平衡力。如果采取了比达到平衡所需的步骤更多的步骤，则不会对分析产生不利影响。但是，如果采取的步骤数不足，分析将受到影响。

在计算过程中，随时可以通过按<Esc>键中断 3DEC 计算。通常，使用具有较高步数的 STEP 命令很方便，并定期中断步进。接着，检查历程记录并恢复步进，直至达到平衡条件。

2.3.5　执行变更

3DEC 允许模型条件在计算过程中的任何时刻发生改变，这些变化可能是：

（1）开挖材料；

（2）增加或删除边界荷载或应力；

（3）固定或释放边界角的速度；

（4）更改块体或不连续性面的材料模型或属性。

软件使用命令 block delete 或 block excavate 进行开挖，荷载和应力通过 block gridpoint apply 或 block face apply 命令施加。边界顶点通过 block gridpoint apply 命令固定，使用 block zone property 和 block contact property 命令更改属性。命令 block excavate 的完整形式如下所示：

---

block excavate<face-group s1 <slot s2 >> <range>

该命令用于开挖指定范围内的所有块体，开挖块体的本构模型和模型特性与相邻的非开挖块体相同。然而，挖出的块体没有向未挖出的网格传递力。只有计算出开挖块体的位

移，才能实现未来的回填。用户可以使用 block fill 命令替换这些块体。此命令只能用于可变形方块，对刚性块使用 block delete。挖出的块体会自动连接在一起。如果使用可选的 face-group 关键词，则将邻近挖掘的区块的面分配给组 s1（如果提供的话，则位于 s2中）。下面的命令实现了对隧洞开挖部分的建模：

```
block cut tunnel group 'exc' radial &
face-1 -.3 -1.5 -.3 -.3 -1.5 .3 &
.3 -1.5 .3 .3 -1.5 -.3 &
face-2 -.3 1.5 -.3 -.3 1.5 .3 &
.3 1.5 .3 .3 1.5 -.3
```

block delete range group 'exc' 可以重复执行几个命令以执行各种模型的更改。例如，从初始平衡阶段继续执行以下更改命令：

```
block contact prop tens = 0
block gridpoint ini disp 0 0 0
his delete
block hist dis-z pos 0 0 0.3
model cycle 2000
```

即降低接触间抗拉强度，继续进行计算，并记录隧道顶部位移情况。由图 2-33、图 2-34 可知，如果隧道顶部水平节理处的抗拉强度不足以支撑其重量，就会发生塌方。

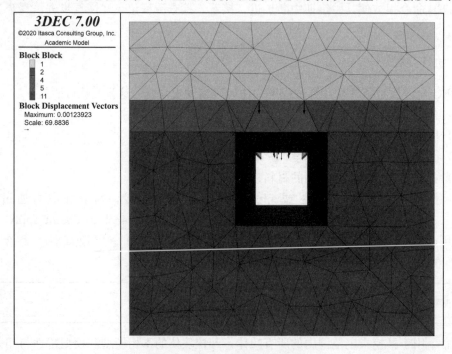

图 2-33　隧道的不稳定顶板块体

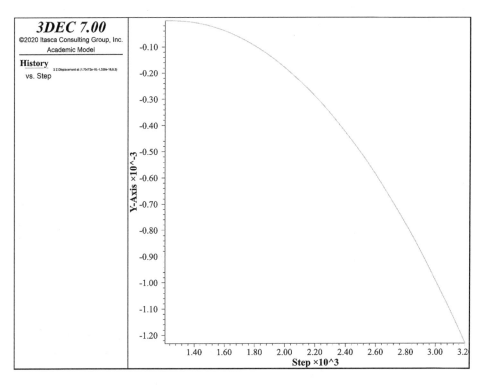

图 2-34　隧道顶部块体 Z 位移（无衬砌）

从初始平衡阶段，继续执行以下更改命令：

```
block contact prop tens = 0
block gridpoint ini disp 0 0 0
his delete
block hist dis-z pos 0 0 0.3
 struct liner create by-block-face tolerance 1e-4 range group 'surface' pos-z 0.295 0.305
struct liner prop coupling-fric-shear 60 coupling-coh-shear .5e6...
coupling-stiffness-normal 1e9 coupling-stiffness-shear 1e9
struct liner prop isotropic 15e9 .15 thick .20 coupling-yield-normal .3e6
model step 5000
```

即在接触间抗拉强度降低的情况下，加入混凝土衬砌。继续进行计算，并记录隧道顶部位移情况。图 2-35 显示了不稳定块体在混凝土衬砌就位时的竖向位移历史。图 2-36 为衬砌最大力矩。很明显，衬砌在防止岩体崩落方面作用显著。

2.3.6　保存/恢复问题状态

分阶段进行分析时，另外两个命令 model save 和 model restore 很有帮助。在一个阶段结束时（例如，初始平衡），可以通过输入以下命令保存模型状态：

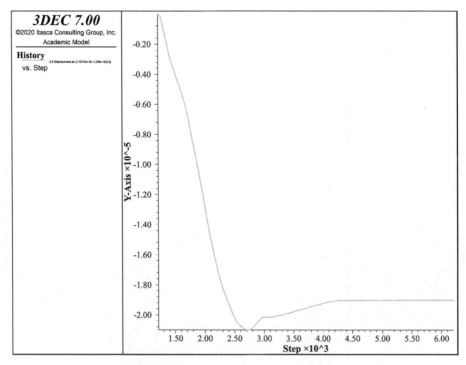

图 2-35　隧道顶部块体 Z 位移（有衬砌）

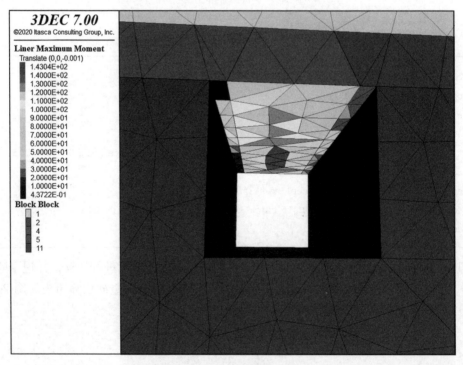

图 2-36　衬砌最大力矩分布

```
model save 'file. sav'
```

其中，file. sav 是用户指定的文件名。扩展名 ". SAV" 将此文件标识为已保存文件（请参见 2.4 节），可以通过输入以下命令恢复此文件：

```
model rest 'file. sav'
```

保存模型时的模型状态将被恢复，不必每次进行更改都从头开始构建模型。一般仅需在更改前保存模型，并在需要分析新更改时将其还原。例如，在前面的示例中，应在初始平衡阶段后保存状态，然后在执行不同变更前，将初始平衡文件恢复即可。

2.3.7　简单分析的命令摘要

表 2-6 总结了本节中采用的主要命令，所有这些都在 3DEC 中用于启动简单分析所需的步骤。从简单的操作开始使用这些命令进行测试（例如，对单个节理进行直接剪切测试或简单的开挖稳定性分析），然后尝试逐渐增加模型的复杂性。

用于简单分析的基本命令

表 2-6

作用	命令
块体模型创建 块体切割	block create block cut
块体和节理的材料模型和属性	block zone generate block zone cmodel block contact jmodel block zone prop block contact prop block contact material-table
边界/初始条件	block gridpoint apply block face apply block gridpoint ini
初始平衡	model gravity model cycle model step
执行变更	model delete model excavate struct liner create struct liner prop
监控模型响应	block history
保存/恢复计算状态	model save model restore

2.3.8 完整代码

例 2-2 liner. dat

```
model new
model random 10000
model large-strain on
;
; Structural Liner Example Problem
;
block create brick -1 1 -1 1 -1 1

block cut joint-set dip-direction = 180 dip = 0   origin   0. 0, 0. 0, 0. 5
block hide range plane dip 0 dip-direction 180   origin   0. 0, 0. 0, 0. 5 above
block cut joint-set dip-direction = 180 dip = 0   origin   0. 0, 0. 0, 0. 3
block hide range plane dip 0 dip-direction 180   origin   0. 0, 0. 0, 0. 3 below
block cut joint-set dip = 65 dip-direction = 90   origin   . 24, 0. 0, 0. 3
block cut joint-set dip = 65 dip-direction = 270 origin -. 24, 0. 0, 0. 3
block hide off

block group 'rock'
block cut tunnel group 'exc' radial &
        face-1 -. 3 -1. 5 -. 3   -. 3 -1. 5   . 3   &
          . 3 -1. 5   . 3   . 3 -1. 5 -. 3   &
        face-2 -. 3   1. 5 -. 3   -. 3   1. 5   . 3   &
          . 3   1. 5   . 3   . 3   1. 5 -. 3
;
block zone generate edgelength . 2

block face group 'surface' range group-int 'rock' 'exc'
block delete range group 'exc'

block zone cmodel assign el
block zone prop dens 2000 bulk = 1e9 shear = . 7e9

block contact jmodel assign mohr
block contact prop stiffness-shear 1e11 stiffness-normal 1e11
block contact prop fric 100 coh 1e20 tens 1e20

block contact material-table default prop stiffness-shear 1e11 stiffness-normal 1e11

; apply gravity load
```

```
model grav 0 0 -10

block gridpoint apply vel-x = 0. 0 range pos-x -1. 0
block gridpoint apply vel-x = 0. 0 range pos-x   1. 0
block gridpoint apply vel-y = 0. 0 range pos-y -1. 0
block gridpoint apply vel-y = 0. 0 range pos-y   1. 0
block gridpoint apply vel-z = 0. 0 range pos-z -1. 0
;
block hist dis-z pos 0 0 0. 3
;
model cyc 1200
model save 'liner1'

; reduce tensile strength of horizontal joint
block contact prop tens = 0
block gridpoint ini disp 0 0 0
his delete

block hist dis-z pos 0 0 0. 3
model cycle 2000

model save 'liner1b'

= = = = = = = = = = = = = = = = = = = = = = = = = = = = = = = = = = = = = = = = = = =

; now run with tunnel liner
model rest 'liner1'

; reduce tensile strength of horizontal joint
block contact prop tens = 0
block gridpoint ini disp 0 0 0
his delete
block hist dis-z pos 0 0 0. 3

struct liner create by-block-face tolerance 1e-4 range group 'surface' pos-z 0. 295 0. 305
struct liner prop coupling-fric-shear 60 coupling-coh-shear . 5e6. . .
   coupling-stiffness-normal 1e9 coupling-stiffness-shear 1e9
struct liner prop isotropic 15e9 . 15 thick . 20 coupling-yield-normal . 3e6
model step 5000
model save 'liner2'
```

2.4 文件（Files）

3DEC 在计算或存储中会创建不同类型的文件，这些文件以其扩展名区分，并在下面进行描述。可以通过"File Open…/文件打开"菜单项，访问所有文件。

2.4.1 项目文件（Project files）

项目文件表示给定 3DEC 项目中涉及的所有文件和用户界面元素，这可能涉及许多不同的特定模型和模型状态。项目文件中的数据与模型状态分离，不受模型新建或模型恢复的影响。项目文件存储用户界面布局、绘图文件、正在编辑的数据文件，以及已经为项目使用或创建的数据和保存文件列表。

2.4.2 数据文件（Data files）

程序命令可以在命令提示符处，以"交互式"方式发出，也可以通过数据文件发出。数据文件是用户创建的格式化 ASCII 文件，其中包含一组表示正在分析的问题的命令。通常，创建数据文件是更有效的方法。打开数据文件，程序使用 program call 命令或通过 File Open Item 菜单命令来执行其中的命令。尽管数据文件可以有任何文件名和任何扩展名，但建议使用通用扩展名（例如，".dat"）来区分这些文件与其他类型的文件。

2.4.3 结果文件（Save files）

结果文件（也可称为 SAV 文件或保存状态）是一个二进制文件，其中包含到程序执行的当前时刻为止的所有状态变量和用户定义条件的值。创建保存文件的主要原因是允许用户在不完全重新运行问题的情况下调查参数变化的影响。可以恢复保存文件，并在随后的时间继续分析（参见 model restore 命令）。通常，在程序运行期间创建几个保存文件是一种很好的做法。

2.4.4 日志文件（Log files）

日志文件是一个格式化的 ASCII 文件，它捕获控制台窗格中的所有输出文本。日志文件有助于提供 3DEC 工作会话的记录；它也提供了一份文件以保证计算质量。如果命令 program log 设置为 on，则创建/维护该文件。用户可以使用 program log-file/log-file 命令提供一个文件名；如果没有给出命令，但是打开了日志记录，则默认文件名"3DEC.LOG"将被使用。

2.4.5 历史文件（History files）

历史文件是在发出 history export 命令时，根据用户的请求创建的格式化 ASCII 文件。用户可以使用命令中的 file 关键词为文件指定一个名称；如果不指定，则默认名称为"3DEC.HIS"。创建历史文件的命令可以交互地发出，也可以在数据文件中发出。历史值的记录被写入文件，可以使用任何能够访问格式化的 ASCII 文件的文本编辑器检查该文件。该文件可以由商业绘图软件或电子表格包处理。

2.4.6　表格文件（Table files）

　　表格文件是通过 table export 命令导出表创建的格式化的 ASCII 文件。用户可以修改此表，并使用 table import 命令将其导入另一个模型状态。表格文件格式简单，很容易从电子表格或其他 ASCII 数据创建。每个表项［或（x，y）对］有一个序列号［范围为（1，2，…，N）的整数，其中 N 是表中项目的数量］。

2.4.7　绘图文件（Plot files）

　　"绘图文件"是一个二进制文件，它存储给定绘图的所有设置。请注意，模型状态信息没有保存在 PLOT 文件中，因此，同一个 PLOT 文件可以与多个 SAV 文件一起使用，以在循环的不同阶段创建模型的相同表示。可以使用"FILE"菜单中的"Open Item..."命令打开绘图文件。根据个人的需要，有不同的方法保存绘图信息，以供将来使用。

参考文献

［1］Itasca Consulting Group Inc. 3DEC（3-Dimensional Distinct Element Code）：version 7.0［EB/OL］.［2023-11-11］.

［2］Journal of Petroleum Technology. The SI Metric System of Units and SPE Metric Standard［S］. 1977.

［3］Society of Petroleum Engineers（SPE）. The SI Metric System of Units and SPE Metric Standard［S］. 1982.

第 3 章　3DEC 建模方法

3.1　概述

3DEC 的模型主要由块体构成，这些块体在相互接触时会产生复杂的相互作用力。为了创建具有所需复杂几何形状的模型，本章介绍了多种创建块体的方法，包括利用块体切割和组合技术，以及借助犀牛（Rhino）＋Griddle 辅助建模。通过这些方法，用户可以方便地生成所需的复杂几何模型。

3.2　模型生成的基本方法

进行 3DEC 分析时，构建真实世界的几何模型是一项主要任务。每个 3DEC 模型都需要具备适用于边界条件的外部边界。此外，大多数模型还需要考虑一些特殊特征，比如节理、断层、裂隙、开挖或材料属性界面等。通常，模型中的特性并不是连续的。特别是当涉及空间中不连续平面相交时，所产生的复杂形状难以直接创建和可视化。因此，本节的目的是为系统化建立模型方法提供一些指导。

3DEC 建模的首要原则是保持模型简单。在现实生活中，情况往往非常复杂，难以被完全理解和模拟。建模者常常试图在一个数值模型中包含所有可能的特征，但这会导致模型变得复杂难以理解。因此，作为建模者，我们的目标应该是理解决定模型行为的机制、属性和参数。通过深入研究和分析，可以确定那些对模型行为起关键作用的因素，并将其纳入模型中。随着模型复杂性的增加，计算解决方案所需的时间也会相应增加。因此，应该从一个只包含最少功能的模型开始建模。这样做有利于建立一个基本的框架，使我们能够快速了解模型的行为和特征。接下来，逐步添加特性并记录其效果，以增加模型的复杂性。通过这种渐进的方式建模，可以更好地了解到对实际情况起至关重要作用的参数。

保持模型简单还有另一个重要的好处，即增强了模型的可解释性。复杂的模型往往难以解释其内部机制和结果，而简单的模型则更容易被解释和理解。这对于与其他研究人员、决策者或利益相关者进行沟通和共享研究结果非常重要。通过保持模型简单，可以更好地传达我们的研究成果，并促进模型的实际应用和决策的制定。综上所述，保持模型简单是建模过程中的第一条原则。通过理解模型行为的机制、属性和参数，并从一个最小功能的模型开始建模，我们可以更好地掌握模型的关键要素，并提高模型的可解释性。这种方法不仅有助于我们更好地理解实际情况，还能够在与其他研究人员和利益相关者的交流中发挥重要作用。

3DEC 与传统的数值程序不同模型几何结构的创建方式。一个 3DEC 模型可以通过两种主要方式创建：①将一个多面体分割成单独的多面体；②通过创建单独的多面体然后将它们组合在一起。在进行大多数地质力学分析时，首先会创建一个包含所需分析物理区域的块。接着，这个区块会被进一步切割成更小的区块，这些区块的边界代表了模型中的地质特征和工程结构。这种切割过程通常被称为联合生成。然而，在这个过程中，节理（Joint）不仅代表物理上真实的地质构造，同时也可以代表人为构造或材料的边界。这些人为构造或材料在 3DEC 分析的后续阶段可能会被移除或改变。在这种情况下，节理是虚构的，其存在不应该影响模型的计算结果。

这种模型的构建方式允许工程师和科学家根据实际情况，灵活地调整模型的复杂性，同时确保了模型的准确性和可信度。这种灵活性和准确性的结合，使得 3DEC 在地质力学分析中成为一个强大的工具。

3.2.1　块体、节理和单元

所有 3DEC 模型的基本组成部分是块体。每个 3DEC 模型都是由块体的组合构成的，块体在接触点上会产生相互作用。3DEC 可以用来模拟块体的松散组合，如骨料或填充材料，但它更常用于模拟有节理或断层的岩体。块体之间的接触可看成节理、断层、裂隙或岩层。块体本身可以是刚性的或可变形的。为使岩块可变形，必须将它划分成若干单元（通常是四面体）。因此，一个代表性的 3DEC 模型的主要组成部分包括：块体、节理和单元。

3DEC 创建单个块的方法将在 3.2.2 节中描述，该节描述了如何用许多单独的块体建立一个模型，3.2.4 节描述了如何切割块体以创建节理或断层。最后，3.2.5 节中描述了对块进行分区使其可变形的方法。

建立 3DEC 模型的主要难点之一是确定模型中包含的细节量。首先，要确保模型简单。通常情况下，开发一个数值模型是因为实际情况太复杂，难以理解。有一种趋势，尝试在一个数值模型中包括所有可能的特征。但这会导致 3DEC 模型也过于复杂，难以理解。然而，建模者的目标应该是了解决定模型特征的机制、属性和参数。计算解决方案所需的时间也随着复杂性的增加而增加，因此从只包括最少特征的模型开始，对建模者是有利的。然后，可以通过一次增加一个特征并注意其效果来增加模型的复杂性。通过使用这种方法，建模者可以很好地理解实际情况下的关键参数。以下部分提供了构建 3DEC 模型的方法和建议。

3.2.2　创建单个块体

3DEC 建立的几何模型必须能够说明物理问题，模型的范围要足够大，以反映所关心区域的相关地质结构的主导机制。因此，必须考虑以下几个方面：

（1）应该用多少细节来表示地质结构（如断层、节理、岩层等）？

（2）模型边界的位置将如何影响模型结果？

（3）如果使用可变形块体，在重点关注区域（region of interest）内需要多大的单元密度才能准确求解？

这三个方面决定了 3DEC 模型的大小，对分析来说是实用的。

如上所述，建立 3DEC 模型有两个不同的出发点。第一种方法是构建一个简单的初始形状，通过分割形成所需的几何特征；第二种方法是定义复杂的多面体形状，通过组合形成连续体。这两种方法都利用了块体创建命令。

在 3DEC 中，有六种形式的块体创建命令可供选择。

（1）block create polyhedron

（2）block create brick

（3）block create drum

（4）block create prism

（5）block create tunnel

（6）block create tetrahedron

通过使用 Block create polyhedron 命令，可以定义几乎任何形状的多面体。每个面都由一列顶点坐标来定义。从多面体外部看该面，该列坐标输入顺序应为顺时针方向。一个面的所有点必须是共面的，由面命令创建的多面体必须是凸多面体。允许有连续线，但是线不能分隔开每个顶点坐标。同时必须指定多面体的所有面。下面是一个简单的例子，使用 block create polyhedron 命令生成一个边长为 1 的立方体，代码如下：

例 3-1 poly. dat

```
model new
block create poly &
face 0, 0, 0 1, 0, 0 1, 1, 0 0, 1, 0 &
face 0, 0, 0 0, 0, 1 1, 0, 1 1, 0, 0 &
face 0, 0, 0 1, 0, 0 1, 1, 0 0, 1 &
face 1, 1, 1 1, 1, 0 1, 0, 0 1, 0, 1 &
face 1, 1, 1 1, 0, 1 0, 0, 1 0, 1, 1 &
face 1, 1, 1 0, 1, 1 0, 1, 0 1, 1, 0
```

该例子创建的模型如图 3-1 所示，这里生成了一个简单的规则立方体。该命令也可以用来创建复杂的形状。由于需要大量的输入，block create polyhedron 命令最好与外部预处理程序（如 Griddle）一起使用。

当问题区域是一个规则的六边形"块体"区域时，block create brick 命令提供了一个更简单的选择。块体关键词的参数是实体 x、y 和 z 方向的限制范围（即该区域在 x 方向从坐标 xl 延伸到 xu，在 y 方向从坐标 yl 延伸到 yu，在 z 方向从坐标 zl 延伸到 zu）。例如，要创建与图 3-1 相同的模型，用 Block create brick 命令产生立方体：

```
model new
block create brick 0, 1 0, 1 0, 1
```

注意，如果所有的尺寸都是一样的，只需要给出 x 的限制范围。因此，上述命令可以简写为：block create brick 0，1。

命令 block create drum 可以创建两端平行的鼓形块。这与命令 block create prism 类似，但使用的命令语法更简单。

命令 block create prism 是 block create brick 命令的扩展，用于创建棱柱形多面体。棱柱的两个平行面是由任意数量的顶点定义的。然后，每个面上正对的顶点会自动连接起

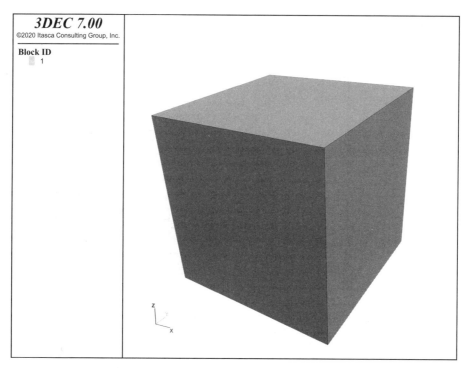

图 3-1　用 block create polyhedron 命令创建立方体模型

来，形成棱柱。第一个面（face-1）由以顺时针或逆时针顺序输入的顶点定义，相对面（face-2）的顶点输入顺序必须与面 1 对应的顶点顺序相同，面 1 和面 2 必须是平面和凸面。如图 3-2 所示的棱柱是由下面的命令创建的：

例 3-2　prism. dat

```
model new
block create prism &
    face-1 (0.0, 0.0, 0.0 ) (-0.5, 0.0, 0.87) (-0.5, 0.0, 1.87) (0.0, 0.0, 2.74) &
    (1.0, 0.0, 2.74) ( 1.5, 0.0, 1.87) ( 1.5, 0.0, 0.87) (1.0, 0.0, 0.0) &
    face-2 (0.0, 4.0, 0.0) (-0.5, 4.0, 0.87) (-0.5, 4.0, 1.87) (0.0, 4.0, 2.74) &
    (1.0, 4.0, 2.74) ( 1.5, 4.0, 1.87) ( 1.5, 4.0, 0.87) (1.0, 4.0, 0.0)
```

命令 block create tunnel 专门用来生成圆形隧道开挖体模型。这条命令的工作原理是用单独的块来构建模型。这与 block cut tunnel 命令相反，后者是从现有块体切割出一个任意形状的隧道。用户只需要指定隧道的方向、尺寸和块体的数量。如果需要，还可以用 block cut 命令添加额外的连接。例如，要创建一个具有以下尺寸的隧道模型：

半径	2.0m
长度	20.0m
外边界	3.0r（r 为隧道半径）
倾角	0°即水平

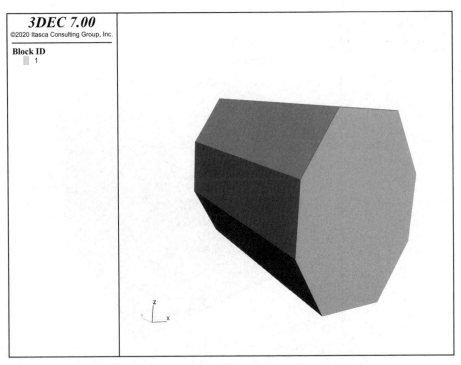

图 3-2　用命令 block create prism 生成的八面体棱柱

倾向	朝北
八分区内块体	1 个
环形区内块体	2 个
沿轴线的块体	3 个

下面通过使用命令 block create tunnel 生成隧道模型（图 3-3）：

例 3-3　tunnel. dat

```
model new
block create tunnel radius = 2 length = -10，10 radius-ratio = 3.0...
    dip = 0 dip-direction = 0...
    block-radial = 2 block-tangential = 1 block-axial = 3
block delete range pos-x -2，2 pos-y -10，10 pos-z -2，2
```

命令 block create tetrahedron 则通过指定四个顶点坐标创建一个四面体块，顶点可以按任何顺序排列，该命令一般在从其他程序（或 3DEC 本身）导入或导出时使用。

3.2.3　生成块组

上一节"创建单个块体"介绍了使用块体创建命令创建不同形状的单个块体。也可以使用块体生成命令创建块体的组合来填充体积。下面将介绍块体生成的不同方法，后面还会介绍从第三方程序（如 Griddle）导入和导出块组合的方法。

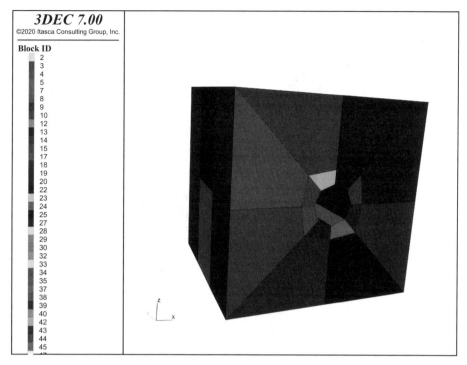

图 3-3　用 Polyhedron tunnel 命令创建的隧道模型

1. 从几何模型生成块体

当使用 block cut geometry 命令切割复杂的形状时，可能会产生许多几何形状不好的小块体，这对模型的运行时间和数值稳定性有不利影响。另一个选择是用四面体块填充封闭的体积，使其与体积边界相匹配。这可以通过 block generate from-geometry 命令来完成。

首先，用户必须创建或导入一个曲面几何体（Geometry）。该几何体必须是一个完整、没有孔的封闭体。然后用所需尺寸的四面体块填充满体积。可以指定一个梯度来逐渐扩大远离表面的块体，较小的块体会在高度详细的表面生成，较大的块则将在表面网格较粗糙的部位产生。

下面是一个简单的例子。首先，导入一个隧道的 DXF 文件（图 3-4）；然后，生成块体来填充该体积。指定最小边长为 2，最大边长为 5，以及 1.5 的梯度：当远离（精细的）隧洞表面时，块体的边缘长度将以 1.5 的速率增加，生成的块体模型如图 3-5 所示。请注意这些块体没有自动连接，建议在生成后添加一个块体连接命令。

相关代码如下：

例 3-4　blockgen-geometry. dat

```
model new
geometry import 'tun. dxf'
block generate from-geometry set 'tun' ...
    minimum-edge 2 maximum-edge 5.0 gradation-volume 1.5
```

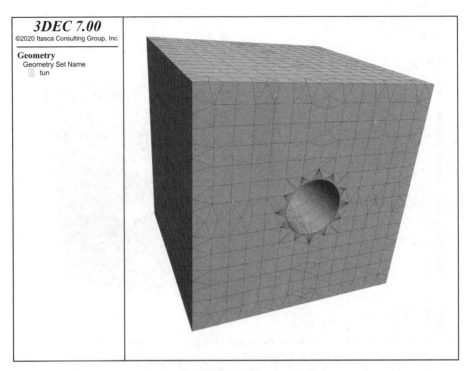

图 3-4 用来创建隧道模型的几何表面

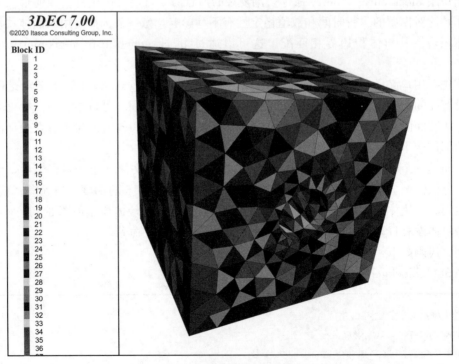

图 3-5 构成隧道模型的块体

　　创建大量四面体块并将它们连接起来可能会效率低下，即使在连接的接触上跳过了接触计算，3DEC 仍然会查看所有的接触以检查它们是否已连接。还要为所有的接触、面和重复的网格点设置数据结构，导致模型使用到更多的内存。与其连接，还不如"合并"块体，使其成为一个块体内的单元。这比创建块、连接它们、再划分区域要有效得多。在命令 block generate from-geometry 中，添加 merge 关键词就会合并。如果导入的几何体由多个封闭体组成，那么块体将不会跨表面边界合并。通过这种方法创建的模型，可以实现不同的块体定义不同的层或开挖阶段。

　　图 3-4 的几何体实际上是四个独立的表面将隧道分为四个象限。当 merge 关键词被添加到上例中的命令 block generate from-geometry 中时，结果如图 3-6 所示。3DEC 创建了四个独立的区块，这些区块已经被划分网格。这种方法的缺点是，一旦块被划分网格，它们就不能再被切割。

　　例 3-5　blockgen-geometry-merge.dat

```
model new
geometry import 'tun.dxf'
block generate from-geometry set 'tun' ...
    minimum-edge 2 maximum-edge 5.0 gradation-volume 1.5 merge
```

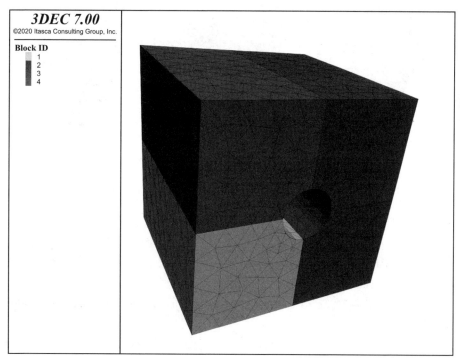

图 3-6　使用 merge 关键词组成隧道模型的块

2. 从 VRML 生成块体

在一般的 CAD 程序中，如 Rhino（Robert McNeel 和 Associates，2020），实体可以

被导出为 VRML 2.0 文件。每个实体的特性被保留为一个单独的 VRML "形状" 构造。换而言之，在 Rhino 中被导出为 VRML 2.0 文件的凸面体集合，可以使用命令 block generate from-vrml 转化为 3DEC 刚性块。

1）创建 VRML 实体

VRML 模型必须是封闭和凸起的表面。以下是一些提示，关于在 Rhino 中生成有效的实体。

（1）在 Rhino 中分割一个实体并不会产生两个实体。编辑｜分割（Edit｜Split）或编辑｜修剪（Edit｜Trim）指令是在实体的表面操作，因此会产生未封闭的表面。如果使用分割（Split）或修剪（Trim），也可以使用实体｜盖上平面孔（Solid｜Cap Planar Holes）或其他操作来关闭它们。

（2）使用实体｜实体编辑工具｜线切割（Solid｜Solid edit tools｜Wire cut），而不是分割（Split）或修剪（Trim），这样总是会产生两个实体。

（3）实体之间的布尔运算总是产生实体。

（4）如果想要的实体输出 "几乎" 是凸的，则在将其导出为 VRML 2.0 文件时，最好使用 Detailed Controls（而不是 Simple Controls）菜单。取消选中除 "Simple plane" 之外的所有内容并将所有内容设置为零，"Minimum edge length" 除外，该值应设置为较大的值。这将确保实体的弯曲部分在 VRML 输出文件中是平的（图 3-7）。

图 3-7　创建 VRML 实体

（左：这个实体不是凸的；中：在 VRML 导出过程中，实体被切面化了，但曲线被多段离散化，结果不是凸的；右：切面尽可能粗糙化后，（大的最小边长）得到凸形 VRML 表示）

2）示例：块体中的钻孔

这个例子提供了一步一步的说明，由 Rhino 中的凸形集合建立一个钻孔。然后，将这些形状集合以 VRML 形式保存并导入 3DEC。Rhino 文件、3DEC 项目和 3DEC 数据文件可以在手册中找到。

（1）启动 Rhino 并选择 Solid｜Box｜Corner to corner，height。Rhino 会询问底座的第一个角的位置。

（2）输入（数值之间不能有空格）"－4，－4，－4" 然后按："kdb：'Enter'"。Rhino 要求输入底座另一角的位置。

（3）输入 "4，4，4"。Rhino 会要求输入高度。按："kdb：'Enter'" 将高度设置为等于长方体的宽度。创建了一个 8×8×8 的立方体。

（4）在 Top 视图中，选择 Curve｜Circle｜Center，半径。输入 "0，0，0" 来放置圆

心，然后输入 1，接着输入："kdb：'Enter'"来完成一个以原点为中心的半径为 1 的圆。

（5）选择圆在命令行中输入 WireCut。

（6）单击 Cube 并按："kdb：'Enter'"三次，将立方体分成两个实体。请注意，圆仍然突出显示。按："kdb：'Enter'"删除它。

（7）在 Top 视图中选择 Curve｜Line｜Single line。输入"−8，0，0"作为线的起点，然后按："kdb：'Enter'"。

（8）输入"8，0，0"表示线的终点，然后按："kdb：'Enter'"，完成该线的生成。

（9）点击 Top 视图的标签来激活它。选择线，然后选择 Transform｜Rotate（不是 Rotate 3D）。Rhino 会对旋转中心响应（Copy）。

（10）确保 Copy＝Yes，如果不是，请点击 Copy 使 Rhino 旋转该线。Rhino 会请求访问旋转中心。

（11）在 Top 视图中，输入"0，0"坐标。Rhino 会让输入旋转的角度。

（12）输入 22.5，完成旋转。按："kdb：'Enter'"两次。

（13）选择两条线段（按住 Shift 按钮）并选择 Transform｜Rotate。Rhino 会对旋转中心响应（Copy）。确保 Copy＝Yes。

（14）输入"0，0"作为旋转中心。

（15）输入 45°作为旋转角度。按："kdb：'Enter'"两次。现在应该有四条线。

（16）选择所有四条线段，使用复制、粘贴和 90°旋转，以在 Top 视图中得到总共八条从原点向外扩散的线段（图 3-8）。

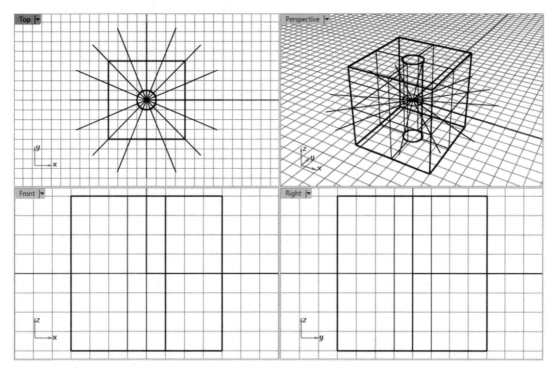

图 3-8　中心挖空的块和用于将块切割成八等份的八条线段

（17）在 Top 视图中，选择水平线段（第一个创建的）。选择 Solid｜Solid Edit Tools｜Wire cut。Rhino 会要求建立一个面。

（18）在 Top 视图下，选择立方体。输入＜ENTER＞。Rhino 会让输入第一个切割深度点。确保 KeepAll＝Yes（如果不是，单击它将 No 改为 Yes）。按：kdb：'Enter'。

（19）在 Top 视图中，选择另一条线段（倾斜 22°），选择 Wire cut 并选择方块的上半部分，然后按："kdb：'Enter'"两次。

（20）选择相同线段时，再次选择 Wire cut，这次选择方块的下半部分，然后按："kdb：'Enter'"两次，将下半部分也切成两段（图 3-9）。

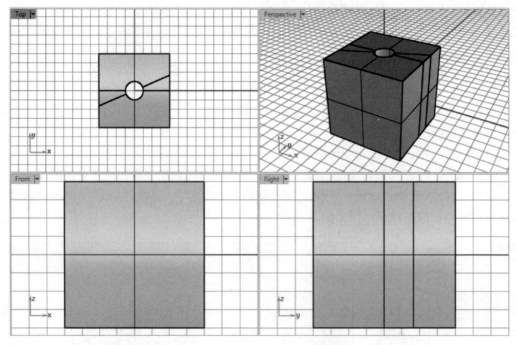

图 3-9　用第二条线切割后的模型

（21）对剩余的线条和实体反复使用 WireCut，继续分割，直到有 16 块（图 3-10）。

（22）选择 16 个实体，使用 File｜Export 将实体导出为 VRML 2.0 文件。在 VRML 导出选项窗口，选择"2.0 版本"。当多边形网格详细选项对话框打开时，取消选中除"Simple planes"之外的所有选项，将所有的值设置为 0。除了最小边长，它应被设置为一个较大数，如 1000，然后点击确定。以"hole"为名保存文件，这将在工作文件夹中创建一个名为"hole.wrl"的文件。

（23）启动 3DEC，运行命令 block generate from-vrml，文件为"hole.wrl"。最后，绘制出模型（图 3-11）。

3. 表面拓扑和面层挤压

3DEC 提供从地形生成块（block generate from-topography）的命令，在现有网格的表面和描述地形的几何集之间生成网格。块体是通过从指定范围内的面沿射线方向压缩到指定的几何体而产生的，这可以用来创建一系列不规则的非相交地层，或者最常见的是在顶部添加一层符合不规则地形面的块体。下面有一些简单的例子。

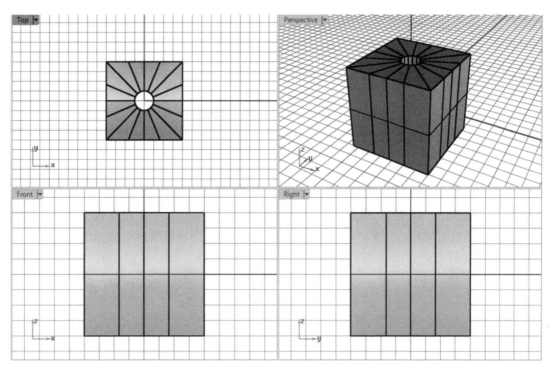

图 3-10　使用 Wire cut 将块切成 16 等份

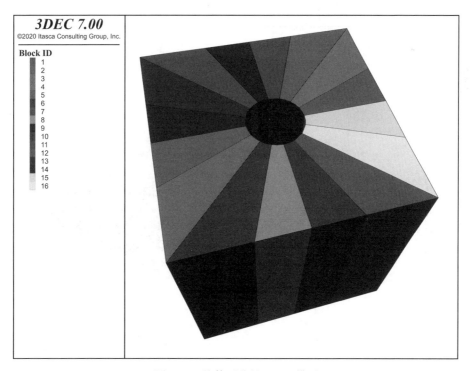

图 3-11　块体开孔的 3DEC 模型

要创建一个符合地形表面的网格，必须指定一个几何集。创建几何集的最简单方法是通过几何导入命令。其他命令可用于处理边、多边形和节点，以及对整个几何集的其他操作。

在使用 block generate from-topography 命令之前，必须存在初始网格。只有满足以下所有条件的块面才会被选中。

- 面必须在范围内。
- 面必须在现有的网格面上，任何内部的面都将被忽略。
- 面的外向法向量必须与射线形成一个小于 89.427° 的角度。这将排除与射线平行的面（交叉角为 90°）或面向相对相反方向的面（交叉角大于 90°但不大于 180°）。

以下示例中的数据文件首先从 STL 格式文件"surface1.stl"导入几何数据，并将其放入称为"surface1"的几何集中（默认情况下，几何集名称与刚导入的文件名相同）。然后数据文件创建一个组名为"Layer1"的背景网格。可以看出，如果投影到平面上，几何集将完全覆盖背景网格，因此，如果沿着射线方向压缩，则该范围内有效面上的任何节点都将与几何集相交。

接下来增加命令 block generate from-topography，在该命令中，指定了"surface1"几何集。因为没有指定射线方向，所以使用默认方向（0，0，1）。段数设置为 8，因此将在选定面和几何面之间创建八个块。比率设置为 0.8，改变了接近表面的区块的大小分布。随着区块接近表面而改变区块大小的分布。在这种情况下，每个块体的大小是下一个块体的 0.8 倍。新创建的区域将被分配"默认"组名"Layer2"。现有网格（Layer1 组）顶面上的一系列面被压缩成几何集。完成的网格如图 3-12 所示，几何集合的地形在网格中得到了正确的体现。

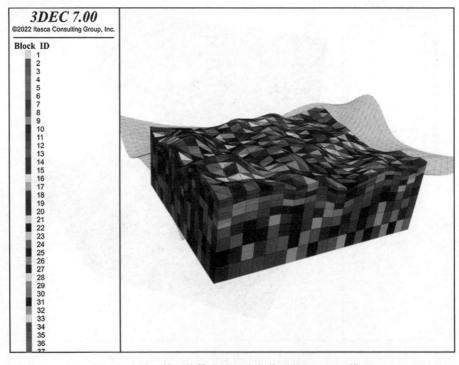

图 3-12　通过挤压块体生成地表起伏形状的 3DEC 模型

相关代码如下：

例 3-6　blockgenfromtopo. dat

```
model new
block create brick 0 15000 0 12000 -4000 -3000 group 'Layer1'
block densify segment 20 20 1
geometry import 'surface1.stl'
block generate from-topography geometry-set 'surface1'...
direction 0 0 1 segments 8 ratio 0.8 group "Layer2" range p-z -3000
```

4. 泰森（Voronoi）块体的生成

命令 block generate voronoi 可以用来创建随机的 Voronoi 块体，以填充由几何集合（闭合表面）定义的闭合体积。Voronoi 块体可用于模拟裂纹扩展，当超过 Voronoi 块之间的连接强度时，就会发生"断裂"。

Voronoi 算法首先在几何集上和内部随机生成点。两个源点之间的距离可以通过关键词最大边距（maximum-edge）和最小边距（minimum-edge）来控制。接下来，在所有源点之间创建狄洛尼（Delaunay）三角形。最后，通过构建 Delaunay 三角形的所有线段的垂直平分线来创建 Voronoi 块，创建出来的块体在镶嵌区域的边界处被几何集截断。

请注意，Voronoi 细分法只适用于单个封闭凸形体。而且，在使用命令 block generate voronoi 时，通常需要手动设置块体的公差。这是因为默认的公差是根据第一个创建的块体的大小来计算的，前提是这个块体将被切割来创建模型。如果组合多个块体创建模型，默认值就不合适了。根据经验，将块体的公差设置为块体尺寸的1%。

下面说明生成简单的立方体和圆柱体 Voronoi 块体集合的例子，如图 3-13、图 3-14所示。这些例子可以在手册中找到。

相关代码如下：

例 3-7　voronoi-cube. dat

```
model new
block tolerance 0.01
geometry import 'cube.dxf'
block generate voronoi set 'cube' min-edge 0.5 max-edge 1.0
```

相关代码如下：

例 3-8　voronoi-cylinder. dat

```
model new
block tol 6e-5
geometry import 'cylinder.dxf'
block generate voronoi set 'cylinder' max-edge 0.006
```

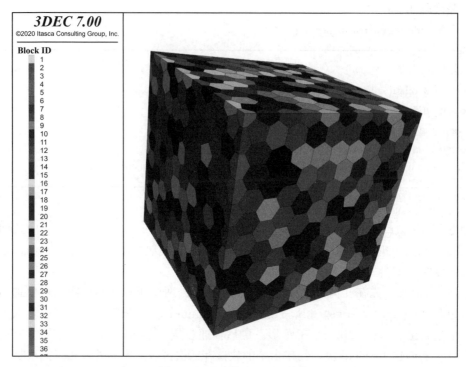

图 3-13　立方体 Voronoi 块体

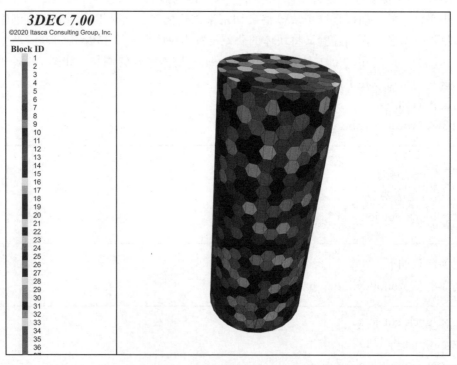

图 3-14　圆柱体 Voronoi 块体

5. 块体导入/导出

除了内置的网格生成方法外，还可以导入由 3DEC 以外的第三方应用程序创建的网格。Griddle 1.0 生成的文件中包含一系列用于创建刚性块的 3DEC 5.2 命令。这些命令可以用内置的转换工具转换，以创建 3DEC 7.0 模型。Griddle 2.0 及以上版本输出的 3DEC 网格文件是更紧凑、更容易理解的块体表示。3DEC 网格文件可以是二进制的，这使得文件更小，能更快导入。

3DEC 网格文件可以定义刚性或可变形（划分网格）的块体。但是请注意，使用网格文件导入一个划分网格的块体将导致模型比 3DEC 中的同等模型更大且速度更慢。因此，如果需要划分网格的凹形块（3DEC 只能对凸形块进行网格化），或者需要使用 3DEC 中没有的高级划分网格功能，划分网格文件选项是最有用的。请参阅手册了解在 3DEC 中导入分区块的更多细节。

可以使用块体导入命令将网格文件导入 3DEC 模型，通过主菜单中的文件——网格（Grid）条目，导入 3DEC 模型中。3dgrid 文件格式在命令 block import 的帮助文件中有详细说明。

导入后，该文件应出现在项目（Project）窗格的"数据文件（Data Files）"部分，并将被添加到任何用于存档或传达项目的包中。

块体和网格也可以从 3DEC 导出（通过命令 block export 实现）。

3.2.4　切割块体

命令 block cut 用于在使用命令 block create 或 block generate 创建的实体中进行额外的切割，以定义节理、断层和孔洞或开挖。命令 block cut 可以用来创建单个断层、节理组或离散裂隙网络 DFN。此外，切割逻辑通过切割导入的几何面或隧道来创建不同的块状几何结构。这些功能将在下面的小节中进行描述。

1. 节理和节理组

命令 block cut joint-set 既可以进行单一节理的切割，也可以进行多条平行节理切割，同时可采用统计参数来生成改变产状、间距和连续性，以匹配实际测量获取的节理数据。

本节首先介绍命令 block cut joint-set，用于进行单次切割。建模中会考虑一些计划来优化创建节理的顺序，通常先切出定义开挖几何形状的节理（见本节的创建内部边界形状部分），然后是次要节理或节理组，通常最后定义贯穿的断层。

命令 block cut joint-set 的主要关键词是倾角（dip）、倾向（dip direction）和节理生成起点（origin）。除非使用其他关键词，否则命令 block cut joint-set 将默认是切割单一结构面，该结构面会以指定的产状穿过模型。起始点可以是该平面上的任何一点。第 2 章中的图 2-22 显示了倾角和倾向与 3DEC 中的坐标轴的关系。倾角范围从 $0°\sim90°$；倾向范围从 $0°\sim360°$。

命令 block cut joint-set 控制节理切割的连续性需要通过 block hide 命令来实现，命令 block cut joint-set 只会切割当前可见的块。下面的例子介绍了非连续节理的创建方法：

例 3-9　joint. dat

```
model new
```

```
; 创建块体
block create brick 0，1 0，1 0，1
; 水平切割
block cut joint-set dip 0 dip-direction 0 origin 0，0，.5
; 隐藏底部块体
block hide range plane dip 0 dip-direction 0 origin 0，0，.5 below
; 只在顶部块体垂直切割
block cut joint-set dip 90 dip-direction 90 origin .5，0，0
; 所有块体均可见
block hide off
```

由图 3-15、图 3-16 可以看到这个例子的完整模型和节理结构图。请注意，垂直节理并没有穿过底部的块体。3DEC 自动为水平节理分配一个 ID＝2，为垂直节理分配一个 ID＝3。如果需要，可以用关键词 jointset-id 来控制节理 ID，例如下面的命令将创建一个 ID 号为 1000 的水平节理。

```
block cut dip 0 dip-direction 0 origin 0，.5，0 jointset-id＝1000
```

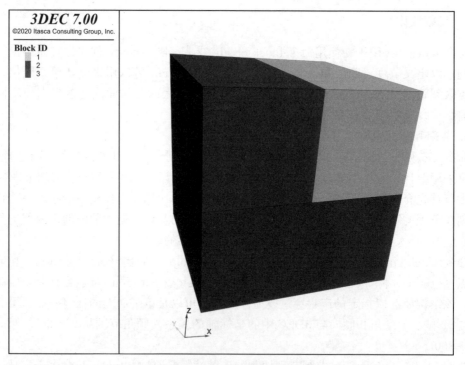

图 3-15　用 block cut 和 block hide 命令创建的模型：全实体视图

节理面和接触面的 ID 在它们被创建时是按顺序给出的。因此，如果定义了两个相交的断层，那么在相交线上边到边的接触将有第二个断层定义的 ID 号。如果要为不同的断层分配不同的属性，这个顺序就变得很重要。大部分节理区域的面对面接触的属性可以使

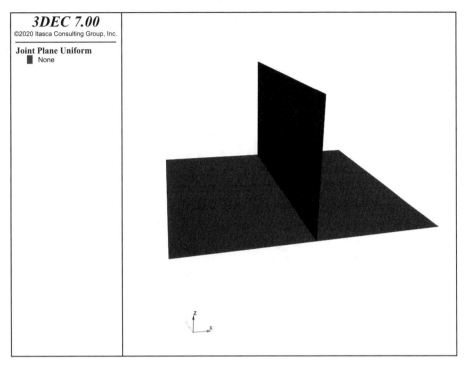

图 3-16　用命令 block cut 和 block hide 创建的模型：节理结构视图

用 block contact property 命令来分配，其中要改变的特定节理可以使用其节理 ID 或方向来识别。困难在于，要给在节理和断层交汇处产生的边对边接触分配属性编号。使用节理 ID 号为边对边接触分配属性编号很容易；而使用方向为边对边接触分配属性编号则很难，因为它们的方向与创建它们的两个相交平面的方向不同。有一个 Plot 选项，允许绘制节理材料属性，这对于检查边对边接触是否被分配了正确的属性很有用。

凹形块可以通过使用命令 block join 来实现。被连接的块体仍然是凸的，但连接逻辑锁定了它们之间的界面。例如，在上一个例子的末尾添加以下命令：

```
block hide range pos-x 0.5 1.0 pos-y 0 1 pos-z 0.5 1.0
block join on
```

图 3-17 中可以看到创建的凹形块。注意，只能连接可见的块。

连接起来的块体在图形屏幕上以相同的颜色显示。另外，连接块之间的接触被识别为主从（m-s）接触。可以将块体接触列表分类来检查接触类型。请注意，如果"从属（slaved）"块体与同一个"主"块体相连，它们将被自动连接。例如，如果 A 块和 B 块连接，A 块和 C 块连接，那么 B 块将自动连接到 C 块。

命令 block cut joint-set 也可以根据实际测量参数（即节理倾角、倾向、间距和连续性）自动生成一组节理。通过隐藏选定的块体，可以生成一组非连续的节理。在下面的例子中，创建了一个包含浅层和深层倾角的节理组的岩石边坡，还创建了两个非连续的裂隙，以定义边坡上的岩石楔形块体（图 3-18）。

101

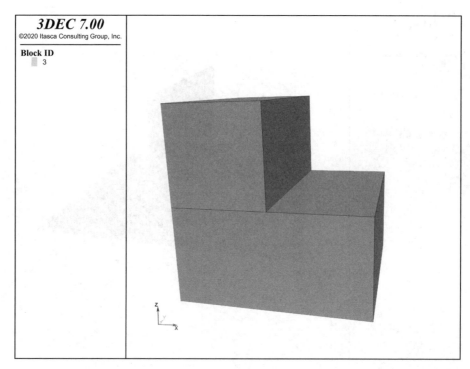

图 3-17　用 block join 命令创建的凹形块

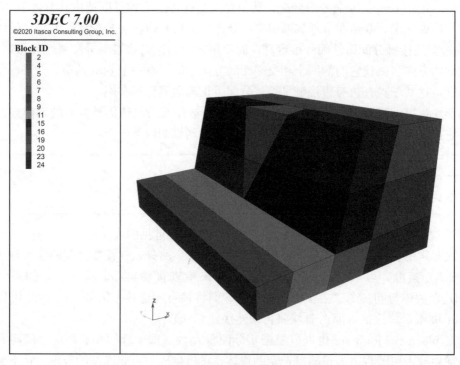

图 3-18　包含连续和非连续节理的岩石边坡

相关代码如下：

例 3-10　slope. dat

```
model new
block create brick 0 80 -30 80 0 50
; 浅层断裂面（连续）
block cut joint-set dip 2. 45 dip-direction 235 ori 30 0 12. 5
block cut joint-set dip 2. 45 dip-direction 315 ori 35 0 30
; 大角度层面（连续）
block cut joint-set dip 76 dip-direction 270 spac 16 num 3 ori 30，0，12. 5
; 相交的不连续面（不连续性）
block hide range pos-x 0，80 pos-y 0，50 pos-z 0，10
block hide range pos-x 55，80 pos-y 0，50 pos-z 0，50
block cut joint-set dip 70 dip-direction 200 ori 0 35 0
block cut joint-set dip 60 dip-direction 330 ori 50 15 50
block hide off
block hide range pos-x 0，30 pos-y -30，80 pos-z 13，50
```

　　请记住，节理在 3DEC 模型中显示为平面段，可能需要许多段才能符合不规则的节理结构。建模者必须在一定程度上使 3DEC 节理的几何形状与物理连接模式相匹配。几何不规则性对节理的影响也可以通过选择节理材料模型加以考虑（例如，沿节理改变属性）。

　　关于生成节理还有最后一点需要注意。当使用基于连续介质力学的程序模拟时，为了减少模型的规模，通常可以利用开挖形状的对称性条件来进行。非连续介质力学程序不能轻易施加对称条件，因为除特殊情况外，非连续特征的存在排除了对称性。例如，不能通过如图 3-18 所示的模型施加一个垂直的对称平面，因为模型中的节理并没有与垂直轴对齐。

　　2. 离散（随机）裂隙网络 DFN

　　在使用 block cut joint-set 命令创建节理时，可以通过配置节理倾角、倾向和间距自动生成一组节理；也可以生成离散断裂网络（DFN）来模拟复杂的裂隙组，然后用它来切割3DEC 块。

　　使用命令 block cut joint-set 建出来的断层通常表示已经确定的断层，即已经勘测的断层或裂隙，并指定了位置、倾角和倾向从而在模型中能够明确表示出来。另一类是随机表述断层，这种方法对特别的断层没有确定地模拟出来，需要定义一组统计参数，并根据统计输入生成一组节理。这种方式生成的节理并不能代表特定的已知节理，而且节理组是不唯一的，因为统计标准有不同的表现形式。

　　离散裂隙网络（DFN）模型是对节理的一种统计描述。一个 DFN 模型可以有多种实现方式。其中一种 DFN 实现方式是模拟，其特征服从 DFN 模型的统计描述，然后可以用3DEC 模拟这组裂隙。建议用不同的实现方式运行多个 3DEC 模型，以测试模型对不同随机 DFN 的全部可能的响应。下面介绍一个创建 DFN 并使用它来切割 3DEC 模型的简单例子。

DFN 示例：

这个例子从创建 DFN 开始。在创建 DFN 之前，必须指定一个模型域。在这个例子中，我们用命令 model domain extent -50 50 来指定一个在正反方向上都延伸 50 个单位的 DFN 域（100 单位长度）。如果只提供两个数字，则假定域在 x、y 和 z 方向上的大小是一样的。

在 3DEC 中创建 DFN 的最简单方法是首先生成一个模板。DFN 模板是一组用于生成随机离散裂隙网络的统计参数。这些参数包括尺寸、位置和方向分布。默认情况下，DFN 模板使用属性为：统一的裂隙位置，统一的方向（倾角在 0°～180°之间，倾向在 0°～360°之间），尺寸服从指数为 4 的负幂律分布。如果没有给出尺寸限制，裂隙尺寸范围可以为 1.0 到无穷大。在这个例子中，我们将指定模板名称，指数为 3 的幂律分布，限制裂隙大小（圆盘直径）为 2～20 之间的值，且设置位置和方向为均匀分布，可以通过以下命令完成：

```
fracture template create 'dfn _ template' size power-law 3 size-limits 2 20...
position uniform orientation uniform
```

使用之前创建的 DFN 模板，可以在先前指定的域中生成一组裂隙。生成过程一直持续到满足定义的停止标准为止。在这个例子中，使用 0.1 的密度作为停止标志。生成的 DFN 如图 3-19 所示。最后，那些近似平行的且靠近的裂隙被合并成单个较大的裂隙。当用 DFN 在块体模型中切割节理时，这一措施有助于防止在 3DEC 中形成非常薄的块。

图 3-19　生成的 DFN

　　在创建块体模型之前，我们必须使用命令 block tolerance 设置公差为 0.02。受影响的公差包括：（1）网格点之间的最小距离；（2）子接触的最小面积（tolxtol）；（3）连接块体的网格点的公差；（4）选择靠近公共平面顶点的公差。默认的 atol 设置是 0.0012 乘以 X、Y 和 Z 的平均模型尺寸。对于这个例子，默认值太大，因此我们需要指定一个更小的值。

　　然后创建一个 $10 \times 10 \times 10$ 的块。一般来说 DFN 域应该比研究的岩体要大。这是因为裂隙可能存在于岩体之外，而其中心点延伸到岩体中。如果 DFN 域的大小和岩体的大小相同，这部分裂隙将被忽略。

　　下面创建一个 DFN 域来说明这一点，该域在 X、Y 和 Z 方向的范围限制为 50。我们可以使用以下命令在之前创建的 DFN 基础上生成一组不连续面（节理）：

---

block cut dfn name 'my_dfn'

　　块体是用名为 my_dfn 的 DFN 来切割的，产生的 3DEC 模型如图 3-20 所示。

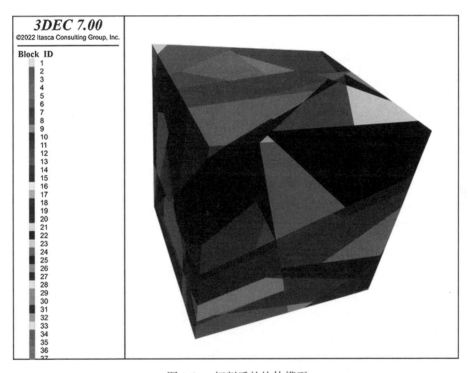

图 3-20　切割后的块体模型

　　在 3DEC 中，节理只能将一个块体整体分割，而不可能让节理只切割部分块体。因此，用 DFN 切割节理的工作原理如下：

- DFN 中的节理从大到小排序；
- 对于每个节理，所有不接触节理的块都会被隐藏；
- 剩余块体被节理切割。

遵循此步骤可以最大限度地减少不必要的切割。然而，3DEC 模型中的许多节理比

DFN 中的相应节理要大，因为切割必须完全平分块。这个问题可以通过在节理的不同部分指定不同的节理属性来解决。

在指定节理属性之前，我们需要将块体划分网格。这也会使节理面离散化，且每个节理面的不同部分可以赋予不同的属性。通过使用 block zone generate 命令生成边长为 1 单位的四面体区域。

现在可以分配节理的材料属性。使用特定的 DFN 指令可以区分 DFN 圆内和圆外的节理材料，下面说明一下这个想法。

每个 3DEC 节理都是由子接触点组成的（分区后）。如图 3-21 所示，子接触点可以是在 DFN 圆的内部或外部。不同的材料属性可以用命令 range dfn-3dec 分配给里面的子接触点。

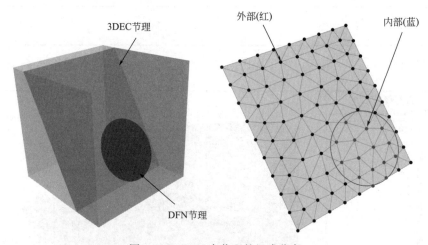

图 3-21　3DEC 中节理的组成分布

在视图中添加 Joint Plane plot 项，可以很容易地绘制出节理。如果只希望看到 3DEC 节理中与实际 DFN 相对应的部分，可以右击 Plot Item List 中的 Joint Plane plot 项，选择 Add Range Element...，并从左边的 Visual 列表中选择 DFN Distance。取消勾选 Not 复选框，勾选 my_dfn 的复选框，然后输入一个略大于 0 的距离（例如 0.01）。显示的 DFN 节理如图 3-22 所示。

相关代码如下：

例 3-11　dfn. dat

```
model new
model random 10000
model domain extent -50 50
; 生成 DFN
fracture template create 'dfn _ template' size power-law 3 size-limits 2 20...
position uniform orientation uniform
fracture generate dfn 'my _ dfn' template 'dfn _ template' mass-density 0. 1
; 合并紧密相连的次平行节理
```

106

```
fracture combine angle 5 distance 0.1 merge
model save 'dfn'
block tolerance 0.02
; 创建块体
block create brick -10 10
; 添加与 ID 为 1 的 dfn 对应的节理
block cut dfn name 'my _ dfn'
; 将块离散成边长为 1 的四面体区域
block zone generate edgelength 1
; 设置节理材料属性
block contact property friction 30 cohesion 1000
block contact property cohesion 0 range dfn-3dec 'my _ dfn'
model save 'blocks'
```

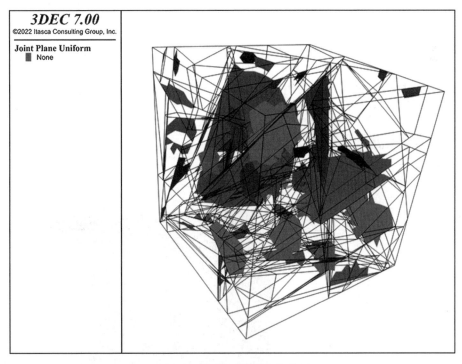

图 3-22　切割后模型中的节理

3. 创建内部边界形状

将 3DEC 模型拟合到问题区域时，还必须定义多面体边界，以便与物理问题的边界形状相吻合。这些边界可以表示开挖或孔洞的内部边界，也可以表示人造结构（如土坝）或自然特征（如山坡）的外部边界。如果物理问题具有复杂的边界，需要清楚简化过程是否会对需要回答的问题产生任何影响（即更简单的几何形状是否能够体现重要的机理）。

模拟中要表现的所有物理边界（包括添加的区域，或在模拟后期实施的开挖）必须在求解过程开始之前定义好。还要定义在后续分析中后来加入的结构形状，然后再"移除"（通过命令 block excavate）。用命令 block fill 来添加开挖的块体。请注意，只有可变形的块才能开挖和填充。边界形状的切割是通过以下命令进行的：

---

block cut joint-set

block cut tunnel

block cut geometry

每条命令都会将多面体切割成一段或多段，并按照所需的形状组合在一起。命令 block cut joint-set 可以创建平面节理段，这在前面讨论过。命令 block cut tunnel 可以切割形状形成块体，该形状由前后两个面定义。命令 block cut geometry 则是根据导入的几何面来切割块体。

1）命令 block cut tunnel

可以用命令 block cut tunnel 创建一个隧道，其边界由连接两个面（指定为面-1 和面-2）的平面段构成。隧道面的形状由任意数量的顶点定义，这些顶点的坐标为（$x1$，$y1$，$z1$），（$x2$，$y2$，$z2$），（$x3$，$y3$，$z3$）等。两个面必须存在相同数量的顶点，面的位置可以在模型的内部或外部。下面介绍一个创建马蹄形隧道的简单例子，命令 block delete 用来删除隧道区域（定义为组"exc"），生成的隧道如图 3-23 所示。创建隧道代码如下：

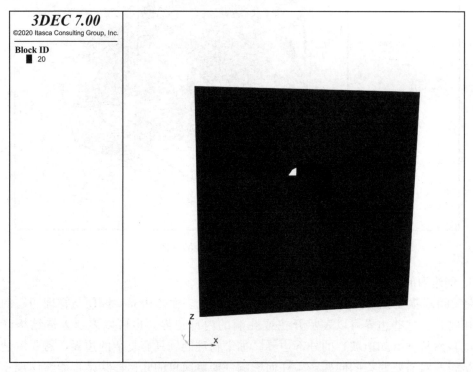

图 3-23 使用 tunnel 命令创建的隧道

例 3-12　cut _ tunnel. dat

```
model new
block create brick -1.5, 1.5  -1.5, 1.5  -1.5, 1.5
block cut tunnel radial group 'exc'   &
    face-1 (-0.30, -1.5, 0.00) (-0.3, -1.5, 0.40) (-0.25, -1.5, 0.47) &
     (-0.15, -1.5, 0.52) ( 0.0, -1.5, 0.55) ( 0.15, -1.5, 0.52) &
     ( 0.25, -1.5, 0.47) ( 0.3, -1.5, 0.40) ( 0.30, -1.5, 0.00) &
    face-2  (-0.30, 1.5, 0.00) (-0.3, 1.5, 0.40) (-0.25, 1.5, 0.47) &
     (-0.15, 1.5, 0.52) ( 0.0, 1.5, 0.55) ( 0.15, 1.5, 0.52) &
     ( 0.25, 1.5, 0.47) ( 0.3, 1.5, 0.40) ( 0.30, 1.5, 0.00)
block delete range group 'exc'
```

通常情况下，在隧道开挖之前，模型会达到平衡状态。必须注意在最初的平衡计算中，保证沿隧道边界的虚拟节理不会影响模型的响应。如果使用命令 block cut tunnel，块体会在虚拟的节理处自动连接。如果使用命令 block cut joint-set 来创建虚拟的节理，则建议使用命令 block join 来连接被虚拟节理分开的块，并使用块体接触列表来识别接触是否为连接块体之间的主-从（m-s）接触。

2）命令 block cut geometry

命令 block cut geometry 可以用来切出更复杂的形状。通常几何曲面是用第三方程序（如 Rhino3D 或 AutoCad）创建，并被导入 3DEC。几何曲面通常是一些三角形或四边形的集合，此集合可以定义一些连续的三维曲面。3DEC 接受的文件格式是 . dxf 和 . stl。也可以在 3DEC 内部使用命令和 FISH 来创建几何曲面。

导入或创建了几何体之后，就可以用它来切割 3DEC 块。几何体表面的每个面都代表一个"节理"，此节理可以切割它所接触的任何块。通过这种方式，几乎任何几何形状都可以切成 3DEC 模型。警告：具有大量近似平行面的复杂几何体将产生大量的切割和潜在的许多薄"长条"块，在尝试运行模型时可能会产生数值问题。建议在使用几何面切割 3DEC 模型之前，尽可能地简化几何面。

与命令 tunnel 不同，用 block cut geometry 命令切割的块体不会自动连接。用户可以在切割后将"结构（construction）"节理连接起来。下面是一个使用命令 block cut geometry 的例子。要使用 block cut geometry 命令，用户必须首先使用命令 domain extent 指定一个域。该命令后面的数是模型的 x、y 和 z 尺寸的下限和上限。如果只有两个数字，则假定 y 和 z 尺寸与 x 尺寸相同。域只需要比模型大，这是使切割算法更有效的要求。同样在这个例子中，使用了命令 block tolerance。3DEC 使用公差来决定哪些块可以切割，哪些块不能切割。如果两个切割的距离比公差更近，则不进行切割。这样做是为了防止形成非常小的块。默认情况下，公差是块体大小的 1‰。然而，对于这种复杂的形状，通常需要减少公差，以便进行所有切割。在这种情况下，建议使用值 0.001（公差以长度为单位）。下面的例子中要切割的几何体是一个椭圆体，如图 3-24 所示，成功的切割可以从横截面图中看到（图 3-25）。

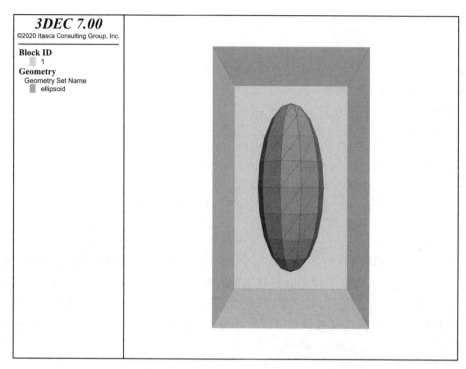

图 3-24　切割前导入的几何体和块体

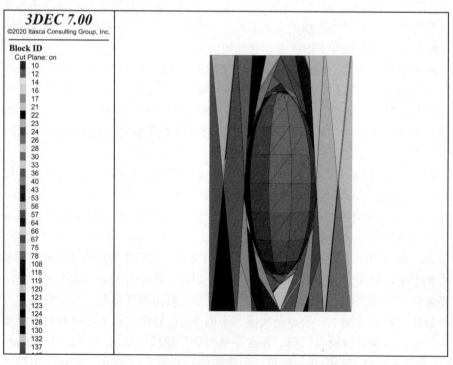

图 3-25　导入的几何体和切割后的块体横截面

例 3-13 geomcut. dat

```
model new
model domain extent -10 10
geometry import 'ellipsoid. stl'
block tolerance 1e-3
block create brick -2 2 -2 2 -1 6
block cut geometry 'ellipsoid'
```

3.2.5 块体生成：密集化和八叉树

密集化操作将块细分为多个块体，允许用户在某一感兴趣区域生成更精细的网格。将基于几何的过滤处理与密集化相结合，则可以产生八叉树（Octree）网格。

1. 密集化网格

命令 block densify 用于生成简单的块组，然后对网格进行密集化。命令 block densify 实际上是执行对一组块体的切割命令，根据输入参数分割块体。因此，新的块体将从它们的母块体中继承组别，就像执行命令 block cut 那样。与命令 block cut 一样，在块被划分后不能使用 block densify 命令。

命令 block densify 是通过计算块体在 x、y 和 z 方向的范围来实现的。然后，它根据每个方向上指定的段数来计算切割的位置。默认情况下，命令 block densify 假定在每个方向上有两段。因此，将在最小和最大 x 的中间，最小和最大 y 的中间，以及最小和最大 z 的中间进行切割。原始块体和密集化的块体分别如图 3-26 和图 3-27 所示。相关代码如下：

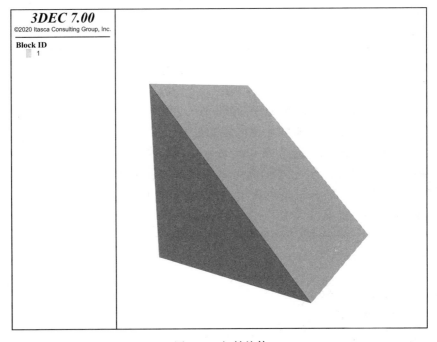

图 3-26　初始块体

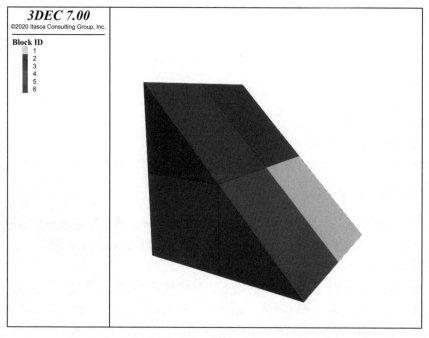

图 3-27　通过在每个方向上分成两段来实现块体的密集化

例 3-14　densify_1. dat

```
model new
block create prism face-1 (0 0 0) (4 0 0) (0 0 4)...
   face-2 (0 4 0) (4 4 0) (0 4 4)
block densify
```

　　每个方向的段数由可选的段（segment）关键词给出，段关键词后跟三个数字：X、Y和 Z 方向的段数。如果只给出一个数字，则假定 Y 和 Z 与 X 相同。在上面的示例中，将命令 block densify 替换为 block densify segments 3，生成的块如图 3-28 所示。

　　除了划分段数外，指定需要细化的区域的最大长度则用关键词 maximum length 完成。无论如何使用 maximumlength 或 segments 这两个命令，3DEC 将块划分的段数总是为整数，从而使网格加密。下一个例子显示通过设置边限制为 0. 15 来使 Z 坐标在 2～4 之间的网格密集化，如图 3-29、图 3-30 所示。相关代码如下：

例 3-15　densify_2. dat

```
；通过指定最大尺寸长度
model new
block create brick 0 4 0 4 0 4
block densify segments 4
block densify maximum-length 0. 15 hex range position-z 2 4
```

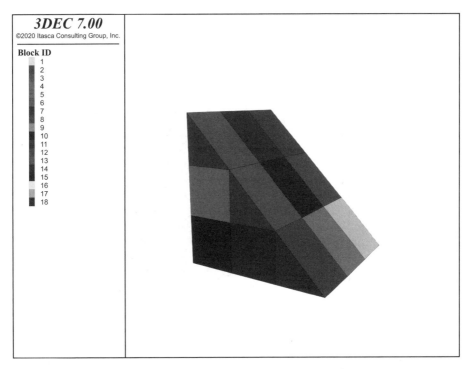

图 3-28　通过 segment 增加每个方向的段数

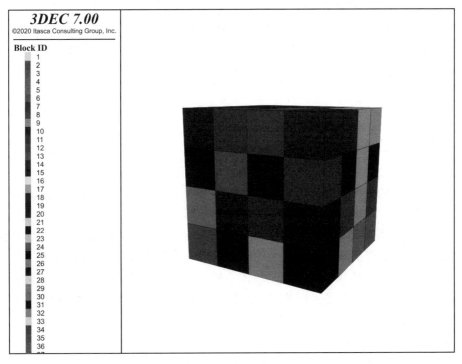

图 3-29　原始网格

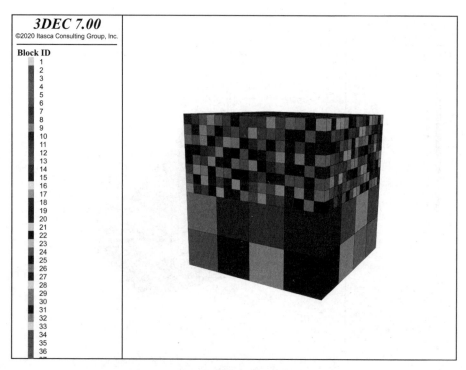

图 3-30　通过设置最大长度使模型密集化

图 3-30 显示，有时密集化会产生一种情况，即小块体与大得多的块体相邻。一般来说，为了保持计算的准确性，建议相邻的块体在大小上不要有太大的差异。这个问题可以用关键词 gradient-limit 来解决。关键词 gradient-limit 确保相邻块体的密度差异不超过一个级别。如果在上例中的命令 block densify 中加入关键词 gradient-limit，则生成的块体如图 3-31 所示，命令为：

```
block densify gradient-limit maximum-length 0.15 hex range position-z 2 4
```

有一种特殊的致密化情况，即致密化的块是四面体（four-sided）。从 Griddle 或其他网格划分软件导入的模型主要是四面体，用上述方法对这些模型进行密集化可能会导致块的几何形状不佳。

图 3-32 显示了简单四面体块默认密集化的结果。此例子可看出密集化导致块的尺寸大不相同。要创建更好的块，可以在块的密集化命令中加入关键词 tet，当这个关键词被调用时，不会沿着 X、Y 和 Z 方向切割块体。相反，每个四面体块被分成八个较小的四面体。两种方法产生的块数都是一样的（8 个），但使用 tet 关键词时，块体的几何形状要好得多，如图 3-33 所示。

例 3-16　densify＿4.dat

```
model new
block create tetrahedron (0 0 0) (.5 -.5 0) (1 0.5 0) (0.35 0.25 0.5)
```

114

```
block densify tet
```

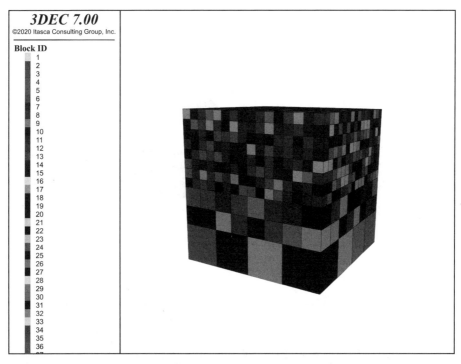

图 3-31　使用 gradient-limit 关键词的密集化模型

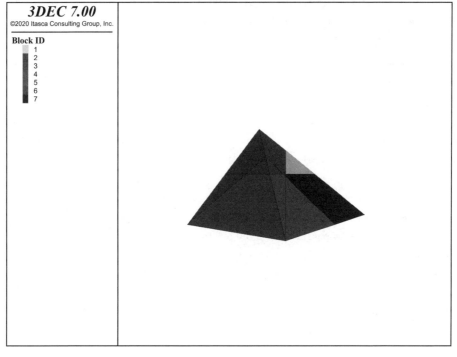

图 3-32　一个密集化的四面体块

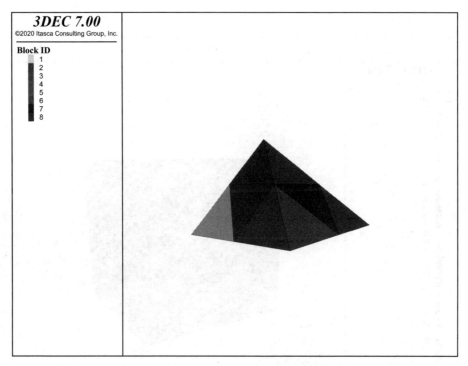

图 3-33　使用关键词 tet 的密集化四面体块

　　网格密集化也可以用几何集来完成。接下来的例子介绍了一种使两个几何集之间的相联空间加密化的方法（图 3-34、图 3-35）。在这个例子中，每个几何集由两个多边形定义。命令 block densify 使用几何范围元素，选择任何具有中心点的块体，使方向为（0，0，1）的射线与构成 setA 或 setB 的任何多边形相交一次。

　　例 3-17　densify _ 3. dat

```
; 使用几何信息密集化模型
model new
block create brick 0 10 0 10 0 10
geometry select 'setA'
geometry polygon create by-position 0 0 1 5 0 1 5 10 1 0 10 1
geometry select 'setA'
geometry polygon create by-position 5 0 1 10 0 5 10 10 5 5 10 1
geometry select 'setB'
geometry polygon create by-position 0 0 5 5 0 5 5 10 5 0 10 5
geometry select 'setB'
geometry polygon create by-position 5 0 5 10 0 10 10 10 10 5 10 5
;
block densify segments 10 join
block densify hex range geometry-space 'setA' set 'setB' count 1
;
```

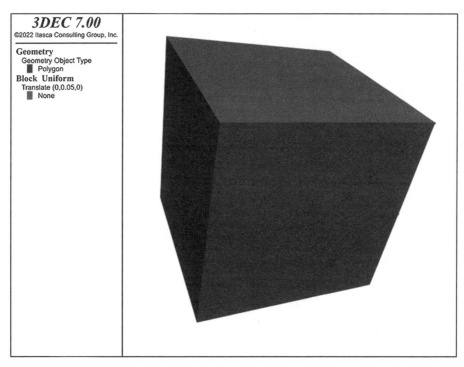

图 3-34　原始网格

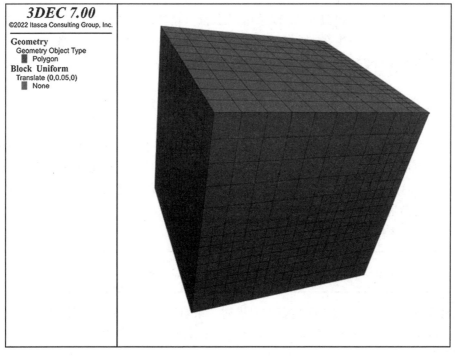

图 3-35　使用几何数据密集化网格

2. 基于几何的密集化：八叉网格划分

基于几何集中的几何数据的网格密集化经常被用来近似计算非常不规则边界上的材料属性变化，此时表面结构的精确性在物理上并不重要，通常矿体和其他类型的地质结构都属于这一类。

命令 block densify 可以用来细分块，这些块是根据它们与几何体表面的接近程度选择出来的。将它与 geometry-distance 范围元素结合使用，并使用重复关键词（repeat），可以在一个命令中创建一个八叉网格。

例如，命令：

```
block densify maximum-length 50 gradient-limit repeat hex...
range geometry-distance 'topo' gap 0 extent
```

可以根据与"topo"几何集的接近程度来生成八叉网格，重要的是要清楚上面调用的每个关键词的作用。

● 关键词 gradient-limit 会影响被标记为密集化的块，它确保从一个块到下一个块的最大差异是一个密集化级别。

● 关键词 maximum-length 与 repeat（如下所述）相结合，如果块的边长超过 50，将被标记为密集化。

● 关键词 repeat 表示将对块进行一次密集化处理。如果有任何块被密集化，将选择一个新的块体列表进行密集化。此操作将重复进行，直到没有块体需要密集化，因为它们不在范围内，或者因为它们已经小于指定的最大长度（请注意，如果在这个例子中省略了关键词 repeat，密集化将发生在一个步骤中，关键词 gradient-limit 将被忽略）。

● 关键词 hex 告诉 3DEC，所有密集化的块体都是六面体，这可以使密集化的算法更快。

● range geometry-distance 选择落在 topo 几何集的间隙距离内的块体。因为在这种情况下，间隙为零，所以它选择的是实际上与表面相交的块。

● 关键词 extent 表示与表面的距离应该由块体的笛卡尔范围来判断，而不是块体的中心点。如果不使用它，就需要有一个非零的间隙，来让块体有机会落在这个范围内。

请注意，这里没有提供 segments 的关键词。如果没有指定段的数量，则假定每个方向都是 2 个，结果是每个原始块都含有 8 个新块。

然后使用以下命令隐藏地形上方的块：

```
block hide range geometry-space 'topo' direction (0, 0, -1) count 1
```

此范围将从每个块的质心向指定方向投射一条射线，并计算与几何表面相交的次数。如果计数因子为 1，则隐藏该块，图 3-36 显示了执行这些命令的结果。相关代码如下：

例 3-18 octree1. dat

```
model new
```

```
geometry import 'topo.dxf'
block create brick 500 6500 -500 5500 -1000 3000
block densify segment 6 6 4
block densify maximum-length 50 gradient-limit repeat hex...
    range geometry-distance 'topo' gap 0 extent
block join
block hide range geometry-space 'topo' direction (0, 0, -1) count 1
```

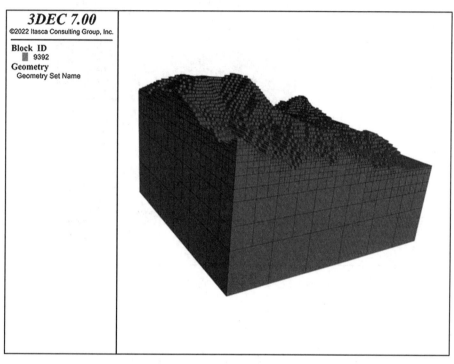

图 3-36　块密集化生成的八叉网格

　　在密集化之后执行块体连接命令可能是可取的，因为块体之间的连接并不代表真正的节理或断层。下面举一个更现实的例子，其数据文件以一个简单的矩形网格为起点，创建一个复杂矿体的八叉网格。相关代码如下：

例 3-19　octree2.dat

```
model new
block create brick 25000 35000 20000 35000 0 10000
block densify segments 10 15 10hex
geometry import 'orebody.stl'
block densify gradient-limit maximum-length 50 repeat hex...
range geometry-distance 'orebody' gap 0.0 extent
block group 'orebody' range geometry-space 'orebody' count odd
```

结果如图 3-37 所示，最后命令 block group 使用 range geometry-space 范围元素来选择几何表面"内部"的块。如果没有给出 geometry-space 范围的方向，则假定它是朝着 (0，0，1)。

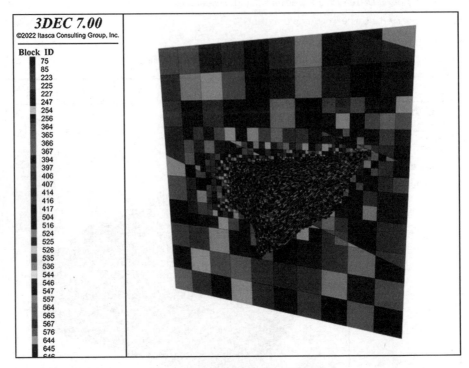

图 3-37　块密集化生成的八叉网格

3.2.6　块体几何质量指标

运行 3DEC 模型时出现的大多数问题都是由于块体的几何形状不好造成的。3DEC 提供了将块体以任何角度和任何尺寸进行切割的能力。这是一个非常强大的功能。然而，它的副作用是同时会生成非常薄或非常小的块。当发生变形（大应变）时，这可能会导致块体出现塌陷，导致错误信息，如"负体积单元（negative volume zone）"或"差的面法向（bad face normal）"。

处理这些问题的第一步是找出不良的块体，因此列出的几个范围对于定位不良的块体很有用：

range volume fl fu

此范围选择体积在指定下限和上限范围内的块。这对于识别非常小的块很有用。

range edge-length fl fu

此范围选择最小边长在指定上限和下限之间的块。这对于识别体积不大但边长可能非常小的块很有用，因为太小所以很难将这些块划分网格。

---

range aspect-ratio fl fu

此范围选择最大长宽比在指定上限和下限之间的块。长宽比定义为最大边长除以体积的立方根。一般来说，难以对高长宽比（大于 10）的块体划分网格，并且在变形时这些块体可能会引起数值问题。有时可以切割这些长而薄的块体以创建具有更好长宽比的短块组。

---

range face-area fl fu

此范围选择具有指定的上限和下限之间的最小面面积的块。与边长范围类似，这有助于识别本身可能不小，但可能具有非常小的面的块。

---

range concave

此范围选择的是凹形块，3DEC 中的一些切割操作可能会导致块略微凹陷。虽然这些块仍可以划分网格，且通常可以继续工作。但是，对于凹面，接触检测和力的计算可能不准确。

下面是使用这些范围的一个例子，创建离散断裂网络（DFN）用来切一个大块体。这样会生成一些具有几何形状不好的块体（图 3-38）。

图 3-38　识别具有不好几何形状的块

相关代码如下：

例 3-20 badblocks. dat

```
model new
model random 10000
model domain extent -50 50 -50 50 -50 50
; 创建 DFN
fracture template create 'dfn _ template' size power-law 3 size-limits 1 100
fracture generate template 'dfn _ template' dfn '99' mass-density 0. 1
; 生成块体
block tolerance 0. 001
block create brick -20 20 -20 20 -20 20
block cut dfn name '99'
; 找到形状差的块体并将其分组
block group 'bad _ face' slot '1' range face-area 0 0. 0001
block group 'bad _ edge' slot '2' range edge-length 0 0. 005
block group 'bad _ aspect' slot '3' range aspect-ratio 10 1000
block group 'bad _ volume' slot '4' range volume 0 0. 001
```

以这样的方式切割模型且不会形成坏块当然很理想。然而，如果不能做到这点，可以用此技术来识别坏块。一旦找到坏块且在大应变条件下运行，通常可以删除不良几何形状的块体。如果在小应变下运行，则不建议这样做，否则会在模型中留下无法闭合的空隙。如果成功将形状差的块体划分网格，它们可以变得有弹性以防止虚假的塑性变形。这样即使它们没有成功划分网格，也可以让它们保持刚性。

3.3　基于 Rhino＋Griddle 的建模方法

本节介绍广东省某水电厂工程中拱坝、引水隧洞及坝基联合模型的建模过程，主要借助第三方软件 Rhino 7＋Griddle 2.0 来生成 3DEC 模型。3DEC 在建立计算模型时需要采用键入数据/命令行文件的方式，当涉及较复杂的结构时，这种方法往往比较烦琐，如果生成的网格形态差，将会对计算结果产生很大影响。因此可以借助第三方软件的建模功能来解决这类问题。

3.3.1　Rhino 几何模型

1. 导入 GoCAD 三维模型

（1）启动 GoCAD，打开生成的地形面，执行【File ｜ Export ｜ Surface ｜ DXF】命令 DXF 格式的网格模型，如图 3-39 所示。

（2）启动 Rhino，执行【文件 ｜ 导入 ｜ Sur. dxf】，选项设置为模型单位：米；图纸单位：毫米；网格精确度：双精度，导入三维网格模型，如图 3-40 所示。

2. 建立坝基边坡模型

（1）双击 TOP 将视图切换到俯视图，执行【曲面 ｜ 布帘】，间距选项为 2，对地形

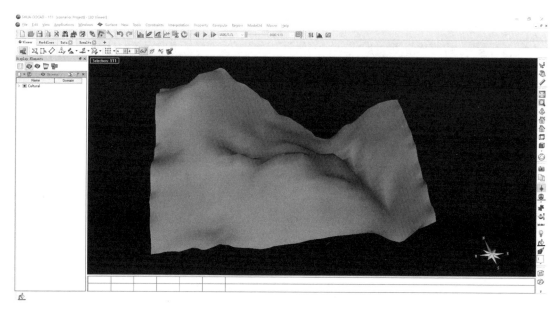

图 3-39　GoCAD 生成的地形面

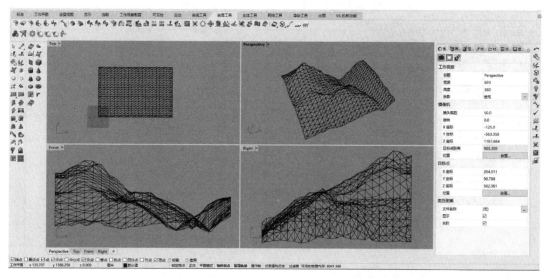

图 3-40　将 GoCAD 格式的三维模型导入 Rhino

面进行范围的框选，生成坝基边坡地形面，如图 3-41 所示。

（2）将模式从线框模式调整为着色模式，执行【实体 ｜ 立方体 ｜ 角对角】，第一角和第二角分别为 0、0、0 以及 490、320、800，生成长方体作为模型边界。双击 TOP 将视角切换回四个工作视窗，如图 3-42 所示。

（3）执行【编辑｜ 修剪】，按顺序选择地表曲面以及地形面以上的长方体，修剪长方体位于地面以上的部分。再次执行【编辑 ｜ 修剪】，按顺序选择长方体以及地表面位于长

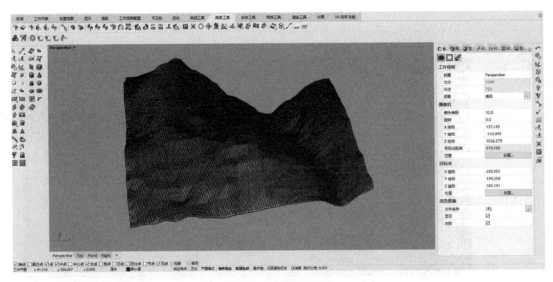

图 3-41　三维地形面

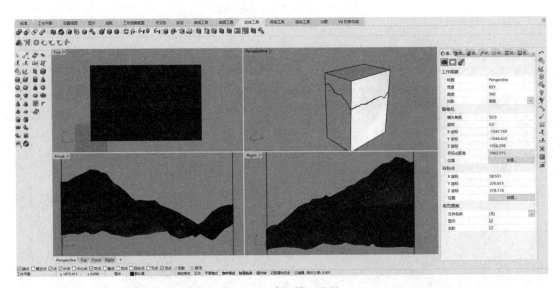

图 3-42　建立模型边界

方体以外的部分，修剪模型边界。

（4）全选所有曲面和多重曲面，执行【编辑｜组合】，将地表和长方体组合成一个整体的坝基边坡实体模型，如图 3-43 所示。

3. 建立隧洞模型

（1）导入隧洞轮廓以及轴线，选中坝基，执行【编辑｜可见性｜隐藏】，将其隐藏。选中隧洞出口轮廓，执行【实体｜挤出曲线｜沿着曲线】，再点击隧洞轴线，生成隧洞实体模型，如图 3-44 所示。

（2）执行【编辑｜可见性｜显示】，显示被隐藏的坝基模型。执行【实体｜布尔运

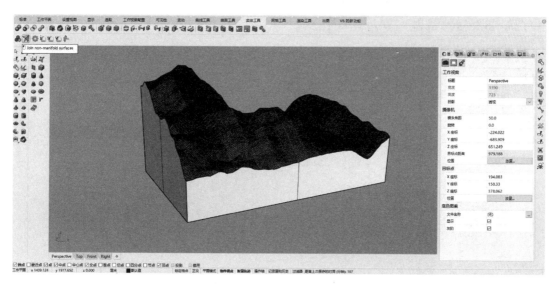

图 3-43　合成坝基边坡实体模型

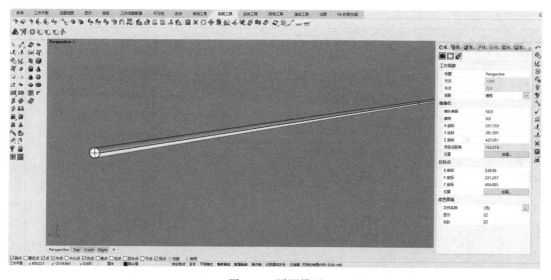

图 3-44　隧洞模型

算分割】，先后选中坝基和隧洞，完成后将隧洞和坝基重合的部分删除，全选所有曲面和多重曲面，点击【Join non-manifold surfaces】按钮，将坝基边坡实体模型和隧洞模型组合成一个多重曲面，结果如图 3-45 所示。

4. 建立坝体模型

（1）导入简化的坝体结构控制线，执行【曲面工具｜以二、三或四个边缘曲线建立曲面】，并将各坝面组合为一个整体，建立坝体模型。

（2）执行【编辑｜修剪】，按顺序选择坝基边坡模型以及地形面以下的坝体，修剪坝体位于地面以上的部分。

（3）全选所有曲面和多重曲面，点击【Join non-manifold surfaces】按钮，将坝基边

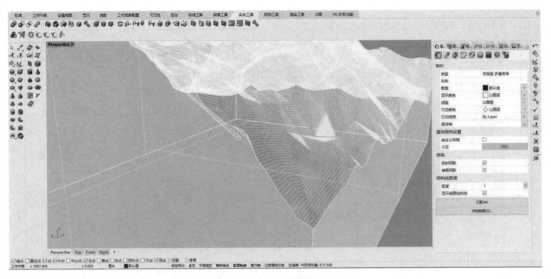

图 3-45　坝基边坡隧洞实体模型

坡实体模型和坝体模型组合成一个多重曲面，如图 3-46 所示。

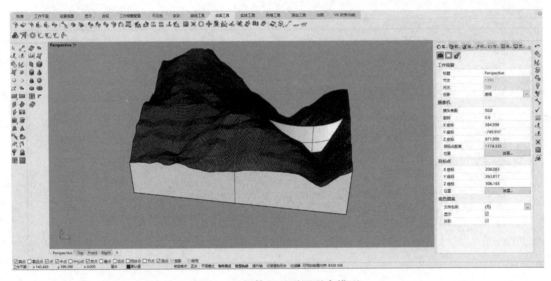

图 3-46　坝体坝基隧洞联合模型

3.3.2　基于 Griddle 的模型输出

1. 输出三角形（或以六面体为主导）网格块体模型

（1）重复 3.3.1 节的建模过程，选择多重曲面，执行【网格 ｜ 从 NURBS ｜ 较少网格面】生成网格；选择网格，点击【Griddle surface remesher】按钮，输入 setworkingdirection 设置储存路径，选项设置为 Mode＝Tri（或 QuadDom）；MinEdgeLength＝0；MaxEdgeLength＝100；MaxGradation＝0.2，重新生成三角形（或以六面体为主导）面网格，如图 3-47 所示。

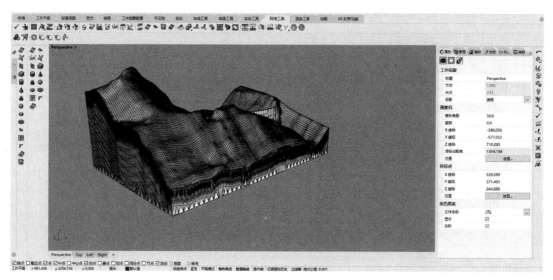

图 3-47　网格剖分

（2）选择三角形（或以六面体为主导）面网格，点击【Griddle Volume mesher】按钮，选项设置为 Mode = Tet；OutputFormat = 3DEC，生成 3DEC 块体网格文件GVol.3dgrid。

（3）打开 3DEC 软件，执行【file ｜ grid ｜ import from 3DEC】，选择 GVol.3dgrid，将块体单元导入软件中，如图 3-48 所示。

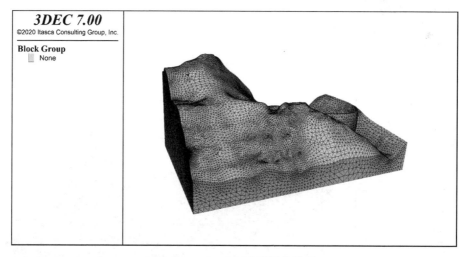

图 3-48　3DEC 三角形网格模型

2. 输出全六面体网格块体模型

（1）重复 3.3.1 节的建模过程，全六面体网格通常是高质量数值求解的最佳方案，但是面对复杂模型时处理过程较为繁琐，需要将基础的几何形状分解成六面体、四面体和棱柱体，结果如图 3-49 所示。

（2）选择被划分好的多重曲面，点击【BlockRanger interactive mapped mesher】按

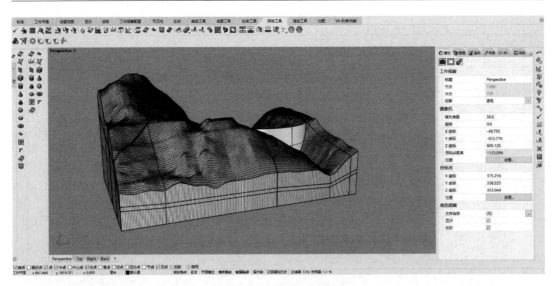

图 3-49　多重曲面划分

钮，选项设置为 MaxEdgeLength＝25；MinEdgeSolution＝3；OutputFormat＝3DEC，生成全六面体 3DEC 块体网格文件 Model.3dgrid。

（3）打开 3DEC 软件，执行【file ｜ grid ｜ import from 3DEC】，选择 model.3dgrid，将块体单元导入软件中，如图 3-50 所示。模型中包含了地层、大坝和隧洞，为后续的渗流与应力计算提供了基础。

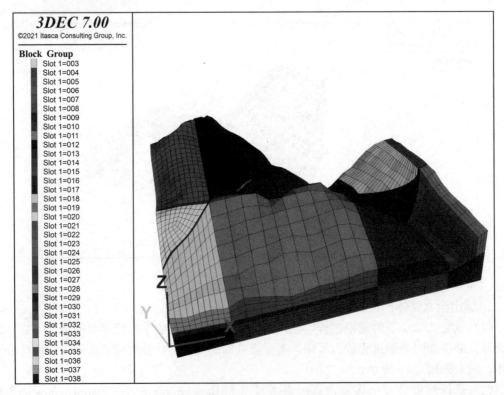

图 3-50　3DEC 全六面体网格块体模型

3.4　总结

本章介绍了 3DEC 通过块体切割和组合建立模型的基本方法和原则。另外，介绍了导入 GoCAD 三维地形模型、在 Rhino 中建立坝基边坡、隧洞和边坡的联合模型，以及通过 Griddle 插件生成 3DEC 三角形和全六面体网格模型的过程。通过这些步骤，我们成功地创建了一个符合实际情况的复杂模型，为进行 3DEC 计算分析提供了坚实基础。基于这个 3DEC 模型，能够针对水电厂生态泄放隧洞施工开挖对大坝安全的影响进行专题研究。可以评估施工扰动对地下水位和结构安全的影响，分析水电厂泄放隧洞开挖活动对坝区地下水位的影响，探索变化机理，并对渗流场引起的大坝安全问题进行评价。

总的来说，建立真实世界的几何模型是进行 3DEC 分析的关键任务。通过系统化的方法和准确的数据，我们能够确保模型准确地反映实际情况，为后续的分析和研究提供可靠的基础。这种精确的模拟和分析为工程决策提供了重要的依据，确保了项目的安全性和可行性。

参考文献

［1］ Robert M，Associates. Rhinoceros Version 6.0［EB/OL］.［2023-11-11］.

［2］ Itasca Consulting Group Inc. 3DEC（3-Dimensional Distinct Element Code）：version 7.0［EB/OL］.
　　　［2023-11-11］.

［3］ 武汉大学. QS 水电厂生态泄放隧洞开挖对大坝影响安全评价［R］. 2022.

第 4 章 基于离散元的岩体力学特性数值试验方法

4.1 基于离散元的岩石力学数值压缩试验模拟

4.1.1 单轴压缩试验

1. 试验简介

研究岩石变形与强度最普通的方式是单轴压缩试验。试样大多采用圆柱形试样，或立方体。《水利水电工程岩石试验规程》SL/T 264—2020 要求试验一般在实验室内用压力机开展。试样一般直径为 5cm，高度为 10cm。两端磨平光滑。试件的高度 h 一般满足以下条件：

圆柱形试样 $h = (2 \sim 2.5)D$

立方体试样 $h = (2 \sim 2.5)\sqrt{A}$

式中，D 为试件的横断面直径；A 为试件的横断面面积。

《水利水电工程岩石试验规程》SL/T 264—2020 规定，对于单轴压缩强度试验，圆柱样沿试件各截面的直径误差应不大于 0.3mm，两断面的不平行度最大不超过 0.5mm。试验时以每秒 0.5~0.8MPa 的速率加载，直至试件破坏。试验结果按下式计算抗压强度：

$$R_c = \frac{P}{A}$$ (4-1)

式中，R_c 为单轴抗压强度；P 为岩石试样破坏时的荷载；A 为试件横截面面积。

对于单轴变形试验，设试样长度为 l，直径为 d，试样在荷载 P 作用下轴向缩短 Δl，侧向膨胀 Δd，则试样的轴向应变为：

$$\varepsilon_y = \frac{\Delta l}{l}$$ (4-2)

侧向应变为：

$$\varepsilon_x = \frac{\Delta d}{d}$$ (4-3)

如果试样截面面积为 A，则应力为：

$$\sigma = \frac{P}{A}$$ (4-4)

当岩石服从线弹性假定，压缩时弹性模量由下式给出：

$$E = \frac{\sigma}{\varepsilon} = \frac{P/A}{\Delta l/l} = \frac{Pl}{\Delta l A}$$ (4-5)

泊松比为：

$$\mu = \frac{\varepsilon_x}{\varepsilon_y} = \frac{\Delta d l}{d \Delta l}$$ (4-6)

岩石材料的单轴抗压强度可以由下式计算：

$$\sigma_1 = R_c = \frac{2c\cos\varphi}{1 - \sin\varphi} \tag{4-7}$$

2. 离散元数值实现

在离散元 3DEC 软件中，同样可以进行数值试验，用以检验岩石材料的数值力学特性是否符合指定的变形、强度参数要求。这一工作在自己编制本构模型、包含结构面的合成岩体的等效力学参数检验时将会变得非常有用。

这里首先给出一个 $\phi 100\mathrm{mm} \times 200\mathrm{mm}$ 的圆柱形试样单轴压缩数值试验的过程。代码用 3DEC7.0 版本写成。

图 4-1 给出了本例中采用的单轴压缩数值试验试样，可见圆柱横截面由 16 边多边形近似构成。数值试验的 FISH 文件分为两部分，第一部分为建模、划分网格；第二部分为开展数值试验。

图 4-1 单轴压缩
数值试验试样

建模的过程中，使用了参数化建模的思路，圆柱形的尺寸，单元尺寸都可以在@ini_condition 中调整。

```
; ---create 3DEC block model
model new
model large-strain off
; 定义一些基本参数
fish define ini _ condition
    global radius = 0. 05     ; radius of the cylinder specimen
    global zone _ size = 0. 01    ; element size
    global eps = 0. 00001     ; tolerance
end
@ ini _ condition
;
; 通过基本参数计算建模参数
fish define para _ clac
    global height = radius ＊ 2 ＊ 2
    global area = radius ＊ radius ＊ math. pi
    global n _ edges = math. round ( ( 2 ＊ radius ＊ math. pi) / zone _ size / 2) ; each edge of the
cylinder includes 2 zones
    global block _ zl = -0. 5 ＊ height
    global block _ zu = 0. 5 ＊ height
    global block _ zl1 = -0. 5 ＊ height ＋ eps
    global block _ zu1 ＝   0. 5 ＊ height -eps
end
@para _ clac
;
; 建立一个圆柱形试件
```

```
; create the cylinder specimen
block create drum center-1 (0, 0, [block _ zl]) center-2 (0, 0, [block _ zu]) radius-1 [radius]
radius-2 [radius] edges [n _ edges]
; discretize blocks into tetrahedral zones
block zone generate edgelength [zone _ size]
;
; 赋力学参数值
; rock material properties
block zone cmodel assign strain-softening
block zone property young 8. 493e9 poisson 0. 21 dens 2700.
   block zone property friction 42. cohesion 7. 0e6 tension 0e7
;
model save 'model _ specimen'
;
```

在模型建立完之后，开始数值加载，这里注意的几个要点为：

（1）为简便计，加载控制采用了不带伺服的恒定位移速率加载，为了追求更好的数值试验效果，可以使用力加载，并使用伺服机制；

（2）为了获得更好的加载效果，加载速率变量@vel 可以适当调整；

（3）对于求取轴向应力的函数，主要思路为遍历圆柱形试样顶部的所有节点，累加所有节点的竖直向反力，然后除以试样断面的面积；

（4）对于求取轴向应变的函数，主要思路为遍历圆柱形试样顶部的所有节点，累加所有节点的竖直向位移，然后除以顶部节点数量，并除以试样高度。

```
model new
model rest 'model _ specimen'
; 约束端面
block gridpoint apply velocity-x 0.0 velocity-y 0.0 velocity-z 0.0 range position-z @block _ zl
; 定义求取轴向应力的函数
fish define sigma _ 1
  local sum   = 0.
  local n _ nodes   = 0.
  loop foreach local iag block. gp. list
    if block. gp. pos. z(iag) > block _ zu1 then
      sum = sum + block. gp. force. reaction. z(iag)
      n _ nodes = n _ nodes + 1
    end _ if
  endloop
  sigma _ 1 = (-sum) / area
end
@sigma _ 1
; 定义求取轴向应变的函数
```

```
fish define epsilon _ 1
  local sum = 0.
  local n _ nodes   = 0.
  loop foreach local iag block. gp. list
    if block. gp. pos. z(iag) > block _ zu1 then
      sum = sum + block. gp. disp. z(iag)
      n _ nodes = n _ nodes + 1
    end _ if
  endloop
  epsilon _ 1 = ((-sum) / n _ nodes) / height
end
 @epsilon _ 1
; 定义直接求取模量的函数
fish define young
    young = sigma _ 1 / epsilon _ 1
end
;
history interval 100
fish history name '1' @sigma _ 1
fish history name '2' @epsilon _ 1
fish history name '3' @young
; 改变上端面的速率，开始加载
[vel = 1e-1]
block gridpoint apply velocity-z [-vel] range position-z @block _ zu
model cycle 10000
```

3. 试验结果

图 4-2 给出了数值试验的轴向应力-轴向应变曲线，可以看到由于使用了理想弹塑性假定，单轴压缩强度达到峰值时没有跌落；当使用了脆性模型或应力软化模型后，将在此处

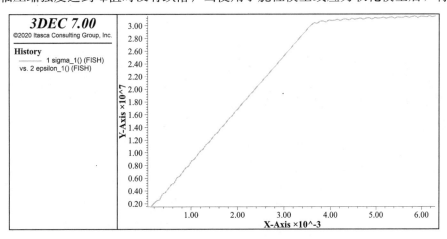

图 4-2　数值试验的轴向应力-轴向应变曲线

观察到相应的软化/强化现象。

数值试验得到的三轴压缩强度约为 31.5MPa，与理论值 31.44MPa［基于式（4-7）计算得到］基本一致，证明了数值试验的正确性。

图 4-3 给出了数值试验的弹性模量-轴向应变曲线，可以看见曲线前半段剧烈抖动，后半段由于材料进入了塑性有所变化，但中间一段显示出较好的线弹性特征，计算得到的弹性模量约为 8.4GPa，与输入的 8.49GPa 数值基本一致。再次证明了数值试验的正确性。

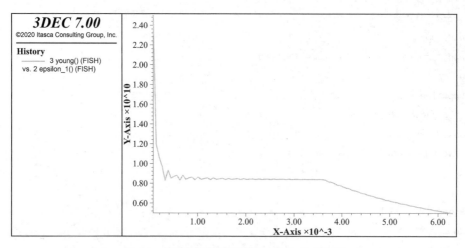

图 4-3　数值试验的弹性模量-轴向应变曲线

4.1.2　三轴压缩试验

1. 试验简介

三轴压缩试验采用三轴压力机进行，在进行三轴试验时，先将试件施加侧压力，即小主应力 σ_3，然后逐渐增加垂直压力，直至破坏，得到破坏时的大主应力 σ_1，从而得到一个破坏时的应力圆。采用相同的岩样，改变侧压力，施加垂直压力直至破坏，又得到一个破坏应力圆。绘制这些应力圆的包络线，即可求得岩石的抗剪强度曲线（付志亮，2011）。

岩石的强度参数也服从以下 M-C 强度准则的约束：

$$\sigma_1 = \frac{2c\cos\varphi + \sigma_3(1 + \sin\varphi)}{1 - \sin\varphi} \tag{4-8}$$

2. 离散元数值实现

在离散元 3DEC 软件中，同样可以进行三轴压缩数值试验，用以检验岩石材料的数值力学特性是否符合指定的变形、强度参数要求。

这里给出一个 50mm×50mm×100mm 的立方体试样的三轴压缩数值试验的过程，代码用 3DEC7.0 版本写成，得到的数值试验结果将与理论结果进行对比。

图 4-4 给出了本例中采用的三轴压缩数值试验试样，事实上采用圆柱形试样也是可以的。数值试验的 FISH 文件分为三部分，第一部分为建模、划分网格；第二部分为施加侧向围压；第三部分为

图 4-4　三轴压缩
数值试验试样

134

开始轴向压缩。建模与参数赋值的 FISH 文件及其思路与单轴压缩一致。

```
; ---create 3DEC block model
model new
model large-strain off
; 定义一些基本参数
fish define ini _ condition
    global size = 0. 05      ; size of the brick specimen
    global zone _ size = 0. 005     ; element size
    global eps = 0. 00001     ; tolerance
end
@ini _ condition
;
; 利用基本参数求取模型参数
fish define para _ clac
  global height = size * 2
  global area = size * size
  global block _ xl = -0. 5 * size
  global block _ xu =   0. 5 * size
  global block _ yl = -0. 5 * size
  global block _ yu =   0. 5 * size
  global block _ zl = -0. 5 * height
  global block _ zu =   0. 5 * height
  global block _ zl1 = -0. 5 * height  +  eps
  global block _ zu1 =   0. 5 * height -eps
end
@para _ clac
;
; 创建立方体试样
; create the brick specimen
block create brick @block _ xl @block _ xu @block _ yl @block _ yu @block _ zl @block _ zu
; discretize blocks into tetrahedral zones
block zone generate edgelength [zone _ size]
; 赋力学参数值
; rock material properties
block zone cmodel assign strain-softening
block zone property young 8. 493e9 poisson 0. 21 dens 2700.
    block zone property friction 42. cohesion 7. 0e6 ; tension 0e7
;
model save 'model _ specimen'
;
```

而在围压施加过程中，首先采用 initialize 命令对单元施加了初始体力，然后在立方体侧边界施加了面力，所以试件的应力状态基本是平衡的，求解直接就收敛了。这里亦可不施加体力，直接用面力加载后求解收敛。

```
model new
model rest 'model _ specimen'
; 约束端面
block gridpoint apply velocity-x 0.0 velocity-y 0.0 velocity-z 0.0 range position-z @block _ zl
; 定义围压量值
[global sigma _ 3 = 1.0e6]      ; confine stress
; 施加围压
block zone initialize stress-xx [-sigma _ 3]  ; ini the volume stress
block zone initialize stress-yy [-sigma _ 3]
block zone initialize stress-zz [-sigma _ 3]
;
block face apply stress-xx [-sigma _ 3] range position-x [block _ xl]
block face apply stress-xx [-sigma _ 3] range position-x [block _ xu]
block face apply stress-yy [-sigma _ 3] range position-y [block _ yl]
block face apply stress-yy [-sigma _ 3] range position-y [block _ yu]
;
model solve
;
model save 'model _ confine'
```

在轴向压缩过程中，基本与单轴压缩试验一样，但增加了求取侧向应变的函数，注意这个函数采用了对试样四个侧面的侧向应变求平均值的方式，这对于均质试样并没有区别，但当试样为非均质或为层状岩石时，四个方向的侧向应变将具有显著差异，读者可以根据自己的需求选取。

```
model new
model rest 'model _ confine'
; 定义求取轴向应力的函数
fish define sigma _ 1
  local sum   = 0.
  local n _ nodes   = 0.
  loop foreach local iag block. gp. list
    if block. gp. pos. z(iag) > block _ zu1 then
      sum = sum  +  block. gp. force. reaction. z(iag)
      n _ nodes = n _ nodes + 1
    end _ if
  endloop
  sigma _ 1 = (-sum) / area
```

```
end
@sigma_1
; 定义求取轴向应变的函数
fish define epsilon_1
  local sum = 0.
  local n_nodes   = 0.
  loop foreach local iag block. gp. list
    if block. gp. pos. z(iag) > block_zu1 then
      sum = sum + block. gp. disp. z(iag)
      n_nodes = n_nodes + 1
    end_if
  endloop
  epsilon_1 = ((-sum) / n_nodes) / height
end
 @epsilon_1
; 定义求取侧向应变的函数
fish define epsilon_3
  local pnt1 = block. gp. near(block_xu, 0., 0.)
  local pnt2 = block. gp. near(0., block_yu, 0.)
  local pnt3 = block. gp. near(block_xl, 0., 0.)
  local pnt4 = block. gp. near(0., block_yl, 0.)
  local temp1 = -2 * block. gp. disp. x(pnt1) / size
  local temp2 = -2 * block. gp. disp. y(pnt2) / size
  local temp3 =   2 * block. gp. disp. x(pnt3) / size
  local temp4 =   2 * block. gp. disp. y(pnt4) / size
  epsilon_3 = (temp1 + temp2 + temp3 + temp4) / 4
end
;
history interval 100
fish history name '1' @sigma_1
fish history name '2' @epsilon_1
fish history name '3' @epsilon_3
; 改变上端面的速率，开始加载
[vel = 1e-1] ; loading rate
block gridpoint apply velocity-z [-vel] range position-z @block_zu
model cycle 10000
```

3. 试验结果

为了求取完整的岩石材料强度包络线，需要开展多个围压等级下的压缩试验，求得相应的轴压强度值，从而通过 M-C 强度准则反算岩石的黏聚力和内摩擦角。

此处开展了 3MPa、5MPa、10MPa 下的三轴压缩试验（图 4-5），连同单轴压缩条件下的试验结果（视作围压 0MPa），共 4 个围压等级，求取岩石的黏聚力和内摩擦角。

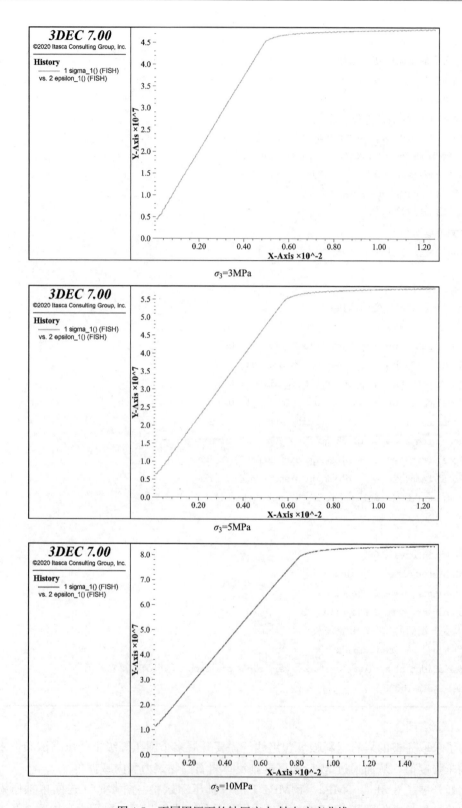

图 4-5　不同围压下的轴压应力-轴向应变曲线

　　图 4-6 给出了根据四个等级围压的抗压强度求取的莫尔图,从图上拟合得到样品的黏聚力大约为 7.2MPa,内摩擦角约为 41.9°。与输入的材料力学参数基本一致。

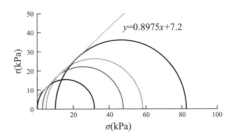

图 4-6　三轴试验的莫尔圆

4.1.3　层状岩石多角度压缩试验

　　前面叙述的单轴压缩试验和三轴压缩试验,均是已知材料属性,随后反算求得其材料变形和强度参数,也许很多读者可能并不能理解其意义。这里给出一个层状岩石多角度压缩试验的范例,供读者参考。

　　1. 试验背景

　　石英云母片岩是一种典型的各向异性岩石,可以被视作一种层状岩石。

　　图 4-7 为石英云母片岩切片在偏光显微镜下的细观数字图像,不同的灰度对应着不同的矿物成分。可见白色的云母成分所占比例较大,且呈片状分布。即定向发育的片理是导致石英云母片岩各向异性特征的根本原因。

图 4-7　石英云母片岩的细观数字图像

　　因此,进行了不同加载方向的室内单轴压缩试验（Uniaxial Compression Test,UCT）,以期从这一层面上对二云英片岩力学特性的各向异性进行研究。UCT 试验中试件按国际岩石力学学会推荐标准制成了 ϕ 50mm×100mm 的标准试件,分为 $\beta=0°$、45°、90°三组,其中 β 为加载方向与片理面法向的夹角。

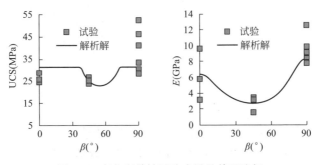

图 4-8　多角度单轴试验成果及其理论解

　　试验结果（图 4-8 中方块数据点）表明,石英云母片岩的弹性模量直接受制于片理面与加载方向交角。当加载方向与片理面斜交时,弹性模量最低,而加载方向平行于片理面时弹性模量最大。与弹性模量的规律类似的,单轴抗压强度（Uniaxial Compression

Strength，UCS）同样受制于片理面与加载方向交角，也表现为在斜交时最小。且破坏形态也受片理面与加载方向交角的控制。不同交角下试样的破坏形态见图 4-9。

(a) $\beta=90°$ (b) $\beta=0°$

图 4-9　不同加载角度下试样破坏形态

从微观角度，石英云母片岩在形成过程中，由于矿物完全重结晶、定向排列、相互嵌合胶结、不同的片状矿物在一定范围内聚集程度不同而表现出片状构造。石英云母片岩中所含片理面属于原生结构面中的变质结构面。可以认为各向异性特征即由片理面所带来，若希望合理描述石英云母片岩的各向异性特征，则需要考虑到岩石基质及片理面的共同作用。实际操作中，可将石英云母片岩视作由岩石基质和片理面共同构成的微型"层状节理岩体"，采用节理岩体的理论加以诠释（崔臻等，2015）。

按照以上的理解，此处分别采用单组贯通节理等效模量计算方法和 Jaeger 单组弱面强度理论对单轴试验结果进行数学描述（假设片理面间距 5mm），如图 4-8 中曲线所示。可见，经典"层状节理岩体"理论可以较好地表达石英云母片岩力学性质的各向异性特征，"层状节理岩体"理论公式如下。

变形参数：

$$E = \left[\frac{1}{E_r} + \frac{\cos^2\beta}{s}\left(\frac{\cos^2\beta}{k_n} + \frac{\sin^2\beta}{k_s}\right)\right]^{-1} \tag{4-9a}$$

$$\mu = E_r\left[\frac{\mu_r}{E_r} + \frac{\cos^2\beta}{s}\left(\frac{1}{k_s} - \frac{1}{k_n}\right)\right] \tag{4-9b}$$

强度参数：

$$\sigma_{1,\max,j} = \sigma_3 + \frac{2c_j + 2\sigma_3\tan\varphi_j}{(1 - \tan\varphi_j\cot\beta)\sin2\beta} \tag{4-10a}$$

$$\sigma_{1,\max,r} = \frac{2c_r\cos\varphi_r + \sigma_3(1 + \sin\varphi_r)}{1 - \sin\varphi_r} \tag{4-10b}$$

$$\sigma_{1,\max} = \min(\sigma_{1,\max,j},\ \sigma_{1,\max,r}) \tag{4-10c}$$

各力学参数中，下标 r 代表岩石基质，下标 j 代表层理面。而 s 为层理面间距。标定得到的理论解各参数如表 4-1 所述，后续数值分析中也将利用到这些参数。

石英云母片岩的室内试验理论参数标定值 表 4-1

介质名称	参数及其量值			
岩石基质	弹性模量（GPa）	8.493	泊松比	0.21
	黏聚力（MPa）	7.0	内摩擦角（°）	42

续表

介质名称	参数及其量值			
节理	节理法向刚度(GPa/m)	5280	节理切向刚度(GPa/m)	206
	间距(m)	0.005	黏聚力(MPa)	8
	摩擦角(°)	20	—	—

2. 离散元数值实现

在层状节理岩体的数值模拟中，层面作用通常用隐式和显式两种方式来实现。显式方法是借助节理单元或接触面单元来模拟层面的作用，如有限元＋Goodman 单元、离散元、PFC 颗粒＋光滑节理等；隐式方法认为岩体是具有各向异性特征的连续体，在力学模型中考虑层面的作用。

显式方法把导致岩石力学特性存在各向异性的微小结构面直接表达出来，因此概念上特别明晰，也不需要特殊的单元形式或本构关系，因此较易使用，但在模型尺度较大时，面临建模效率低下和计算量陡增的问题；而与之相反，隐式方法需要推导专门的复杂本构模型，但相对而言计算效率较高。

此处采用的三维离散元软件 3DEC 进行基于离散元方法的各向异性计算。计算中对石英云母片岩中片理的考虑与上节的解析解中一致，即：将片理考虑为间距极小的贯通节理面。因此，离散元模型中的节理间距也设置为 0.005m。其他单元及节理参数也如表 4-1 中所述。在 3DEC 中建立室内试验数值模型如图 4-10 所示。

离散元数值模拟实现过程中，FISH 文件依旧分为两部分，第一部分为建模、划分网格；第二部分为开展数值试验。建模与划分网格的 FISH 文件基本与单轴压缩试验一致，但增加了对层理的切割与赋值的部分。层理的切割中，变量@dip_angle 代表了层理的倾角。层理的力学特性由试验结果反算而来，注意对于层理的力学参数，通过人为赋残余值的方式定义为了理想弹塑性。而数值试验的部分 FISH 代码与单轴压缩试验完全一致，此处不赘述。通过改变不同的@dip_angle 变量，即可完成对不同层理角度的加载试验。

图 4-10　层状岩石多角度压缩室内试验数值模型

```
; —create 3DEC block model
model new
model large-strain off
; 定义基本参数
fish define ini_condition
    global radius = 0.05       ; radius of the cylinder specimen
    global zone_size = 0.01    ; element size
    global eps = 0.00001       ; tolerance
    global dip_angle = 42.     ; dip angle of the farcture layers
end
```

```
@ini _ condition
;
; 利用基本参数求取模型参数
fish define para _ clac
    global height = radius * 2 * 2
    global area = radius * radius * math. pi
    global n _ edges = math. round ( ( 2 * radius * math. pi) / zone _ size / 2 ) ; each edge of the
cylinder includes 2 zones
    global block _ zl = -0. 5 * height
    global block _ zu = 0. 5 * height
    global block _ zl1 = -0. 5 * height + eps
    global block _ zu1 =   0. 5 * height -eps
end
@para _ clac
;
; 建立圆柱形试样
; create the cylinder specimen
block create drum center-1 (0, 0, [block _ zl]) center-2 (0, 0, [block _ zu]) radius-1 [radius]
radius-2 [radius] edges [n _ edges]
    ; 切割圆柱形试样, 形成层状岩石试验
; cut the farcture layers
block cut joint-set dip @dip _ angle dip-direction 0. origin 0. 0. 0. spacing 0.005 number 100
jointset-id 1
    ; 划分网格
; discretize blocks into tetrahedral zones
block zone generate edgelength [zone _ size]
; 赋岩石基质的力学参数
; rock material properties
block zone cmodel assign strain-softening
block zone property young 8. 493e9 poisson 0. 21 dens 2700.
    block zone property friction 42. cohesion 7. 0e6 tension 10e7
;
; ; 赋层理的力学参数
; set joint material properties
block contact jmodel assign mohr
block contact property stiffness-normal 5280. 0e9 stiffness-shear 206. 0e9
    block contact property friction 20. cohesion 8e6 tension 2e6
    block contact property friction-residual 20. cohesion-residual 8e6 tension-residual 2e6

model save 'model _ specimen'
;
```

3. 试验结果

对于层理倾角 42°时，典型加载曲线如图 4-11、图 4-12 所示。可以看到此时单轴压缩强度约为 26.5MPa，线弹性阶段的模量约为 2.9GPa，与解析解的理论值（27MPa，2.7GPa）相比，吻合程度较好。

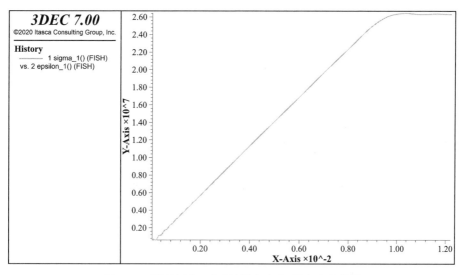

图 4-11　层理倾角 42°时的轴向应力-轴向应变曲线

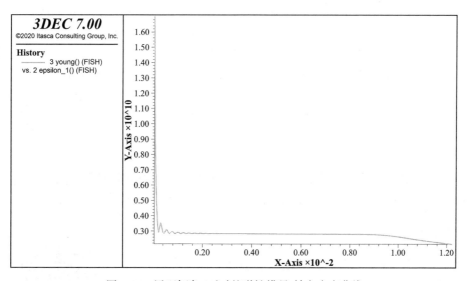

图 4-12　层理倾角 42°时的弹性模量-轴向应变曲线

对以上的数值模型进行了多个角度下的加载试验，获得了其不同角度下的弹性模量及单轴抗压强度 UCS。对比结果（图 4-13）表明，离散元模型表达的变形及强度的各向异性特征与理论结果趋势相同，量值较为接近，说明这一方法用来模拟石英云母片岩力学特性的各向异性是可行的。

但离散元模拟的结果与理论结果相比总是有略微偏大的趋势，特别是模量，分析这一

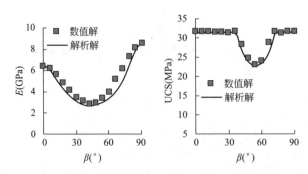

图 4-13　不同加载角度下离散元数值解与理论解的对比

原因为：3DEC 软件中实体单元均为常应变四面体，而数值模拟中常应变四面体单元总是有"过刚"的问题，使得模拟结果有偏大的瑕疵。

4.2　基于离散元的岩石力学数值剪切试验模拟

4.2.1　试验简介

决定岩石抗剪强度的方法有很多，诸如直接剪切试验、楔形剪切试验、三轴压缩等等，直接剪切试验应用较为方便，故使用较多。直接剪切试验采用直接剪切仪进行。岩石的直接剪切仪与土的直接剪切仪相类似。仪器主要由上下两个刚性剪切盒构成，试件在平面内的尺寸一般为（30~150）cm×（30~150）cm，且结构面上下岩石的厚度约为断面尺寸的 1/2。剪切过程中，一般上剪切盒固定，下剪切盒可以移动。上下剪切盒的错动面就是岩石的剪切面，因此直接剪切试验实将试件在所选定的平面内进行剪切。

每次试验时，先在试件上施加垂直荷载 P，然后在水平方向逐渐施加水平剪切力 T，直到达到最大值为止。通过改变法向应力，可以测得不同的切向强度。法向应力-切向强度可以在直角坐标系中近似用直线拟合。其方程式为：

$$\tau_f = c + \sigma\tan\varphi \tag{4-11}$$

此即著名的库仑方程，根据直线在 τ_f 轴上的截距求得结构面的黏聚力 c，根据直线与水平线的夹角求得结构面的摩擦角 φ（付志亮，2011）。

4.2.2　法向压缩

正如上一节中对直接剪切试验结果的叙述，数值模拟中，加载过程也分为法向加载和剪切向加载两个阶段。在法向加载阶段，对剪切试块施加一个法向荷载，并计算至平衡，随后对试件进行剪切向加载，直至试件剪切失稳。

FISH 代码的第一部分是建模，首先建立了上小下大的两个块体，上面的块体作为剪切试块，法向荷载也施加在上试块上（图 4-14）。然后对上下试块的块体材

图 4-14　直接剪切试验数值试样

料参数赋值，由于此处关注重点为剪切接触面，因此对试块采用了弹性材料假定。另外注意材料的参数赋值中使用了 MPa 体系，如试块的弹性模量赋值为 10e3，实际代表了 10GPa 的弹性模量。软件中用户可以根据自己的需要决定采用何种单位体系，仅需要保证量纲平衡即可。接触面的强度参数通过人为赋残余值的方式设定为理想弹塑性，即峰值与残余值保持一致。

```
model new
;     direct shear test -normal loading
; 小变形模式
model large-strain off
; 建立上小下大的剪切试样
block create brick -0.5 0.5 -0.5 0.5 -0.5 0.0
block create brick -0.25 0.25 -0.25 0.25 0.0 0.25
block zone generate edgelength 0.05


model save 'model _ zone'


return


model new
model rest 'model _ zone'


; zone prop
; 给块体赋材料属性值，注意单位采用了 MPa 体系
block zone cmodel assign elastic
block zone property density 2600e-6 young 10. e3 poisson 0.25


; joint prop
; 给接触面赋材料属性值，注意单位采用了 MPa 体系
block contact jmodel assign mohr
block contact property stiffness-normal 250.
block contact property stiffness-shear 300.
block contact property friction 15. 5 cohesion 0. 005 tension 0. 005
block contact property friction-residual 15. 5 cohesion-residual 0. 005 tension-residual 0. 005;
```
给接触面赋值为理想弹塑性

```
model save 'model _ joint'


ret
```

代码的第二部分为法向加载，在法向加载前，代码里开展的工作包括了约束块体、定义求取各种变量的函数、设定监测变量等工作。注意由于 3DEC 中，每一个接触面上下辖

若干子接触面，因此从各个子接触面获取的位移和应力都按照面积进行了加权计算，获取整个接触面上的平均法向/切向应力和变形。

```
model new
model rest 'model _ joint'

; 约束块体
block hide range position-z 0 1.
block gridpoint apply velocity-y 0 velocity-z 0 range position-x -100 100 position-y -100 100
position-z -100 100
block gridpoint apply velocity-x 0 range position-z -1. 0.01
block hide off

; 定义求取接触面法向应力/位移、切向应力/位移的函数
fish def sstav
    local sstav _ vec = vector(0, 0, 0)
    nstav = 0. 0
    njdisp = 0. 0
    local sjdisp _ vec = vector(0, 0, 0)
    local jarea = 0. 0
    loop foreach cx block. subcontact. list
        ; weight by area 按照子接触面面积平均计算应力与位移
        local area _ = block. subcontact. area(cx)
        sstav _ vec = sstav _ vec + block. subcontact. force. shear(cx) ; 累加接触面上的切向接触力
        nstav = nstav + block. subcontact. force. norm(cx) ; 累加接触面上的法向接触力
        njdisp = njdisp + block. subcontact. disp. norm(cx) * area _ ; 累加法向位移(已乘了子接
触面面积权重)
        sjdisp _ vec = sjdisp _ vec + block. subcontact. disp. shear(cx) * area _ ; 累加切向位移
(已乘了子接触面面积权重)
        jarea = jarea + area _
    endloop
    if jarea > 0
        sstav = comp. x(sstav _ vec) / jarea ; 总切向接触力除以面积得到应力
        nstav = nstav / jarea ; 总法向接触力除以面积得到应力
        njdisp = -njdisp / jarea ; 按子接触面面积权重获得接触面平均法向位移
        sjdisp = -comp. x(sjdisp _ vec) / jarea ; 按子接触面面积权重获得接触面平均法向位移
    endif
end
;
; step 1
model history name '1' mechanical unbalanced-maximum
history interval 100
```

```
fish history name '2' @sstav
fishhistory name '3' @nstav
fish history name '4' @sjdisp
fish history name '5' @njdisp
;
; normal load
history name '2' label 'Shear Stress'
history name '3' label 'Normal Stress'
history name '4' label 'Shear Displacement'
history name '5' label 'Normal Displacement'
; apply a normal stress of 10 MPa
; 在滑块上表面施加一个向下的 10MPa 法向应力
block face apply stress 0. 0. -10. 0. 0. 0. range position-z (.24 .26)
model solve

model save 'clac _ normal'
```

图 4-15 给出了法向加载阶段的法向应力-法向变形曲线，可以看到曲线其实已经超过了 10MPa，达到了 13MPa。这个现象是来自于 3DEC 的有限差分数值计算原理，图中添加的箭头符号和并不等间距的点标记解释了这一现象产生的原因：当施加了 10MPa 的面力之后，法向应力在 10MPa 范围附近振荡，慢慢计算收敛，最终达到收敛阈值后视作平衡状态，使得求解的法向应力-法向变形曲线亦会出现大于 10MPa 的现象。

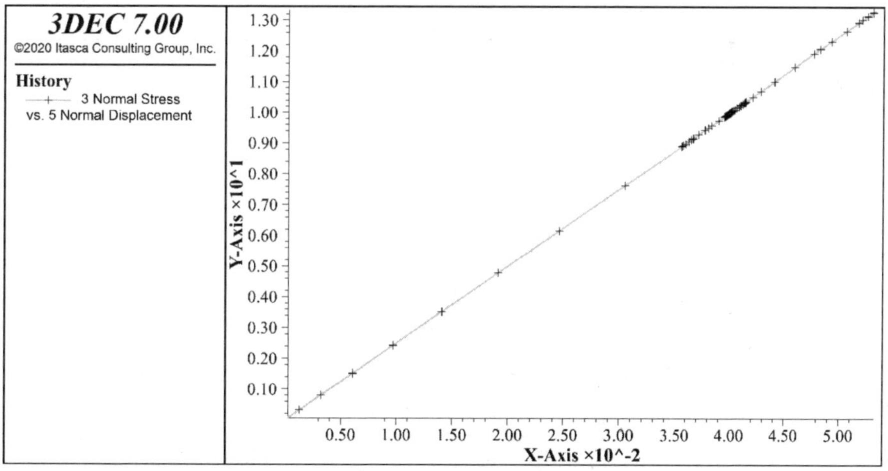

图 4-15　计算得到的法向应力-法向变形曲线

当然出现这一现象，根本原因是采用了直接施加 10MPa 面力，如果采用逐步施加面力的方式，将会有效改善这一振荡现象。

4.2.3　直接剪切试验

法向加载完毕后，开始进行剪切向加载。剪切加载过程中，除了常规的重置模型、重置监测窗口的操作外，还额外定义了一个加载函数。可以通过更改函数的变量，直接改变剪切方向、剪切速率、剪切位移量值。此函数的基本原理为不停地按照指定剪切方向、剪切速率剪切一小段距离，并判断是否达到了预定剪切距离，若达到，则停止。如此方便进行复杂应力路径剪切。

图 4-16 给出了单调加载的剪切应变-剪切变形曲线；图 4-17 给出了循环加载曲线，可见当前的剪切强度为 2.8MPa，和理论解答 2.778MPa 基本一致。且由于设置剪切强度时，通过人为设置残余力学参数的方式，将剪切面力学特性设定为理想弹塑性，因此单调剪切曲线呈现双折线的特征，而循环剪切曲线呈现菱形的特征。

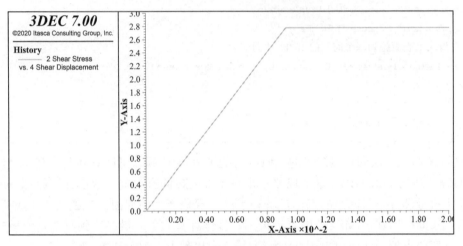

图 4-16 单调加载时剪切应力-剪切变形曲线

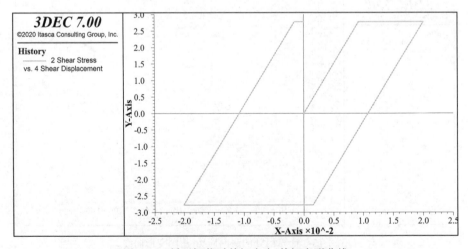

图 4-17 循环加载时剪切应力-剪切变形曲线

```
model new
model rest 'clac _ normal'

; reset the model
```

```
; 在法向加载的基础上重置模型
block gridpoint initialize displacement 0 0 0
block gridpoint initialize velocity 0 0 0
block initialize velocity 0 0 0
block contact reset displacement
history delete
;
block hide
block hide off
; 重置监测窗口
model history name '1' mechanical unbalanced-maximum
history interval 10
fish history name '2' @sstav
fish history name '3' @nstav
fish history name '4' @sjdisp
fish history name '5'@njdisp
;
history name '2' label 'Shear Stress'
history name '3' label 'Normal Stress'
history name '4' label 'Shear Displacement'
history name '5' label 'Normal Displacement'

; shear loading function controled by shear disp
; 按位移控制的剪切加载函数
fish define disp _ shear(load _ dir, vel, shear _ disp, nstep)
  local load _ dir _ temp = load _ dir
  local vel _ temp = vel
  local vel _ temp1 = -vel
  local shear _ disp _ temp = shear _ disp
  local nstep _ temp = nstep
  if load _ dir _ temp = 'load'
    loop while sjdisp < = shear _ disp _ temp
    command
      block hide
      block hide off
      block hide range position-z -1. 0.
      block gridpoint apply velocity-x @vel _ temp range position-z -. 01 1.1
      block gridpoint apply velocity-y 0.0 range position-z -. 01 1.1
      model cycle @nstep _ temp
      block hide
      block hide off
    endcommand
    endloop
```

```
    else if load _ dir _ temp = 'unload'
      loop while sjdisp >= shear _ disp _ temp
      command
        block hide
        block hide off
        block hide range position-z -1. 0.
        block gridpoint apply velocity-x @vel _ temp1 range position-z -.01 1.1
        block gridpoint apply velocity-y 0.0 range position-z -.01 1.1
        model cycle @nstep _ temp
        block hide
        block hide off
      endcommand
      endloop
    endif
end


; 分四段加载获得一个完整的循环剪切曲线
@disp _ shear('load', 0.5, 0.02, 20)
@disp _ shear('unload', 0.5, 0., 20)
@disp _ shear('unload', 0.5, -0.02, 20)
@disp _ shear('load', 0.5, 0.0, 20)
;
;
return
```

4.3 基于离散元的重力锚碇模型现场试验模拟

4.3.1 现场试验简介

研究工作基于西南地区一座公路桥梁开展。主桥总体为东西走向，采用 700m 单跨简支钢桁加劲梁悬索桥，桥面宽度 20m，左岸锚碇采用隧洞式锚，右岸锚碇采用重力式锚。右岸锚固区位于山脊顶部，地形平缓，地形坡度 10°～20°。右岸出露的岩体风化破碎，节理裂隙极发育，且裂隙多张开，如图 4-18 所示。

为了对重力锚碇的稳定性进行研究，在锚碇建基面进行了缩尺相似模型试验，以验证锚碇抗滑稳定安全系数及破坏形式。在选定的基岩面位置进行制样，按几何相似比确定模型尺寸，模型尺寸为 1∶30。模型采用混凝土浇筑，其外形和原形相似。基岩面上设有三个平台，基岩面上还增加有嵌梁槽，如图 4-19 所示。基底压力采用千斤顶及反力锚杆进行铅直向荷载的加载，铅直向荷载为 990kN；模拟主缆拉力的斜向推力荷载采用千斤顶和反力挡墙结合进行加载，根据试验加载方案，设计推力荷载为 245kN，试验中最大推力荷载为设计值的 3 倍。

150

图 4-18　重力锚碇基础

图 4-19　缩尺试验模型

4.3.2　数值模拟过程

1. 数值模型的建立

在 3DEC V5.2 中开展了数值计算（图 4-20、图 4-21），第一步是在外部 CAD 软件或者其他数值分析软件中建立锚碇的三维数值模型，写为一个 3dec.3ddat 格式文档，读入 3DEC 中。在划分网格的过程中，首先隐藏模型外围的块体，对模型中央的块体指定一个较小的网格尺寸，随后对模型外围的块体指定一个较大的网格尺寸，以增加计算效率。

图 4-20　建立的离散元模型

在外部做好的锚碇数值模型代码（部分）

```
Polyhedron ID 1 Reg 1 &
  Face -5.3E-01 0 1.2 -5.3E-01 8.2E-01 1.2 5.3E-01 8.2E-01 1.2 5.3E-01 0 1.2 &
  Face 5.3E-01 0 1 5.3E-01 8.2E-01 1 -5.3E-01 8.2E-01 1 -5.3E-01 0 1 &
  Face -5.3E-01 0 1.2 -5.3E-01 0 1 -5.3E-01 8.2E-01 1 -5.3E-01 8.2E-01 1.2 &
  Face -5.3E-01 8.2E-01 1.2 -5.3E-01 8.2E-01 1 5.3E-01 8.2E-01 1 5.3E-01 8.2E-01 1.2 &
  Face 5.3E-01 8.2E-01 1.2 5.3E-01 8.2E-01 1 5.3E-01 0 1 5.3E-01 0 1.2 &
  Face 5.3E-01 0 1.2 5.3E-01 0 1 -5.3E-01 0 1 -5.3E-01 0 1.2
Polyhedron ID 2 Reg 2 &
  Face 5.3E-01 3.999714641E-01 0 -5.3E-01 3.999714641E-01 0 -5.3E-01 0 1 5.3E-01 0 1 &
```

Face 5.3E-01 8.2E-01 1 -5.3E-01 8.2E-01 1 -5.3E-01 8.2E-01 0 5.3E-01 8.2E-01 -5.815877652E-25 &

Face 5.3E-01 3.999714641E-01 0 5.3E-01 8.2E-01 -5.815877652E-25 -5.3E-01 8.2E-01 0 -5.3E-01 3.999714641E-01 0 &

Face -5.3E-01 3.999714641E-01 0 -5.3E-01 8.2E-01 0 -5.3E-01 8.2E-01 1 -5.3E-01 0 1 &

Face -5.3E-01 0 1 -5.3E-01 8.2E-01 1 5.3E-01 8.2E-01 1 5.3E-01 0 1 &

Face 5.3E-01 0 1 5.3E-01 8.2E-01 1 5.3E-01 8.2E-01 -5.815877652E-25 5.3E-01 3.999714641E-01 0

......

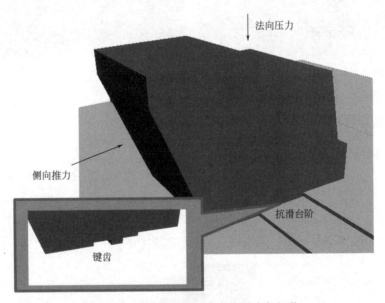

图 4-21　锚碇模型的受力方向及底部细节

导入外部模型并划分网格的代码

```
new
; 导入已在外部建立好的模型
call 3dec.3ddat

; 只显示模型中央区域，以划分较密的单元
seek
hide reg 9 14 5 6 17 7 15 10 11
gen edge 0.078
; 对模型外围区域划分较稀疏的单元
seek
gen edge 0.5
sav model
```

2. 指定模型属性并开始法向加载

分析的第二步是对模型进行材料赋值并剪切试验前的法向加载。注意由于在第一步导

入块体信息时，块体都是未粘结的，此处首先默认采用弹性接触模型与大刚度值，将所有块体"粘结"起来，使之等效为一个整体，再更改锚碇模型的底部为真实接触值。

```
new
res model
; 开启混合离散选项
set nodal on
set small on

; 将锚碇模型区域定义为一个名为 concret 的 range
range name 'concret' reg 4 1 2 3 8 22
; 将基底区域定义为一个名为 rock 的 range
range name 'rock' nrange 'concret' not

; 分别定义锚碇和基底的材料属性
prop mat = 1 density = 2500 ymod = 36e9 pratio = 0.2
prop mat = 2 density = 2700 ymod = 2.e9 pratio = 0.28 bcoh = 0.73e6 bfric = 41.7 btens = 1e6
change cons = 1
change mat = 1
change cons = 2 range nrange 'rock'
change mat = 2 range nrange 'rock'

; 先默认采用弹性接触模型与大刚度值，将所有块体"粘结"起来，使之等效为一个整体
prop jmat = 1 jkn = 2e11 jks = 2e11
change jcons = 7
change jmat = 1

; 对锚碇-基底接触面赋真实接触面的力学参数值
prop jmat = 2 jkn = 7e9 jks = 5e9
prop jmat = 2 jcoh = 2.23e6 jfric = 52 jtens = 0.01e6
prop jmat = 2 res _ coh = 0.06e6 res _ fric = 47 res _ tens = 0.

change jcons = 1 range rintersection 8 16
change jcons = 1 range rintersection 3 16
change jcons = 1 range rintersection 3 12
change jcons = 1range rintersection 22 12
change jcons = 1 range rintersection 22 18
change jcons = 1 range rintersection 22 19
change jcons = 1 range rintersection 3 19
change jcons = 1 range rintersection 2 19
change jcons = 1 range rintersection 2 13
change jcons = 1 range rintersection 21 22
```

```
change jcons = 1 range rintersection 20 22


change jmat = 2 range rintersection 8 16
change jmat = 2 range rintersection 3 16
change jmat = 2 range rintersection 3 12
change jmat = 2 range rintersection 22 12
change jmat = 2 range rintersection 22 18
change jmat = 2 range rintersection 22 19
change jmat = 2 range rintersection 3 19
change jmat = 2 range rintersection 2 19
change jmat = 2 range rintersection 2 13
change jmat = 2 range rintersection 21 22
change jmat = 2 range rintersection 20 22


; 边界条件约束
bound xvel 0. 0 range x 2. 99 3. 01
bound xvel 0. 0 range x -3. 01 -2. 99
bound yvel 0. 0 range y -2. 19 -2. 17
bound yvel 0. 0 range y 4. 25 4. 27
bound xvel 0. 0 yvel 0. 0 zvel 0. 0 range z -2. 01 -1. 99


grav 0 0 -9. 81
solve elas
reset disp vel jdis
; 储存为法向荷载 0kN 的工况
sav nor _ 0kN


hist hist _ rep 100
hide range nrange 'rock'
; 读取监测点信息
cal hist _ Z. 3dfis
show
; 创建监测信息窗口
plot create plot Z-Displacement
plot hist 2311 2321 2331 xaxis label 'Z-Displacement' &
    yaxis label 'Steps'


; 法向荷载 247. 5kN 工况
boundary point (0. 0.98 1. ) zload -247. 5e3
solve
sav nor _ 247kN


; 法向荷载 495kN 工况
```

```
boundary point (0. 0.98 1.) zload -247.5e3
solve
sav nor _ 495kN


; 法向荷载 742.5kN 工况
boundary point (0. 0.98 1.) zload -247.5e3
solve
sav nor _ 742kN


; 法向荷载 990kN 工况
boundary point (0. 0.98 1.) zload -247.5e3
solve
sav nor _ 990kN
cal 3shear _ test
```

监测信息文件 hist _ Z. 3dfis

```
hist id = 2311 zdisp -0.53 0.63 0.08；5-8 侧线左
hist id = 2312 zdisp 0.53 0.63 0.08；5-8 侧线右
hist id = 2321 zdisp -0.53 1.04 0.113；6-9 测线左
hist id = 2322 zdisp 0.53 1.04 0.113；6-9 测线右
hist id = 2331 zdisp -0.53 1.47 0.146；7-10 侧线左
hist id = 2332 zdisp 0.53 1.47 0.146；7-10 侧线右
```

3. 锚碇推力加载

最后一步为分步施加模拟主缆的荷载，注意在施加点荷载的过程中，点荷载是逐步累加的。

```
new
rest nor _ 990kN
reset disp vel jdis
hist reset
hist hist _ rep 100
hide range nrange 'rock'
cal hist _ Y. 3dfis
cal hist _ Z. 3dfis
; seek

plot create plot Y-Displacement
plot hist 2211 2221 2231 xaxis label 'Y-Displacement' &
yaxis label 'Steps'
```

```
plot create plot Z-Displacement
plot hist 2311 2321 2331 xaxis label 'Z-Displacement' &
yaxis label 'Steps'

; 50kN
boundary point (0. 0. 0911431 0. 76912) yload 50e3
boundary point (0. 0. 0911431 0. 76912) zload 12. 941e3
solve cycles 20000
sav shear _ 50kN

; 100kN
boundary point (0. 0. 0911431 0. 76912) yload 50e3
boundary point (0. 0. 0911431 0. 76912) zload 12. 941e3
solve cycles 20000
sav shear _ 100kN

; 150kN
boundary point (0. 0. 0911431 0. 76912) yload 50e3
boundary point (0. 0. 0911431 0. 76912) zload 12. 941e3
solve cycles 20000
sav shear _ 150kN

; 200kN
boundary point (0. 0. 0911431 0. 76912) yload 50e3
boundary point (0. 0. 0911431 0. 76912) zload 12. 941e3
solve cycles 20000
sav shear _ 200kN

; 250kN
boundary point (0. 0. 0911431 0. 76912) yload 50e3
boundary point (0. 0. 0911431 0. 76912) zload 12. 941e3
solve cycles 20000
sav shear _ 250kN

; 300kN
boundary point (0. 0. 0911431 0. 76912) yload 50e3
; boundary point (0. 0. 0911431 0. 76912) zload 12. 941e3
solve cycles 20000
sav shear _ 300kN

; 350kN
boundary point (0. 0. 0911431 0. 76912) yload 50e3
boundary point (0. 0. 0911431 0. 76912) zload 12. 941e3
```

```
solve cycles 20000
sav shear _ 350kN


; 400kN
boundary point（0. 0.0911431 0.76912）yload 50e3
boundary point（0. 0.0911431 0.76912）zload 12.941e3
solve cycles 20000
sav shear _ 400kN


; 450kN
boundary point（0. 0.0911431 0.76912）yload 50e3
boundary point（0. 0.0911431 0.76912）zload 12.941e3
solve cycles 20000
sav shear _ 450kN


; 500kN
boundary point(0. 0.0911431 0.76912）yload 50e3
boundary point（0. 0.0911431 0.76912）zload 12.941e3
solve cycles 20000
sav shear _ 500kN


; 550kN
boundary point（0. 0.0911431 0.76912）yload 50e3
boundary point（0. 0.0911431 0.76912）zload 12.941e3
solve cycles 20000
sav shear _ 550kN


; 600kN
boundary point（0. 0.0911431 0.76912）yload 50e3
boundary point（0. 0.0911431 0.76912）zload 12.941e3
solve cycles 20000
sav shear _ 600kN


; 650kN
boundary point（0. 0.0911431 0.76912）yload 50e3
boundary point（0. 0.0911431 0.76912）zload 12.941e3
solve cycles 20000
sav shear _ 650kN


; 700kN
boundary point（0. 0.0911431 0.76912）yload 50e3
boundary point（0. 0.0911431 0.76912）zload 12.941e3
solve cycles 20000
```

```
sav shear _ 700kN


; 750kN
boundary point (0. 0.0911431 0.76912) yload 50e3
boundary point (0. 0.0911431 0.76912) zload 12.941e3
solve cycles 20000
sav shear _ 750kN


; 800kN
boundary point (0. 0.0911431 0.76912) yload 50e3
boundary point (0. 0.0911431 0.76912) zload 12.941e3
solve cycles 20000
sav shear _ 800kN


; 850kN
boundary point (0. 0.0911431 0.76912) yload 50e3
boundary point (0. 0.0911431 0.76912) zload 12.941e3
solve cycles 20000
sav shear _ 850kN
```

监测信息文件 hist _ Y. 3dfis

```
hist id = 2211 ydisp -0.53 0.63 0.08; 5-8 侧线左
hist id = 2212 ydisp 0.53 0.63 0.08; 5-8 侧线右
hist id = 2221 ydisp -0.53 1.04 0.113; 6-9 测线左
hist id = 2222 ydisp 0.53 1.04 0.113; 6-9 测线右
hist id = 2231 ydisp -0.53 1.47 0.146; 7-10 侧线左
hist id = 2232 ydisp 0.53 1.47 0.146; 7-10 侧线右
```

4.3.3 数值模拟结果

1. 数值模拟结果的标定

将数值模拟结果与现场缩尺试验结果对比，可以发现曲线吻合程度良好（图 4-22），表明当前建立的数值模型可以用来模拟研究缩尺模型岩-混凝土接触面的力学性质。更进一步地，原型锚碇的一些力学响应也可以基于数值计算结果，利用相似比反算获得。

2. 设计工况下基底接触力学状态的离散元分析

重力锚会在主缆拉力水平分量的作用下产生水平方向的位移，同时会在竖向分量的作用下使重力锚对地基的附加应力发生一定的变化，而且斜向的主缆拉力也会造成重力锚的前后两端产生不均匀的沉降，进而会使其产生一定程度的倾覆，这对重力锚是十分不利的。试验和计算得到的混凝土锚碇的合位移、纵桥向位移、竖直向位移以及按照 1：30 几何相似比反算得到的原型锚碇对应数值见表 4-2。

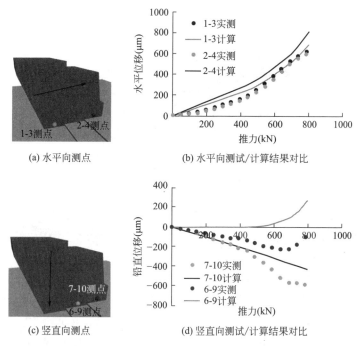

(a) 水平向测点　　　　(b) 水平向测试/计算结果对比

(c) 竖直向测点　　　　(d) 竖直向测试/计算结果对比

图 4-22　数值计算与现场实测结果对比

离散元结果反算得到的原型锚碇响应特征　　　　表 4-2

类型	合位移(mm)	纵桥向位移(mm)	竖直向位移(mm)	最大转角(°)	最大不均匀沉降差(mm)
3DEC 模型	0.65	0.55	0.36	0.025	0.431
原型锚碇	19.5	16.5	10.8	0.025	13

　　锚碇的变形基本以第二平台键槽部位为中心的刚体旋转为主,最大转角 0.025°,锚碇最大不均匀沉降差为 0.431mm(图 4-23),对应原型实体的数据约为 1.3cm。在此情况下,计算出的基底变形在水平方向上主要发生在第二、第三平台部位(图 4-24),主要的抗剪力也由这些部位提供,第一平台处的混凝土块被抬起,使得该部位的抗剪能力发挥较少;在竖向,由于混凝土墩的刚体旋转变形,江侧基底受压沉降,岸侧基底回弹变形,沉降量与回弹变形值基本对称。

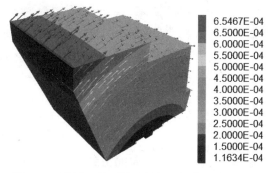

图 4-23　设计工况下锚碇体变形离散元计算结果

(a) 剖面示意

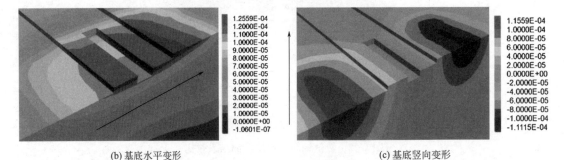

(b) 基底水平变形　　　　　　　　　　　　　　　(c) 基底竖向变形

图 4-24　设计工况下基底变形计算结果（锚碇中轴纵剖面）

图 4-25 反映的是岩-混凝土接触面的法向应力和切向应力的分布情况，根据计算结果分析，江侧接触面的压应力较大，岸侧压应力较小，接触应力量值范围为 0.4~1.6MPa；由于岸侧锚碇被抬起，切向摩擦力难以发挥，主要的切向应力由第三台阶发挥，量值为 0.2~0.5MPa；对于第一抗滑台阶，法向应力与切向应力均较小，表明由于锚碇后缘被抬起，使得该台阶效果难以发挥；对于键齿，法向应力小而切向应力大，表明键齿作用可能以抗倾覆为主，对抗滑动作用较小，位于岸侧受压部位的第二抗滑台阶较多地承担了抗滑作用。

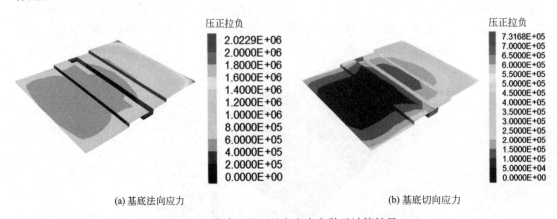

(a) 基底法向应力　　　　　　　　　　　　　　(b) 基底切向应力

图 4-25　设计工况下基底应力离散元计算结果

另外，根据接触面的屈服状态看（图 4-26），在设计荷载下，位于抗滑台阶部位、键齿部位的接触面会发生屈服，以剪切破坏为主，但是这些部位的屈服破坏并非由水平推力产生，而是在初始法向加载阶段即已发生。

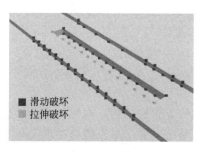

图 4-26　接触面屈服状态

参考文献

［1］中华人民共和国水利部．水利水电工程岩石试验规程：SL/T 264—2020［S］．北京：中国水利水电出版社，2020.

［2］付志亮．岩石力学试验教程［M］．北京：化学工业出版社，2011.

［3］崔臻，侯靖，盛谦，等．石英云母片岩力学性质各向异性的模拟方法探讨［J］．铁道科学与工程学报，2015（5）：1064-1073.

第5章 3DEC在岩质边坡稳定分析中的应用

5.1 概述

边坡是指具有横向表面的地壳表层结构，通常包括天然边坡和人工边坡两种类型。形成斜坡的各种过程使得斜坡不断地发展。对于所有边坡工程来说，从稳定性角度考虑，由自然力量和人为扰动所决定的边坡扰动是十分重要的影响条件，边坡稳定性主要取决于影响条件的构成因素及特点，包括因素类型、数量及其相互作用（Zaruba 和 Mencl，1976）。在水利水电、土木、矿山等工程中，许多工程设计都需要开挖而形成边坡。图5-1为南非Palabora露天矿，深830m，整体坡角45°～50°，这是世界上最陡最深的矿坑之一（Stewart 等，2000）。矿坑的上部采用双坡道系统进入，而在矿坑的下部变为单坡道。

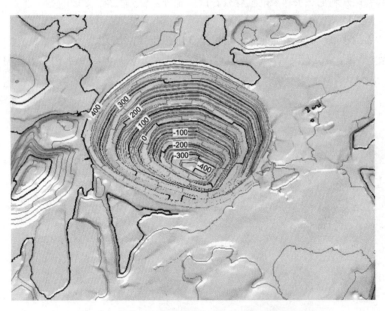

图5-1 南非830m深的Palabora露天铜矿矿坑

我国的水利水电工程正进一步向纵深发展，发源于青藏高原的长江、黄河有着丰富的水能资源。对于黄河来说，上游特别是龙羊峡至青铜峡段水能开发条件优越，该段目前已建有龙羊峡、LXW、李家峡等水电站，宋臻（2000）提出了黄河上游水电开发的若干构想。但是西部河流多为高山峡谷型河流，水利工程往往面临着高陡边坡失稳影响，杨杰（2019）和黄润秋（2002）等学者对于高陡边坡变形、中国西南地区水电开发工程地质问题有着独到的研究。表5-1为我国西部地区大型水电工程高陡边坡情况，从表中可知大坝等主体建筑物的高度远小于自然边坡的高度，这类大型的高陡边坡即使只是局部发生失稳，也有可能造成涌浪溃坝等事故，对整个工程的建筑物会构成巨大威胁。

水电工程名称	自然坡高(m)	自然坡度(°)	人工坡高(m)	超高比
锦屏水电站	>1000	>55	>300	>3.0
天生桥水电站	400	50	350	3.0
LXW 水电站	700	>55	>300	2.8
小湾水电站	700~800	47	670	2.7
糯扎渡水电站	800	>43	>400	2.6
紫坪铺水电站	350	>40	280	2.2
向家坝水电站	350	>40	200	2.0
溪洛渡水电站	330	>60	300	1.25

我国西部地区大型水电工程高陡边坡　　　　表 5-1

国内外有许多库岸边坡滑坡事故，例如，1963 年 10 月 9 日意大利北部瓦伊昂滑坡，滑坡冲入水库形成涌浪，造成约 2500 人死亡，Hendron 和 Stefani（1987）对此作了岩土工程分析；1989 年 8 月 23 日阿塞拜疆 Mingechaur 库岸滑坡，导致 30m 长的隧洞衬砌破坏，造成水塔发生位移，Kotyuzhan 和 Molokov（1990）对 Mingechaur 大坝的山体滑坡作了分析；1928 年 3 月 12 日，美国加利福尼亚州的 Los Angeles 大坝 65 英里的库区岸坡发生滑坡，造成 500 多人死亡，损失约 6.7 亿美元。而国内也发生过多例水库滑坡事件，例如三峡库区，黄润秋和许强（2008）在中国典型灾难性滑坡中有说明：2003 年 7 月 3 日，在宜昌三峡秭归县沙溪镇发生了千将坪滑坡，产生 30m 高涌浪以及堰塞湖，滑坡导致 14 人死亡，10 人失踪；1985 年 6 月 12 日，新滩发生高速滑坡，摧毁新滩古镇，激起 54m 高涌浪，中断航运；1982 年 7 月鸡扒子老滑坡因暴雨复活，滑坡毁坏一千多间民房，造成 600 万元左右的损失。除三峡库区外，库岸滑坡在各处流域都有存在，1961 年 3 月 6 日，湖南安化县的柘溪电站发生库岸滑坡，165 万 m³ 的滑坡体产生 21m 高的涌浪，造成重大损失，杜伯辉（2006）分析这是我国首例水库蓄水初期诱发的大型滑坡；1996 年 10 月 28 日，金沙江下游虎跳峡发生滑石板滑坡，造成金沙江堵塞，在 2h 内水位上升约 60m 从而形成堰塞湖，ZHOU，XU 和 YANG（2010）对坡面稳定性进行分析；还有延安红庄水库滑坡等，ZHANG，DONG 和 SUN（2012）分析了水库蓄水引起的地下水位变化对区域斜坡稳定性的影响。

由此可知，库岸边坡的稳定性对于库区各种建筑物、构筑物以及下游人民生命财产安全来说至关重要，一旦发生库岸边坡的滑塌，后果不堪设想，因此有必要针对库区岸坡进行深入研究，了解滑坡机制，预测可能出现的滑坡现象等，避免可能产生的滑坡。到目前为止，国内外对边坡变形破坏模式还没有形成统一定义。其中，剪切滑移和倾倒是被业内普遍接受的两类边坡变形破坏基本模式。

目前国内外关于边坡倾倒稳定性的分析方法主要有三种，分别是解析分析法、物理实验法和数值模拟法，而主要采用的数值模拟法有有限元、有限差分、离散元、边界元等。Brown（1980）运用有限元方法对新西兰 Nevis 滑坡进行了数值模拟，结果表明边坡的破坏是由弯曲倾倒引起的，连续柱沿片理面滑动时发生弯曲破坏，然后弯曲裂缝沿滑动面发生平面扩展。韩贝传等（1999）以某水电工程为实例进行有限元计算分析，研究对边坡变形影响的各种因素，并得出应力场、变形场以及屈服场的分布特点。陈胜宏等（1990，

163

1991）基于弹黏塑性 "Cosserat 介质" 理论，建立了考虑弯曲效应的层状岩体弹黏塑性本构模型，并开发了相应的有限元计算方法；王宇等（2013）采用基于强度折减法的节理有限元法建立了开挖边坡的地质模型，研究了破坏机制以及影响稳定性的因素，探讨了地下水、地震等因素对边坡变形破坏的影响。常祖峰等（1999）基于非弹性理论，运用有限元方法模拟了倾倒变形机制，结果与野外实测剖面十分相符。吕庆（2006）用有限元强度折减法开展边坡稳定性分析，分析了各种参数对强度折减法的影响，并以公路滑坡为背景，阐述了有限元方法的具体应用。Orr 与 Swindels（1991）采用有限差分程序 FLAC，模拟研究了澳大利亚矿区边坡的弯曲倾倒破坏机理。王霄等（2018）运用三维有限差分程序 FLAC3D，研究了浙江某电站边坡的倾倒变形特征，模拟揭示了边坡的破坏演化历程。徐佩华等（2004）用 FLAC3D 模拟了锦屏一级电站河谷的下切过程，较好地再现了左岸边坡的变形破裂过程。芮勇勤等（2001）运用有限差分程序 FLAC 和基底摩擦试验对抚顺某一露天矿场边坡进行了深入分析，研究了该边坡的变形破坏的发展过程以及破坏机制，并应用于工程实践。梅松华（2008）基于 FLAC3D 的二次开发平台提出了变形横观各向同性遍布节理模型，并将研究成果应用于龙滩地下厂房洞室开挖围岩变形的研究中，运用多种数值模拟手段对洞室开挖过程中的应力、变形和破坏特征进行了研究。邓琴等（2010）利用边界元法研究得出二维边坡内的应力分布状态，并对该边坡的稳定性进行了分析。孙东亚等（2002）采用非连续变形分析方法（DDA），结合算例对 Goodman-Bray 方法进行了验证，分析了倾倒破坏的变形失稳机理，并指出了 Goodman-Bray 方法的局限性及问题。

在研究岩质边坡稳定性时，离散单元法被广泛运用。Hammett（1974）、Byrne（1974）以及 Burman（1974）等运用离散元法研究了岩层倾倒和块体的翻转现象。Pritchard（1989，1991）用离散单元法研究了海狸谷倾倒破坏的 Heather Hill 滑坡。Adachi（1991）运用二维离散元程序 UDEC 并结合室内试验，研究了日本某边坡失稳事故，确定了倾倒崩落的破坏模式。国内任光明等（2003）运用二维离散元程序 UDEC 研究了黄河上游某水电站库区的软弱基座型斜坡的变形破坏过程。蔡跃等（2008）基于不连续介质力学理论，针对日本九州一水电站的反倾边坡，运用 UDEC 研究了破坏机制与影响边坡稳定性的因素。赵小平等（2008）建立了澜沧江某水电站工程的边坡开挖离散元模型，得出了倾倒变形破坏机理的发展过程、变形范围等。刘云鹏等（2012）采用离散元程序 UDEC 对 "5·12" 汶川地震期间的某公路一边坡的地震动力响应做了模拟，研究了动力条件下该边坡的破坏机制。黄达等（2020）结合离心模型试验与 UEDC 数值模拟，研究了软硬互层岩质反倾边坡弯曲倾倒的破坏模式与影响因素，讨论了变形的力学机制。李霍（2013）采用 UDEC，对贵州上洋水河流域拉裂—倾倒型崩塌变形的破坏过程进行了模拟，展现了岩体受力变形破坏的过程。

对边坡的稳定性分析有多种方法。但各种方法也有自身的局限性，解析分析法对倾倒问题有普遍适用性，但较为粗略，物理模拟法也受试验条件与人力物力的限制，而随着计算机技术的发展，数值模拟法使用方便、直观，对于具体工程有较高的契合度。因为现实中岩体均存在导致岩体出现不连续性的各种结构面，由此可见，在分析岩质边坡稳定性时，建立在非连续介质力学理论上的离散元方法具有连续性方法所不具有的优势。

本章将首先通过两个经典算例来验证 3DEC 计算岩质边坡问题的可靠性。然后，采用三维离散元程序 3DEC 对 GB 边坡在不同蓄水高程情况下的边坡变形进行数值模拟。

5.2　算例

本节我们将通过两个经典算例来验证 3DEC 计算岩质边坡问题的可靠性。其中一个算例来自 Evert Hoek 与 John Bray 编撰的 "Rock Slope Engineering"；另外一个算例来自 Duncan C. Willye 与 Christopher W. Mah 编撰的 "Rock Slope Engineering-Civil and Ming"。

5.2.1　楔形块体滑动计算

利用 3DEC 分析了岩体中由两个相交的平面在重力作用下形成的楔形体的稳定性。楔形体是由两个结构面形成的，定义：

A：倾角＝40°，倾向＝130°

B：倾角＝60°，倾向＝220°

假设两个结构面具有相同的力学属性。

Hoek 和 Bray（1977）提出了一个经典的楔形稳定性分析。对于摩擦角相等的无黏性节理，楔形体的安全系数 F 与其几何尺寸无关，可以通过理论公式计算出来：

$$F = \frac{(R_A + R_B)\tan\varphi}{W\sin\psi} \tag{5-1}$$

式中，R_A 为平面 A 的法向反作用力；R_B 为平面 B 的法向反作用力；φ 为节理的摩擦角；W 为楔形体的重量；ψ 为交线（节理 A 和 B 之间）相对于水平面的倾角。从上式中可以计算出给定楔形体的临界摩擦角（楔形体处于极限平衡状态）。该解决方案通过 FISH 函数 f_safety 实现，并将结果与 3DEC 计算进行比较。

图 5-2 中所示的 3DEC 模型由四个刚性块组成。其中三个块体是固定的，只有分开的那个楔形体可以在重力作用下移动。这个模型的力学属性为：

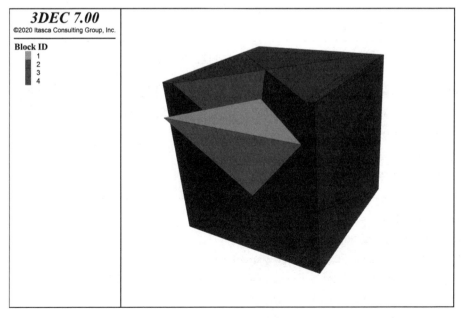

图 5-2　滑移楔形体模型

密度：$\rho = 2000 \text{kg/m}^3$

节理切变模量和法向刚度：$K_n = K_s = 10 \text{MPa/m}$

重力加速度：$g = 10 \text{m/s}^2$

楔形体的两个面与相邻块体的面接触，楔形体背面边缘与后面两个块体的相交部分接触。三个接触面的节理切变模量和法向刚度均为 10MPa/m。首先，将两个平面上的摩擦力设置为高值并应用自适应全局阻尼，使楔形体能靠自重稳定。然后，减小摩擦力直到楔形体失稳下滑。楔形体垂直速度的历史记录（图 5-3）清楚地展示了失稳的过程。用于模拟的代码见数据文件。

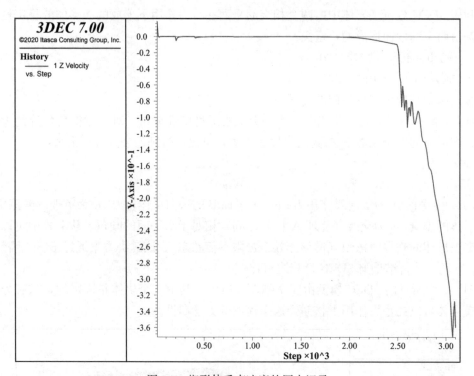

图 5-3　楔形体垂直速度的历史记录

请注意，该问题是静力分析的，与模型的尺寸无关。因此，节理刚度和材料密度不影响计算结果（即临界摩擦角）。使用 3DEC，计算出临界摩擦角 $\varphi = 33.12°$，与解析解 $\varphi = 33.36°$ 的误差只有 0.7%。

代码文件

例 5-1 SAFETY. FIS

```
fish define safety
    local d3_  =   math. sin(dip1_ * math. degrad)
    local d1_  = -math. cos(dip1_ * math. degrad) * math. sin(dd1_ * math. degrad)
    local d2_  = -math. cos(dip1_ * math. degrad) * math. cos(dd1_ * math. degrad)
    local s1_  =   math. sin((dd1_ + 90. ) * math. degrad)
    local s2_  =   math. cos((dd1_ + 90. ) * math. degrad)
```

```
  local s3 _  =   0.
  local n11 _ = d2 _ * s3 _ -d3 _ * s2 _
  local n12 _ = d3 _ * s1 _ -d1 _ * s3 _
  local n13 _ = d1 _ * s2 _ -d2 _ * s1 _


  d3 _  =   math.sin(dip2 _ * math.degrad)
  d1 _ =-math.cos(dip2 _ * math.degrad) * math.sin(dd2 _ * math.degrad)
  d2 _ =-math.cos(dip2 _ * math.degrad) * math.cos(dd2 _ * math.degrad)
  s1 _  =   math.sin((dd2 _ + 90.) * math.degrad)
  s2 _  =   math.cos((dd2 _ + 90.) * math.degrad)
  s3 _  =   0.
  local n21 _ = d2 _ * s3 _ -d3 _ * s2 _
  local n22 _ = d3 _ * s1 _ -d1 _ * s3 _
  local n23 _ = d1 _ * s2 _ -d2 _ * s1 _
  local in1 _ = 1.0
  local in2 _ = (-n11 _ * n23 _ + n21 _ * n13 _ )/(n12 _ * n23 _ -n22 _ * n13 _ )
  local in3 _ = (-n21 _ * n12 _ + n22 _ * n11 _ )/(n12 _ * n23 _ -n22 _ * n13 _ )
  local mag _ = math.sqrt(in1 _ * in1 _ + in2 _ * in2 _ + in3 _ * in3 _ )
  in1 _ = in1 _ /mag _
  in2 _ = in2 _ /mag _
  in3 _ = in3 _ /mag _
  local f11 _ = in1 _ * in3 _
  local f12 _ = in2 _ * in3 _
  local f13 _ = in3 _ * in3 _
  local f21 _ = -f11 _
  local f22 _ = -f12 _
  local f23 _ = 1. -f13 _
  local r1 _  = (f21 _ * n22 _ -f22 _ * n21 _ )/(n11 _ * n22 _ -n21 _ * n12 _ )
  local r2 _  = (f22 _ * n11 _ -f21 _ * n12 _ )/(n11 _ * n22 _ -n21 _ * n12 _ )
  local coef _ = math.abs(in3 _ )/(math.abs(r1 _ ) + math.abs(r2 _ ))
  fric _ = math.atan(coef _ )/math.degrad
end


WEDGE.DAT
model new
model random 10000
model large-strain on
fish def params
  global dip1 _ = 40
  global dd1 _  = 130
  global dip2 _ = 60
  global dd2 _  = 220
end
```

```
[params]
program call 'safety.fis'
[safety]
block create brick -1 1 -1 1 -1 1
; 创建两个相交节理
block cut joint-set dip-direction [dd1_] dip [dip1_] origin 0 0 1
block cut joint-set dip-direction [dd2_] dip [dip2_] origin 0 -0.25 1
; 生成子接触
block contact generate-sub
; 材料属性参数
block property density 2e-3
block contact property stiffness-normal 10 stiffness-shear 10 friction 89
block contact material-table default property stiffness-normal 10...
                                    stiffness-shear 10
; 固定其他三个块并施加重力
block fix range position-z -1 0.8
model gravity 0 0 -10
block mechanical damping global
block hide range position-z -1 0.8
block hist vel-z pos .25 -1 .2935
block hide off
; 在高摩擦力的重力作用下进行加固
history name '1' label 'Z Velocity'
model cycle 200
; 减少摩擦至 35：稳定
block contact property friction 35.00
model cycle 200
; 减少摩擦至 33.34：稳定
block contact property friction 33.34
model cycle 400
; 减少摩擦至 33.18：稳定
block contact property friction 33.18
model cycle 800
model save 'wedge_stable'
; 减少摩擦至 33.16：失稳
block contact property friction 33.16
model cycle 1500
model save 'wedge_unstable'
[fric3_ = 33.16]
fish define error_
    error_ = (fric_-fric3_)/fric_
end
fish list [error_]
```

168

```
program return
```

5.2.2 块体的滑动与倾倒计算

　　本算例是对不同尺寸和属性的单个块体在不同角度的斜坡上的稳定性进行分析，并与解析解进行比较。Wyllie 和 Mah（2004）展示了不同几何形状和摩擦角的斜坡上的块体的稳定性，成果总结见图 5-4。其中，φ＝摩擦角；Ψ_p＝坡度角。

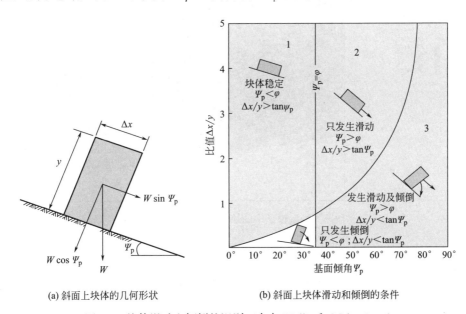

| (a) 斜面上块体的几何形状 | (b) 斜面上块体滑动和倾倒的条件 |

图 5-4　块体滑动和倾倒的识别（来自 Wyllie 和 Mah，2004）

通过运行 4 个不同的 3DEC 模型来测试不同的稳定条件，所有模型具有以下特性：

密度：ρ＝2000kg/m^3

节理切变模量和法向刚度：K_n＝K_s＝10MPa/m

重力加速度：g＝10m/s^2

区块宽度：Δx＝10m

每次测试块体的高度、节理摩擦角和坡度角均不同。

（1）稳定

稳定的情况下使用的参数：

块体高度：y＝10m

摩擦角：φ＝40.1°

坡度角：Ψ_p＝40°

图 5-5 显示了 700 步之后的块体位移，如预期的那样块体并没有移动。

（2）滑动

为了测试滑动条件，使用了以下参数：

块体高度：y＝5m

摩擦角：φ＝20°

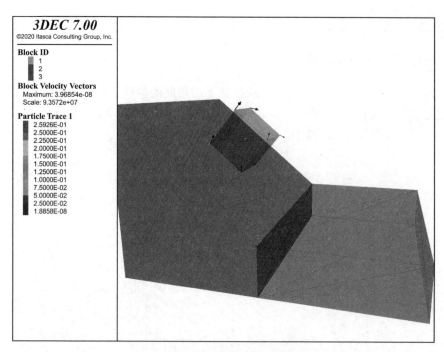

图 5-5　稳定模型中的块体的几何结构和位移

坡度角：$\Psi_p = 40°$

图 5-6 显示了计算 500 步之后的情况，块的箭头指网格点的速度，并表示块仍在沿着坡面向下移动。

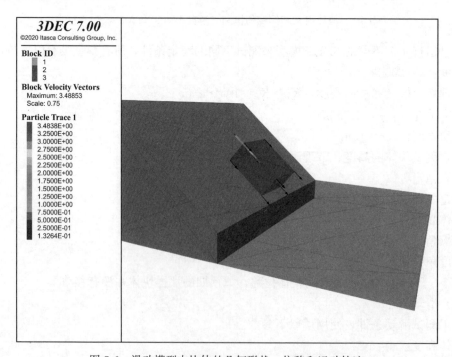

图 5-6　滑动模型中块体的几何形状、位移和运动轨迹

（3）倾倒

倾倒情况模拟如下：

块体高度：$y=25$m

摩擦角：$\varphi=40°$

坡度角：$\Psi_p=40°$

结果如图 5-7 所示，很明显在这种情况下，块体正在倾倒。

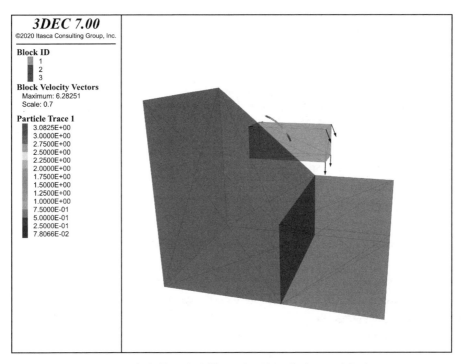

图 5-7　倾倒模型中块体的几何形状、位移和运动轨迹

（4）倾倒和滑动

最后的测试是模拟倾倒和滑动的组合。使用了以下参数：

块体高度：$y=20$m

摩擦角：$\varphi=30°$

坡度角：$\Psi_p=40°$

图 5-8 显示了结果，对比图 5-6 和图 5-7 可以看出，块体确实发生了滑动和倾倒。

代码文件

例 5-2　STABLE. DAT

```
model new
program call 'build _ blocks.dat'
[factor = 1]；宽高比
[fi _ p = 40]；倾斜角
[make _ blocks]
[fi = 40.1]；摩擦角
```

```
; 应力单位 MPa
block property density 2e-3
block contact material-table default property stiffness-normal 10...
   stiffness-shear 10 friction [fi]
model gravity 0 0 -10
model large-strain on
; 顶点位移历史
block history displacement position [f1 _ x2] [f1 _ y] [f1 _ z2]
; 追踪块体中心点
block trace id 1
model cycle 700
model save 'stable'


SLIDING. DAT
model new
program call 'build _ blocks. dat'
[factor = 2]; 宽高比
[fi _ p = 40]; 倾斜角
[make _ blocks]
[fi = 20]; 摩擦角
; 应力单位 MPa
block property density 2e-3
block contact material-table default property stiffness-normal 10...
stiffness-shear 10 friction [fi]
model gravity 0 0 -10
model large-strain on
; 顶点位移历史
block history displacement position [f1 _ x2] [f1 _ y] [f1 _ z2]
; 追踪块体中心点
block trace id 1
model cycle 500
model save 'sliding'


TOPPLING. DAT
model new
program call 'build _ blocks. dat'
[factor = 0. 4]; 宽高比
[fi _ p = 40]; 倾斜角
[make _ blocks]
[fi = 50]; 摩擦角
; 特性单位 MPa
block property density 2e-3
block contact material-table default property stiffness-normal 10...
```

```
stiffness-shear 10 friction [fi]
model gravity 0 0 -10
model large-strain on
; 顶点位移历史
block history displacement position [f1_x2] [f1_y] [f1_z2]
; 追踪块体中心点
block trace id 1
model cycle 800
model save 'toppling'


SLIDING_TOPPLING. DAT
model new
program call 'build_blocks. dat'
[factor = 0. 5] ; 宽高比
[fi_p = 40] ; 倾斜角
[make_blocks]
[fi = 30] ; 摩擦角
; 特性单位 MPa
block property density 2e-3
block contact material-table default property stiffness-normal 10...
stiffness-shear 10 friction [fi]
model gravity 0 0 -10
model large-strain on
; 顶点位移历史
block history displacement position [f1_x2] [f1_y] [f1_z2]
; 追踪块体中心点
block trace id 1
model cycle 700
model save 'sliding_toppling'


BUILD_BLOCKS. DAT
; 构建斜坡和下落块体的函数
fish auto-create off
fish define make_blocks
global deltax = 10. 0 ; 块宽
global factor ; 高宽比
global fi_p ; 节理倾斜
global z_ = deltax/factor ; 斜坡高度
global alfa_deg = (90-fi_p)
; 角度单位为弧度
localalfa_rad = (90-fi_p) * math. degrad
local fi_p_rad = fi_p * math. degrad
; 斜坡块体坐标
```

```
global xlow = 0
global xup = 3 * deltax * math. cos(fi _ p _ rad) + z _ * math. cos(alfa _ rad)
global ylow = 0
global yup = 5 * deltax
global zlow = 0
global zup = z _ + 2 * deltax * math. sin(fi _ p _ rad) + z _ * math. sin(alfa _ rad) + 0. 5 * z _
global xupp = xup + 3 * deltax
; 下降块体坐标
local height = z _
local bot _ cenx = 0. 5 * (xlow + xup)
local bot _ cenz = z _ + (xup-bot _ cenx) * math. tan(fi _ p _ rad)
global f1 _ x1 = bot _ cenx -0. 5 * deltax * math. cos(fi _ p _ rad)
global f1 _ z1 = bot _ cenz + 0. 5 * deltax * math. sin(fi _ p _ rad)
global f1 _ x4 = bot _ cenx + 0. 5 * deltax * math. cos(fi _ p _ rad)
global f1 _ z4 = bot _ cenz -0. 5 * deltax * math. sin(fi _ p _ rad)
global f1 _ x2 = f1 _ x1 + height * math. sin(fi _ p _ rad)
global f1 _ z2 = f1 _ z1 + height * math. cos(fi _ p _ rad)
global f1 _ x3 = f1 _ x4 + height * math. sin(fi _ p _ rad)
global f1 _ z3 = f1 _ z4 + height * math. cos(fi _ p _ rad)
global f1 _ y = 0. 5 * (ylow + yup) -0. 5 * deltax
global f2 _ y = f1 _ y + deltax
command
; 生成块体
block create brick [xlow] [xup] [ylow] [yup] [zlow] [zup]
block create brick [xup] [xupp] [ylow] [yup] [zlow] [z _ ] group '40'
block hide range group '40'
; 切坡
block cut joint-set dip [fi _ p] d-d 90 ori [xup] [ylow] [z _ ] jointset-id 1
block delete range plane dip [fi _ p] d-d 90 ori [xup] [ylow] [z _ ] above
block hide off
block fix
; 生成下降块
block create prism face-1 [f1 _ x1], [f1 _ y], [f1 _ z1]...
[f1 _ x2], [f1 _ y], [f1 _ z2]...
[f1 _ x3], [f1 _ y], [f1 _ z3]...
[f1 _ x4], [f1 _ y], [f1 _ z4]...
face-2 [f1 _ x1], [f2 _ y], [f1 _ z1]...
[f1 _ x2], [f2 _ y], [f1 _ z2]...
[f1 _ x3], [f2 _ y], [f1 _ z3]...
[f1 _ x4], [f2 _ y], [f1 _ z4]
end _ command
end
```

fish auto-create on

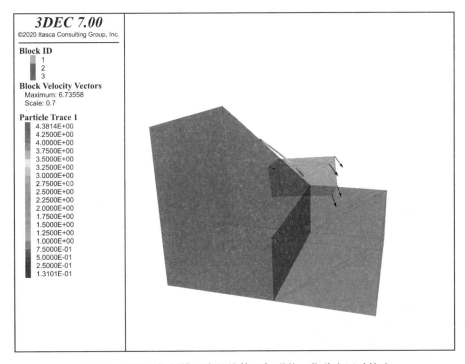

图 5-8　滑动和倾倒模型中的块体几何形状、位移和运动轨迹

5.3　LXW 水电站 GB 边坡稳定性分析

LXW 水电站处于青海省境内的黄河龙羊峡谷出口处，是在上游龙羊峡与青铜峡河段之间规划的第二个大型梯级电站。LXW 水电站的枢纽建筑物有双曲拱坝、坝身表孔和深孔、引水发电系统以及坝后水垫塘等。LXW 水电站的最大坝高为 250m，总库容为 10.56 亿 m^3，设计正常蓄水位高程为 2452m，总装机容量为 4200MW，保证出力 958.8MW，多年平均年发电量 102.33 亿 kW·h，是黄河上规模最大的水电站（王军，2011；Xia 等，2019）。

而 LXW 电站前的右岸 GB 岸坡也一直存在不稳定现象，这引起了业界的广泛关注，并展开了补充勘察、监测和科研论证工作，以了解变形发生机制、控制因素和发展状态，为工程决策提供科学依据。2015 年开始，水电站已经实现正常高水位下的运行。虽然如此，GB 岸坡研究仍然遗留一系列的问题，并可能影响到工程运行安全和工程决策。目前岸坡顶部前缘部位监测结果显示，岸坡变形仍然保持 1mm/d 左右的速率不断增长，目前条件下的安全储备难以满足《水电工程边坡设计规范》NB/T 10512—2021 要求，未来发展趋势和岸坡长期稳定仍然事关工程安全和影响到风险控制的决策。

基于以上情况，以 LXW 水电站 GB 边坡稳定性数值分析为题，在大量调查统计资料基础上，对 GB 岸坡的滑坡变形进行了研究，并对不同蓄水位下的岸坡稳定性进行了数值模拟，以及对开挖处理前后的岸坡稳定性进行了研究，为岸坡的治理及稳定性预测提供依据。在 LXW 电站下闸蓄水之后，GB 岸坡的监测数据显示，岸坡的变形也在持续，岸坡的变形与蓄水位的变化存在明显相关性，因此蓄水位的抬升对岸坡的变形有着一定的影响。接下来将建立 GB 岸坡的三维模型，确定蓄水前岸坡的状态，并对库水位的整个变化过程进行数值模拟计算，分析岸坡的变形情况。

5.3.1 模型建立及蓄水前岸坡状态确定

1. 模型建立

基于 GB 岸坡的工程地质资料，建立 GB 的计算模型如图 5-9 与图 5-10 所示。模型长宽分别为 2085m 和 1510m，模型高度最大为 1070m，在划分网格时，由于主要的分析区域在 GB 岸坡 1～5 号梁之间，因此在不影响计算结果的同时，为了提高计算的效率，在图 5-10 所示研究区域之内的岸坡区域网格较为精细，最大尺寸为 15m，其他区域网格尺寸较粗，最大尺寸为 30m。模型中块体数量为 59967，网格数量为 1491597。图 5-11 中模型根据 GB 岸坡的岩体结构分为了几种区域，从下至上分别为镶嵌-块裂结构、碎裂结构、散体结构、块裂结构，另外还存在蚀变带与 LXW 断层。图 5-12 为包含四组结构面的 GB 岸坡三维模型，与图 5-13 对应，该四组结构面概化处理为均布节理，均匀地分布在岸坡的主要分析区域。模型中还有两条断层，分别是 Hf104 以及 LF1。图 5-12 包含了岸坡与结构面的赤平投影图，赤平投影图以下即为发射点，对上半球结构面进行投影，该图清楚显示了岸坡、四组结构面以及断层之间的空间分布关系。

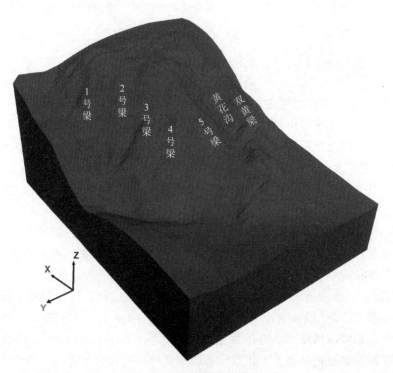

图 5-9 GB 岸坡三维模型

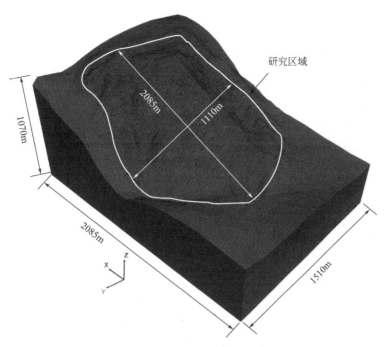

图 5-10　模型尺寸与网格图

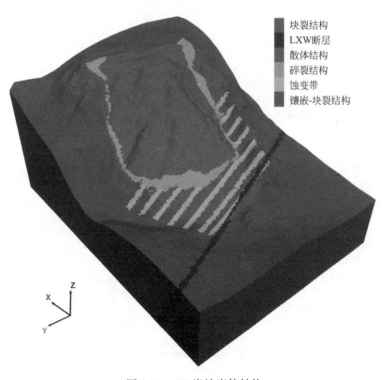

图 5-11　GB 岸坡岩体结构

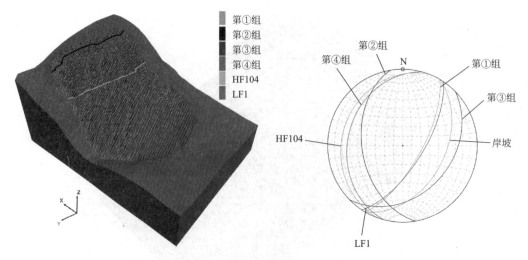

图 5-12　GB 岸坡结构面分布图与结构面赤平投影图

图 5-13　GB 岸坡各组断裂结构面

2. 参数选取

岩体与结构面参数用于描述岩体和结构面的力学特性，参数取值是岩体工程问题力学研究的基础，也是水电工程地质的重要工作内容和成果。中国电建西北院曾给出岩体与结构面的取值范围，相关参数分别列于表 5-2 和表 5-3。

岩体力学参数　　　　　　　　　　　表 5-2

岩体结构类型	抗压强度（MPa）	变形模量（GPa）	岩体抗剪（断）参数	
			f	c（MPa）
散体结构	—	0.2～0.5	0.45～0.5	0.03～0.05
碎裂结构	<50	0.5～1.0	0.60～0.65	0.15～0.4
块裂结构	50～80	1.5～3.5	0.70～0.80	0.5～0.6
深部新鲜岩体	100～110	10～15	1.00～1.2	1.2～1.5

GB 岸坡结构面力学参数取值　　　　　　表 5-3

序号	结构面类型	抗剪断强度参数		代表性断裂
		f	c（MPa）	
1	泥质型	0.25～0.30	0.02～0.05	PD7-f27、PD8-f25
2	泥夹碎屑型	0.30～0.40	0.02～0.05	PD6-f13，PD7-f29
3	碎屑夹泥型	0.40～0.50	0.05～0.15	F2、F625、Hf107、PD7-1-f39、PD8-3-f41、PD10-f14
4	岩块岩屑型	0.45～0.55	0.1～0.15	F26、F336、F360、F608 F631、F651 PD7-f47、PD9-f16、PD9-f24、PD9-f17、PD9-f26、PD9-1-f20、PD10-f8
5	硬性结构面	0.50～0.55 0.60～0.65 0.65～0.70	0.1～0.15 0.15 0.15～0.20	—

边坡变形和稳定的数值计算结果直接受到岩体和结构面参数取值的影响，但参数取值并非唯一因素。就 GB 岸坡大变形数值模拟而言，计算成果合理性（与现场的吻合程度）首先取决于结构面，尤其是控制性结构面是否合理地体现在计算模型中，其次是参数取值。由于现实中结构面数量众多且空间变化性大，现实工作中一方面难以准确地获得结构面空间分布的资料；另一方面即便准确获得了所有资料，目前还难以在计算模型中一一模拟。当结构面模拟与现实存在差别时，为获得与现场接近的计算成果，必须要求在合理范围内调整岩体和结构面的参数取值。因此，在实际计算中，上述参数取值结果是数值计算过程的初始取值，实际工作中将根据计算结果与现实吻合程度要求进行适当调整。表 5-4 和表 5-5 表示了经过调整以后实际采用的参数值。

3. 蓄水前岸坡状态确定

在 GB 岸坡三维模型建立之后，并不能直接进行蓄水过程岸坡的变形模拟，因电站在 2009 年 3 月 1 日开始蓄水，而在此之前岸坡已发生变形，此时模型状态并不与岸坡状态对应，即不是蓄水前的岸坡状态，因此需要将模型计算并调整至与现实岸坡状态较为吻合的

GB 岸坡岩体力学参数取值（数值模型）　　表 5-4

岩体结构类型	变形模量（GPa）	岩体抗剪（断）参数		蓄水后的最终软化系数
		f	c（MPa）	
散体结构	0.36	0.48	0.10	0.53
碎裂结构	0.76	0.63	0.30	0.63
块裂结构	2.00	0.75	0.55	0.68
深部新鲜岩体	12.50	1.10	1.35	1.00

GB 岸坡结构面力学参数取值（数值模型）　　表 5-5

类型	岩体抗剪（断）参数		软化系数
	f	c（MPa）	
泥质型	0.275	0.05	—
泥夹碎屑型	0.292	0.042	0.420
碎屑夹泥型	0.375	0.083	0.420
岩块岩屑型	0.396	0.094	0.420

程度。经过早期的监测数据与 2009 年的监测数据对比，通过核算得出顶部平台前缘处某监测点在 2009 年 6 月 13 日时已经发生 9.2m 左右的位移，但是此时已蓄水 3 个月，所以需要排除蓄水导致的岸坡位移。王军（2011）通过线性回归方法计算得出顶部该监测点位移在 5.4m 左右，即在蓄水前岸坡已发生 5.4m 左右的位移。

现实中岸坡结构面复杂多样，数量繁多，且空间变化也较大，建立的三维模型无法完全还原岸坡现实状态，也会导致数值模拟计算结果与现实情况存在差别。所以为了能够得出与现实岸坡蓄水前状态比较吻合的计算结果，需要将岩体与结构面参数在表 5-2 与表 5-3 推荐值范围内进行调整，而这也是确定岩体与结构面力学参数的过程。经过试算调整后，最终得出实际采用的岩体与结构面力学参数值，如表 5-4 与表 5-5 所示。在确定参数取值后，通过数值模拟计算得出与现实蓄水前岸坡对应的模型状态，如图 5-14 所示。图中最大位移在 4.9m 左右，与现实 5.4m 位移较为接近，因此以此状态作为后续蓄水过程模拟计算的起始状态。

图 5-15 和图 5-16 分别是 X、Z 方向位移分布图，可以看出位移主要发生在岸坡的顶部平台前缘处，最大位移约为 4.9m，与由观测资料得出的计算值基本一致，X 方向位移也主要分布在顶部平台前缘处，Z 方向位移同样集中于顶部平台前缘处，且在岸坡底部存在向上的位移。因此以此为蓄水前的岸坡状态，并在此基础上进行后续计算。

5.3.2　不同水位岸坡变形分析

LXW 水电站于 2009 年 3 月 1 日上午 8：00 下闸蓄水（此时导流洞进口水位 2240.0m高程），如图 5-17 所示为 LXW 电站坝前蓄水位的变化历时过程线，从 2009 年 3 月 1 日开始，持续到 2017 年 7 月 29 日。

通过对蓄水位变化过程进行概化，得出表 5-6 中蓄水位的主要变化过程及历时。

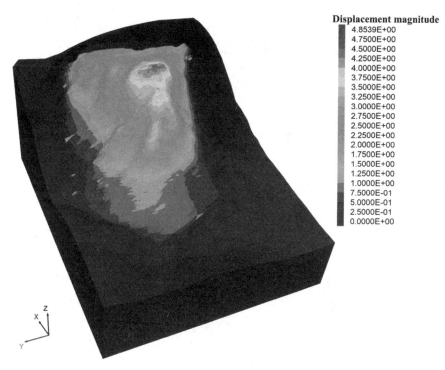

图 5-14　岸坡总位移分布图（m）

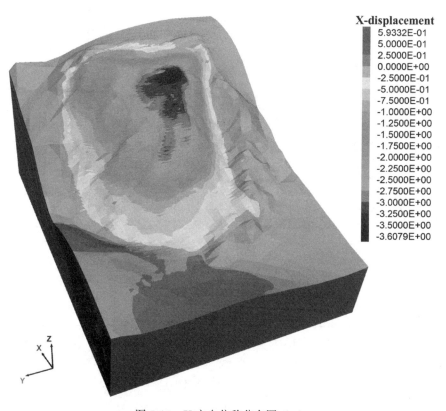

图 5-15　X 方向位移分布图（m）

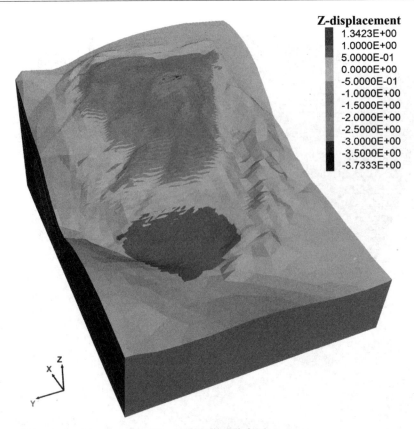

图 5-16 Z 方向位移分布图（m）

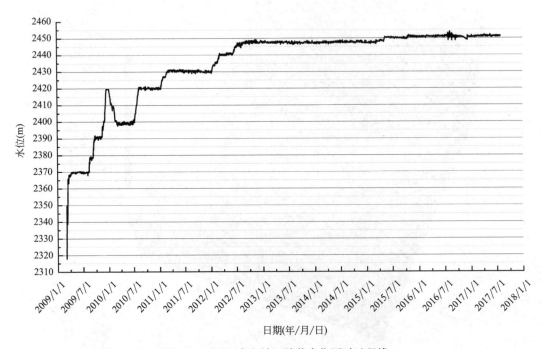

日期(年/月/日)

图 5-17 LXW 水电站上游蓄水位历时过程线

蓄水位随时间变化表　　　　　　　　　　　　　　　表 5-6

水位(m)	时期(年 . 月 . 日)	时长(d)
2240→2369	2009.3.1→2009.8.12	165
2369→2390	2009.8.12→2009.11.13	94
2390→2420	2009.11.13→2011.1.14	428
2420→2430	2011.1.14→2012.1.12	364
2430→2440	2012.1.12→2012.6.12	153
2440→2447	2012.6.12→2015.3.10	1002
2447→2452	2015.3.10→2017.7.29	872

从图 5-17 可以看出蓄水位历时过程涉及时间的长短,这在 3DEC 的计算中对应着迭代步数的多少。当某水位持续的时间长,那么在模拟时计算的迭代步数就多,反之时间短对应着迭代步数少,在对蓄水过程进行数值模拟时,必然要明确每种水位下计算的迭代步数,因此需要确定迭代计算时步与现实时间的对应关系。从 5.3.1 节的蓄水前岸坡状态确定中可以得知,从 2009 年 3 月 1 日开始蓄水至 2009 年 6 月 13 日,历时 105d,岸坡顶部平台位移在 3.8m 左右。通过反复试算对比,当模型迭代计算至大约 10300 时步,模型该处位移达到 3.8m 左右,因此最终可以确定迭代 100 时步大约对应于现实时间的 1d。

蓄水后认为岸坡岩土体会受到浮力及软化影响,计算时可以通过模型中设置孔压以及对力学参数进行软化折减来考虑该因素,由于缺少岩土体物理试验,其中软化系数并不能直接确定,因此同样通过试算得出软化系数值,并列在表 5-4 与表 5-5 中。同时认为坡体内的水位与库区水位一致,并按照水平水位处理。为了获取岸坡不同位置的位移速度等数据,在计算模型中分不同位置设置了 12 个监测点,这 12 个监测点基本沿着各道山梁布置,如图 5-18 所示。

1. 水位升至 2369m 时岸坡变形分析

库区在 2009 年 3 月 1 日开始蓄水,2009 年 4 月 7 日,坝前水位达到 2369.0m 高程并维持该水位运行直至 2009 年 8 月 12 日。计算出整个过程中岸坡整体的位移如图 5-19 所示,由图中可以看出坡面 3~4 号梁坡顶部一带平台前缘,以及 5 号梁一带的变形量最大,位移接近 8m。位移随着高度的增加也随之增加,说明变形主要集中在岸坡的上部,岸坡下部较为稳定。另外该处的岩体已经有微微张开的裂缝出现,即出现了张拉变形。同时由于断层 LF1 的存在,使得位移分布在 LF1 断层处有较大的突变,平台后缘处于 LF1 断层之后的岩体位移较小,断层之前的平台位移较大,岸坡顶部前缘、山梁凸起地形是变形最突出的部位,比如 2 号梁上部、3 号梁中部以及 4 号、5 号梁的上部。计算结果还显示岸坡靠近上游一带的变形量显著大于靠近下游一带的变形,如 3~5 号梁附近区域变形量大于 2 号梁,更大于 1 号梁。这一基本特点显示了沿上下游方向岸坡变形变化的基本特征,即向 1 号梁方向变形逐渐衰减,而 1 号梁距离大坝建筑物较近,5 号梁距离大坝建筑物较远,岸坡位移的这一分布特征说明岸坡变形后的局部失稳现象对建筑物的直接威胁并不突出。

图 5-20 和图 5-21 分别为岸坡的 X、Z 方向的位移分布云图。可以看出,水平向最大位移为 6.6m,竖直向最大位移为 5.8m。水平向位移依然集中在坡顶平台前缘处;而在坡

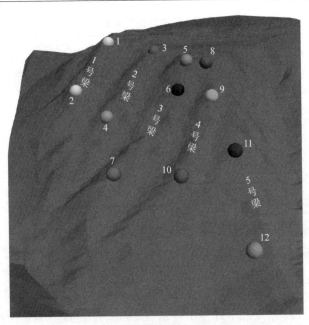

图 5-18　岸坡监测点布置图

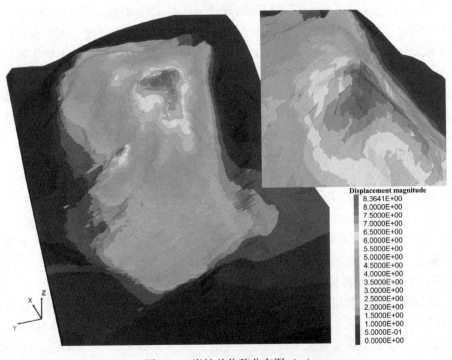

图 5-19　岸坡总位移分布图（m）

顶前缘处和坡脚处的 Z 方向位移方向相反，坡顶前缘处位移方向向下，即岩土体发生了沉降，坡脚处位移方向向上，说明岩土体发生了隆起。另外由于坡脚处蚀变带的存在，岩体强度稍低于其他区域岩体，因此蚀变带处的位移也要稍大于周围区域。

岸坡各测点的位移曲线如图 5-22 所示，其中按照计算时步与现实时间的对应关系，

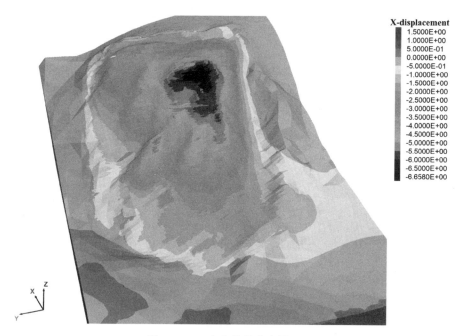

图 5-20　*X* 方向位移分布图（m）

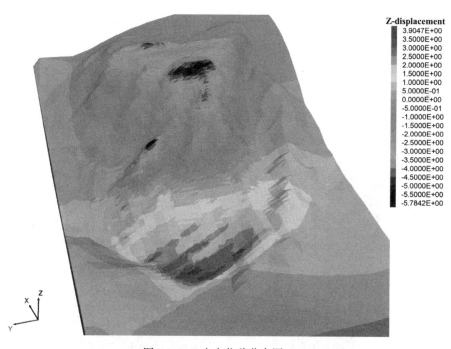

图 5-21　*Z* 方向位移分布图（m）

横坐标天数是由计算步数换算而来的。曲线表明岸坡的变形经过了先快后慢再快的过程，最下部监测点 12 的位移增大到 2m 左右时便基本不再变化，其他监测点在位移变缓后又都继续加快增加。其中监测点 8、5、9、6 的位移较大，即岸坡顶部平台前缘的变形较大，监测点 1、2、4、10、12 的位移较小，即下游 1 号、2 号梁和岸坡下部的变形较小，与图 5-19 所示的规律一致。

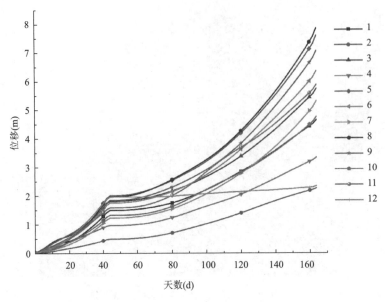

图 5-22　测点位移曲线

由以上分析可以看出，变形较大的区域集中在 3 号梁以及 4 号、5 号梁的上部平台前缘位置，因此在后续的进一步分析中，分别沿 3 号梁以及 5 号梁取两个剖面进行分析，剖面的布置图如图 5-23 所示。

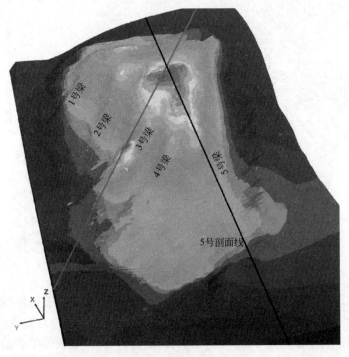

图 5-23　岸坡分析剖面布置图

　　图 5-24 与图 5-25 分别为 3 号梁与 5 号梁剖面的位移分布图，计算结果显示位移大小由浅入深逐渐递减，坡体的变形影响范围较大。在岸坡的中上部位，主要的变形区域集中在距离坡面 300～400m 深范围内的坡体内，而在岸坡的中部以下范围内，变形区域显著增大，并向更深处发展。由于断层 LF1 和 Hf04 的存在使得位移分布在断层处出现显著的不连续性，变形主要发生在断层 LF1 的左侧，右侧影响较小。从位移的分布规律上看 3 号梁与 5 号梁基本一致。

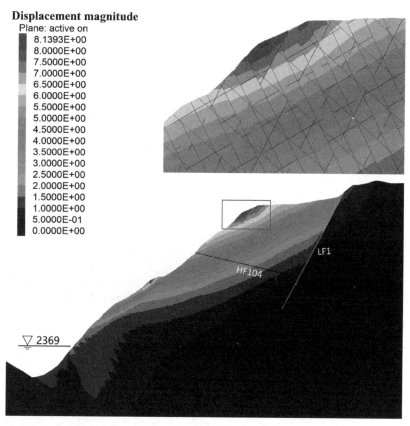

图 5-24　3 号梁剖面位移分布图（m）

　　图 5-26～图 5-29 分别是 3 号、5 号梁剖面 X、Z 方向的位移分布和位移矢量图，其中 X 方向的位移分布规律同整体位移分布规律基本相同，而从图 5-28 中可以看出断层 LF1 层面之间发生了错动，错动值在 0.8m 左右，多处反倾节理出现了错动，平台后缘处 LF1 断层顶部也出现了下滑拉裂，裂缝宽度在 1.8m 左右。平台表面不同块体在节理接触处也出现了阶梯形错台，表明岩体发生了一定的前倾，但幅度不大。坡顶平台处竖直位移基本向下，平台正处于向下沉降状态；坡脚处位移为正值，表明竖直位移向上，岩体发生了向上部临空面的隆起。位移矢量图表明平台处的位移方向基本是顺坡向向下，随着高度的降低，位移逐渐发生了转向：方向渐渐指向坡面，到坡脚处位移方向几乎垂直于坡面。结合图 5-21 分析可以得知，在库区蓄水之后，一方面水下岩体受到水的浮力作用，另一方面岩体受到了软化，承载能力减弱，产生向临空面的位移，使得坡体上部岩体所受支撑减弱而发生向前倾倒。

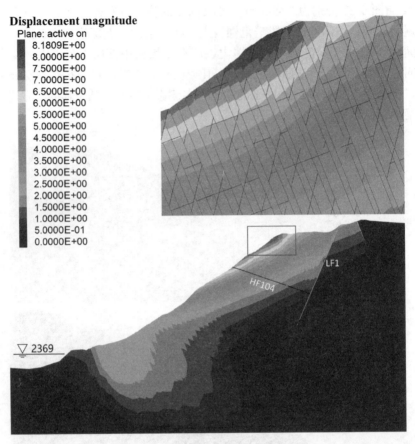

图 5-25　5 号梁剖面位移分布图（m）

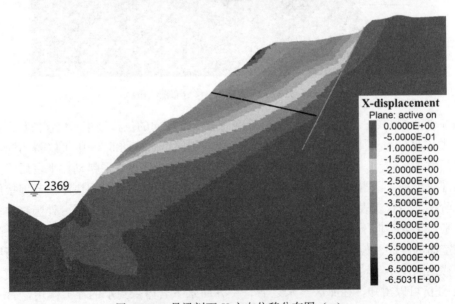

图 5-26　3 号梁剖面 X 方向位移分布图（m）

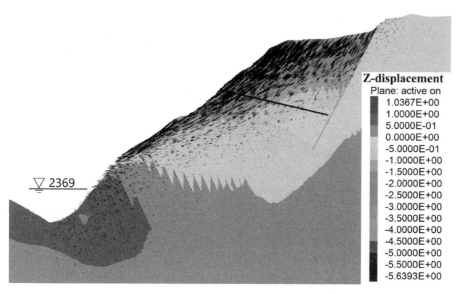

图 5-27　3 号梁剖面 Z 方向位移分布（m）与位移矢量图

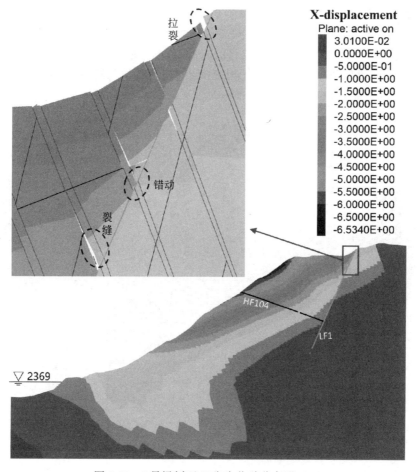

图 5-28　5 号梁剖面 X 方向位移分布图（m）

图 5-29　5 号梁剖面 Z 方向位移分布（m）与位移矢量图

2. 水位升至 2390m 时岸坡变形分析

库区蓄水位 2009 年 8 月 12 日又开始上升，在 2380.0m 高程短暂停留后，于 2009 年 9 月 22 日达到 2390.0m 高程，并运行至 2009 年 11 月 13 日。岸坡整体的位移如图 5-30 所示。可以看出，变形较大区域依然主要集中在岸坡顶部平台的前缘部分与突起山梁位置，与 2369m 蓄水位工况基本一致，但是位移值有所增加，最大位移增加了约 1.8m，达到了 10.2m。图中依然可见顶部平台后缘断层 LF1 处的拉裂缝与前缘的开裂缝，其他位移分布规律基本同 2369m 蓄水位工况一致。

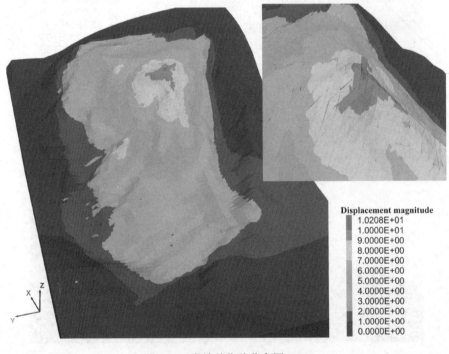

图 5-30　岸坡总位移分布图（m）

图 5-31 和图 5-32 分别为岸坡的 X、Z 方向的位移分布云图。可以看出，水平向位移依然集中在坡顶平台前缘处，最大水平位移增大到 8m 左右，坡体其他大部分部位位移都在 3～4m；顶部平台最大沉降增加到 7m 左右，坡脚处区域地表隆起继续增加，最大值接近 5m。

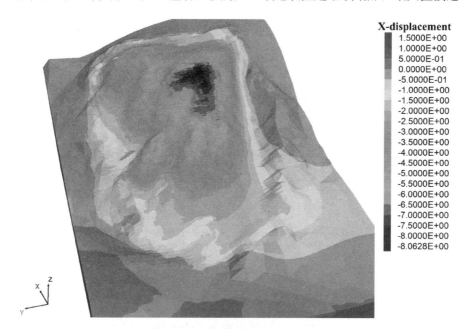

图 5-31　X 方向位移分布图（m）

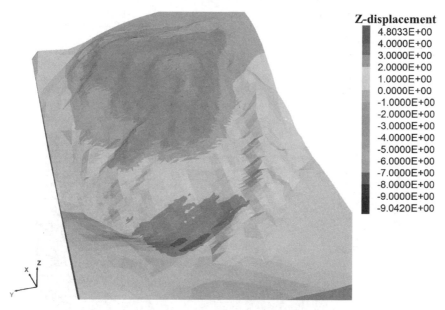

图 5-32　Z 方向位移分布图（m）

岸坡各测点的位移曲线如图 5-33 所示，在库区蓄水位进一步提升后，岸坡变形继续增加，但增加速度在逐渐减小，位移曲线逐渐平缓，各测点的位移曲线增长规律也基本一致，而不同测点的位移差值也在增大。该蓄水阶段位移增加值都在 2m 之内。位移较大的监测点依然是 8、5、9、6，位移较小的监测点为 1、2、4、10、12，即岸坡顶部平台前缘的变形较大，下游 1 号、2 号梁和岸坡下部位置的变形较小，与图 5-30 所示的规律一致。

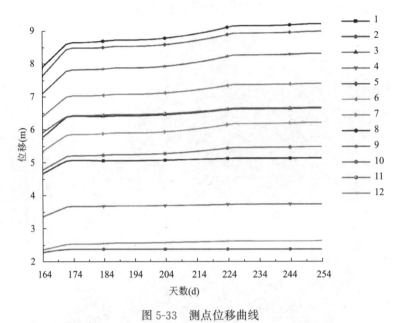

图 5-33　测点位移曲线

图 5-34 与图 5-35 分别为 3 号梁与 5 号梁剖面的位移分布图，蓄水位提升之后，变形

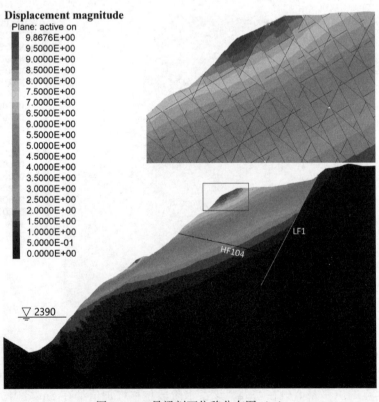

图 5-34　3 号梁剖面位移分布图（m）

进一步增加，主要的变形区域集中断层 LF1 坡外侧。岸坡高处变形区域深度比低处变形区域深度小，但高处位移变化梯度更大。从 5 号梁剖面位移的局部放大图来看，岸坡表面出现了小幅度的起伏不平现象，主要表现为岩块体沿着反倾结构面出现错动，另外接近地表位置的顺层节理也在不同块体之间发生了微小错动。从位移的分布规律上看 3 号梁与 5 号梁基本一致。

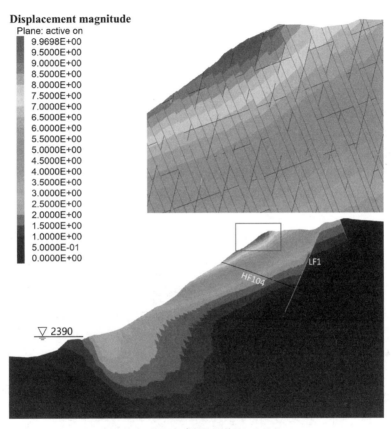

图 5-35　5 号梁剖面位移分布图（m）

图 5-36～图 5-39 分别是 3 号、5 号梁剖面 X、Z 方向的位移分布和位移矢量分布，其中两剖面的 X 方向的位移分布规律同整体位移分布规律基本相同，而在图 5-38 中断层 LF1 两侧岩体发生的错动也在水位抬高后继续增大，反倾节理处出现的张开裂缝数量也在增加，平台后缘处 LF1 断层顶部出现的裂缝宽度增大到 2.2m 左右，随着深度的增加，块体错动值逐渐减小。以上分析都表明岸坡顶部平台在沿着断层 LF1 发生位移沉降。坡顶平台的沉降位移在蓄水位抬升后进一步增大，竖直位移接近 7m；坡脚处的地表隆起也在继续增加，竖向位移在 2.1m 左右，增加幅度在 0.4m 左右。在库区蓄水位抬升之后，受到水浮力作用的岩体与受到软化作用的岩体增多，使得坡体上部岩体的沉降与坡脚处岩体的隆起加剧。

3. 水位升至 2420m 时岸坡变形分析

2009 年 11 月 13 日，水位由 2390.85m 高程再次抬升，于 12 月 18 日达到 2420.0m 高程并运行至 2010 年 1 月 5 日。岸坡整体的位移如图 5-40 所示。可以看出，变形较大区域

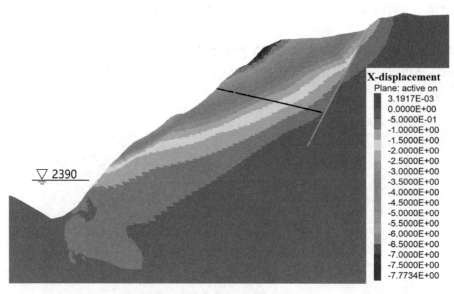

图 5-36   3 号梁 X 方向位移分布图（m）

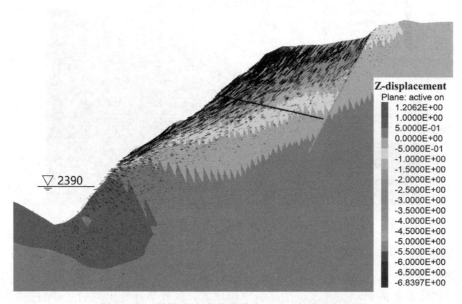

图 5-37   3 号梁 Z 方向位移分布（m）与位移矢量图

依然主要集中在岸坡顶部平台的前缘部分与突起山梁位置，同之前蓄水位工况基本一致，但是位移值有所增加，且增加幅度较大，位移最大增加了 4.8m 左右，此时岸坡的最大位移接近 15m。从局部放大图来看，坡面岩体沿着反倾节理已经发生明显的张拉裂缝，且分布面积较大。比较明显的开裂区域主要集中顶部平台前缘位置，以及 3 号梁 2500～2650m 高程之间的山梁处，而且这些区域的位移也最大。平台后缘的拉裂缝宽度随着岸坡的变形继续增大。

图 5-41 和图 5-42 分别为岸坡的 X、Z 方向的位移分布云图。可以看出，坡顶平台前缘处水平向最大位移增大到近 12m，顶部平台最大沉降增加到 10.5m 左右，坡脚处蚀变

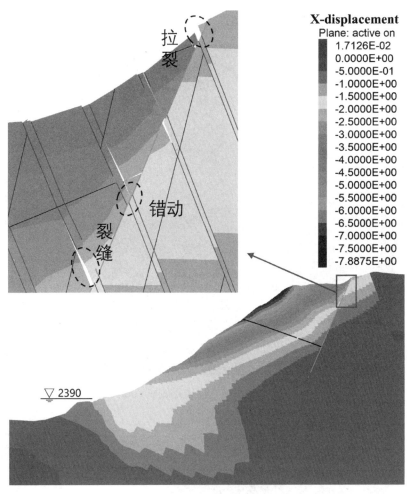

图 5-38　5 号梁 X 方向位移分布图（m）

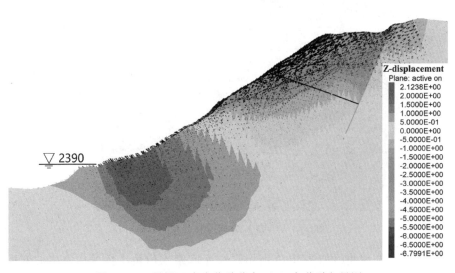

图 5-39　5 号梁 Z 方向位移分布（m）与位移矢量图

带区域地表隆起稍有增加，最大值为 5m。

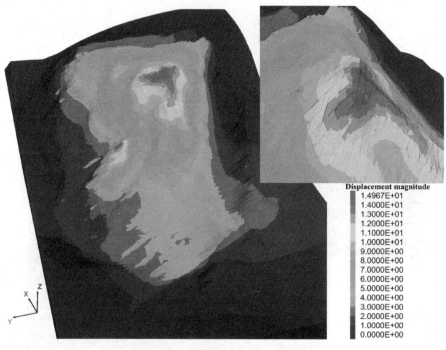

图 5-40　岸坡总位移分布图（m）

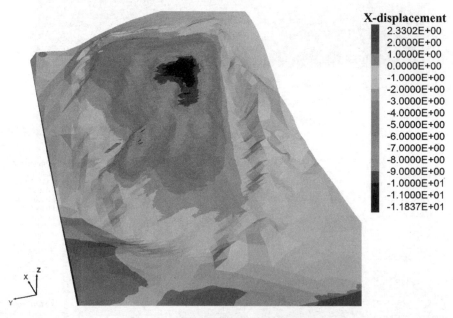

图 5-41　岸坡 X 方向位移分布图（m）

　　岸坡各测点的位移曲线如图 5-43 所示，在库区蓄水位再次提升后，岸坡变形继续增加，在运行 13000 步后，即水位抬升大约 130d 后，位移曲线逐渐平缓，岸坡变形渐渐趋于平稳。各测点的位移曲线增长规律也基本一致，各测点位移差值继续增大，说明主要位

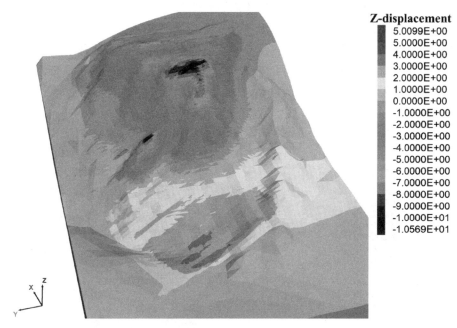

图 5-42　岸坡 Z 方向位移分布图（m）

移区域比较固定。监测点 2 处的总位移在 3m 之内，该监测点位移曲线基本没有变化，表明在蓄水位抬升后 1 号梁下部变形并未显著增加，此处位移对蓄水位的变化并不敏感。越靠近顶部平台前缘的监测点位移增加值越大，高程越小的监测点与越靠近 1 号梁的监测点位移增加值越小，与总位移分布一致。其中监测点 7 的位移超过了监测点 3、11，而点 7 位于 3 号梁，表明此时 3 号梁的位移相对较大。

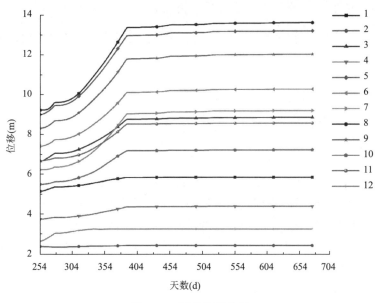

图 5-43　测点位移曲线

图 5-44 与图 5-45 分别为 3 号梁与 5 号梁剖面位移分布图,库区蓄水位抬升之后,变形进一步增加,主要的变形区域依然是处于断层 LF1 外侧岸坡。从 5 号梁剖面位移的局部放大图来看,反倾节理不再平直,而是呈现弯曲状态,因此在岸坡顶部平台前缘处岩体出现倾倒弯曲现象,岸坡表面出现锯齿状的反向错台现象,岩体出现张拉裂缝,岩块顶部向前倾斜,岩体下部发生了弯曲,表现出倾倒的"点头哈腰"现象。

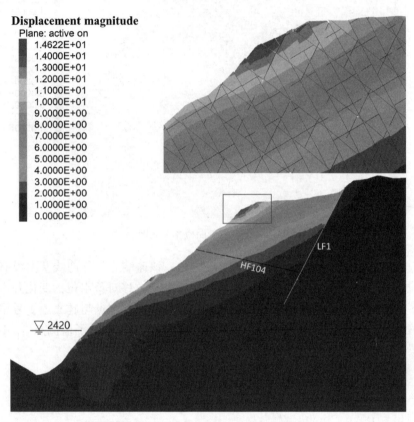

图 5-44　3 号梁剖面位移分布图 (m)

图 5-46~图 5-49 分别是 3 号、5 号梁剖面 X、Z 方向的位移分布和位移矢量图,其中两剖面中 X 方向的位移分布规律同整体位移分布规律基本相同,而在图 5-48 中断层 LF1 处两层面之间发生的错动也在水位抬高后继续增大,多处反倾节理出现的裂缝宽度也在增加,平台后缘处 LF1 断层顶部出现的裂缝宽度增大到了 3.4m 左右,随着深度的增加,块体错动值逐渐减小。在坡体沿着断层 LF1 滑动时,平台后缘处的较小块体受到断层面的摩擦作用,滑移受到一定的阻碍作用,同时岸坡顶部顺坡向块状倾倒也在加剧,因此岩块体下部反倾节理处出现张拉裂缝。坡顶平台的沉降位移在蓄水位抬升后也进一步增大,竖直位移已经超过 10m,相较于上一蓄水位工况,增幅达到 3m;坡脚处的地表隆起也在继续增加,竖向位移在 2.6m 左右,增加幅度为 0.5m。

4. 水位升至 2430m 时岸坡变形分析

2010 年 1 月 6 日后,水位降低,于 2 月 21 日达到 2400.0m,又于 7 月 10 日至 8 月 10 日抬升水位到 2420m,并维持该水位至 2011 年 1 月 14 日,之后又在 1 月 14 日至 3 月 1 日

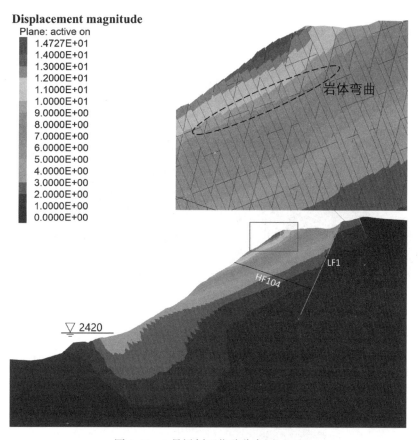

图 5-45　5 号梁剖面位移分布图（m）

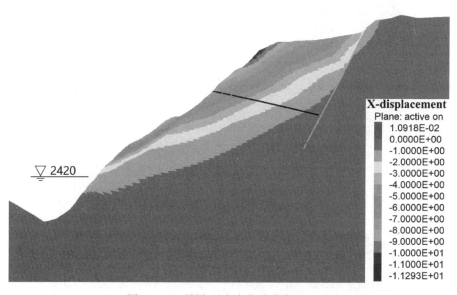

图 5-46　3 号梁 X 方向位移分布图（m）

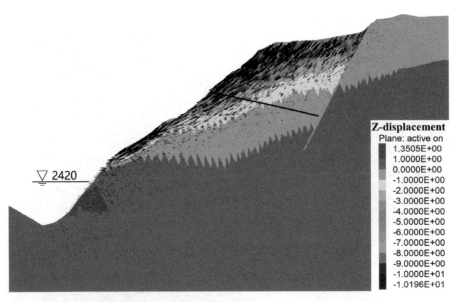

图 5-47 3 号梁 Z 方向位移分布（m）与位移矢量图

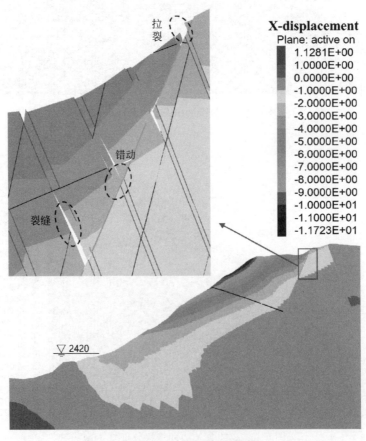

图 5-48 5 号梁 X 方向位移分布图（m）

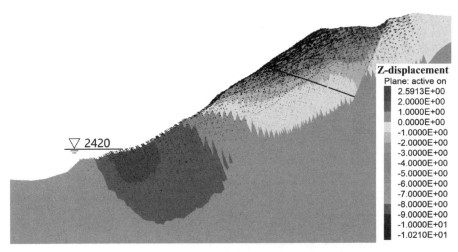

图 5-49　5 号梁 Z 方向位移分布（m）与位移矢量图

抬升到 2430m。由于在水位抬升之前，处于水位以下的岸坡岩体已经受到软化作用，岸坡受到水位降低的影响较小，因此在此部分计算分析中忽略蓄水位降低所造成的影响，按照蓄水位 2430m 来计算。

　　岸坡整体的位移如图 5-50 所示。可以看出，变形较大区域依然主要集中在岸坡顶部平台的前缘部分与突起山梁位置，同之前几种蓄水位工况基本一致，岸坡最大位移为17m，相较于上一种工况增幅超过 2m。岸坡顶部平台前缘的拉裂缝及其宽度随着蓄水位

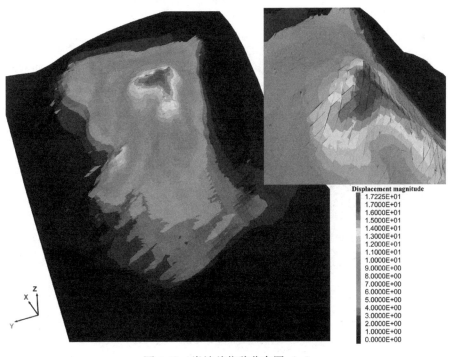

图 5-50　岸坡总位移分布图（m）

的上升在继续增加，平台后缘处的拉裂缝宽度也在增加。图 5-51 和图 5-52 分别为岸坡 X、Z 方向位移分布云图。可以看出，坡顶平台前缘处水平向最大位移增大到近 13.8m，顶部平台最大沉降增加到 12m 左右，而坡脚处的隆起在该阶段几乎没有随着蓄水位的升高而增加。

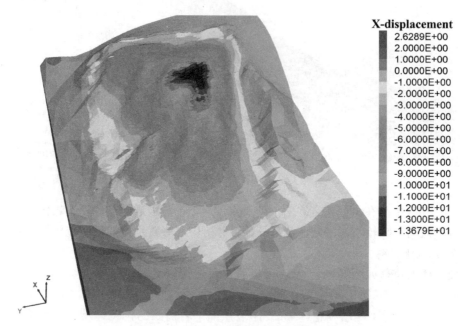

图 5-51 岸坡 X 方向位移分布图（m）

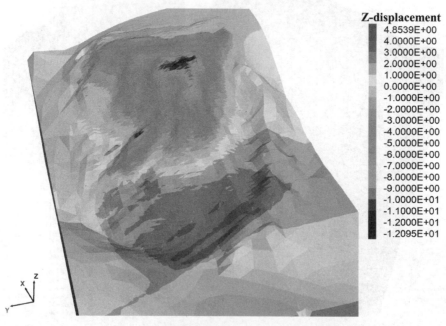

图 5-52 岸坡 Z 方向位移分布图（m）

　　岸坡各测点的位移曲线如图 5-53 所示。各测点在该蓄水位阶段的位移增幅相对于其他蓄水位阶段较为平缓，表明岸坡对库区蓄水位抬升的敏感度弱于前几种蓄水位工况。蓄水位再次提升后，岸坡变形继续增加，在运行大约 10000 步后，即水位抬升大约 100d 后，位移曲线基本不再增加，岸坡变形渐渐趋于平稳。同时这也表明在蓄水位抬升后，岸坡变形主要发生在水位抬升后的 100d 内，并未延续到蓄水位下降时期，所以不考虑后续水位下降情况是可行的。2 号监测点处的位移曲线依然基本没有变化，在蓄水位抬升后 1 号梁下部变形并未继续增加，该部位岸坡变形基本趋于稳定。越靠近顶部平台前缘的监测点位移增加越大，高程越小的监测点与越靠近 1 号梁的监测点位移增加越小。

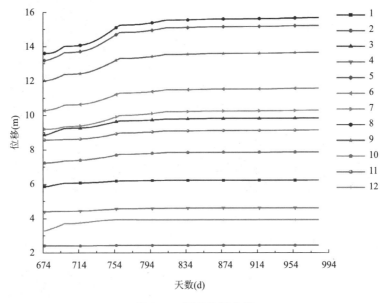

图 5-53　测点位移曲线

　　图 5-54 和图 5-55 分别为 3 号梁与 5 号梁剖面位移分布图。库区蓄水位抬升之后，变形进一步增加。从 3 号梁的剖面图来看，岸坡顶部的张拉裂缝宽度随着蓄水位的升高而继续增加。从 5 号梁剖面位移的局部放大图来看，岸坡顶部的反向错台更加明显，岩体顺坡向的倾倒也更加明显，同时可以明显看出岸坡岩体的层状弯曲。另外由于层状岩体上部倾倒的加剧，以及下部深处岩体受到挤压摩擦作用，在岸坡的一些顺层节理处，也出现了裂缝，部分岩体出现倾倒折断现象。

　　图 5-56～图 5-59 分别是 3 号、5 号梁剖面 X、Z 方向位移分布和位移矢量图，其中两剖面 X 方向位移分布规律与整体位移分布规律基本相同，多处反倾节理位置出现的裂缝宽度也在增加，平台后缘处出现的错动拉裂缝宽度增大到 4m 左右，表明岸坡顶部沿着断层 LF1 发生的错动沉降也在继续增加，同时块体底部的反倾节理处出现的张拉裂缝长度与宽度也有所增加。坡顶平台的沉降位移在蓄水位抬升后也进一步增大，竖直位移接近 12m，相较于上一蓄水位工况，增幅在 1.5m 左右；坡脚处的地表隆起也在继续增加，竖向位移在 3.2m 左右，增加幅度为 0.6m。

　　5. 水位升至 2440m 时岸坡变形分析

　　2012 年 1 月 12 日蓄水位再次开始抬升，至 2012 年 3 月 6 日抬升到 2440m 高程并运

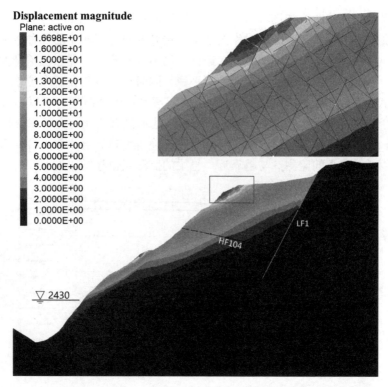

图 5-54   3 号梁剖面位移分布图（m）

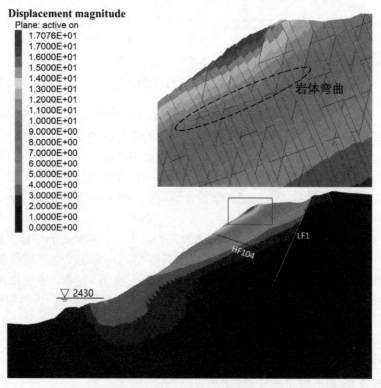

图 5-55   5 号梁剖面位移分布图（m）

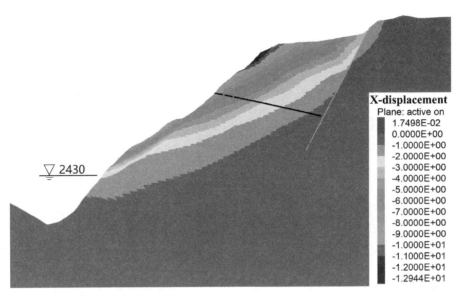

图 5-56　3 号梁剖面 X 方向位移分布图（m）

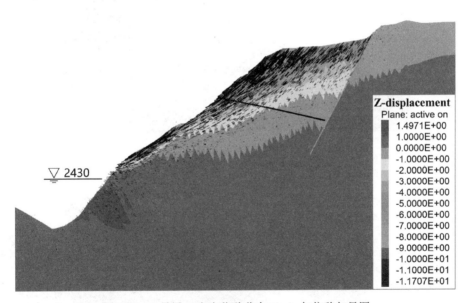

图 5-57　3 号梁 Z 方向位移分布（m）与位移矢量图

行至 2012 年 6 月 10 日。岸坡整体的位移分布如图 5-60 所示。可以看出，变形较大区域依然主要集中在岸坡顶部平台的前缘部分与突起山梁位置，同之前几种蓄水位工况规律一致，岸坡最大位移接近 19m，相较于上一种工况增加约 2m。岸坡表面网状分布的张拉裂缝已经非常明显，平台后缘处的拉裂缝宽度也在增加。图 5-61 和图 5-62 分别为岸坡 X、Z 方向位移分布云图。可以看出，坡顶平台前缘处水平向最大位移增大到近 15m，顶部平台最大沉降增加到 13.4m 左右，坡脚处地表隆起同蓄水位提升前基本一致。

　　岸坡各测点的位移曲线如图 5-63 所示，在该蓄水阶段，各监测点位移曲线的变化幅度相较于前几种蓄水位阶段更趋于平缓。在运行大约 9000 步后，即水位抬升大约 90d 后，

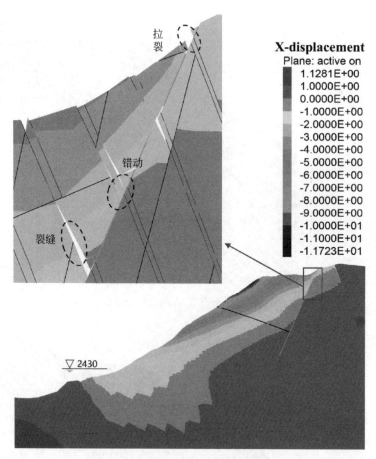

图 5-58　5 号梁 X 方向位移分布图（m）

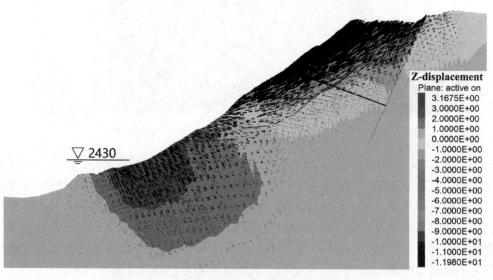

图 5-59　5 号梁 Z 方向位移分布（m）与位移矢量图

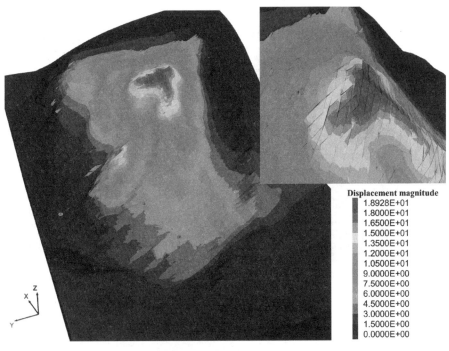

图 5-60　岸坡总位移分布图（m）

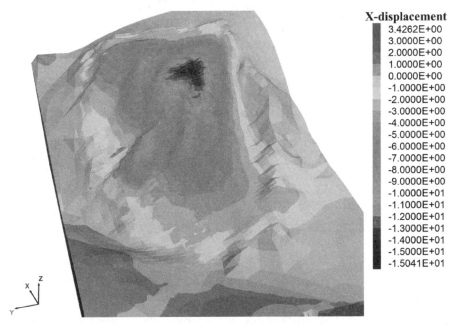

图 5-61　岸坡 X 方向位移分布图（m）

位移曲线基本不再增加，岸坡变形渐渐趋于平稳。2 号监测点处的位移曲线基本没有变化，另外监测点 2、12、4、1 的位移曲线有小幅度增加后也基本不再变化，因此在蓄水位抬升后，1 号、2 号梁区域的岸坡变形已经基本趋于稳定，不再有大幅度增加。同样，越

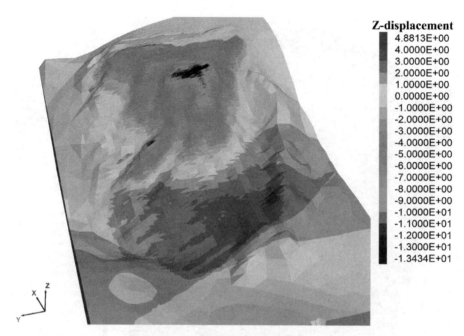

图 5-62　岸坡 Z 方向位移分布图（m）

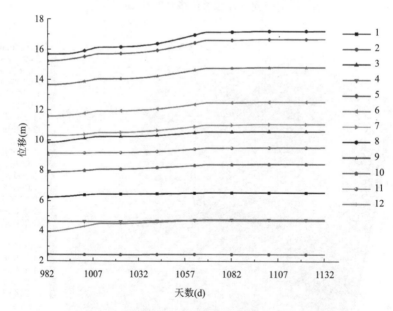

图 5-63　测点位移曲线

靠近顶部平台前缘的监测点位移增加越大，高程越小的监测点与越靠近岸坡两侧山梁的监测点位移增加值越小，与总位移分布图一致。

图 5-64 与图 5-65 分别为 3 号梁与 5 号梁剖面的位移分布图，库区蓄水位抬升之后，变形进一步增加。3 号梁的剖面位移分布图中岸坡顶部的张拉裂缝也随之增大。从 5 号梁剖面位移的局部放大图来看，岸坡顶部的反向错台以及岩体顺坡向的倾倒更加明显，可以

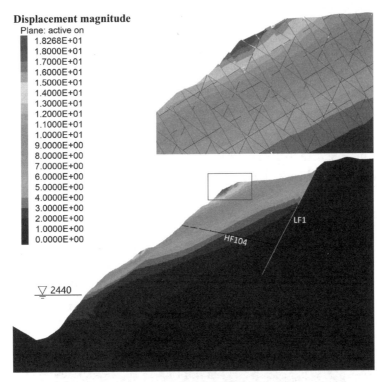

图 5-64　3 号梁剖面位移分布图（m）

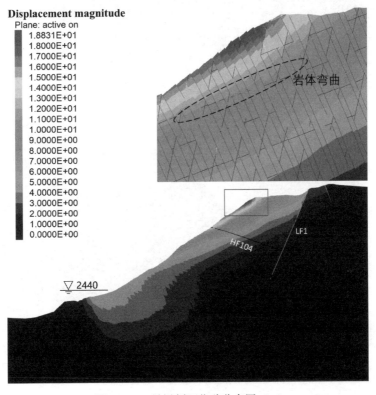

图 5-65　5 号梁剖面位移分布图（m）

明显看出岸坡岩体的倾倒弯曲现象。岸坡的一些顺层节理处的裂缝数量也有所增加，同时还可以看出断层 HF104 不再平直，在接近地表处也发生了错动而呈现弯曲状态。

图 5-66～图 5-69 分别是 3 号、5 号梁剖面 X、Z 方向的位移分布和位移矢量图，其中 X 方向的位移分布规律与整体位移分布规律相同，而在图 5-68 中断层 LF1 处岩体错动有所增大，多处反倾节理位置出现的裂缝宽度也在增加，岸坡顶部沿着断层 LF1 的错动滑移继续增加，使得平台后缘处 LF1 断层顶部出现的错动拉裂宽度增大到 4.6m 左右。坡顶平台的沉降位移在蓄水位抬升后也进一步增大，竖直位移在 13m 左右，相较于上一蓄水位工况，增幅在 1m 左右，略小于前几种工况的增幅；坡脚处的地表隆起也在继续增加，Z 向位移在 3.6m 左右，增加了 0.6m 左右。

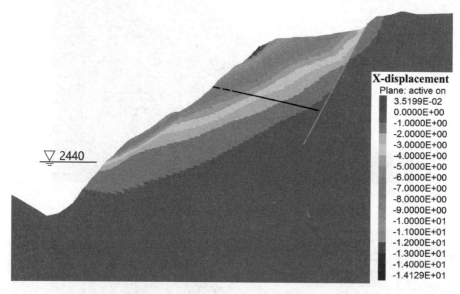

图 5-66　3 号梁 X 方向位移分布图（m）

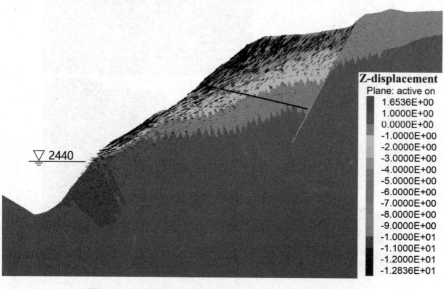

图 5-67　3 号梁 Z 方向位移分布（m）与位移矢量图

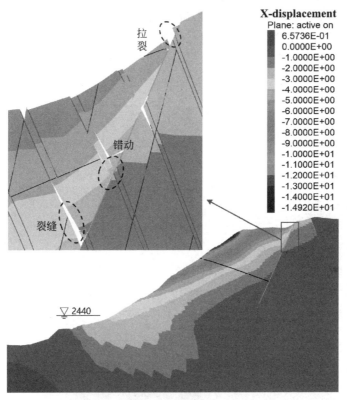

图 5-68　5 号梁剖面 X 方向位移分布图（m）

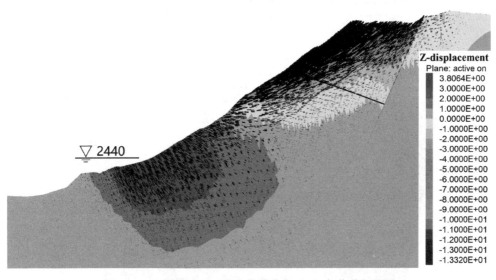

图 5-69　5 号梁剖面 Z 方向位移分布（m）与位移矢量图

6. 水位升至 2447m 时岸坡变形分析

2012 年 6 月 10 日蓄水位再次开始抬升，至 2012 年 7 月 15 日抬升到 2447m 高程并一直运行至 2015 年 3 月 10 日。岸坡整体的位移分布如图 5-70 所示。可以看出，变形较大区域依然主要集中在岸坡顶部平台的前缘部分与突起山梁位置，同之前几种蓄水位工况规律

211

一致，岸坡最大位移为 21.5m，增加了 2.5m。随着岸坡倾倒而出现的张拉裂缝更加明显。图 5-71 和图 5-72 分别为岸坡 X、Z 方向位移分布云图。可以看出，坡顶平台前缘处水平向最大位移增大至 17m，顶部平台最大沉降增加到 15.2m 左右，坡脚处地表隆起同蓄水位提升前基本一致。

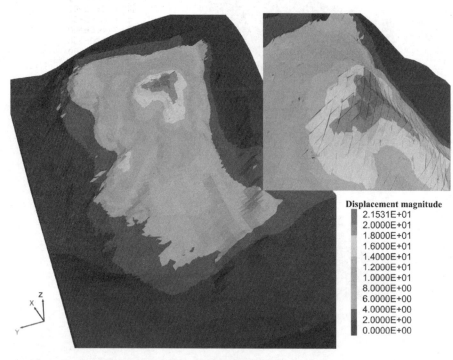

图 5-70　岸坡总位移分布图（m）

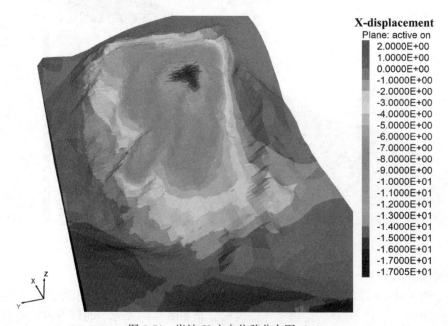

图 5-71　岸坡 X 方向位移分布图（m）

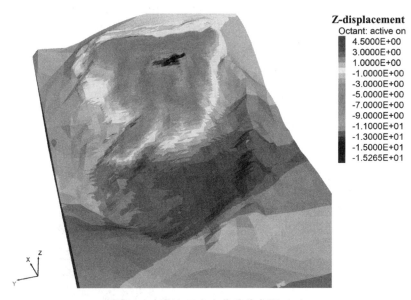

图 5-72　岸坡 Z 方向位移分布图（m）

岸坡各测点的位移曲线如图 5-73 所示，该蓄水阶段持续时间较长，将近 3 年时间。在蓄水位抬升后，岸坡的主要变形发生在水位抬升后的大约 100d 内，之后岸坡的变形基本稳定。岸坡各监测点位移曲线的增幅都不大，均在 2m 之内，另外监测点 2、12、4、1 的位移曲线有小幅度增加后也基本不再变化，因此蓄水位抬升后 1 号、2 号梁区域的岸坡变形已经基本趋于稳定，不再有大幅度增加。同样地，越靠近顶部平台前缘的监测点位移增加越大，高程越小的监测点与越靠近岸坡两侧山梁的监测点位移增加值越小，与总位移分布图一致。

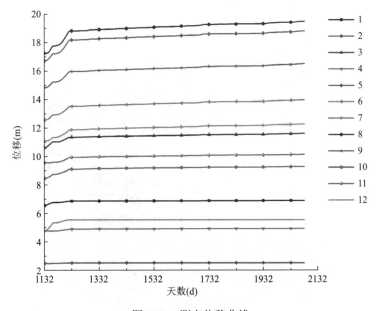

图 5-73　测点位移曲线

213

图 5-74 与图 5-75 分别为 3 号梁与 5 号梁剖面的位移分布图，库区蓄水位抬升之后，变形进一步增加。从 3 号梁剖面位移分布图来看，已经可以明显看出岩体出现的倾倒弯曲和岩体开裂，以及由于倾倒而导致顺层节理的错动。从 5 号梁剖面位移的局部放大图来看，岸坡顶部的锯齿形反向错台更加明显。岸坡的一些顺层节理处的裂缝数量也有所增加，同时沿着断层 LF1 岩体出现了阶梯形的裂缝。

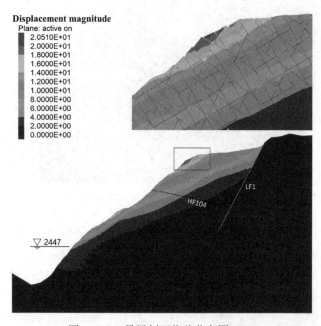

图 5-74　3 号梁剖面位移分布图（m）

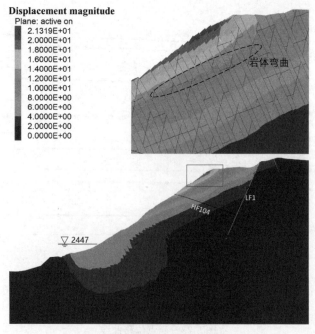

图 5-75　5 号梁剖面位移分布图（m）

图 5-76～图 5-79 分别是 3 号、5 号梁剖面 X、Z 方向位移分布和位移矢量图，其中 X 方向位移分布规律同整体位移分布规律相同，从图 5-77 中已经可以明显看出平台前缘的岩体倾倒现象，岸坡整体位移方向依旧是顺坡向。而在图 5-78 中岸坡顶部沿着断层 LF1 的错动滑移继续增加，使得平台后缘处 LF1 断层顶部出现的错动拉裂宽度增大到 5m 左右。坡顶平台的沉降位移在蓄水位抬升后也进一步增大，竖直位移在 15m 左右，相较于上一蓄水位工况，增幅在 2m 左右；坡脚处的地表隆起在继续增加，竖向位移在 4.5m 左右，增加将近 1m。

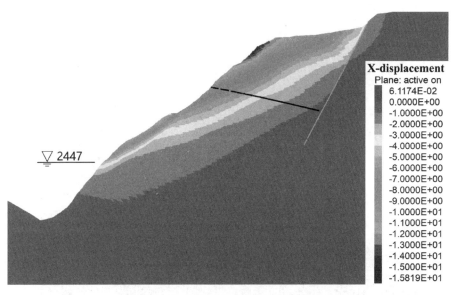

图 5-76　3 号梁 X 方向位移分布图（m）

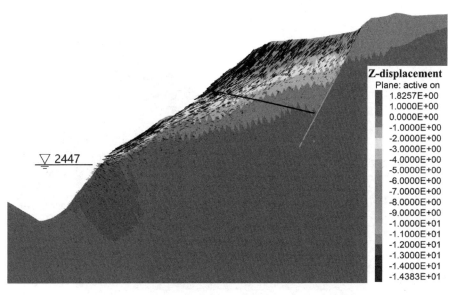

图 5-77　3 号梁 Z 方向位移分布（m）与位移矢量图

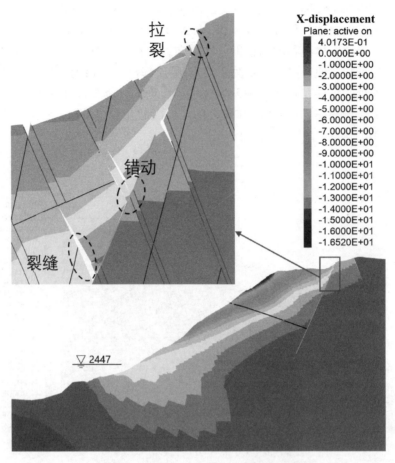

图 5-78　5 号梁 X 方向位移分布图（m）

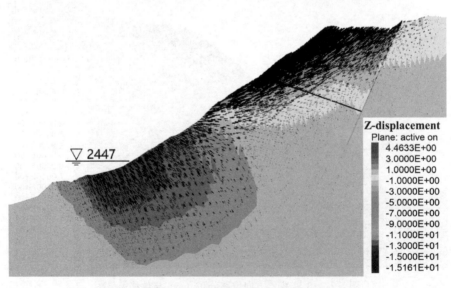

图 5-79　5 号梁 Z 方向位移分布（m）与位移矢量图

7. 水位升至 2452m 时岸坡变形分析

2015 年 3 月 10 日蓄水位再次开始抬升，至 2015 年 5 月 1 日抬升到设计正常蓄水位 2452m 高程。岸坡整体的位移分布如图 5-80 所示。可以看出，岸坡最大位移为 24.2m，增加了 2.7m 左右。岸坡顶部平台附近的岩体倾倒现象已经非常明显，岩体的倒伏使得表面的张拉裂缝数量以及宽度继续增加。图 5-81 和图 5-82 分别为岸坡的 X、Z 方向位移分布云图。可以看出，坡顶平台前缘处水平向最大位移增大到 19.3m，顶部平台最大沉降增加到 17.3m 左右，坡脚处地表隆起提升约 1m。

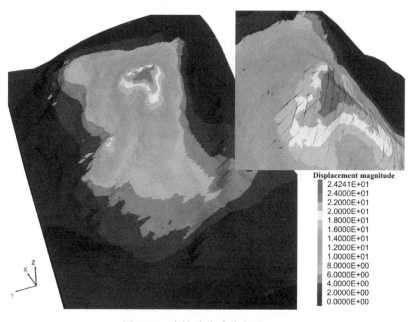

图 5-80　岸坡总位移分布图（m）

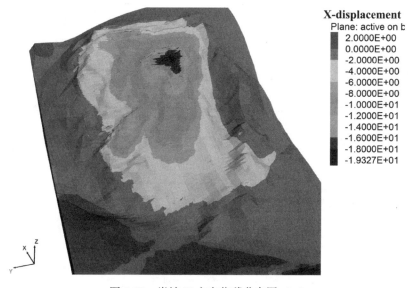

图 5-81　岸坡 X 方向位移分布图（m）

217

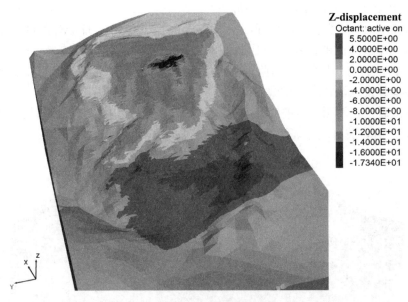

图 5-82　岸坡 Z 方向位移分布图（m）

　　岸坡各测点的位移曲线如图 5-83 所示，在蓄水位抬升后，岸坡的主要变形发生在水位抬升后大约 100d 内，之后岸坡维持了一段时间的稳定，随后监测点 8、5、9、6 位移又有小幅度提升，即岸坡顶部平台前缘变形增加，随后岸坡变形趋于稳定。岸坡各监测点位移曲线的增幅都不大，基本在 2m 之内，另外监测点 2、4、12、1 的位移曲线有小幅度增加后也基本不再变化，因此在蓄水位抬升后 1 号、2 号梁区域的岸坡变形已经基本趋于稳定，不再有大幅度增加。同样，越靠近顶部平台前缘的监测点位移增加越大，高程越小的监测点与越靠近岸坡两侧山梁的监测点位移增加值越小，与总位移分布图一致。

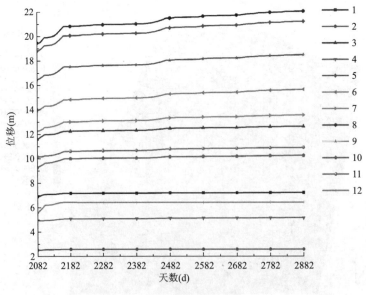

图 5-83　测点位移曲线

图 5-84 和图 5-85 分别为 3 号梁和 5 号梁剖面位移分布图，库区蓄水位抬升之后，变形进一步增加，主要的变形区域依然处于顶部平台前缘处。从 3 号梁剖面位移分布图来看，岸坡反倾节理的弯曲以及岩体开裂进一步增加，岸坡的倾倒现象更加明显。从 5 号梁剖面位移的局部放大图来看，相较于上一蓄水工况，可以明显看出岸坡岩体的倾倒弯曲有所加剧。岸坡一些顺层节理处的裂缝数量也有所增加，同时沿着断层 LF1 岩体出现的阶梯形裂缝也在加剧。

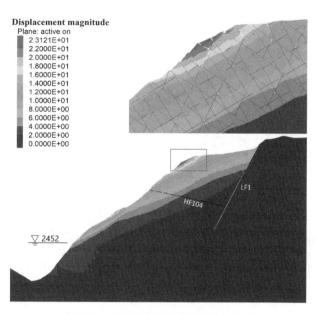

图 5-84　3 号梁剖面位移分布图（m）

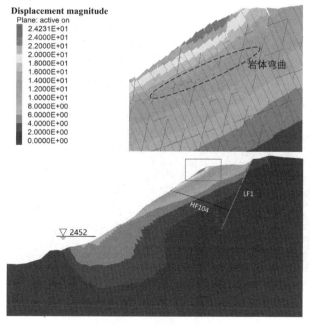

图 5-85　5 号梁剖面位移分布图（m）

图 5-86～图 5-89 分别是 3 号、5 号梁剖面 X、Z 方向的位移分布和位移矢量图,其中两图的 X 方向位移分布规律同整体位移分布规律相同,综合来看 X 向位移大于 Z 向位移,表明岸坡位移的水平分量大于垂直分量。而在图 5-88 中使得平台后缘处 LF1 断层顶部出现的错动拉裂宽度增大到了 6m 左右。坡顶平台的沉降位移在蓄水位抬升后也进一步增大,竖直位移在 17m 左右,相较于上一蓄水位工况,增幅在 2m 左右;坡脚处的地表隆起也在继续增加,竖向位移在 5m 左右,增加将近 0.5m。

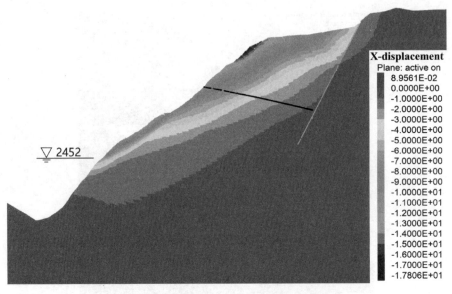

图 5-86　3 号梁 X 方向位移分布图 (m)

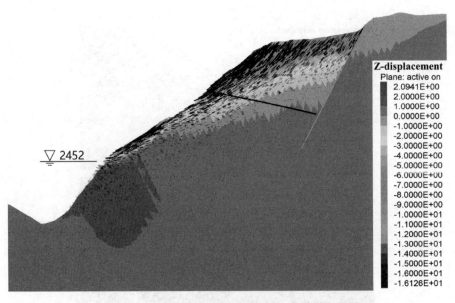

图 5-87　3 号梁 Z 方向位移分布 (m) 与位移矢量图

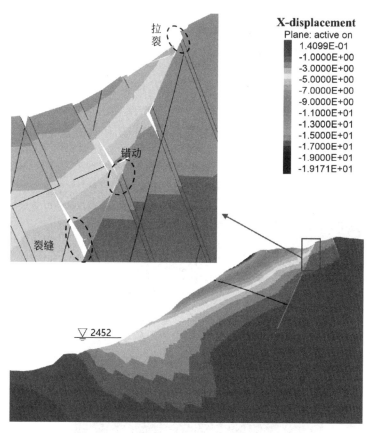

图 5-88　5 号梁 X 方向位移分布图（m）

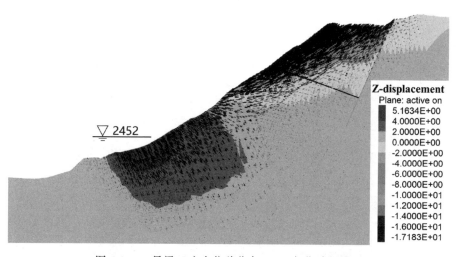

图 5-89　5 号梁 Z 方向位移分布（m）与位移矢量图

8. 水位升至校核洪水位时岸坡变形预测

　　从前几节的计算结果可以看出，岸坡的变形会随着水位的抬升而增加，因此接下来将对更高校核洪水位下的岸坡变形进行计算预测。LXW 水电站的校核洪水位为 2457m，由于缺乏校核洪水位的持续时间以及其他资料，所以假定库水位从正常蓄水位 2452m 开始升高直至达到校核洪水位 2457m。根据资料，黄河上游汛期一般在 6～9 月，因此以极端工况来考虑，假定校核洪水位持续了整个汛期，即持续了 4 个月时间。最终计算结果如下。

图 5-90～图 5-92 为校核洪水位情况下岸坡总位移与 X、Z 方向位移分布图。可以看出，水位升高后，岸坡的位移相较于正常蓄水位有所增加，增加幅度不到 1m，相较于前几种水位抬升情况来说，幅度较小。位移分布规律同前几种水位工况基本一致，位移最大区域依然集中于岸坡顶部平台前缘处。

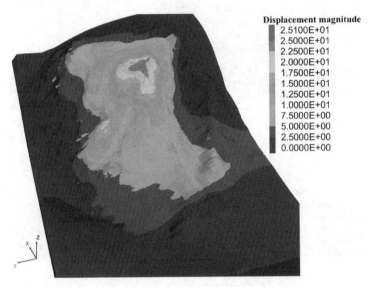

图 5-90　岸坡总位移分布图（m）

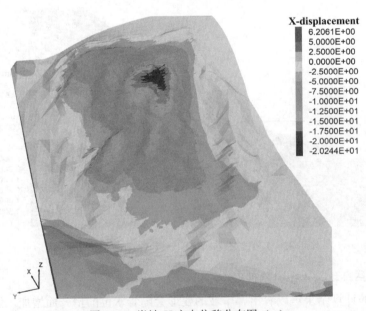

图 5-91　岸坡 X 方向位移分布图（m）

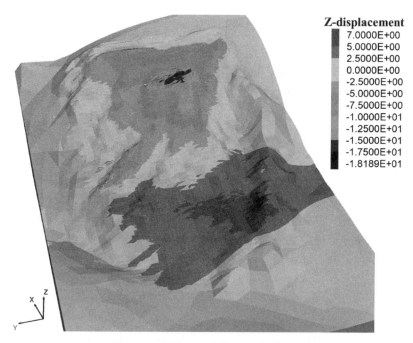

图 5-92　岸坡 Z 方向位移分布图（m）

图 5-93 为岸坡上各测点的位移曲线，从曲线图也可以看出，在水位抬升后，各测点位移曲线有所增加，但并不显著，1、2、4 点的位移曲线几乎没有增加，表明岸坡 1 号、2 号梁区域并未发生明显位移。整体来说，水位上升至校核洪水位时，岸坡的位移变形有所增大，但所受水位抬升的影响程度有限。

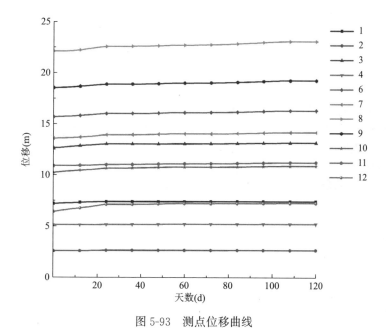

图 5-93　测点位移曲线

5.3.3 结论

本章首先通过两个经典算例对三维离散元软件 3DEC 计算块体问题的可靠性进行了验证，接着建立了 GB 岸坡三维模型，确定了与蓄水前岸坡状态对应的模型状态，并以此为模拟计算的开始状态，然后采用 3DEC 对岸坡在蓄水过程中的变形进行了模拟分析，最后对校核洪水位工况作了预测。结果显示：岸坡的变形与蓄水位的抬升呈正相关关系，蓄水位的每次抬升都会伴随着岸坡变形的增大，总体而言，早期蓄水阶段岸坡变形速率对水位变化更敏感一些，在水位升至 2369m 蓄水阶段内，岸坡的变形速率较大，且持续了整个蓄水阶段，而在后续几个蓄水阶段中，岸坡的变形大致发生在水位抬升后的 100d 内，水位抬升至校核洪水位时，岸坡变形持续时间较短，幅度较小。岸坡顶部平台前缘处变形最为突出，以该部位向外扩散变形逐渐减小，岸坡位移随着高程的降低逐渐减小，也随着深度的增加而减小。从变形现象来看，岸坡表面岩体呈现向前倒伏趋势，出现锯齿状反向错台，较深部岩体出现前倾弯曲现象，岸坡顶部出现大量张拉裂缝。岸坡内部顺层结构面由于岩体沿反倾结构面滑动而被错断，且部分岩体出现断裂裂缝。岸坡顶部平台发生沉降位移，后缘断层 LF1 处出现滑移错动，岸坡底部出现隆起现象，结合位移矢量图来看，岸坡位移从上至下分别呈现为：顶部的沉降位移，坡面的顺坡向位移，以及底部的向临空面的突出位移。从各方面来看，岸坡的变形具有倾倒变形的特点，因此在后续研究中将对岸坡的倾倒变形模式开展深入的论证。

5.3.4 相关命令

```
; 水位升至 2369m
; ADDING PORE PRESSURE
WATER DENSITY 1000.E-6
WATER TABLE CLEAR
WATER TABLE ORIG 0.0.2369.NORMAL 0.0.-1.
BOUND STRESS -23.69 -23.69 -23.69 0.0.0. ZGRAD 0.01 0.01 0.01 0.0.0. &
RANG X 1205 3310 Y 790 2370 Z 0.2369.SREG 102
BOUND STRESS -23.69 -23.69 -23.69 0.0.0. ZGRAD 0.01 0.01 0.01 0.0.0. &
RANG X 1205 3310 Y 790 2370 Z 0.2369.SREG 103
DEF _ INSITUPP
; 对单元施加孔隙水压力
; BLOCK POREPRESSURE
_ PB = BLOCK _ HEAD
LOOP WHILE _ PB # 0
_ PZ = B _ ZONE(_ PB)
LOOP WHILE _ PZ # 0
ZLOC = Z _ Z(_ PZ)
FLAG = 0.
IF _ ZLOC <= 2369.THEN
FLAG = 1.
```

```
ENDIF
IF _ ZLOC < = 2240. THEN
FLAG = 2.
ENDIF
IF _ FLAG < = 1. THEN
Z _ SXX( _ PZ) = Z _ SXX( _ PZ)-(2369.- _ ZLOC) * 1000.E-6 * 10.
Z _ SYY( _ PZ) = Z _ SYY( _ PZ)-(2369.- _ ZLOC) * 1000.E-6 * 10.
Z _ SZZ( _ PZ) = Z _ SZZ( _ PZ)-(2369.- _ ZLOC) * 1000.E-6 * 10.
ENDIF
IF _ FLAG < = 2. THEN
Z _ SXX( _ PZ) = Z _ SXX( _ PZ)-(2369.-2240. ) * 1000.E-6 * 10.
Z _ SYY( _ PZ) = Z _ SYY( _ PZ)-(2369.-2240. ) * 1000.E-6 * 10.
Z _ SZZ( _ PZ) = Z _ SZZ( _ PZ)-(2369.-2240. ) * 1000.E-6 * 10.
ENDIF
PZ = Z _ NEXT( _ PZ)
ENDLOOP
PB = B _ NEXT( _ PB)
ENDLOOP
END
INSITUPP
; 对 3 号梁进行分组
; 3# RIDGE GROUPS
GROUP ZONE _ XIANGQIAN RANG GROUP _ ABOVETOPO
GROUP ZONE _ EROSIONDOWN RANG GROUP _ EROSIONUP
GROUP ZONE _ SANTI _ RANG GROUP _ SANTI PLANE BELOW ORIG 2616 1800 & 2495 DIP 90 DD 50 PLANE ABOVE
ORIG 2458 1550 2528 DIP 90 DD 45 PLANE & ABOVE ORIG 2476 1715 2185 DIP 90. DD 320.
GROUP ZONE _ SUILIE _ RANG GROUP _ SUILIE PLANE BELOW ORIG 2616 1800 & 2495 DIP 90 DD 50 PLANE
ABOVE ORIG 2458 1550 2528 DIP 90 DD 45 PLANE & ABOVE ORIG 2476 1715 2185 DIP 90. DD 320.
GROUP ZONE _ KUAILIE _ RANG GROUP _ KUAILIE PLANE BELOW ORIG 2616 & 1800 2495 DIP 90 DD 50 PLANE
ABOVE ORIG 2458 1550 2528 DIP 90 DD 45 PLANE & ABOVE ORIG 2476 1715 2185 DIP 90. DD 320.
; SOFTEN THE ROCKMASS
CALL _ SOFTEN. FIS
SET _ RSOFTEN = 0.90; 岩体材料软化系数
SET _ JNTSOFTEN = 0.90; 不连续面材料软化系数
SET _ R3SOFTEN = 0.80; 3 号梁岩体材料软化系数
SET _ JNT3SOFTEN = 0.80; 3 号梁不连续面材料软化系数
SET _ ESOFTEN = 0.60; 蚀变带材料软化系数
_ SOFTEN ; 调用 SOFTEN 函数

; BLOCK MATERIALS
ZONE BU _ BULK1 _ SH _ SHEAR1 _ FRIC _ FRIC1 _ COH _ COH1 _ TEN _ TEN1 _ RANG& GROUP _ SANTI
Z 0. 2369.
ZONE BU _ BULK2 _ SH _ SHEAR2 _ FRIC _ FRIC2 _ COH _ COH2 _ TEN _ TEN2 _ RANG& GROUP _ SUILIE Z
```

0.2369.

    ZONE BU _ BULK3 _ SH _ SHEAR3 _ FRIC _ FRIC3 _ COH _ COH3 _ TEN _ TEN3 _ RANG& GROUP _ KUAILIE
Z 0.2369.

    ZONE BU _ BULK4 _ SH _ SHEAR4 _ FRIC _ FRIC4 _ COH _ COH4 _ TEN _ TEN4 _ RANG& GROUP _
XIANGQIAN Z 0.2369.

    ZONE BU _ BULK5 _ SH _ SHEAR5 _ FRIC _ FRIC5 _ COH _ COH5 _ TEN _ TEN5 _ RANG& GROUP _
EROSIONDOWN Z 0.2369.

    ZONE BU _ BULK5 _ SH _ SHEAR5 _ FRIC _ FRIC5 _ COH _ COH5 _ TEN _ TEN5 _ RANG& GROUP _
EROSIONUP Z 0.2369.

    ZONE BU _ BULK5 _ SH _ SHEAR5 _ FRIC _ FRIC5 _ COH _ COH5 _ TEN _ TEN5 _ RANG& GROUP _ F2ZONE
Z 0.2369.

    ; 对材料参数赋值
    ; JOINT MATERIALS
    PROP JMAT 11 JKN _ JKN1 _ JKS _ JKS1 _ JFRIC _ JFRIC1 _ JCOH _ JCOH1
    PROP JMAT 12 JKN _ JKN2 _ JKS _ JKS2 _ JFRIC _ JFRIC2 _ JCOH _ JCOH2
    PROP JMAT 13 JKN _ JKN3 _ JKS _ JKS3 _ JFRIC _ JFRIC3 _ JCOH _ JCOH3
    PROP JMAT 14 JKN _ JKN4 _ JKS _ JKS4 _ JFRIC _ JFRIC4 _ JCOH _ JCOH4 _
    PROP JMAT 15 JKN _ JKN5 _ JKS _ JKS5 _ JFRIC _ JFRIC5 _ JCOH _ JCOH5 _
    PROP JMAT 16 JKN _ JKN6 _ JKS _ JKS6 _ JFRIC _ JFRIC6 _ JCOH _ JCOH6 _
    PROP JMAT 17 JKN _ JKN7 _ JKS _ JKS7 _ JFRIC _ JFRIC7 _ JCOH _ JCOH7 _
    ; 3 # RIDGE
    PROP JMAT 21 JKN _ JKN1 _ 3 JKS _ JKS1 _ 3 JFRIC _ JFRIC1 _ 3 JCOH _ JCOH1 _ 3
    PROP JMAT 22 JKN _ JKN2 _ 3 JKS _ JKS2 _ 3 JFRIC _ JFRIC2 _ 3 JCOH _ JCOH2 _ 3
    PROP JMAT 23 JKN _ JKN3 _ 3 JKS _ JKS3 _ 3 JFRIC _ JFRIC3 _ 3 JCOH _ JCOH3 _ 3
    PROP JMAT 24 JKN _ JKN4 _ 3 JKS _ JKS4 _ 3 JFRIC _ JFRIC4 _ 3 JCOH _ JCOH4 _ 3
    PROP JMAT 25 JKN _ JKN5 _ 3 JKS _ JKS5 _ 3 JFRIC _ JFRIC5 _ 3 JCOH _ JCOH5 _ 3
    CHANG JMAT 11 RANG JMAT 1 Z 0.2369.
    CHANG JMAT 12 RANG JMAT 2 Z 0.2369.
    CHANG JMAT 13 RANG JMAT 3 Z 0.2369.
    CHANG JMAT 14 RANG JMAT 4 Z 0.2369.
    CHANG JMAT 15 RANG JMAT 5 Z 0.2369.
    CHANG JMAT 16 RANG JMAT 6 Z 0.2369.
    CHANG JMAT 17 RANG JMAT 7 Z 0.2369.
    ; SOFTEN 3 # RIDGE
    ZONE BU _ BULK1 _ 3 SH _ SHEAR1 _ 3 FRIC _ FRIC1 _ 3 COH _ COH1 _ 3 TEN _ TEN1 _ 3 & RANG GROUP _
SANTI _
    ZONE BU _ BULK2 _ 3 SH _ SHEAR2 _ 3 FRIC _ FRIC2 _ 3 COH _ COH2 _ 3 TEN _ TEN2 _ 3 & RANG GROUP _
SUILIE _
    ZONE BU _ BULK3 _ 3 SH _ SHEAR3 _ 3 FRIC _ FRIC3 _ 3 COH _ COH3 _ 3 TEN _ TEN3 _ 3 & RANG GROUP _
KUAILIE _
    ; FLOATING BLOCKS
    HIDE
    FIND BL 145981416 136761479 106394173 101036909 37201841 36075513 35330223 & 2241461 626203

```
FIND BL 145981416 136761479 93970952 2708025 1962133 173863
FIND BL 145981416 144996526 93970952 1962133
FIND BL 145981416 137143496 137105455 137071253 137040214 137031784 & 137002698 136925132
136819438 136789700
FIND BL 136761479 37230219 37183781 36640693 36075513 2708025 2252969 2241461& 1867661
1863909 1860199 1842083
FIND BL 1570365 1388085 1001461 899863 836429 833559 732815 546739 489087 & 257191
MARK REG 10000
HIDE
FIND REG 1
MARK REG 10000 RANG VOL 0. 200. Z 0. 2369.
FIND
HIDE
FIND RANG DISP 20 10000
MARK REG 10000
HIDE
FIND REG 10000
INI XDIS 0
INI YDIS 0
INI ZDIS 0
INI XVEL 0
INI YVEL 0
INI ZVEL 0
FIND
CHANG JMAT 50 RANG RINTER 1 10000
CHANG JMAT 50 RANG REG 10000
INI XDIS 0 RANG X 2009 2076 Y 1804 1872 Z 1960 1990
INI YDIS 0 RANG X 2009 2076 Y 1804 1872 Z 1960 1990
INI ZDIS 0 RANG X 2009 2076 Y 1804 1872 Z 1960 1990
BOUND XVEL 0. YVEL 0. ZVEL 0. RANG X 2009 2076 Y 1804 1872 Z 1960 1990
INI XDIS 0 RANG X 1370 1418 Y 2348 2370 Z 2360 10000
INI YDIS 0 RANG X 1370 1418 Y 2348 2370 Z 2360 10000
INI ZDIS 0 RANG X 1370 1418 Y 2348 2370 Z 2360 10000
BOUND XVEL 0. YVEL 0. ZVEL 0. RANG X 1370 1418 Y 2348 2370 Z 2360 10000
INI XDIS 0 RANG X 1210 1225 Y 1570 1600 Z 2330 10000
INI YDIS 0 RANG X 1210 1225 Y 1570 1600 Z 2330 10000
INI ZDIS 0 RANG X 1210 1225 Y 1570 1600 Z 2330 10000
BOUND XVEL 0. YVEL 0. ZVEL 0. RANG X 1210 1225 Y 1570 1600 Z 2330 10000
INI XDIS 0 RANG X 1210 1220 Y 2220 2263 Z 2332 10000
INI YDIS 0 RANG X 1210 1220 Y 2220 2263 Z 2332 10000
INI ZDIS 0 RANG X 1210 1220 Y 2220 2263 Z 2332 10000
BOUND XVEL 0. YVEL 0. ZVEL 0. RANG X 1210 1220 Y 2220 2263 Z 2332 10000
INI Xvel 0 RANG X 1210 1220 Y 1490 1670
```

```
INI Yvel 0 RANG X 1210 1220 Y 1490 1670
INI Zvel 0 RANG X 1210 1220 Y 1490 1670
BOUND XVEL 0. YVEL 0. ZVEL 0. RANG X 1210 1220 Y 1490 1670
INI Xvel 0 RANG X 2165 2185 Y 2070 2110 Z 2280 10000
INI Yvel 0 RANG X 2165 2185 Y 2070 2110 Z2280 10000
INI Zvel 0 RANG X 2165 2185 Y 2070 2110 Z 2280 10000
BOUND XVEL 0. YVEL 0. ZVEL 0. RANG X 2165 2185 Y 2070 2110 Z 2280 10000
INI Xvel 0 RANG X 2090 2115 Y 2005 2057 Z 2300 10000
INI Yvel 0 RANG X 2090 2115 Y 2005 2057 Z 2300 10000
INI Zvel 0 RANG X 2090 2115 Y 2005 2057 Z 2300 10000
BOUND XVEL 0. YVEL 0. ZVEL 0. RANG X 2090 2115 Y 2005 2057 Z 2300 10000
INI Xvel 0 RANG X 2107 2130 Y 1822 1872 Z 2390 10000
INI Yvel 0 RANG X 2107 2130 Y 1822 1872 Z 2390 10000
INI Zvel 0 RANG X 2107 2130 Y 1822 1872 Z 2390 10000
BOUND XVEL 0. YVEL 0. ZVEL 0. RANG X 2107 2130 Y 1822 1872 Z 2390 10000
INI Xvel 0 RANG X 1875 1915 Y 1710 1760 Z 2255 10000
INI Yvel 0 RANG X 1875 1915 Y 1710 1760 Z 2255 10000
INI Zvel 0 RANG X 1875 1915 Y 1710 1760 Z 2255 10000
BOUND XVEL 0. YVEL 0. ZVEL 0. RANG X 1875 1915 Y 1710 1760 Z 2255 10000
; GROUP CONTACTS
GROUP CONTACT JMAT1 RANG JMAT 1
GROUP CONTACT JMAT1 RANG JMAT 11
GROUP CONTACT JMAT1 RANG JMAT 21
GROUP CONTACT JMAT2 RANG JMAT 2
GROUP CONTACT JMAT2 RANG JMAT 12
GROUP CONTACT JMAT2 RANG JMAT 22
GROUP CONTACT JMAT3 RANG JMAT 3
GROUP CONTACT JMAT3 RANG JMAT 13
GROUP CONTACT JMAT3 RANG JMAT 23
GROUP CONTACT JMAT4 RANG JMAT 4
GROUP CONTACT JMAT4 RANG JMAT 14
GROUP CONTACT JMAT4 RANG JMAT 24
GROUP CONTACT JMAT5 RANG JMAT 5
GROUP CONTACT JMAT5 RANG JMAT 15
GROUP CONTACT JMAT5 RANG JMAT 25
GROUP CONTACT JMAT6 RANG JMAT 6
GROUP CONTACT JMAT6 RANG JMAT 16
GROUP CONTACT JMAT6 RANG JMAT 26
GROUP CONTACT JMAT7 RANG JMAT 7
GROUP CONTACT JMAT7 RANG JMAT 17
GROUP CONTACT JMAT7 RANG JMAT 27
; BOUNDARY XVEL 0. RANG XR 1214 1216
; BOUNDARY XVEL 0. RANG XR 3299 3301
```

```
; BOUNDARY YVEL 0. RANG YR 849 851
; BOUNDARY YVEL 0. RANG YR 2359 2361
; BOUNDARY XVEL 0. YVEL 0. ZVEL 0. RANG ZR 1959 1961


; 在水的作用下力学参数软化
DEF _ SOFTEN
; INPUT PARAMETERS
ROCKMASS PROPERTY
; ---SANTI ZONE
BULK1 _ = _ BULK1 * _ RSOFTEN
SHEAR1 _ = _ SHEAR1 * _ RSOFTEN
FRIC1 _ = ATAN(TAN( _ FRIC1/180. * _ PI) * _ RSOFTEN)/ _ PI * 180.
COH1 _ = _ COH1 * _ RSOFTEN
TEN1 _ = _ TEN1
; SUILIE ZONE
BULK2 _ = _ BULK2 * _ RSOFTEN
SHEAR2 _ = _ SHEAR2 * _ RSOFTEN
FRIC2 _ = ATAN(TAN( _ FRIC2/180. * _ PI) * _ RSOFTEN)/ _ PI * 180.
COH2 _ = _ COH2 * _ RSOFTEN
TEN2 _ = _ TEN2
; KUAILIE ZONE
BULK3 _ = _ BULK3 * _ RSOFTEN
SHEAR3 _ = _ SHEAR3 * _ RSOFTEN
FRIC3 _ = ATAN(TAN( _ FRIC3/180. * _ PI) * _ RSOFTEN)/ _ PI * 180.
COH3 _ = _ COH3 * _ RSOFTEN
TEN3 _ = _ TEN3
; CIKUAILIE ZONE
BULK4 _ = _ BULK4 * _ RSOFTEN
SHEAR4 _ = _ SHEAR4 * _ RSOFTEN
FRIC4 _ = ATAN(TAN( _ FRIC4/180. * _ PI) * _ RSOFTEN)/ _ PI * 180.
COH4 _ = _ COH4 * _ RSOFTEN
TEN4 _ = _ TEN4
; SHIBIANDAI
BULK5 _ = _ BULK5 * _ ESOFTEN
SHEAR5 _ = _ SHEAR5 * _ ESOFTEN
FRIC5 _ = ATAN(TAN( _ FRIC5/180. * _ PI) * _ ESOFTEN)/ _ PI * 180.
COH5 _ = _ COH5 * _ ESOFTEN
TEN5 _ = _ TEN5
; 3# RIDGE
; SANTI ZONE
BULK1 _ 3 = _ BULK1 * _ R3SOFTEN
SHEAR1 _ 3 = _ SHEAR1 * _ R3SOFTEN
FRIC1 _ 3 = ATAN(TAN( _ FRIC1/180. * _ PI)  * _ R3SOFTEN)/ _ PI * 180.
```

```
COH1 _ 3 = _ COH1  *  _ R3SOFTEN
TEN1 _ 3 = _ TEN1
; SUILIE ZONE
BULK2 _ 3 = _ BULK2  *  _ R3SOFTEN
SHEAR2 _ 3 = _ SHEAR2  *  _ R3SOFTEN
FRIC2 _ 3 = ATAN(TAN( _ FRIC2/180. * _ PI)  *  _ R3SOFTEN)/ _ PI * 180.
COH2 _ 3 = _ COH2  *  _ R3SOFTEN
TEN2 _ 3 = _ TEN2
; KUAILIE ZONE
BULK3 _ 3 = _ BULK3  *  _ R3SOFTEN
SHEAR3 _ 3 = _ SHEAR3  *  _ R3SOFTEN
FRIC3 _ 3 = ATAN(TAN( _ FRIC3/180. * _ PI) *  _ R3SOFTEN)/ _ PI * 180.
COH3 _ 3 = _ COH3  *  _ R3SOFTEN
TEN3 _ 3 = _ TEN3
; JOINT PROPERTY
; JSET1
JKN1 _  = _ JKN1   *   _ JNTSOFTEN
JKS1 _  = _ JKS1   *   _ JNTSOFTEN
JFRIC1 _  = ATAN(TAN( _ JFRIC1/180. * _ PI) * _ JNTSOFTEN)/ _ PI * 180.
JCOH1 _  = _ JCOH1  *  _ JNTSOFTEN
; JSET
JKN2 _  = _ JKN1 _
JKS2 _  = _ JKS1 _
JFRIC2 _  = _ JFRIC1 _
JCOH2 _  = _ JCOH1 _
; JSET3
JKN3 _  = _ JKN1 _
JKS3 _  = _ JKS1 _
JFRIC3 _  = _ JFRIC1 _
JCOH3 _  = _ JCOH1 _
; JSET4
JKN4 _  = _ JKN1 _
JKS4 _  = _ JKS1 _
JFRIC4 _  = _ JFRIC1 _
JCOH4 _  = _ JCOH1 _
; SLIDING SURFACE
JKN5 _  = _ JKN1 _
JKS5 _  = _ JKS1 _
JFRIC5 _  = _ JFRIC1 _
JCOH5 _  = _ JCOH1 _
; HF104
JKN6 _  = _ JKN6   *   _ JNTSOFTEN
JKS6 _  = _ JKS6   *   _ JNTSOFTEN
```

```
JFRIC6 _ = ATAN(TAN( _ JFRIC6/180. * _ PI) * _ JNTSOFTEN)/ _ PI * 180.
JCOH6 _ = _ JCOH6 * _ JNTSOFTEN
; LF1
JKN7 _ = _ JKN7 * _ JNTSOFTEN
JKS7 _ = _ JKS7 * _ JNTSOFTEN
JFRIC7 _ = ATAN(TAN( _ JFRIC7/180. * _ PI) * _ JNTSOFTEN)/ _ PI * 180.
JCOH7 _ = _ JCOH7 * _ JNTSOFTEN
; JSET1
JKN1 _ = _ JKN1 * _ JNTSOFTEN
JKS1 _ = _ JKS1 * _ JNTSOFTEN
JFRIC1 _ = ATAN(TAN( _ JFRIC1/180. * _ PI) * _ JNTSOFTEN)/ _ PI * 180.
JCOH1 _ = _ JCOH1 * _ JNTSOFTEN
; JSET2
JKN2 _ = _ JKN1 _
JKS2 _ = _ JKS1 _
JFRIC2 _ = _ JFRIC1 _
JCOH2 _ = _ JCOH1 _
; JSET3
JKN3 _ = _ JKN1 _
JKS3 _ = _ JKS1 _
JFRIC3 _ = _ JFRIC1 _
JCOH3 _ = _ JCOH1 _
; JSET4
JKN4 _ = _ JKN1 _
JKS4 _ = _ JKS1 _
JFRIC4 _ = _ JFRIC1 _
JCOH4 _ = _ JCOH1 _
; -SLIDING SURFACE
JKN5 _ = _ JKN1 _
JKS5 _ = _ JKS1 _
JFRIC5 _ = _ JFRIC1 _
JCOH5 _ = _ JCOH1 _
; 3# RIDGE
; JSET1
JKN1 _ 3 = _ JKN1 * _ JNT3SOFTEN
JKS1 _ 3 = _ JKS1 * _ JNT3SOFTEN
JFRIC1 _ 3 = ATAN(TAN( _ JFRIC1/180. * _ PI) * _ JNT3SOFTEN)/ _ PI * 180.
JCOH1 _ 3 = _ JCOH1 * _ JNT3SOFTEN
JKN2 _ 3 = _ JKN1 _ 3
JKS2 _ 3 = _ JKS1 _ 3
JFRIC2 _ 3 = _ JFRIC1 _ 3
JCOH2 _ 3 = _ JCOH1 _ 3
; JSET3
```

```
JKN3 _ 3 = _ JKN1 _ 3
JKS3 _ 3 = _ JKS1 _ 3
JFRIC3 _ 3 = _ JFRIC1 _ 3
JCOH3 _ 3 = _ JCOH1 _ 3
; JSET4
JKN4 _ 3 = _ JKN1 _ 3
JKS4 _ 3 = _ JKS1 _ 3
JFRIC4 _ 3 = _ JFRIC1 _ 3
JCOH4 _ 3 = _ JCOH1 _ 3
; SLIDING SURFACE
JKN5 _ 3 = _ JKN1 _ 3
JKS5 _ 3 = _ JKS1 _ 3
JFRIC5 _ 3 = _ JFRIC1 _ 3
JCOH5 _ 3 = _ JCOH1 _ 3
END
```

参考文献

[1] ADACHI T, OHNISHI Y, ARAI K. Investigation of toppling slope failure at Route 305 in Japan [C] //Proceedings of International Congress of Rock Mechanics. Aachen, Germany: A. A. Balkema, 1991: 843-846.

[2] BROWN I, HITINGER M, GOODMAN R E. Finite element study of the Nevis Bluff (New Zealand) rock slope failure [J]. Rock Mechanics, 1980, 12: 231-245.

[3] BURMAN B C. Developments of a numerical model for discontinua [J]. Australian Geomechanics Journal, 1974: 1-10.

[4] BYRNE R J. Physical and numerical models in rock and soil slope stability [D]. North Queensland, Australia: James Cook University, 1974.

[5] CHEN S H, XIONG W L. An elastic-viscoplastic block theory for rock masses [C] // Proceedings of the 7th International Conference on Computer Methods and Advances in Geomechanics, 1991: 311-314.

[6] 国家能源局. 水电工程边坡设计规范: NB/T 10512—2021 [S]. 北京: 中国电力出版社, 2021.

[7] HAMMETT R D. A study of the behavior of discontinuous rock masses [D]. North Queensland, Australia: James Cook University, 1974.

[8] HENDRON A J, Patton F D. The Vaiont slide. A geotechnical analysis based on new geologic observations of the failure surface. Volume 1. Main Text [J]. Engineering Geology, 1987, 24 (1-4): 475-491.

[9] HOEK E, BRAY J W. Rock Slope Engineering [M]. 2nd ed. London: Inst. of Mining & Metallurgy, 1977.

[10] KOTYUZHAN A I, MOLOKOV L A. Landslide at the abutment of the dam of the Mingechaur hydroelectric station [J]. Hydrotechnical Construction, 1990, 24 (2): 92-95.

[11] ORR M C, SWINDELLS C F. Openpit toppling failures: Experience versus analysis [C] //

Proceedings of the 7th International Congress on Computer Method and Advance in Geomechanics，1991，1：505-510.

[12] PRICHARD M A，SAVIGNY K W. Numerical modeling of toppling [J]. Canadian Geotechnical Journal，1990，27：823-834.

[13] PRITCHARD M A，SAVIGNY K W. The Heather Hill Landslide，an example of a large scale toppling failure in a natural slope [J]. Canadian Geotechnical Journal，1991，28：410-422.

[14] PRITCHARD M A. Numerical modelling of large scale toppling [D]. University of British Columbia，1989.

[15] STEWART A，WESSELS F，BIRD S. Design，Implementation，and Assessment of Open Pit Slopes at Palabora over the Last 20 Years [J]. Slope Stability in Surface Mining，2000：177-182.

[16] WYLLIE D C，MAH C. Rock slope engineering [M]. Boca Raton：CRC Press，2004.

[17] XIA M，REN G M，LI T B，et al. Complex rock slope deformation at Laxiwa Hydropower Station，China：background，characterization，and mechanism [J]. Bulletin of Engineering Geology and the Environment，2019，78：3323-3336.

[18] ZÁRUBA Q，MENCL V. Engineering geology [M]. Amsterdam：Elsevier，1976.

[19] ZHANG M S，DONG Y，SUN P P. Impact of reservoir impoundment-caused groundwater level changes on regional slope stability：a case study in the Loess Plateau of Western China [J]. Environmental Earth Sciences，2012，66（6）：1715-1725.

[20] ZHOU J W，XU W Y，YANG X G，et al. The 28 October 1996 landslide and analysis of the stability of the current Huashiban slope at the Liangjiaren Hydropower Station，Southwest China [J]. Engineering Geology，2010，114（1-2）：45-56.

[21] 陈胜宏，王鸿儒，熊文林. 节理岩体偶应力影响的研究 [J]. 水利学报，1990（1）：44-48.

[22] 任光明，宋彦辉，聂德新，等. 软弱基座型斜坡变形破坏过程研究 [J]. 岩石力学与工程学报，2003（9）：1510-1513.

[23] 刘云鹏，邓辉，黄润秋，等. 反倾软硬互层岩体边坡地震响应的数值模拟研究 [J]. 水文地质工程地质，2012，39（3）：30-37.

[24] 吕庆. 边坡工程灾害防治技术研究 [D]. 杭州：浙江大学，2006.

[25] 孙东亚，彭一江，王兴珍. DDA 数值方法在岩质边坡倾倒破坏分析中的应用 [J]. 岩石力学与工程学报，2002（1）：39-0＋40-42.

[26] 宋臻. 关于黄河上游水电开发的若干构想 [C] //西部大开发科教先行与可持续发展——中国科协2000 年学术年会文集，2000：796.

[27] 常祖峰，谢阳，梁海华. 小浪底工程库区岸坡倾倒变形研究 [J]. 中国地质灾害与防治学报，1999（1）：29-32＋28.

[28] 徐佩华，陈剑平，黄润秋，等. 锦屏Ⅰ级水电站解放沟左岸边坡倾倒变形机制的 3D 数值模拟 [J]. 煤田地质与勘探，2004（4）：40-43.

[29] 李霍，巨能攀，郑达，等. 贵州上洋水河流域拉裂——倾倒型崩塌机理研究 [J]. 工程地质学报，2013，21（2）：289-296.

[30] 杜伯辉. 柘溪水库塘岩光滑坡——我国首例水库蓄水初期诱发的大型滑坡 [C] //第二届全国岩土与工程学术大会论文集（上册），2006.

[31] 杨杰，马春辉，程琳，等. 高陡边坡变形及其对坝体安全稳定影响研究进展 [J]. 岩土力学，2019，40（6）：2341-2353＋2368.

[32] 梅松华. 层状岩体开挖变形机制及破坏机理研究 [D]. 武汉：中国科学院研究生院（武汉岩土力学研究所），2008.

[33] 王云璋，康玲玲，王国庆 . 近 50 年黄河上游降水变化及其对径流的影响 [J]. 人民黄河，2004 (2)：5-7＋46.

[34] 王军 . 黄河拉西瓦水电站坝前右岸果卜岸坡变形演化机制研究 [D]. 成都：成都理工大学，2011.

[35] 王宇，李晓，王梦瑶，等 . 反倾岩质边坡变形破坏的节理有限元模拟计算 [J]. 岩石力学与工程学报，2013，32 (S2)：3945-3953.

[36] 王霄，陈志坚，徐进鹏，等 . 似层状岩质边坡倾倒变形破坏过程数值模拟 [J]. 水文地质工程地质，2018，45 (1)：137-143.

[37] 芮勇勤，贺春宁，王惠勇，等 . 开挖引起大规模倾倒滑移边坡变形、破坏分析 [J]. 长沙交通学院学报，2001 (4)：8-12.

[38] 蔡跃，三谷泰浩，江琦哲郎 . 反倾层状岩体边坡稳定性的数值分析 [J]. 岩石力学与工程学报，2008，27 (12)：2517-2522.

[39] 赵小平，李渝生，陈孝兵，等 . 澜沧江某水电站右坝肩工程边坡倾倒变形问题的数值模拟研究 [J]. 工程地质学报，2008 (3)：11-16.

[40] 邓琴，郭明伟，李春光，等 . 基于边界元法的边坡矢量和稳定分析 [J]. 岩土力学，2010，31 (6)：1971-1976.

[41] 雷鸣 . 拉西瓦水电站果卜边坡稳定性数值分析 [D]. 武汉：武汉大学，2022.

[42] 韩贝传，王思敬 . 边坡倾倒变形的形成机制与影响因素分析 [J]. 工程地质学报，1999 (3)：213-217.

[43] 黄润秋，许强 . 中国典型灾难性滑坡 [M]. 北京：科学出版社，2008.

[44] 黄润秋 . 中国西南岩石高边坡的主要特征及其演化 [J]. 地球科学进展，2005 (3)：292-297.

[45] 黄润秋 . 论中国西南地区水电开发工程地质问题及其研究对策 [J]. 地质灾害与环境保护，2002 (1)：1-5.

[46] 黄达，马昊，孟秋杰，等 . 软硬互层岩质反倾边坡弯曲倾倒离心模型试验与数值模拟研究 [J]. 岩土工程学报，2020，42 (7)：1286-1295.

第 6 章　基于块体离散元的合成岩体方法与工程实例

6.1　离散裂隙网络（DFN）原理

6.1.1　离散裂隙网络（DFN）概念

离散裂隙网络（Discrete Fracture Network，DFN）这一功能从 3DEC5.0 才正式嵌入软件中。使用离散裂隙网络功能时，岩体内裂隙（节理）群被看作是一组离散的、平面的、有限尺寸的裂隙。系统默认离散的断裂都是圆盘状的（但裂隙也可以是其他凸多边形状的）。

在生成和处理离散裂隙网络时，离散裂隙网络模块是一个高效的工具。主要功能如下：

(1) 通过外部文件，导入/导出离散裂隙网络；

(2) 可以生成确定性裂隙和随机性裂隙；

(3) 生成裂隙间交切体、离散裂隙网间交切体、露头/迹线、钻孔线、测线图计算等；

(4) 裂隙簇和连通性的计算；

(5) 离散裂隙网络的简化计算；

(6) 定义裂隙面的接触模型与接触力学性能；

(7) 可视化离散裂隙网、露头/迹线图和赤平投影图；

(8) 可采用 FISH 作为创建、分析和操作离散裂隙网络对象性能的工具。

基于以上特点，离散裂隙网络模块的应用如下：

(1) 基于二维/一维数据进行离散裂隙网络的重构；

(2) 创建可描述现场离散裂隙网络模型；

(3) 离散裂隙网络几何特性统计；

(4) 与力学性能相关的结构分析（如裂隙渗流率）；

(5) 创建合成岩石试样，供力学分析使用。

6.1.2　离散裂隙网络（DFN）的生成理论

在 DFN 模组中，岩体中的裂隙网络被视作一组空间离散的、平面的、有限尺寸的裂隙。在 3DEC 中，默认条件下裂隙是圆盘状的。但为了让读者对 DFN 理论有更全面的认识，这里通过一节的篇幅，介绍 DFN 网络生成的理论。

1. 岩体结构均质区的划分

在实际工程岩体中，由于地层岩性及地质构造的差异，往往不同区域或同一区域不同位置的岩体中结构面的分布情况具有很大差异，因此，在进行结构面网络模拟之前，首先要确定研究区域是否具有相似的岩体结构特征。然而，影响岩体结构的因素有很多，如岩性、结构面产状、迹长、间距、密度、张开度、填充情况、起伏度、粗糙度、蚀变程度以及结构面之间的组合特征等。

为了保证采样的系统、客观、科学，应在采样前对研究区的工程岩体进行结构区的划分，把岩性相同、地质年代相同、构造部位相同、岩体结构类型相同的结构区作为采样同一结构区（或称均质区）。结构面采样和模拟应在同一结构区内，不同的结构区应该分别采样、分别模拟。例如，要模拟的区域中既包括皱褶的核部又包括皱褶的翼部，由于它们的结构面发育规律不同，就不能作为同一结构区进行采样，应分别采样，分别模拟。

如果一个采样点的结构面数量不足，可在同一结构区内选择其他露头点补充采样，合并这些样本统一构建结构面概率模型。但不可跨区采样、跨区合并样本。

岩体结构均质区一般应根据岩体的宏观结构特征地质条件划分。如果野外不易划分，也可以根据样本观测值的统计相似性进行划分。

2. 结构面中心点（密度）

结构面间距和结构面密度用于反映结构面发育的密集程度。它们是岩体结构网络模拟的最基本参数之一，决定了模拟区内结构面的相对位置和数量。

结构面间距是指同一组结构面法线方向上相邻结构面的平均距离。结构面密度是指单位尺度范围内结构面的数目，包括线密度、面密度、体密度三种类型。Dershowitz 和 Herda 建议了一套通用的节理密度表述体系，如表 6-1 所示（Dershowitz，1985；Dershowitz 和 Herda，1992）。

Dershowitz 建议的各种岩体结构密度的定义   表 6-1

			特征的维度			
			裂隙数量	裂隙迹长	裂隙面积	裂隙体积
			0	1	2	3
取样区域维度	点	0	P00 节理数量/每点 （无单位）	—	—	—
	线 （钻孔）	1	P10 节理数量/单位测线 （1/m）	P11 节理总迹长/单位测线(无单位)	—	—
	面 （迹平面）	2	P20 节理中心点数量/单位面积(1/m²)	P21 节理总迹长/单位面积(1/m)	P22 单位面积中节理的面积（无单位）	—
	体	3	P30 节理中心点数量/单位体积(1/m³)	—	P32 单位体积中节理的面积(1/m)	P33 单位体积中节理的体积(无单位)

1）结构面线密度

相比较而言，结构面线密度中 P10 更容易确定，因此应用也更广泛一些。按照结构面间距和线密度的定义，在统计结构面时应要求测线沿结构面法线方向布置。但实际统计时，由于岩体露头面等条件的限制，很难达到这一要求。为利用结构面的统计，测线往往只能沿露头面近水平布置。这时可首先计算出测线方向的结构面视间距和视线密度，再通过变换计算出结构面线密度和间距。

线密度 λ_d 的定义为：

$$\lambda_d = \frac{n}{L\cos\theta} = \frac{\lambda_d'}{\cos\theta} \tag{6-1}$$

式中，L 为测线长度；n 为结构面条数，λ_d' 为测线方向结构面视线密度。

根据结构面间距和线密度的定义，二者互为倒数关系：

$$\lambda_d = \frac{1}{d} \tag{6-2}$$

式中，λ_d 为线密度 P10；d 为结构面间距。

则结构面的间距 d 为：

$$d = \frac{1}{\lambda_d} = \frac{L\cos\theta}{n} = d'\cos\theta \tag{6-3}$$

式中，d' 为测线方向结构面视间距。

但由于节理间距值理论上分布于（0，∞）范围内，测线应具有无限长尺寸才能测出所有节理间距值。在工程实践中，测线往往是有限长度 L，必然有部分节理间距 $d>L$ 无法测到，从而导致估算间距偏小，线密度偏大。因此，需对节理间距进行偏差校正。

此处，节理间距的偏差修正采用 Sen（1984）的方法进行。根据 Sen 的推论，当节理间距采样概率分布密度函数服从负指数时，小于测线长度 L 的节理间距 d 分布形式为：

$$i(d) = \frac{\lambda_d e^{-\lambda_d L}}{1 - e^{-\lambda_d L}} (0 < d < L) \tag{6-4}$$

式中，λ_d 为节理线密度，节理间距 d 的均值 $\overline{d}$ 为：

$$\overline{d} = \frac{1}{\lambda_d}\left(1 - \frac{\lambda_d L}{e^{\lambda_d L} - 1}\right) \tag{6-5}$$

显然当 $L \to \infty$ 时，$\overline{d} \to 1/\lambda_d = d$。由于实际采样中测线并不能无限长，则将实际测线长度 L 和对应的实测节理样本间距均值 $\overline{d}$ 代入上式，可反算出偏差校正后的节理线密度 λ_d。

更进一步地可使用线密度估计面密度和体密度。

2）结构面面密度

若结构面迹长服从负指数分布 $f(l) = \mu e^{-\mu l}$，结构面半迹长 l' 则服从负指数分布 $h(l') = 2\mu e^{-2\mu l'}$，则结构面面密度 λ_s 为：

$$\lambda_s = \mu\lambda_d = \frac{\lambda_d}{\overline{l}} \tag{6-6}$$

式中，$\overline{l}$ 为全迹长均值。

3）结构面体密度

若结构面迹长服从负指数分布 $f(l) = \mu e^{-\mu l}$，结构面半径服从函数 $f(r) = \frac{\pi}{2}\mu e^{-\frac{\pi}{2}\mu r}$，则结构面体密度 λ_V 为：

$$\lambda_V = \frac{\lambda_d}{2\pi \overline{r}^2} = \frac{2\lambda_d}{\pi \overline{d}^2} \tag{6-7}$$

式中，$\overline{r}$ 为结构面半径均值；$\overline{d}$ 为结构面直径均值。

4）结构面产状

结构面产状包含倾向和倾角两个变量，目前在国内结构面网络模拟的研究中，大部分学者将倾向和倾角作为两个独立的变量分别进行统计建模，然后将所生成的倾向和倾角数据进行随机组合构成结构面产状数据。而实际结构面的倾向和倾角之间并不是相互独立的，二者具有一定的相关性。因此，在建立结构面产状的概率模型时，应采用二维双变量概率模型，考虑倾向与倾角的相关性，这样才更加符合实际结构面产状的分布情况。许多研究者，如 Cacas、Kulatilake、Priest 及 Lee 和 Farmer 都倾向于认为裂隙面法线方向的概率密度函数符合于 Fisher 分布（陆峰，王俊奇，2010）。在三维问题中，统计分析裂隙的方向不是单独分析裂隙的倾向和倾角，而是在球坐标上分析裂隙的法线矢量（或极点），如图 6-1 所示，而各组极点的分布符合 Fisher 分布，而且 Fisher 分布密度函数中只有一个参数，这样在数据拟合时比较容易。

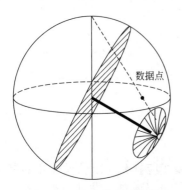

图 6-1 Fisher 分布示意图

Fisher 分布假定：在一组节理内，围绕最大概率方向的节理具有以下密度函数：

$$f(\theta) = \begin{cases} 0 & \theta < 0 \\ \dfrac{k\sin\theta e^{k\cos\theta}}{e^k} & 0 \leqslant \theta \leqslant \pi/2 \\ 0 & \theta \geqslant \pi/2 \end{cases} \tag{6-8}$$

相应的概率分布函数为：

$$F(\theta) = \begin{cases} 0 & \theta < 0 \\ \dfrac{1 - e^{k(1-\cos\theta)}}{1 - e^k} & 0 \leqslant \theta \leqslant \pi/2 \\ 0 & \theta \geqslant \pi/2 \end{cases} \tag{6-9}$$

式中，Fisher 分布常数 k 反映了节理的离散程度，称为离散系数，k 越大，则节理倾角分布越密集，即数据点越向平均方向集中；θ 为节理倾角与最大概率方向的交角。

图 6-2 为不同 Fisher 常数时，节理产状分布极点图。

5）结构面直径（尺寸）

在二维露头上观测到的结构面迹长是结构面三维尺寸的反映。结构面迹长大小取决于结构面的形状和尺寸、结构面的产状、结构面与露头面之间的夹角以及露头的尺寸。后三个因素很容易通过准确测量获取，但是确定结构面的形状和尺寸却异常困难。用于测量结构面迹长的方法主要有测线法和窗口法。结构面平均迹长是三维结构面网络模拟中的重要参数，其估算方法也一直是岩石力学界研究的热点。测量方法不同，结构面平均迹长的估算方法就会有所不同。下面对基于各种测量方法的结构面平均迹长估算方法进行探讨。

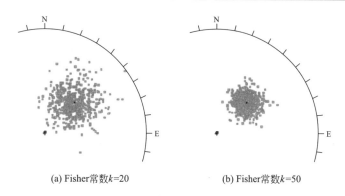

(a) Fisher 常数 $k=20$ (b) Fisher 常数 $k=50$

图 6-2 不同 Fisher 常数时节理产状分布极点图

（1）测线法

用测线法来估计结构面平均迹长有两个主要的局限性：

（1）测线将优先交切那些迹线较长的结构面，因此导致统计结果会出现偏差；

（2）一些很长的迹线两个端点均在露头面以外，实际测得的通常只是迹长的一部分。所以也将得出平均迹长的有偏差估计。

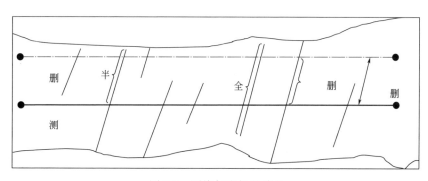

图 6-3 测线与迹长的关系

① 全迹长、半迹长和删节半迹长

在平洞或野外露头测量与测线相交的结构面长度时，通常会遇到以下三种情况，如图 6-3 所示。

a. 节理面的头尾都能看见，因此可以量到其全长，称全迹长；

b. 节理面的下部深入地下，上部可见，两侧该节理面与测线交点到其上部末端的长度，称半迹长；

c. 节理面的上部也深入洞顶或某些不可及处，可规定一个删节长度 c。凡长度超过 c 的迹长，称删节半迹长，现场测量时，只记录其总根数。

② 全迹长的概率分布

设结构面样本总体全迹长的概率分布函数为 $f(x)$，考虑到迹线较长的结构面将优先交切测线，测到的概率较大。则实际测到的迹长落在区间 $[l，l+\mathrm{d}l]$，P 内的概率 $p(l)$ 与全迹长成正比：

$$p(l) = \mu l f(l)\mathrm{d}l \tag{6-10}$$

式中，μ 为迹线端点密度，等于平均迹长的倒数。

则测线交切的迹长概率密度函数为：

$$g(l) = \mu l f(l) \tag{6-11}$$

那么，测线测到的样本迹长均值为：

$$l_g = \frac{1}{\mu_g} = \int_0^\infty l g(l) \mathrm{d}l = \sigma^2 \mu + \frac{1}{\mu} \tag{6-12}$$

因此即使在现场应用测线法测得了某组节理面全迹长的样本资料，也不是这组节理面平均迹长的真实结果，得到的是有偏差的估计。

③ 半迹长的概率分布

概率统计理论表明，测线法得到的半迹长平均值正好等于结构面总体全迹长平均值的一半，这样就为通过半迹长测量该估算全迹长提供了理论依据。

$$l_h = \frac{1}{\mu_h} = \int_0^\infty \mu l [1 - f(l)] \mathrm{d}l = \frac{1}{2} \mu \int_0^\infty l^2 f(x) \mathrm{d}l = \frac{l_g}{2} \tag{6-13}$$

④ 删节半迹长的概率分布

在用测线法进行结构面采样时，删去了半迹长大于 c 的那些结构面，但记录了其条数 r，假设结构面样本总数为 n，则未被删节的结构面有 $n-r$ 条。

根据概率论的基本原理，当样本数目足够大的时候，可以得到以下的近似表达式：

$$\frac{r}{n} \approx \int_0^c h(l) \mathrm{d}l \tag{6-14}$$

当结构面迹长服从负指数分布的时候，可以得到：

$$\frac{r}{n} = \int_0^c \mu \mathrm{e}^{-\mu l} \mathrm{d}l = 1 - \mathrm{e}^{-\mu c} \tag{6-15}$$

因此

$$\mu = \frac{1}{l} = -\frac{1}{c} \ln\left(\frac{n-r}{n}\right) \tag{6-16}$$

由上式可求出负指数分布时的平均迹长。

同理，均匀分布下结构面的平均迹长有：

$$\mu = \frac{1}{l} = \frac{2 - 2\sqrt{\dfrac{n-r}{n}}}{c} \tag{6-17}$$

若结构面总体迹长服从正态分布等其他形式时，$f(x)$ 不可积，可用数值积分的方法近似求解。

（2）测窗法

测窗法（或称为统计窗法）需要在测量平面上布置一个矩形的区域，通过研究和记录某一组结构面与矩形区域的相互交切关系，采用简单的计数方法来确定该组结构面的平均迹长。该法较为简便，但仅能给出平均迹长的估算成果，而不能提供有关迹长概率分布形式和结构面其他参数的相关信息。

类似于测线法的要求，选定一个岩体露头面，在该露头面上确定一长为 w，宽为 h 的矩形区域，即统计窗。测量并记录统计窗的尺寸和方位（图 6-4）。

位于测窗内的结构面迹线与测窗有如下几种关系：

A 类包容，迹线两端点均在测窗内；

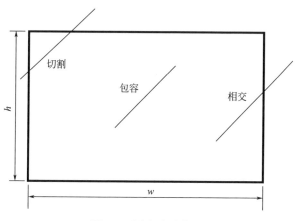

图 6-4　测窗法示意图

B 类相交，迹线的一个端点落在测窗内；

C 类切割，迹线的两个端点均落在测窗外。

对于一组结构面，若采用测窗法统计共有 n 条，其中，A 类结构面有 n_A 条，B 类结构面有 n_B 条，C 类结构面有 n_C 条，则有：

$$\begin{cases} R_A = n_A/n \\ R_B = n_B/n \\ R_C = n_C/n \end{cases}$$
(6-18)

式中，R_A、R_B、R_C 分别为三类结构面所占的比例。则结构面平均迹长 $\bar{l}$ 为：

$$\bar{l} = \frac{wh(1+R_A-R_C)}{(1-R_A+R_C)(w\sin\theta + h\cos\theta)}$$
(6-19)

（3）结构面直（半）径

由于实际岩体中结构面分布的复杂性，结构面实际形态和尺寸的确定异常困难。许多研究者通过研究发现结构面的长度在其走向和倾向方向大致相等。因此在结构面网络模拟中，结构面大多被假设为薄圆盘。圆盘的直径就是反映结构面尺寸的唯一参数。

当结构面被假设为圆形的时候，则露头面与结构面交切的迹线即为结构面圆盘的弦，平均迹长 $\bar{l}$ 此时成为平均弦长，即：

$$\bar{l} = \frac{2}{r}\int_0^\infty \sqrt{r^2-x^2}\,\mathrm{d}x = \frac{\pi}{2}r = \frac{\pi}{4}a$$
(6-20)

式中，r、a 分别为结构面的半径和直径。

假设结构面半径 r 服从分布 $f_r(r)$，直径 a 服从分布 $f_a(a)$，则：

$$\begin{cases} f_r(r) = \frac{\pi}{2}f\left(\frac{\pi}{2}r\right) \\ f_a(a) = \frac{\pi}{4}f\left(\frac{\pi}{4}a\right) \end{cases}$$
(6-21)

式中，$f(l)$ 为弦长概率分布。

如果结构面迹长 l 服从负指数分布，即 $f(l) = \mu e^{-\mu l}$，将其代入上式得：

$$\begin{cases} f_r(r) = \dfrac{\pi}{2}\mu e^{-\frac{\pi}{2}\mu r} \\ f_a(a) = \dfrac{\pi}{4}\mu e^{-\frac{\pi}{4}\mu a} \end{cases} \tag{6-22}$$

因此，结构面的半径和直径的均值 $\bar{r}$ 和 $\bar{a}$ 为：

$$\begin{cases} \bar{r} = \int_0^\infty r f_r(r)\mathrm{d}r = \dfrac{2}{\pi}\bar{l} \\ \bar{a} = \int_0^\infty a f_r(r)\mathrm{d}a = \dfrac{4}{\pi}\bar{l} \end{cases} \tag{6-23}$$

6）DFN 的重构与检验

（1）结构面重构流程

图 6-5 给出了这里采用的三维结构面网络的生成过程。

（2）随机变量抽样

在结构面网络重构的过程中，需要用到服从不同分布形式的随机数，它们是在标准均匀分布的基础上，通过一定的变化处理得到的。这一过程称为对随机变量抽样。此处介绍采用几种分布条件下随机数的生成方法。

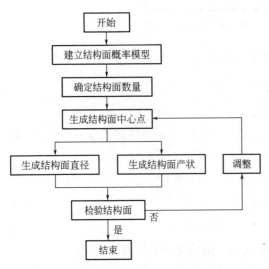

图 6-5　三维岩体结构面网络生成流程图

① 均匀分布

$[a，b]$ 上均匀分布随机变量的概率密度函数为

$$f(x) = \begin{cases} \dfrac{1}{a-b}, & x \in [a，b] \\ 0, & \text{其他} \end{cases} \tag{6-24}$$

抽样公式为：

$$t = (b-a)u + a \tag{6-25}$$

式中，t 为满足 $[a，b]$ 上均匀分布的随机变量；u 为标准均匀分布随机数。

② 负指数分布

负指数分布随机变量的密度函数为：

$$f(x) = \lambda e^{-\lambda x} \tag{6-26}$$

抽样公式为：

$$t = -\dfrac{1}{\lambda}\ln(1-u) \tag{6-27}$$

③ 正态分布

正态分布的概率密度函数为：

$$p(t) = \dfrac{1}{\sqrt{2\pi}\sigma} e^{-\frac{1}{2\sigma^2}(t-\mu)^2} \tag{6-28}$$

对于上式很难给出具体的抽样表达式，因此多采用二维变换抽样法产生标准正态分布随机数，再通过线性变换进一步得到服从一般正态分布的随机数。

若 u_1 和 u_2 是一对独立的均匀分布随机数，按下式计算得到的 t_1^s 和 t_2^s 为一对独立的服从标准正态分布的随机数。

$$\begin{cases} t_1^s = \sqrt{-2\ln u_1}\cos 2\pi u_2 \\ t_2^s = \sqrt{-2\ln u_1}\sin 2\pi u_2 \end{cases} \tag{6-29}$$

再按下式进行线性变换即可得到服从一般正态分布的随机数。

$$t_i = \mu + \sigma t_i^s \tag{6-30}$$

④ 对数正态分布

在求得一般正态分布的随机数之后，按照下式进行变换即可得到服从对数正态分布的随机数 t_i^*。

$$t_i^* = \mathrm{e}^{t_i} \tag{6-31}$$

（3）结构面的检验

在岩体结构面概率模型及网络模拟中，都进行了一定程度的假定与概化，如结构各参数分布形式的假定，结构面圆盘的假定。经过概化并做了假定的模型及其模拟结构能否替代真实的岩体结构模型，能否代表真实的岩体结构，是应该检验的问题。

① 直观考查

模拟模型应该是正确的、合理的，符合人们对所研究的现实系统的了解。为构造这样的模型应使用所有现存信息、理论研究成果以及进行合理的假设和概化。

② 检验假设

检验模型的设计，其目的是大量地检验在建模开始阶段所做的一些假设。采用敏感性分析是最有效的手段之一。其目的在于检验随机模拟结果对所选择的概率分布中的参数是否敏感。

③ 模拟数据与实际数据对比

将模拟的输入数据与实际数据作比较，是模型确认中最有决定性的步骤。如果模拟数据与实际数据吻合得很好，就有理由相信构造的模型是有效的。虽然这样比较不能确保模型完全正确无误，但进行比较将使得模型有更大的可信度。

6.1.3　3DEC 中离散裂隙网络

1. 构成

离散裂隙网络模型主要由裂隙和相应参数的对象组成，主要分为以下几类。

1）离散裂隙网络（DFN）

一组裂隙、几种离散裂隙网络可以同时存在于一个模型中，比如，多组裂隙网络或多种裂隙类型（确定性裂隙或者随机性裂隙）。

2）离散裂隙网络模板（DFN Template）

离散裂隙网络模板是离散裂隙网络参数的统计性描述，包括三个要素：尺寸、位置和产状。通过 template 命令来实现，如果要采用 generate 命令来批量生成断裂，必须事先创建模板供其使用。

3）裂隙（Fracture）

单个裂隙是一个离散的、平面的、有限尺寸的单元体。3DEC 中，默认条件下，裂隙是圆盘状的，但也可以采用凸多边形来模拟。在这种情况下，离散裂隙网络的节点是指多边形的顶点。通过 generate 生成的大量裂隙都是随机性的，如果要生成确定性裂隙可以通过 addfracture 命令或者 FISH 中的 addfracture 来实现。每一个裂隙只能从属于一个离散裂隙网络。

4）交切体组（Intersection Set）

一个交切体组是一系列交切体的集合。几个交切体组可以通过存于一个模型中，且可以包含不同类型的交切体（比如，裂隙间的交切体或者离散裂隙网和对象间的交切体。

5）交切体（Intersection）

一个交切体是由裂隙和特定对象间的一个几何交切形成的，被交切的对象可以是一条线、一个多边形、一组凸多边形或者另一个裂隙。交切体中是一条线段或者相邻线段的集合。插入体的计算通过 dfn intersection 来实现。

6）裂隙簇（Cluster）

一个离散裂隙网络簇是一系列裂隙的集合。这些裂隙通过几何交切体连接起来。DFN 簇的属性定义了离散裂隙网络的连通属性，对诸如裂隙流等问题而言十分重要。通过 dfn cluster 命令进行计算。离散裂隙网络簇的属性不能通过 FISH 直接获取或更改。

注意，在离散裂隙网络生成之前，必须要创建生成工作域（domain）。

2. 关键命令

1）fracture template create

功能：创建离散裂隙网络模板。

一个离散裂隙网络模板是由一系列统计性参数组成，这些参数在 generate 命令中用于生成随机性节理。这些参数是尺寸分布、位置分布和产状分布参数。一旦离散裂隙网络生成，离散裂隙网络模板与离散裂隙网络之间的联系就可能存在了。离散裂隙网络模板也可以输出为一个可供输入或使用的文件。

创建模板的关键词为模板的 name。默认条件下，模板含有以下属性：服从均匀假定的裂隙位置信息、服从均匀假定的裂隙产状信息（倾向 [0，360]，倾角 [0，90]），服从幂律分布的尺寸信息（指数为 4，最小为 1.0，最大为无穷）。另外，如果模板创建时名称为 default，将被用作 generate 命令的默认模板。

- dip-direction-limits *fmin fmax*

指定裂隙倾向的限定范围，默认为 $f\min = 0$ 和 $f\max = 360$。

- dip-limits *fmin fmax*

指定裂隙倾角的限定范围，默认为 $f\min = 0$ 和 $f\max = 90$。

- orientation keyword

定义裂隙产状信息

bootstrapped *s*

裂隙的倾角倾向按照"自举"方式生成，自举数据由一个导入文件 *s* 定义，文件格式必须遵循 DFN-Related File Formats 中的要求。

dips *s*

裂隙的倾角倾向按照"自举"方式生成，自举数据由一个导入的 DIPS 文件 *s* 定义，文件格式必须遵循 DFN-Related File Formats 中的要求。

fish *s a1 a2*…

从用户自定义 FISH 函数获取值。函数名和函数声明（任何数字）须按照先后顺序给出。函数返回值必须为一个二维矢量。

fisher *fdip fdipdir fk*

倾角和倾向根据一个输入函数分布，必须参数为倾角、倾向和 fisher 参数 k。

gauss *f1 f2*…

倾角倾向根据高斯分布创建。必须参数为高斯分布的期望值、标准差。

uniform

倾角倾向服从均匀分布。

● position keyword

定义裂隙空间位置信息

bootstrapped *s*

裂隙的位置按照"自举"方式生成，自举数据由一个导入文件 s 定义，文件格式必须遵循 DFN-Related File Formats 中的要求。

fish *s a1 a2*…

从用户自定义 FISH 函数获取值。函数名和函数声明（任何数字）须按照先后顺序给出。函数返回值必须为一个三维矢量。

gauss *fpx fsx fpy fsy fpz fsz*

裂隙空间位置服从高斯分布，每个维度上的数值服从各自独立的分布，需要分别给出期望值、标准差。

uniform

裂隙空间位置服从均匀分布。

● size keyword

定义裂隙尺寸信息，注意 3DEC 中裂隙是按照空间圆盘考虑的。同样可以按照 bootstrapped、fish、gauss、uniform 这些方式考虑，其意义同上。裂隙尺寸在 3DEC 中的定义为直径。

● size-limits *fmin fmax*

裂隙尺寸限制必须在 [$f$smin，$f$smax] 范围内。默认下，$f$smin＝1.0 和 $f$smax＝＋∞。切记，裂隙尺寸在 3DEC 中的定义为直径。

2）fracture generate

功能：根据定义的统计信息创建离散裂隙网络。

在生成裂隙之前必须要定义工作域。如果并没有指定裂隙模板，则默认的 default 模板（定义见上文）将被调用。要注意，裂隙生成是一个不停按照指定统计信息在指定范围生成单个节理直到满足一定停止条件的过程，因此需要停止条件，这些停止条件包括：

● 目标裂隙数量（fracture-count）
● 目标 P10 值（P10，含义见表 6-1）
● 目标密度（体密度，含义见表 6-1）
● 目标渗透率（percolation）

- 目标连通性（connectivity-threshold）
- 用户自定义停止阈值（fish-stop）

另外，读者可以使用用户自定义的 FISH 函数，该函数用于修改裂隙或者是添加/计算具体量（modify）。裂隙特征可以通过 attribute 命令来修改，裂隙参数可以通过 property 命令来设置。

- connectivity-threshold

当目标连通性达到后停止裂隙的生成过程，即可以通过 DFN 中的交切体连通空间区域的各维度。

box fxl fxu fyl fyu fzl fzu

当指定的盒子范围内各边连通时停止裂隙生成。

geometry $s1$ $<s2>$

$s2$ 未指定时，当裂隙生成连通所有几何体 $s1$ 时停止生成。$s2$ 指定时，当裂隙生成连通几何体 $s1$ 和 $s2$ 即停止生成。

- dfn s

指定 DFN 的名称 name。

- dfn-dominance i

指定 DFN 的优势组 dominance，须为整数。优势组用途为给相交切的多个 DFN 赋接触模型。

- fish-stop s $a1...an$

用户自定义停止函数，当返回非零整数时即停止裂隙生成。

- fracture-count i

目标裂隙数量达到时即停止裂隙生成。

- generation-box $fxmin$ $fxmax$ $fymin$ $fymax$ $fzmin$ $fzmax$

裂隙生成空间，须为盒状空间。默认条件下该空间与工作域尺寸等同。

- mass-density f

指定检验范围 tolerance-box 内的体密度 P32 达到或超过时即停止裂隙生成。

- modify s $a1...an$

当每个裂隙生成后即调用函数 s，用于获取或者修改该裂隙的参数。

- p10 f $keyword...$

当指定的一个或多个测线上的线密度 P10 达到或超过即停止裂隙生成。

begin v

指定测线起点，须用一个三维向量给出。

end v

指定测线终点，须用一个三维向量给出

geometry s

给出指定测线的几何组 set。当指定组内多个测线上的平均线密度 P10 达到或超过即停止裂隙生成。

- percolation $fval$

指定检验范围 tolerance-box 内的目标渗透率达到或超过即停止裂隙生成。

• template *s*

指定用于裂隙生成的模板，若未指定则调用默认模板 default。

• tolerance-box *fxmin fxmax fymin fymax fzmin fzmax*

指定检验空间 tolerance-box，该空间可以大于或者小于生成空间，但不能超出工作域。如未指定检验空间，则使用生成空间替代。

3）fracture compute

用途：计算裂隙网络的各种统计数据，是检验生成 DFN 质量的常用命令。

• average-trace-length *s*

返回 DFN 在几何体 *s* 上相交切的平均迹长。

• center-density

返回 DFN 的中心密度 P30，其定义见表 6-1。

• mass-density

返回 DFN 的体密度 P32，其定义见表 6-1。

• p10 keyword

返回 DFN 在指定的一条或多条测线上的线密度 P10。

begin *v*

指定测线起点，须用一个三维向量给出。

end *v*

指定测线终点，须用一个三维向量给出

geometry *s*

给出指定测线的几何组 set。当指定组内多个测线上的平均线密度 P10 达到或超过即停止裂隙生成。

• trace-center-density *s*

返回 DFN 在几何体 *s* 上相交切的 P20 密度。

• trace-mass-density *s*

返回 DFN 在几何体 *s* 上相交切的 P21 密度。

• percolation *s*

返回 DFN 的渗透率

4）fracture intersection compute

用途：计算交切体 intersection

交切体存在于裂隙与裂隙或裂隙与几何体之间。计算得到的交切体存储在由 intersection-set 关键字指定的交切体组中。交切体可以在 FISH 中可视化和查询。计算交切体主要是为裂隙簇或裂隙连通性服务的。

• intersection-set *s*

指定生成的交切体的组名。若未指定，则生成的交切体组名按数字顺序顺延。

• with-geometry *s* *<range>*

指定用于计算交切体的几何体组名。

5）fracture cluster

用途：计算裂隙簇。裂隙簇是由交切体所连通的某组裂隙定义的。

- intersection-set s

指定用于生成簇的交切体组名。

6）fracture connectivity

用途：计算裂隙与另一裂隙或几何组的连通性。默认条件下，连通性是用整数表述的，连通性级别 n 表示当前裂缝通过 n 个交切体连接到指定裂隙或几何组。计算连通性时需指定起点（裂隙或几何组），与起点直接交切的裂隙连通性等级为 0；而若裂隙连通性等级为 1，代表该裂隙通过 1 个裂隙与起点相连通。

连通性也可以用与渗透距离、裂宽相关的额外变量 extras 来表述。

- distance

将按距离表述的连通性以裂隙额外变量 extras 的形式赋予裂隙，额外变量编号由 extra-index 关键词给定。按距离表述的连通性意为裂隙之间的物理距离，按交切体的中心点之间的路径长度计算。

- aperture

将按隙宽表述的连通性以裂隙额外变量 extras 的形式赋予裂隙，额外变量编号由 extra-index 关键词给定。按隙宽表述的连通性意为裂隙之间的距离 distance 除以隙宽 aperture。

- cubic

将按隙宽立方表述 cubic 的连通性以裂隙额外变量 extras 的形式赋予裂隙，额外变量编号由 extra-index 关键词给定。按 cubic 表述的连通性意为裂隙之间的距离 distance 除以隙宽 aperture 的立方。

- extra-index i

将连通性赋予的裂隙额外变量编号，若空白，则默认为 1。

- starting-fracture i

以裂隙 i 为起点起算连通性。

- starting-geometry i

以几何组 i 为起点起算连通性。

- intersection-set s

声明用于连通性计算的交切体组名。

7）fracture combine

用途：对裂隙进行合并操作，用于对 DFN 的简化。

合并操作按照裂隙的尺寸从大到小依次开始，操作中当前的裂隙视作参考裂隙，通过参考裂隙与其他裂隙的逐一比对进行合并操作，合并条件为：

（1）当某裂隙与参考裂隙的产状角度小于某给定值时，合并该裂隙；

（2）当某裂隙与参考裂隙的中心点距离小于某给定值时，合并该裂隙；

对某裂隙合并操作的具体实现为将拟合并的裂隙进行旋转以和参考裂隙产状相同。如果指定了合并 merge 关键词，则共面的裂隙将被合并至参考裂隙，若该裂隙完全被参考裂隙所包含，则移除该裂隙。

- angle f

裂隙合并操作的夹角阈值，大于等于 0。

- distance f

裂隙合并操作的距离阈值，大于等于 0。
- merge

对拟简化的裂隙进行合并操作。
- collapse

对拟简化的裂隙不进行合并操作。

6.2　岩体离散裂隙网络的信息采集与重构工程实例

6.2.1　实例一：简单示例

在该例子中，具有三组不同特性的优势裂隙组，分别为近垂直向的第一组、近水平向的第二组、几乎无规律分布的随机裂隙的第三组。

为了全面展现 3DEC 中 DFN 的处理能力，三组裂隙的产状和密度参数分别以不同的形式给出（表 6-2）。

例子中的三组 DFN 模板参数　　　　　　　　　　　　　　　表 6-2

	属性	分布形式	参数
第一组：近垂直向	空间位置	均匀	空间内均匀分布
	产状	Fisher	平均倾角 90°，平均倾向 120°，$\kappa=200$
	尺寸	幂律分布	指数 $\alpha=4$，[10,500]
	密度	—	P32=0.33
第二组：近水平向	空间位置	均匀	空间内均匀分布
	产状	Fisher	平均倾角 20°，平均倾向 20°，$\kappa=200$
	尺寸	幂律分布	指数 $\alpha=4$，[10,500]
	密度	—	满足在指定的测窗上具有 39 条露头
第三组：背景节理	空间位置	均匀	空间内均匀分布
	产状	自举	根据给定文件自举
	尺寸	幂律分布	指数 $\alpha=3.2$，[2,10]
	密度	—	满足在指定的钻孔（$L=85$m）上线密度 P10=0.5

1. 初始化

产生裂隙前，必须通过域命令指定一个工作域。裂隙只能存在于工作域内，超过工作域范围的裂隙将被截断。在工作域内可以定义裂隙的生成范围和检验范围，用以更精细控制裂隙的生成。此外，这里固定了一个随机种子，以保障每次随机生成的裂隙都是一致的。

```
model new
```

```
;定义工作域
```

```
model domain extent -50 50 -50 50 -50 50
```

; 固定随机种子

```
model random 101
```

例子中定义了多个几何体（图 6-6），几何体的作用是视觉展示以及标定 DFN。两个钻孔（测线）采用一维线的形式生成，两个露头（测窗）采用单个二维平面构成。

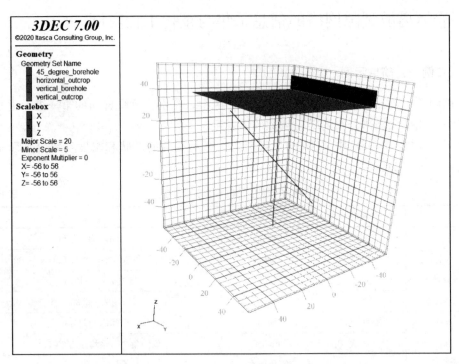

图 6-6 创建的四个几何体

; 创建钻孔

```
geom set 'vertical _ borehole' ; 竖直向的钻孔
geom edge create by-position(0, 0, -45)(0, 0, 40)

geom set '45 _ degree _ borehole' ; 倾斜的钻孔
fish def make _ 45 _ borehole
  local x1 = -50
  local x2 = 50
  ; rotation of 45 degree
  local x1rot = x1 * math.cos(math.pi/4)
  local z1rot = x1 * math.sin(math.pi/4)
  local x2rot = x2 * math.cos(math.pi/4)
  local z2rot = x2 * math.sin(math.pi/4)
  command
```

```
        geom edge create by-position[(x1rot，0，z1rot)][(x2rot，0，z2rot)]
    endcommand
end
[make _ 45 _ borehole]


; 创建露头
geom set 'horizontal _ outcrop'    ; 水平的露头
geom polygon create by-position(-40，-40，40)(-40，40，40)...
                              (40，40，40)(40，-40，40)
geom set 'vertical _ outcrop'    ; 垂直的露头
geom polygon create by-position(-41，-41，50)(-41，41，50)...
                              (-41，41，40)(-41，-41，40)
```

2. 创建 DFN

如前文中提到的，本例中将会生成 3 组优势裂隙。这里的裂隙产状、尺寸都采用了模板来生成，而各组优势裂隙的密度定义则各异。

对于第一组近垂直向裂隙，首先采用 fracture template 创建了其产状、尺寸的模板，而在定义其密度时，使用了一个生成范围 generation-box，注意到该生成范围尺寸（200m×200m×200m）是大于工作域的（100m×100m×100m）。裂隙会在生成域范围内不断地随机生成，在工作域内的裂隙将被保留，在工作域外的裂隙将被删除，直到工作域内的裂隙体密度 P32 达到 0.33 后停止生成过程。

```
fracture template create 'sub _ vertical' orientation fisher 90，120，200 ...
    size power-law 4 size-limit 10 500
fracture generate dfn 'sub _ vertical' generation-box...
    -100 100 -100 100 -100 100 template 'sub _ vertical' mass-density 0.33
```

而对于第二组近水平向裂隙，首先采用 fracture template 创建了其产状、尺寸的模板，但在定义其密度时，使用了一个相对更复杂的操作：我们希望裂隙的密度刚好满足"在指定的露头平面上有 39 条裂隙"。这里需要借助 2 个函数，第一个函数用来判定当前生成的裂隙是否与露头 'vertical _ outcrop' 相交切，借助了 modify 关键词，注意 modify 关键词会自动带入当前生成的裂隙的指针，若相交，则对于变量 nb _ hori 累加 1；第二个函数用来判定露头上当前迹线数量是否到达目标数量，即不断判定 nb _ hori 是否超过或等于 nb _ hori _ aimed 变量；若是，则返回一个非 0 值，停止裂隙生成。

```
; 创建产状、尺寸的模板
fracture template create 'sub _ horizontal' orientation fisher 20 30 500...
    size power-law 4 size-limit 10 500

; 初始化变量
fish define variables
```

```
    global nb _ hori = 0；露头上当前迹线数量
    global nb _ hori _ aimed = 39；露头上目标迹线数量
  end
  [variables]
```

```
  ；检验当前生成的裂隙是否与露头相交切
  ；若相交切，对变量 nb _ hori+1
  fish define hori _ study(frac)
      local outc = geom. set. find('vertical _ outcrop')；确定几何体'vertical _ outcrop'的指针
      local is _ inter = fracture. gintersect(frac，outc)；判断当前裂隙 frac 是否与'vertical _
  outcrop'交切，若是，返回非 0 值
      if is _ inter＞0
        nb _ hori = nb _ hori+1
      endif
  end
```

```
  ；racture generate 的停止函数
  ；露头上当前迹线数量到达目标数量时返回一个非 0 值
  fish define hori _ stop
      hori _ stop = 0
      if nb _ hori ＞= nb _ hori _ aimed
          hori _ stop = 1
      endif
  end
```

```
  ；一直生成裂隙，直到停止函数返回 1
  fracture generate dfn 'sub _ horizontal' generation-box...
      -100 100 -100 100 -100 100 template 'sub _ horizontal'...
      modify hori _ study fish-stop hori _ stop
```

第三组裂隙，相比前两组，有两个不同之处：一是裂隙的产状定义为自举的方式生成，裂隙的产状会严格按照输入的自举文件 orientation _ distribution. inp 中的产状信息来生成，即产状严格按权重重复自举文件中的数据；二是裂隙的密度按照"在指定的 85m 长钻孔上的线密度 P10 为 0.5"定义。

为了分别实现这两点，首先需要定义 orientation _ distribution. inp 文件，文件的数据格式如下，可见分为四列，第一列为编号，第二、三列分别为倾角、倾向，第四列为权重，即在按照该 inp 文件进行随机自举时，每个数据的抽样权重如斯。

```
  ； ID DIP DipDir weight
  1 44. 533195. 31. 52
  2 55. 795218. 982. 49
  3 56. 963209. 312. 34
```

```
4 40.202344.111.61
5 18.68898.291
6 77.365295.85.76
…
```

而对于指定的钻孔上的 P10 密度，则按照 fracture generate 命令中的 P10 关键词，指定'vertical_borehole'几何体上的 P10 达到或超过 0.5 时，停止裂隙随机生成。

```
; define the template of set 3: background jointing
fracture template create 'background' orientation bootstrapped …
    'orientation_distribution.inp' size power-law 3.2 size-limit 2 10；幂律分布参数为 3.2，生
成的裂隙直径上下限[2，10]
fracture generate dfn 'background' generation-box…
    -55 55 -55 55 -55 55 template 'background' p10 0.5…
    geometry 'vertical_borehole'　；指定判断几何体'vertical_borehole'上的平均单位长度与 0.5
条裂隙交切时停止生成裂隙
```

最终生成的 DFN 如图 6-7 所示，到达裂隙生成停止条件时，在 $100\text{m} \times 100\text{m} \times 100\text{m}$ 的空间内，生成了约 11 万条裂隙；可以很明显地看到一组近垂直向裂隙，和一组近水平向裂隙，同时还有几乎无规律的背景裂隙。

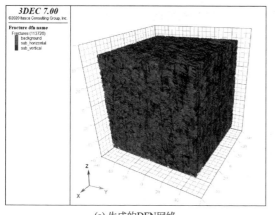

(a) 生成的DFN网络

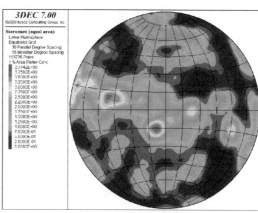

(b) DFN网络的极点图

图 6-7　生成的 DFN 结果

3. DFN 的分析

本节给出了一些简单的 DFN 工作。

（1）首先是对整个 DFN 的 P32 密度的分析，输入

```
fracture compute mass-density
```

即可得到整个 DFN 的 P32 密度值为 1.72436，考虑到 DFN 生成空间的总体积为

100m×100m×100m，即整个 DFN 的裂隙面积为 $1.72436×10^6 m^2$。

（2）可以输入

```
fracture compute p10 begin(-50，0，0)end(50，0，0)
```

获得起点为（-50，0，0），终点为（50，0，0）的测线的 P10 密度为 0.74，即这条100m 上的测线与 74 条裂隙相交。

（3）输入

```
fish define geometry _ density
    local poutcrop = geom. set. find('vertical _ outcrop')
    local pborehole = geom. set. find('vertical _ borehole')
    local oo = io. out('p21 vertical = ' + string(fracture. geomp21(poutcrop)))
    oo = io. out('p10 vertical = ' + string(fracture. geomp10(pborehole)))
end
[geometry _ density]
```

获得了 DFN 与'vertical _ outcrop'几何体代表的露头所交切的 P21 密度；以及 DFN 与'vertical _ borehole'几何体代表的侧线所交切的 P10 密度。

（4）获得与'horizontal _ outcrop'几何体代表的露头、'vertical _ outcrop'几何体代表的露头、'vertical _ borehole'几何体代表的钻孔相交切的 DFN 的迹线和相应的裂隙的展示。

```
; traces and intercepts
; 分别获得与三个几何体相交切的迹线并对相应的交切体组进行命名
fracture intersection compute with-geometry 'horizontal _ outcrop'...
    intersection-set 'inter _ hori _ out' group-slot '1'
fracture intersection compute with-geometry 'vertical _ outcrop'...
    intersection-set 'inter _ vert _ out' group-slot '2'
fracture intersection compute with-geometry 'vertical _ borehole'...
    intersection-set 'inter _ vert _ bore' group-slot '3'

; 获得与三个几何体相交切的相应裂隙
fish define assign _ extras
    local set1 = fracture. inter. set. find(1)；找寻到 group-slot 为 1 的交切体组的指针
    local intlist = fracture. inter. set. interlist(set1)；取得其 list
    loop foreach e1 intlist ; 历遍该 list
        local f1 = fracture. inter. end1(e1)；取得交切体组中具体裂隙的指针
        if type. pointer. id(f1) = fracture. typeid then；确认识别 f1 是裂隙的指针类型
            fracture. extra(f1, 1) = 1 ; 则将该裂隙的额外变量 1 赋值为 1
        endif
    endloop
```

```
        local set2 = fracture. inter. set. find(2)
        intlist = fracture. inter. set. interlist(set2)
        loop foreach e1 intlist
            f1 = fracture. inter. end1(e1)
            if type. pointer. id(f1) = fracture. typeid then
                fracture. extra(f1, 2) = 2
            endif
        endloop
        local set3 = fracture. inter. set. find(3)
        intlist = fracture. inter. set. interlist(set3)
        loop foreach e1 intlist
            f1 = fracture. inter. end1(e1)
            if type. pointer. id(f1) = fracture. typeid then
                fracture. extra(f1, 3) = 3
            endif
        endloop
    end
```

上节代码中，采用 assign _ extras 函数，将与'horizontal _ outcrop'几何体代表的露头相交切的裂隙的第 1 个额外变量赋值为 1；将与' vertical _ outcrop'几何体代表的露头相交切的裂隙的第 2 个额外变量 2 赋值为 2；将与' vertical _ borehole '几何体代表的钻孔相交切的裂隙的第 3 个额外变量赋值为 3。

显示迹线时，在显示窗口选择显示 fracture intersection 即可，并可按各自的交切体组分别显示。例如当选择仅显示 inter _ hori _ out 组的交切体时，即可表达 DFN 与水平露头交切的迹线，如图 6-8 所示。图中额外显示了水平向露头'horizontal _ outcrop'的几何体，以方便观察。

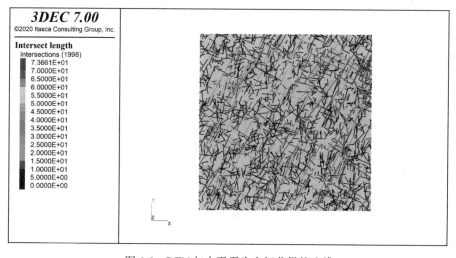

图 6-8　DFN 与水平露头交切获得的迹线

在显示交切的裂隙时，则需在显示窗口显示 fracture，并可按各自的交切体组分别显示。如当选择仅显示裂隙第 3 个额外变量的量值为 3 的裂隙时，即可表达 DFN 与竖直钻孔交切的相应裂隙，如图 6-9 所示。图中额外显示了水平向露头的几何体，以方便观察。

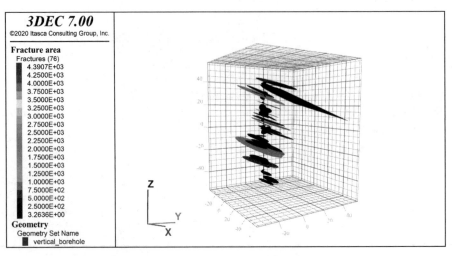

图 6-9　DFN 与竖直钻孔交切的相应裂隙

6.2.2　实例二：工程实例

1. 岩体结构均质区的划分

根据《四川省某水电站可行性研究报告》中地质专业初步研究成果可知，坝址区花岗闪长岩的弱风化上段以Ⅲ₂类岩体为主，局部强卸荷带为Ⅳ类岩体，弱风化下段以Ⅲ₁岩体为主，局部蚀变岩带为Ⅳ类岩体，微风化—新鲜岩以Ⅱ类岩体为主。变质粉砂岩的弱风化上段、无卸荷带岩体为Ⅲ₂类，弱风化上段、弱卸荷带岩体为Ⅳ类，局部强卸荷带岩体为Ⅴ类，弱风化下段—微风化岩体以Ⅲ₁类为主，微风化—新鲜的厚层状岩体以Ⅱ类为主。变质粉砂岩内含碳质板岩夹层主要为Ⅳ类岩体。其中，上坝址浅表部岩体以花岗闪长岩弱风化上段Ⅲ₂类为主，部分为强卸荷的Ⅳ类岩体；高程 2060～2102m 坝段，可利用Ⅲ₁、Ⅲ₂类岩体作为建基面，两岸岸坡高程 2010～2060m 坝段，建基面可利用Ⅲ₁类岩体，局部Ⅲ₂类岩体；高程 2010m 以下坝段，建基面可利用Ⅱ、Ⅲ₁类岩体。

表 6-3 给出了坝址区岩体按岩性及风化卸荷分类。可见，对于主要工程岩体——花岗闪长岩而言，可定性地分为两个均质区，一为风化、卸荷程度相对较高的岩体，对应为Ⅲ₂类及Ⅳ₁类岩体，简称为风化卸荷区；二为相对风化、卸荷程度较低的岩体，对应为Ⅱ类及Ⅲ₁类岩体，简称较完整区。

坝基岩体按岩性及风化卸荷分类　　　　　　　　　　　　表 6-3

岩性	风化特征	卸荷特征	岩体质量分类
花岗闪长岩	微风化—新鲜	无卸荷,岩体结构紧密	Ⅱ
变质粉砂岩			

岩性	风化特征	卸荷特征	岩体质量分类	
花岗闪长岩	弱风化下段	无卸荷,岩体结构较紧密～中等紧密	III_1	III
变质粉砂岩	弱风化下段—微风化			
花岗闪长岩	弱风化上段、部分弱风化下段	弱或无卸荷,岩体结构较松弛	III_2	
变质粉砂岩		弱或无卸荷,岩体结构较紧密～中等紧密		
花岗闪长岩	弱风化上段	强卸荷,岩体结构较松弛～松弛	IV_1	IV
变质粉砂岩		弱卸荷,岩体结构较松弛	IV_2	

2. 地质资料的整理

根据以上讨论结果,针对岩体结构均质区收集相应的基础地质资料进行后续的三维岩体结构网络的生成。

建模过程主要针对裂隙发育丰富的坝址卸荷区开展。选取了通过近景摄影测量得到的岩体结构信息,由于采集地点分别位于坡面冲沟、支洞洞口、河谷台地,因此岩体结构信息可以认为属于卸荷风化均质区。为了提高岩体结构采样样本的覆盖范围及可信程度,尚选取了部分坝址区探洞(图 6-10 中加黑粗线)的卸荷区洞段,作为测线数据一并加以分析。

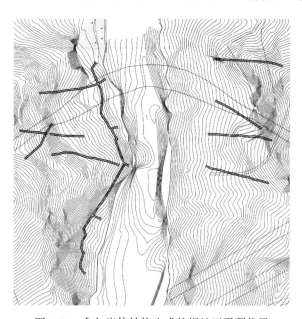

图 6-10　参与岩体结构生成的坝址区平硐位置

最终,综合各类不同来源的岩体结构信息资料,针对卸荷区,共收集到了 899 条岩体结构信息。原始岩体结构的赤平投影图和走向玫瑰图如图 6-11、图 6-12 所示。

3. 优势结构面分组

在采集原始地质资料时,各资料来源于不同产状的测线,由于测线与结构面的交角会影响结构面被量测到的机会,这样会影响优势分组,各组平均产状的结果。因此 R. Terzaghi 建议对不同方位结构面的产状统计结果进行修正。按照各自的采集地点产状修正后的岩体结构的赤平投影图和走向玫瑰图如图 6-13、图 6-14 所示。

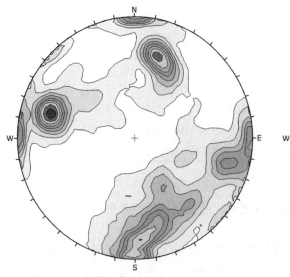

图 6-11　卸荷区岩体结构信息赤平投影图
（下半球、等面积投影）

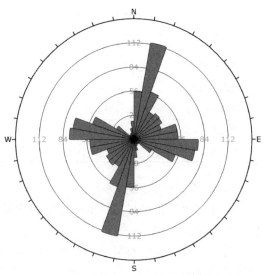

图 6-12　岩体结构走向玫瑰图

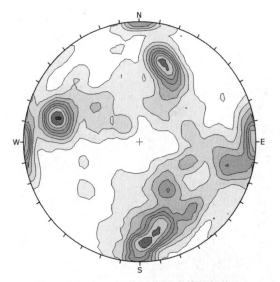

图 6-13　Terzaghi 修正后的岩体结构信息
赤平投影图（下半球、等面积投影）

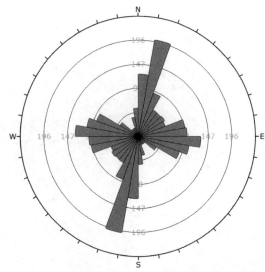

图 6-14　Terzaghi 修正后的岩体结构走向玫瑰图

在此基础上可以进行优势结构面划分。

对卸荷区的优势结构面分组结果如图 6-15 所示。根据优势分组成果，卸荷区的主要岩体结构可分为 4 组，其中结构面产状表示方式为倾角/倾向：

(1) 40°～80°/85°～130°（平均 62°/106°，即 N16°E，SE∠62°）；

(2) 40°～70°/180°～220°（平均 55°/200°，即 N70°W，SW∠55°）；

(3) 55°～90°/338°～15°（平均 72°/356°，即 N86°E，NW∠72°）；

(4) 60°～90°/260°～300° 及 80°～90°/90°～120°（平均 83°/267°，即 N3°W，SW∠83°）。

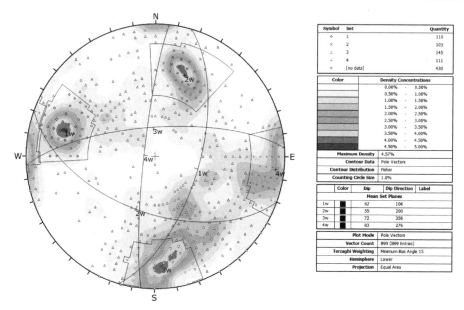

图 6-15　卸荷区优势结构面分组成果

4. 三维结构面网络的参数

根据前述的优势结构面分组结果，对于各均质区有如表 6-4 所示的实测结构面可供计算三维结构面网络参数。

实测结构面数量　　　　　　　　　　　　　　　　表 6-4

卸荷风化区	
优势分组	结构面条数
第一组	110
第二组	103
第三组	145
第四组	111

结构面的密度、产状、尺寸参数中最容易得到的为产状参数，由于有部分结构面的倾向并不在一个连续的区间中，如第三组和第四组优势结构面一部分优势倾向为 90°左右，另一部分为 285°左右。对于如此的数据形式，难以采用正态分布等常规概率函数进行描述。因此在此处直接使用 Fisher 函数进行产状的概率模型建立。

DIPS 软件中提供了各组优势结构面的 Fisher 函数的参数估计值，如表 6-5 所示。

产状概率参数估计值（Fisher 分布）　　　　　　　表 6-5

优势分组	倾向均值(°)	倾角均值(°)	Fisher 常数 κ
第一组	106	62	56.8702
第二组	200	55	54.8658
第三组	356	72	40.3720
第四组	267	83	39.5506

由于在生成三维结构面网络的过程中需要涉及结构面的体密度信息 P30，而估计 P30 指标需要结构面的尺寸指标参与，因此此处先进行结构面的尺寸参数估计。

首先估算迹长指标，按照 DFN 生成理论中测线法、测窗法各自的迹长估算理论，分别计算各测线、测窗的全迹长；然后按照各自包含的该组结构面条数进行加权平均取值；最后根据全迹长指标估算结构面的直径。对各均质区的各种优势结构面估计得结构面尺寸参数如表 6-6 所示。

尺寸概率参数估计值（负指数分布）　　　　　　表 6-6

优势分组	结构面直径均值(m)	负指数参数
第一组	4.334268439	0.230719443
第二组	6.311300684	0.158445945
第三组	7.372008901	0.135648236
第四组	5.226289550	0.191340336

对于结构面的密度，首先根据各测线得到的结构面的条数与测线长，考虑各组结构面的视倾角，计算得到线密度。然后对各测线得到的线密度进行加权平均。继而考虑测线的有限长度对线密度进行修正。最后结合前面得到的结构面直径指标，换算得到结构面的体密度，用以进行结构面生成。各均质区的密度概率参数估计值如表 6-7 所示。

各均质区的密度概率参数估计值（均匀分布）　　　　　　表 6-7

优势分组	线密度 P10(m^{-1})	体密度 P30(m^{-3})
第一组	0.261182264	0.009971066
第二组	0.23083362	0.003789355
第三组	0.362735921	0.005085881
第四组	0.31482274	0.010178563

5. 坝区岩体 DFN 的重构与检验

根据前述的三维岩体结构网络生成理论，可以进行三维结构面网络的生成。

1）重构的基本思路

众所周知，岩体结构的重构生成中涉及复杂的随机过程。对于特定的回归参数，在重构过程中可以生成无数个与之对应的岩体结构样本。每一个具体的样本表现出的特性也必然是随机的、不同的。不能将任一次重构得到的岩体结构样本的特性，视作对应该组回归参数的岩体的确定性结果。而这一问题恰恰在当前的岩体结构重构工作中未得到相应的重视。

在本书中，对随机性问题按照 Esmaieli 等（2010）的经验，采用了如下方式处理。首先，在一个大尺度的范围内生成一个分布符合回归参数的重构样本，这一范围应该较之期望的 REV 更大，以保证重构生成的岩体结构参数具有足够的统计样本，本例中取值为 $400m \times 400m \times 400m$。在这一大范围样本内，根据期望研究的节理岩体尺寸进行抽样分析研究。对岩体结构网络随机性更具体的讨论将在后文阐述。

2）重构的过程

DFN 创建前首先进行了一些参数的初始化，定义了一个 400m×400m×400m 的域用来生成 DFN；并声明固定了随机种子以保证结果的可重复性。

此外，由于对裂隙的尺寸采用了负指数假定，而 3DEC 中的裂隙尺寸并不直接支持这样的分布函数生成，因此需要自行编制一个负指数函数的生成函数。该函数中，利用 3DEC 里的 urand 命令，从 [0, 1] 范围内的随机数 number，生成一个服从参数为 lambda 的负指数假定的随机数。其基本原理如下：

负指数分布随机变量的密度函数为：

$$f(x) = \lambda e^{-\lambda x} \tag{6-32}$$

抽样公式为：

$$t = -\frac{1}{\lambda} \ln(1-u) \tag{6-33}$$

u 为标准均匀分布随机数 [0, 1]。

```
; --Creation of DFN --
new
; 定义工作域
define box
  global x_min = -200
  global x_max =  200
  global y_min = -200
  global y_max =  200
  global z_min = -200
  global z_max =  200
  global domain_volume = (x_max-x_min)*(y_max-y_min)*(z_max-z_min)
end
@box

domain extent(@x_min, @x_max @y_min, @y_max @z_min, @z_max); 400×400×400m
的域

; 固定随机种子
set random 101

; --利用标准均匀随机数生成服从负指数分布的伪随机数--
; 负指数分布函数为 f(x) = lambda * exp(-lambda * x)
define negaexp(lambda)
  local number = urand    ; [0, 1]
  global negaexp =   -(1 / lambda) * ln(1 -number)
end
```

四组裂隙的生成方式基本一致，这里仅介绍第一组裂隙的生成过程。

生成第一组裂隙的模板，其中尺寸采用了自编 fish 函数的方式，考虑参数为 0.230719443 负指数分布，且具有 [1，50] 的上下限。对于产状分布，服从参数为 56.8702 的 fisher 函数分布。

```
; --定义第一组优势裂隙的模板 --
dfn template create name 'jset1'                  &  ; 定义模板的名称
                 id 1                             &  ; 定义模板的 id
                 size fish @negaexp(0.230719443) &  ; 对裂隙尺寸由自定义函数 negaexp 决定
                 slimit 1.0 50.                   &  ; 对裂隙尺寸定义上下限
                 position uniform                 &  ; 裂隙中心点在空间内均匀随机分布
                 orientation fisher 62.106.56.8702; 裂隙产状分布的 fisher 函数(倾角均
                 值、倾向均值、fisher 常数)
```

随后使用该模板来生成第一组优势裂隙。请注意在岩体结构网络参数调查的时候，求取了坝址区岩体的单位体积内裂隙条数指标 P30，但生成的时候并没有这个关键词，而采用的是使用了 P30 的倒数——空间内指定裂隙条数来生成裂隙，因此首先利用 P30 和空间体积计算得到了裂隙总条数，随后在生成过程中，令程序在生成指定条数裂隙后停止，即得到指定 P30 条件。请注意在生成完该组裂隙之后，将其单独导出，以供后续的分析所用。

```
; 采用定义裂隙在整个工作域内条数的方式定义裂隙的 P30 密度
define P30 _ define _ 1
   local P30 = 0.009971066
   global nfrac _ P30 _ 1 = round(domain _ volume * P30);求得在工作域空间内按照指定 P30 分布
下裂隙的总条数
   end
@P30 _ define _ 1

; 采用 jset1 模板，按照指定条数，创建名为 joint _ set _ 1 的裂隙组
dfn generate id = 1 name 'joint _ set _ 1' template name 'jset1' nfrac @nfrac _ P30 _ 1
; 导出该组节理，以后分析的时候会用到
sav dfn _ ini _ 1
```

其他三组优势裂隙的生成此处不赘述，最终得到了约 18.5 万条裂隙（图 6-16）。

为了展示以上 DFN 在各个方向上的迹线，创建了东西、南北、水平向三个迹平面，如图 6-17 所示。通过求取 DFN 分别与三个迹平面上的交切体来创建 DFN 在迹平面上的迹线。

```
; Outcrop NS 南北向迹平面
geom set Outcrop _ NS
```

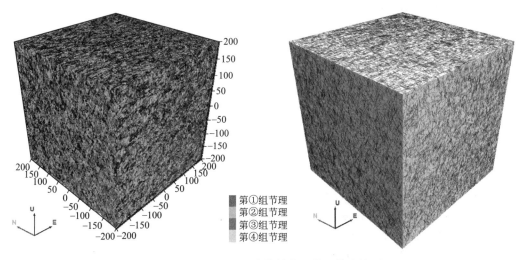

图 6-16　得到的三维岩体结构网络及其迹线图

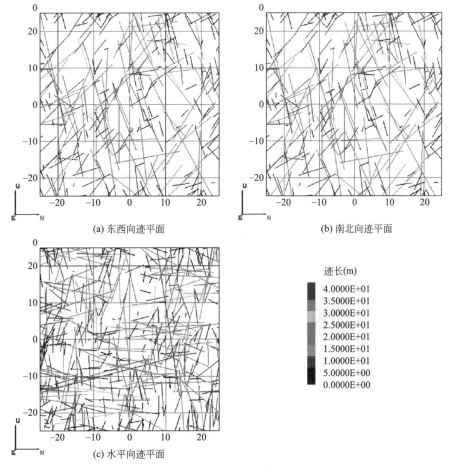

(a) 东西向迹平面

(b) 南北向迹平面

(c) 水平向迹平面

图 6-17　三维结构面网络的二维迹平面

```
geom poly pos(0, -25, -25)(0, 25, -25)(0, 25, 25)(0, -25, 25)

; Outcrop EW 东西向迹平面
geom set Outcrop _ EW
geom poly pos(-25, 0, -25)(25, 0, -25)(25, 0, 25)(-25, 0, 25)

; Outcrop UD 水平迹平面
geom set Outcrop _ UD
geom poly pos(-25, -25, 0)(-25, 25, 0)(25, 25, 0)(25, -25, 0)

; 分别求取 DFN 和各个迹平面, 以获得 DFN 在迹平面上的迹线
dfn intersection id 1 name inter _ NS _ out geomname Outcrop _ NS
dfn intersection id 2 name inter _ EW _ out geomname Outcrop _ EW
dfn intersection id 3 name inter _ UD _ out geomname Outcrop _ UD
```

3) 重构结果的检验

将对生成的三维岩体结构网络模型进行检验,以说明其可以代表真实的坝址区卸荷风化岩体。

(1) 直观考察

在 3DEC 程序窗口选择显示当前 DFN 的极点图 Stereonet, 通过与图 6-18 中地质编录成果进行直观对比,重构效果较为理想。

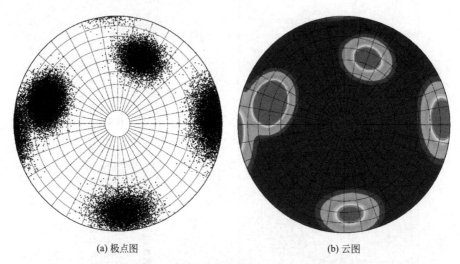

(a) 极点图　　　　　　　　　　　(b) 云图

图 6-18 卸荷风化区三维结构面网络的赤平投影图(下半球、等面积投影)

(2) 定量比较——密度

上节中采用直观对比的方法,将模拟与实测的结构面进行了定性对比,本节将把模拟生成的结构面网络及实测数据进行定量对比。

表 6-8 给出了模拟得到的结构面网络的线密度与实测线密度的对比。对于 DFN 生成的随机性问题,直接随意在 DFN 中选取一条测线,其 P10 密度肯定不会与实测值一样。

因此在检验的时候，采用了如下方式：

①在 DFN 模型中，按照地质编录时考虑的测线产状，但按照不同的位置，随机在DFN 里选取一条测线；

②求取这条测线上的 P10 指标，重复这个过程很多遍，如 500 遍；

③对求取的 500 个 P10 值进行参数分析，检查其均值是否与地质编录值相一致。

其具体的代码实现过程如下，其中 dfn_ini_1 文件为在创建 DFN 时保存的，仅含有第一组裂隙的 save 文件。setup 函数定义了一些变量，strike 和 plunge 分别为测线的走向与倾伏角，num 是抽样的次数，f_list 为取得当前 DFN 的表头。Extract 函数的作用是首先顶一个空数列 P10_var，在指定坐标范围内，按照指定测线产状，不断地取出测线上的P10 值，随后储存到数列 P10_var 中。Output 函数的作用是将数列 P10_var 输出为文本文件，随后导入 MATLAB 等数学软件中进行参数估计分析，求得其均值、标准差等数据，最后与实测数据进行对比。各命令具体含义如下：

```
new
rest dfn_ini_1   ；读入 save 文件，该 save 文件仅含有第 1 组优势裂隙

def setup
   global f_list = dfnfracture_list ；取得当前 DFN 的 list
   global num = 500 ；指定抽样次数
   global strike = 267 ；指定抽样测线的走向
   global plunge = 83 ；指定抽样测线的倾角
   global length = 50 ；指定抽样测线的长度
end
@setup

define extract
   array P10_var(num，1)   ；尺寸为 500*1 的空数列
   loop i(1，num)；循环 500 次，进行 500 次抽样
      local ori_x = (urand-0.5) * 100   ；[-50，50]；每次抽样都随机指定一个点的 XYZ 坐标作为
测线起点
      local ori_y = (urand-0.5) * 100   ；[-50，50]
      local ori_z = (urand-0.5) * 100   ；[-50，50]

      local scanline_start_x = ori_x ；计算对应该起点的测线起点终点坐标
      local scanline_start_y = ori_y
      local scanline_start_z = ori_z
      local scanline_end_x = ori_x + length * sin(strike * degrad)
      local scanline_end_y = ori_y + length * cos(strike * degrad)
      local scanline_end_z = ori_z + length * sin(plunge * degrad)

      local vec_lower = vector(scanline_start_x，scanline_start_y，scanline_start_z);
```

将起点终点向量化

```
        local vec _ upper = vector(scanline _ end _ x, scanline _ end _ y, scanline _ end _ z)
        P10 _ var(i, 1) = string(dfn _ p10(f _ list, vec _ lower, vec _ upper));求取这个测线上的
P10 密度并将其作为文本存到数列中
    endloop
    lose _ array(P10 _ var)
end
@extract

define output;输出 P10 _ var 数列
    file = 'P10. txt'
    status = open(file, 1, 1)
    status = write(P10 _ var, num)
    status = close
end
@output

return
```

分别对四组裂隙进行抽样检验，结果如表 6-8 所示。

实测与模拟得到的线密度对比

表 6-8

组别	实测线密度 P10(m^{-1})	模拟线密度 P10(m^{-1})			
		均值	最小值	最大值	标准差
第一组	0.261182264	0.280476568	0.0599693	0.494747	0.066225143
第二组	0.23083362	0.232277943	0.0773589	0.417738	0.053660275
第三组	0.362735921	0.371873499	0.173908	0.565201	0.064134202
第四组	0.31482274	0.343389866	0.141949	0.567798	0.06511671

可见模拟得到的线密度均值与实测线密度基本接近，标准差较小，说明分布较为密集。

（3）定量比较——产状

对于产状，也不能指望单个裂隙产状与输入的参数相匹配，而同样需要在统计意义上所匹配。因此这里将对 DFN 中裂隙的产状进行统计并进行参数估计分析。

首先需要获取 DFN 中某一组所有裂隙的产状信息。

```
new
res dfn _ ini _ 1;读入第一组优势裂隙的 DFN 文件

define nfrac _ export
    global nfrac = dfnfracture _ number;求得第 1 组优势裂隙的总条数
end
```

```
@nfrac _ export

define extract
  array frac _ dip(nfrac, 1)；定义储存倾向倾角的空数列
  array frac _ dd(nfrac, 1)
;
  loop i(1, nfrac)  ；历遍第 1 组优势裂隙的所有裂隙
    fr _ pnt = dfnfracture _ find(i)  ；取得第 i 个裂隙的指针
    ；分别输出倾角、倾向信息到两个数列中
    frac _ dip(i, 1) = dfnfracture _ dip(fr _ pnt )  ；dip
    frac _ dd( i, 1) = dfnfracture _ dipdir(fr _ pnt )  ；dd
  endloop
end
@extract

define output  ；输出倾角到文本文件中
  file = 'dip. txt'
  status = open(file, 1, 1)
  status = write(frac _ dip, nfrac)
  status = close
end
@output

define output  ；输出倾向到文本文件中
  file = 'dd. txt'
  status = open(file, 1, 1)
  status = write(frac _ dd, nfrac)
  status = close
end
@output
```

图 6-19 为模拟得到的结构面网络产状的概率密度函数与实测值的对比，二者的概率密度函数分布较为接近。同样表明模拟得到的结构面网络的产状与实测值较为接近，较好地反映了坝址区岩体的产状特征。

4）定量比较——尺寸

对于尺寸的对比，与产状对比的逻辑基本一致，即取出所有裂隙的尺寸，检验其统计规律是否与实测得到的统计规律一致。

```
new
res dfn _ ini _ 1

define nfrac _ export
```

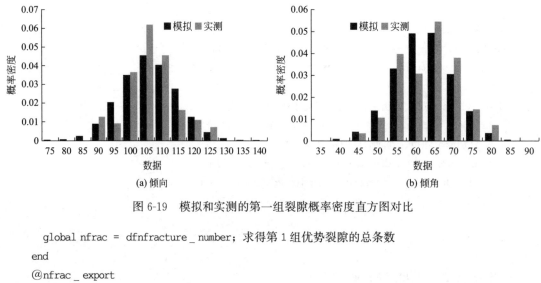

(a) 倾向　　　　　　　　　　　　　(b) 倾角

图 6-19　模拟和实测的第一组裂隙概率密度直方图对比

```
    global nfrac = dfnfracture_number；求得第 1 组优势裂隙的总条数
end
@nfrac_export


define extract
    array frac_diameter(nfrac，1)　；定义储存直径的空数列

    loop i(1，nfrac)　；历遍第 1 组优势裂隙的所有裂隙
        fr_pnt = dfnfracture_find(i)　；取得第 i 个裂隙的指针
        ；分别输出直径信息到数列中
        frac_diameter(i，1) = dfnfracture_diameter(fr_pnt)
    endloop
end
@extract


define output　；输出直径到文本文件中
    file = 'diameter.txt'
    status = open(file，1，1)
    status = write(frac_diameter，nfrac)
    status = close
end
@output
```

　　表 6-9 给出了实测的结构面直径指数函数分布参数与模拟得到的结构面网络中的圆盘直径的指数函数分布参数的对比，对比结果较好。同样表明模拟得到的结构面网络可以较好地反映坝址区岩体结构的尺寸特征。

　　通过直观考查与实际数据的定量对比，模拟生成的坝址区岩体结构面网络较好地代表了实际工程岩体结构，为后续尺寸效应提供了可靠的基础。

组别	实测		模拟	
	结构面直径均值(m)	负指数参数	结构面直径均值(m)	负指数参数
第一组	4.334268439	0.230719443	4.322922	0.231325
第二组	6.311300684	0.158445945	6.247930	0.160053
第三组	7.372008901	0.135648236	7.304815	0.136896
第四组	5.22628955	0.191340336	5.196613	0.192433

实测与模拟得到的结构面直径分布对比　　　　　　表 6-9

6.3　岩体裂隙网络的结构参数尺寸效应

　　岩体结构的重构中一个重要的问题是生成的裂隙网络的随机性问题的处理。众所周知，岩体结构的重构涉及复杂的随机过程。对于特定的回归参数，在重构过程中可以生成无数个与之对应的岩体结构样本。每一个具体的样本表现出的特性也必然是随机的、不相同的。不能将任一次重构得到的岩体结构样本的特性，视作对应该组回归参数的岩体的确定性结果。而这一问题恰恰在当前的岩体结构重构工作中未得到相应的重视。传统方法在尺寸效应研究中选取不同尺寸计算模型时，通常是以最大岩体模型的中心点为基准，选取的所有不同尺寸模型的中心点与最大模型的中心点保持一致。

　　如前文所述，已经针对坝区岩体，生成了一个比预期 REV 尺度大很多的大尺度岩体结构模型。在这一大范围样本内，根据期望研究的节理岩体尺寸进行抽样分析研究。抽样中对于某一确定的岩体尺寸，在不同的中心点抽取多个岩体样本，考察样本特征的统计数据，以其平均值或统计参数作为当前回归参数下的节理岩体的等效特征值。为了说明上一节中采用的在大尺度模型中局部范围内抽取有限尺寸岩体样本可以代表节理网络随机过程中不同样本的可行性。在 200m 的大尺度节理网络中，按照相同中心点、不同尺寸和相同尺寸、不同中心点的原则，分别展示不同试件的结果。

6.3.1　相同中心点、不同尺寸

　　图 6-21 为在大尺寸节理网络模型中的同一中心点（0，0，0），按照图 6-20 的抽样方法抽取的不同尺寸岩体结构模型。可以看到，对于不同尺寸的岩体，其根本性的差异来源于尺寸范围内包含的岩体结构的不同，即岩体特性尺寸效应根本来源。

　　抽样的 FISH 代码如下，基本逻辑为在一个指定的中心点（当前为 0，0，0），按照参数化的形式建立一个指定尺寸的工作域。工作域的范围落在200m 尺度的 DFN 范围内，且尺寸小于 100m。在这个工作域中执行导入 DFN 的命令时，超出工作域范围的 DFN 将被截断。如此，留下来的裂隙即为这个工作域范围对应尺度的抽样结果。

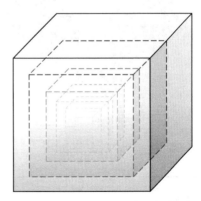

图 6-20　相同中心点、不同尺寸抽样方法

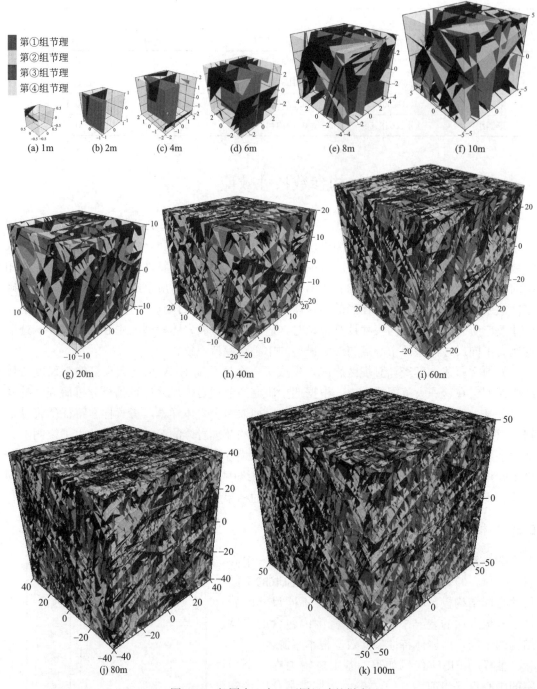

第①组节理
第②组节理
第③组节理
第④组节理

(a) 1m　　(b) 2m　　(c) 4m　　(d) 6m　　(e) 8m　　(f) 10m

(g) 20m　　(h) 40m　　(i) 60m

(j) 80m　　(k) 100m

图 6-21　相同中心点、不同尺寸的样本

new

；生成工作域内的随机中心点

```
define extract
    global size = 20.    ；抽样的尺度
    local number1 = 0.
    local number2 = 0.
    local number3 = 0.
    global x _ lower = number1-0. 5 ∗ size
    global y _ lower = number2-0. 5 ∗ size
    global z _ lower = number3-0. 5 ∗ size
    global x _ upper = number1 + 0. 5 ∗ size
    global y _ upper = number2 + 0. 5 ∗ size
    global z _ upper = number3 + 0. 5 ∗ size
end
@extract
```

；按照指定的中心点和尺寸定义工作域

```
domain extent(@x _ lower, @x _ upper @y _ lower, @y _ upper @z _ lower, @z _ upper)
```

；建立一个指定尺寸的几何体，用来辅助显示 DFN

```
geom set the _ cube
geom poly pos(@x _ lower, @y _ upper, @z _ lower)(@x _ upper, @y _ upper, @z _ lower)(@x _
upper, @y _ lower, @z _ lower)(@x _ lower, @y _ lower, @z _ lower)extrude(0, 0, @size)
```

；分别导入四组裂隙。

```
dfn import filename joint _ set _ 1. dat truncate nothrow id 1 name 'joint _ set _ 1'
dfn import filename joint _ set _ 2. dat truncate nothrow id 2 name 'joint _ set _ 2'
dfn import filename joint _ set _ 3. dat truncate nothrow id 3 name 'joint _ set _ 3'
dfn import filename joint _ set _ 4. dat truncate nothrow id 4 name 'joint _ set _ 4'
```

6.3.2　相同尺寸、不同中心点

岩体结构中另一个重要的因素——随机性可以在图 6-22、图 6-23 中得以体现。对于尺寸相同的试件，可能因为随机性的问题，具有相当的差别。所以在研究岩体尺寸效应时，应该考虑这一随机性，采用统计方法进行描述。

因此，岩体三维节理网络模拟中最重要的两个问题均可以采用当前的方法加以解决。

为了实现相同尺寸、不同中心点的抽样，仅需要将相同中心点抽样的 FISH 代码中的

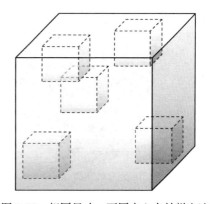

图 6-22　相同尺寸、不同中心点抽样方法

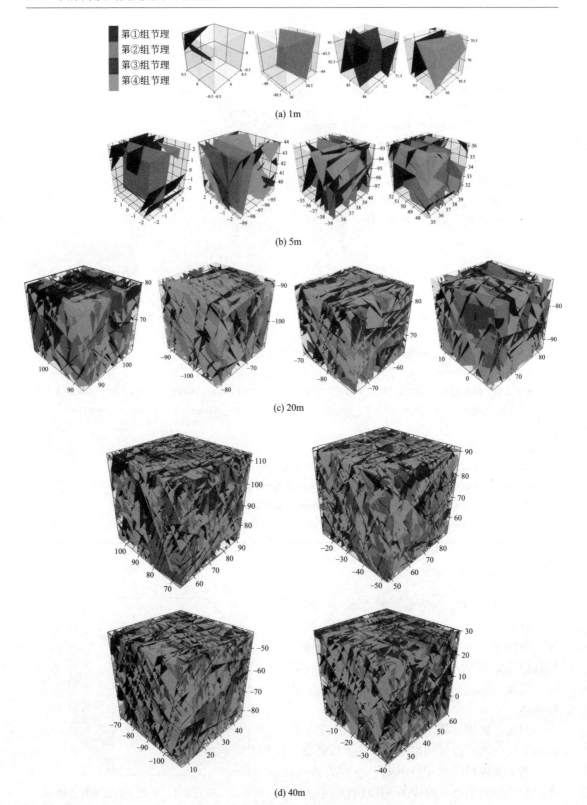

(a) 1m

(b) 5m

(c) 20m

(d) 40m

图 6-23　相同尺寸、不同中心点的样本

```
local number1  =  0.
local number2  =  0.
local number3  =  0.
```

替换为

```
local number1 = (urand-0.5) * (200-size)
local number2 = (urand-0.5) * (200-size)
local number3 = (urand-0.5) * (200-size)
```

通过标准均匀随机数的方式，实现在 200m 尺度的 DFN 内，中心点的随机抽取，且保证抽取的范围不超出 200m 尺度 DFN。

6.3.3　岩体结构的尺寸效应及 REV 的确定

基于建立的三维岩体裂隙网络，按照上节中同一尺寸不同位置的抽样技术，进行了坝址区岩体的数值试验研究。

试验中共考虑了 1m、3m、5m、10m、20m…90m、100m 共 13 级尺寸的试件，对两种结构参数（体积节理密度 P10、体积节理面积密度 P30）进行了抽取。

对于 1～100m 尺度范围内抽取的岩体结构参数时，针对每次抽样得到的岩体试件，通过 3DEC 软件中 FISH 函数统计试件内结构面的中心点数量，与当前试件体积相除即得到对应当前尺度 P30 的一个样本。对于 P32 指标，同样在 3DEC 中利用 FISH 语言，对每个尺度等级的试样进行 500 个不同中心点样本的抽样，计算各尺度下单位体积中节理面积。其中，当圆盘与试件边界相截断时，仅计算包含在试件内部的圆盘面积。

下面给出了对每个尺度进行抽取的 FISH 文件，基本思路为：（1）通过均匀分布，在 200m 的 DFN 范围内生成一个三维的随机点作为抽取范围的中心点；（2）分别计算得到抽取范围的坐标范围并将其向量化；（3）用 dfn_centerdensity 和 dfn_density 命令将其取出并存储进数列中；（4）不断重复多次，取得多个抽样结果，最后输出文本文件以供其他统计软件分析。

```
new
rest dfn_ini；读入生成的 DFN 文件
def setup
  global size = 100.   ；当前抽取的尺度
  global f_list = dfnfracture_list
  global num = 500；抽样的次数
end
@setup

define extract
```

```
    P30 _ var = get _ array(num, 1); 存放 P30 的数列
    P32 _ var = get _ array(num, 1); 存放 P32 的数列
    loop i(1, num)
        local number1 = (urand-0.5) * (200-size); 抽取范围的中心点坐标, 在 200mDFN 的范围内随机
抽取
        local number2 = (urand-0.5) * (200-size)
        local number3 = (urand-0.5) * (200-size)
        local x _ lower = number1-0.5 * size
        local y _ lower = number2-0.5 * size
        local z _ lower = number3-0.5 * size
        local x _ upper = number1 + 0.5 * size
        local y _ upper = number2 + 0.5 * size
        local z _ upper = number3 + 0.5 * size
        local vec _ lower = vector(x _ lower, y _ lower, z _ lower)
        local vec _ upper = vector(x _ upper, y _ upper, z _ upper)
        P30 _ var(i, 1) = string(dfn _ centerdensity(f _ list, vec _ lower, vec _ upper)); 获取当前
范围内的 P30 指标存入数列
        P32 _ var(i, 1) = string(dfn _ density(f _ list, vec _ lower, vec _ upper)); 获取当前范围内
的 P32 指标存入数列
    endloop
    end
    @extract


define output1; 输出 P30 到文本文件
    file = 'P30. txt'
    status = open(file, 1, 1)
    status = write(P30 _ var, num)
    status = close
end
@output1


define output2; 输出 P32 到文本文件
    file = 'P32. txt'
    status = open(file, 1, 1)
    status = write(P32 _ var, num)
    status = close
end
@output2
```

表 6-10 是对多个尺度进行抽样结果的统计值, 直观观察可见随尺寸的增加, 各尺度相应的 P30 的最值区间、方差、均值均逐渐减小, 并趋近一个常数。对于坝址区岩体, P30 的变化规律在 30m 尺度左右趋近平缓。

数值试验得到的不同尺寸的岩体结构参数　　表 6-10

尺度 (m)	$P30(m^{-3})$				$P32(m^{-1})$			
	均值	最大值	最小值	标准差	均值	最大值	最小值	标准差
1	8.765E-01	9.680E-01	1.243E+00	3.587E-01	1.368E+00	3.225E-02	3.301E+00	6.178E-01
3	3.622E-01	7.407E-02	6.667E-01	1.133E+00	1.382E+00	1.378E-01	2.716E+00	5.341E-01
5	1.809E-01	6.040E-02	3.120E-01	4.138E-02	1.362E+00	4.826E-01	2.493E+00	4.243E-01
10	8.446E-02	6.200E-02	1.130E-01	1.009E-02	1.355E+00	7.332E-01	2.157E+00	2.943E-01
20	5.224E-02	4.550E-02	5.813E-02	2.464E-03	1.376E+00	1.048E+00	1.682E+00	1.498E-01
30	4.349E-02	4.093E-02	4.689E-02	1.342E-03	1.377E+00	1.199E+00	1.576E+00	7.720E-02
40	3.955E-02	3.789E-02	4.214E-02	7.408E-04	1.386E+00	1.211E+00	1.563E+00	7.032E-02
50	3.727E-02	3.602E-02	3.853E-02	5.266E-04	1.387E+00	1.296E+00	1.522E+00	6.406E-02
60	3.577E-02	3.481E-02	3.655E-02	4.070E-04	1.383E+00	1.303E+00	1.507E+00	4.214E-02
70	3.478E-02	3.415E-02	3.533E-02	2.738E-04	1.385E+00	1.311E+00	1.480E+00	3.638E-02
80	3.404E-02	3.360E-02	3.449E-02	1.947E-04	1.386E+00	1.346E+00	1.454E+00	2.909E-02
90	3.347E-02	3.307E-02	3.386E-02	1.562E-04	1.387E+00	1.325E+00	1.447E+00	2.559E-02
100	3.302E-02	3.267E-02	3.332E-02	1.142E-04	1.388E+00	1.357E+00	1.436E+00	2.227E-02

相对于 P30 指标，P32 指标的最值区间和方差随尺寸增加迅速减小，而均值则基本不变。当以最值区间和方差趋近稳定的尺度作为 REV 时，对应 P32 指标的 REV 尺度同样为 30m（图 6-24）。

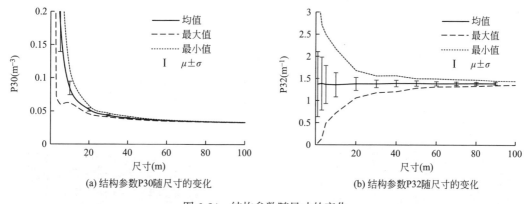

(a) 结构参数P30随尺寸的变化　　(b) 结构参数P32随尺寸的变化

图 6-24　结构参数随尺寸的变化

6.4　基于块体离散元的合成岩体方法等效力学参数计算

所谓合成岩体技术（Synthetic Rock Mass，SRM），是一种基于裂隙网络的离散元数值计算模型。基于三维裂隙网络技术，将三维裂隙网络模型嵌入岩石基质模型，构建能充分反映实际裂隙空间分布特征并考虑基质力学效应的合成岩体模型，并在此基础上分析岩体的各种力学行为。在过去的一段时间中，基于颗粒流方法（可视作常规离散元法之外的另一种方法）的合成岩体技术应用报道较多。也有一些合成岩体方法基于常规离散元方法采用计算中较为方便处理的全贯通或四边形非贯通裂隙模型，但尚未见到基于常规离散元方法的三维圆盘非贯通裂隙成果报告。

离散元方法从原理上注定了其仅能考虑凸多边形/凸多面体问题。具体到应用中时，表现为仅能考虑贯通裂隙问题，缺乏对非贯通裂隙的处理能力。因此一般认为离散元方法无法对圆盘形裂隙开展力学计算。

但随着计算机技术的发展及程序执行效率的提高，我们可以采用一些替代方法，实现利用常规离散元对圆盘裂隙进行计算。其具体原理为：针对某一个裂隙圆盘，首先根据其产状切穿整个模型；其次对切割完毕的块体划分网格，在整个切割面上形成接触单元；最后，根据圆盘直径，分别对圆盘范围内外的接触单元重新赋值，对圆盘范围外的接触单元力学参数赋一个大值，形成事实上不可破坏、不可滑动、不可分离的"虚拟裂隙"，对余下圆盘范围内的接触单元赋正常材料参数值，形成事实上的圆盘裂隙面，如图 6-25 所示。

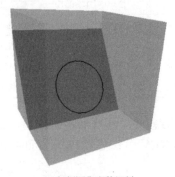 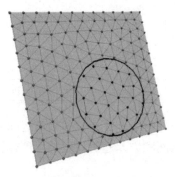

(a) 根据圆盘产状切割　　　　　　　　(b) 块体划分网格

图 6-25　基于离散元的圆盘裂隙面计算原理

按照上述策略加工后的离散元块体模型如图 6-26 所示。注意图中正交切割的裂隙为辅助性的虚拟裂隙，可以减少整个离散元模型中的裂隙长度，以达到减少计算量的目的。

离散元模型中的裂隙圆盘实现情况可以利用裂隙的属性特性得以展示。图 6-27 通过裂隙黏聚力的形式给出了裂隙圆盘实现效果。

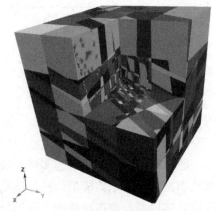 

图 6-26　嵌入三维随机结构面网络之后的　　　　图 6-27　裂隙圆盘实现效果
　　　　　　离散元块体示意图

　　为对基于三维离散元合成岩体技术获取岩体等效力学参数的方法进行详细说明，考虑计算工作的简单性，选取一个基础性算例进行演示说明。该算例为单组随机分布的结构面网络，裂隙体积密度为 P30＝0.01。为了更明显地体现出各向异性特征，裂隙倾角均值为 30°，服从 Fisher 分布，Fisher 分布常数 k 为中值 30，由于倾向对 E_z 无影响，因此取为 0°。为了简化起见此处选取参数较少的正态分布表达裂隙迹长的离散程度，裂隙迹长离散程度即由标准差 σ 表征。正态分布概率密度函数的定义域本为 $[-\infty, +\infty]$，但有大于 99% 的数据位于均值 $\pm 3\sigma$ 的范围内，在此以 3σ 区间作为迹长分布的上下限。本例中迹

图 6-28　生成的单组裂隙 DFN

长均值设为 5m，标准差 $\sigma＝1m$，3σ 分布区间为 2～8m。在 100m 尺度内生成的 DFN 模型如图 6-28 所示。

　　生成 DFN 的代码与上节基本类似，仅仅是裂隙的尺寸参数换为了较为简单的正态分布。

```
new
define box
  global x _ min = -50
  global x _ max =   50
  global y _ min = -50
  global y _ max =   50
  global z _ min = -50
  global z _ max =   50
  global domain _ volume = (x _ max -x _ min) * (y _ max -y _ min) * (z _ max -z _ min)
end
@box

domain extent(@x _ min, @x _ max @y _ min, @y _ max @z _ min, @z _ max); 定义一个 100m 尺度
的域

; 固定随机种子
set random 101

; 采用指定 P30 对应的裂隙条数的方式确定 DFN 的密度
define P30 _ define
  local P30 = 0.01
  global nfrac _ P30 = round(domain _ volume * P30)
end
```

```
@P30 _ define

dfn template create name 'jset1'                    &
                    id 1                             &
                    size gauss   5. 0 1.             & ；这里为了简化起见使用了正态分布，
                                                       均值为5，标准差1
                    slimit 0.5 10.                   &
                    position uniform                 &
                    orientation fisher 30. 0. 30.

dfn generate id = 1 name 'joint _ set _ 1' template name 'jset1' nfrac @nfrac _ P30
dfn export filename joint _ set _ 1


sav dfn _ ini
```

可以按照上节的随机抽样方法对这个 100m 尺度的 DFN 进行不同中心点、不同尺度的抽样。此处为了简单说明 SRM 方法，固定采用中心点为（0，0，0）、边长为 10m 的抽样。

SRM 方法的最终目的是在统计 DFN 的结构性参数的同时，可以开展力学计算，而在开展力学计算之前，需要对 DFN 进行简化与合并，简化的原则和方法在讲述 3DEC 的命令时已经涉及。总的来讲，原则是：（1）距离和夹角过小的两条裂隙，对合成岩体的等效力学参数影响几乎趋同，可以合并；（2）尺寸过小的裂隙，对合成岩体等效力学参数的影响可以忽略，因此可以删除。

```
new
rest dfn _ ini
; 将夹角＜5°和中心点距离＜0.5 的裂隙合并
dfn combine angle 5. distance 0.5 merge


; 用于删除过小的裂隙的函数 Function to filter out small fractures
; 将尺寸小于输入变量的裂隙删除
define frac _ filter(min _ diameter)
  local nfrac = 0
  local del _ frac = 0
; 历遍每一组 DFN
  loop foreach local dfn _ pnt dfn _ list
    local frac _ list = dfn _ fracturelist(dfn _ pnt)

    ; 历遍每一组 DFN 中的每一个裂隙
    loop foreach local frac _ pnt frac _ list
      nfrac = nfrac + 1  ; 计算裂隙总数
```

```
           ；如果裂隙尺寸小于指定值，删除！
           if dfnfracture_diameter(frac_pnt)< min_diameter
             dfn_deletefracture(frac_pnt)
             del_frac = del_frac + 1   ；删除计数器加 1
           end_if
         endloop
     endloop
     local status = out("Number of Fractures:" + string(nfrac))；显示总裂隙数量
     status = out("Number of Deleted Fractures:" + string(del_frac))；显示删除裂隙数量
  end


  @frac_filter(0.1)


  save dfn_simplfied
```

在得到了经过简化的 DFN 后，可以开展数值力学试验，获得合成岩体的等效力学特性，包括变形参数（模量）与强度参数（黏聚力与内摩擦角）。三轴压缩数值试验的基本代码如下，更详细的室内岩石力学试验的讲解可以参见数值试验方法一章。

对于当前的 DFN，考虑的岩块及裂隙面的力学参数如表 6-11 所示。

算例的岩块及裂隙面力学参数　　　　　　　　　　表 6-11

裂隙岩体	E (GPa)	μ	k_n (GPa/m)	k_s (GPa/m)	c (MPa)	f (°)	f_t (MPa)
岩石基质	20	0.20	—	—	1	40	0.5
裂隙面	—	—	10	5	0.15	20	0.1

```
  new
  rest dfn_simplfied  ；读入经过简化的 DFN
  damp auto
  mscale on
  set small on


  ；输入建造数值试件的参数
  define  ini_condition
    global mid_pt_x = 0.   ；为简化起见中心点固定为(0, 0, 0)
    global mid_pt_y = 0.   ；若希望中心点随机变化，可以将中心点考虑为由随机数决定
    global mid_pt_z = 0.
    global sigma_3 = 0.001e6   ；数值试验中的围压
    global size = 10.    ；合成岩体试件的尺寸
    global zone_size = 0.4   ；单元尺寸
    global eps = 0.0001   ；容差
```

279

```
    global vel = 2e-3     ; 数值压缩试验中的加载速率
    global steps = 500000  ; 数值压缩试验中计算步数
end
@ini_condition


define  para_clac    ; 由输入参数计算一些辅助变量
   global sigma_3m = -1 * sigma_3
   global area = size * size    ; 合成岩体端面面积
   global block_xl = mid_pt_x -0.5 * size  ; 合成岩体试件坐标
   global block_xu = mid_pt_x + 0.5 * size
   global block_yl = mid_pt_y -0.5 * size
   global block_yu = mid_pt_y + 0.5 * size
   global block_zl = mid_pt_z -0.5 * size
   global block_zu = mid_pt_z + 0.5 * size
   global block_zl1 = block_zl + eps
   global block_zu1 = block_zu -eps
   global block_zl2 = block_zl + 0.5 * zone_size
   global block_zu2 = block_zu -0.5 * zone_size
   global vel1 = -1 * vel
end
@para_clac


poly brick((@block_xl, @block_xu)(@block_yl, @block_yu)(@block_zl, @block_zu);
建立数值试件
   densify nseg 2 2 2 id 99; 用虚拟节理正交切割试件
   join on
   ; 用 ID 为 1 的 DFN 切割建立的数值试件
   jset dfn 1


   ; 划分网格
   gen edge @zone_size


   ; 岩石基质的材料特性
   zone model mohr
   zone young 20e9 poisson 0.2 dens 2500.
      zone fric 40. coh 1.e6 tens 0.5e6


   ; 虚拟节理的材料参数, 几乎不可分离、滑移、变形
   property jmat 1 jkn 100e10 jks 100e10
      property jmat 1 jfric 89. jcoh 10e10 jtens 10e10


   ; DFN 的裂隙参数
   property jmat 2 jkn 5e9 jks 2e9
```

```
property jmat 2 jfric 20. jcoh 0.15e6 jtens 0.1e6
```

; 将 DFN 的裂隙圆盘赋值为 2，将除裂隙圆盘之外的接触面赋值为 1
```
change jcon 1
change jmat 1
change dfn 1 jmat 2 1
```

```
save blocks _ specimen
```

; 施加三轴压缩试验的围压
```
insitu stress(@sigma _ 3m, @sigma _ 3m, @sigma _ 3m 0., 0., 0.)
bound stress @sigma _ 3m 0.        0.        0.0.0. range x @block _ xl
bound stress @sigma _ 3m 0.        0.        0.0.0. range x @block _ xu
bound stress 0.        @sigma _ 3m 0.        0.0.0. range y @block _ yl
bound stress 0.        @sigma _ 3m 0.        0.0.0. range y @block _ yu
bound stress 0.        0.        @sigma _ 3m 0.0.0. range z @block _ zl
bound stress 0.        0.        @sigma _ 3m 0.0.0. range z @block _ zu
```

; 求解平衡
```
solve ratio 1e-5 cyc 5000
```

; 对端部施加代表压缩作用的速度
```
bound zvel 0.0 range z @block _ zl
bound zvel 0.0 range z @block _ zu
bound zvel @vel range z @block _ zl
bound zvel @vel1 range z @block _ zu
```

```
reset disp vel jdisp
```

; 求解轴向应力的函数
```
def sigma _ z
  local sum = 0.
  local sum _ low = 0.
  local sum _ up   = 0.
  local vol _ low   = 0.
  local vol _ up   = 0.
    iab = block _ head
    loop while iab # 0
      iaz = b _ zone(iab)
      loop while iaz # 0
        if z _ z(iaz)< block _ zl2 then
          sum _ low = sum _ low + z _ szz(iaz) * z _ vol(iaz)
          vol _ low = vol _ low + z _ vol(iaz)
```

```
              else if z _ z(iaz)> block _ zu2 then
                sum _ up = sum _ up + z _ szz(iaz) * z _ vol(iaz)
                vol _ up = vol _ up + z _ vol(iaz)
              end _ if
            iaz = z _ next(iaz)
            endloop
        iab = b _ next(iab)
      endloop
      sum = (sum _ up / vol _ up + sum _ low / vol _ low)/ 2
      sigma _ z = -sum
    end


    ; 求解轴向应变的函数
    def epsilon _ z
      local sum = 0.
      local sum _ low = 0.
      local sum _ up  = 0.
      local n _ low   = 0.
      local n _ up    = 0.
        iab = block _ head
        loop while iab # 0
          iag = b _ gp(iab)
          loop while iag # 0
            if gp _ z(iag)< block _ zl1 then
              sum _ low = sum _ low + gp _ zdis(iag)
              n _ low = n _ low + 1

            else if gp _ z(iag)> block _ zu1 then
              sum _ up = sum _ up + gp _ zdis(iag)
              n _ up = n _ up + 1
            end _ if

            iag = gp _ next(iag)
          endloop
        iab = b _ next(iab)
      endloop
      epsilon _ z = (-1 * (sum _ up / n _ up) + sum _ low / n _ low)/ size
    end


    ; 求解偏应力 P 的函数
    def P
      p = sigma _ z -sigma _ 3
    end
```

```
；求解等效的函数
def young _ z
    young _ z = p / epsilon _ z
end


set hist _ rep 200
hist id = 1 fish @sigma _ z
hist id = 2 fish @P
hist id = 3 fish @epsilon _ z
hist id = 4 fish @young _ z
step @steps
list @young _ z
```

算例模型如图 6-29 所示。

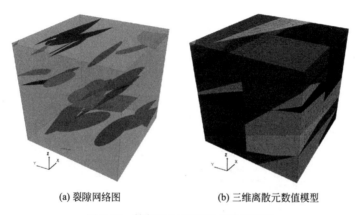

(a) 裂隙网络图　　　　　(b) 三维离散元数值模型

图 6-29　算例的三维离散元数值模型

上文所述的计算机模拟力学试验方法对算例合成岩体进行三轴压缩加载试验，分别进行围压为 0MPa、3MPa、5MPa、10MPa 的加载试验，根据轴向应力-应变曲线获得合成岩体的等效弹性模量，如图 6-30 所示；得到各次试验应力-应变曲线后，根据不同围压下的峰值强度采用 $\sigma_1 - \sigma_3$ 法计算等效黏聚力和等效内摩擦角，如图 6-31 所示。

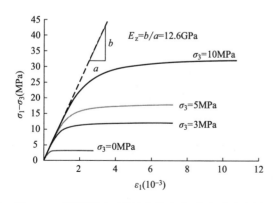

图 6-30　不同围压下的轴向偏应力-应变试验成果

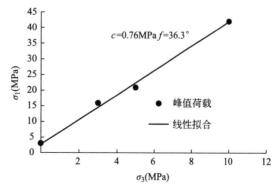

图 6-31　不同围压下的轴向峰值强度成果

在图 6-30 中，通过测量轴向应力-轴向应变曲线在初始弹性阶段的斜率，可以得到合成岩体的等效弹性模量为 12.6GPa，这一量值远小于岩石基质 20GPa 的模量；而通过反算图 6-31 中的结果，可以得到合成岩体的等效黏聚力为 0.76MPa，等效内摩擦角为 36.3°。变形和强度的结果证明了裂隙的存在对岩体力学特性的削弱作用。

参考文献

［1］ DERSHOWITZ W S. Rock joint systems ［J］. Dissertation，1984.

［2］ DERSHOWITZ W S，HERDA H H . Interpretation of fracture spacing and intensity ［J］. Proc. us Symp. on Rock Mechanics，1992.

［3］ SEN Z，KAZI A. Discontinuity spacing and RQD estimates from finite length scanlines ［J］. International Journal of Rock Mechanics & Mining Sciences & Geomechanics Abstracts，1984，21 (4)：203-212.

［4］ 陆峰，王俊奇 . Fisher 模型在岩体裂隙面模拟中的应用 ［J］. 中国水利水电科学研究院学报，2010，8 (4)：309-313.

［5］ ESMAIELI K，HADJIGEORGIOU J，GRENON M. Estimating geometrical and mechanical REV based on synthetic rock mass models at Brunswick Mine ［J］. International Journal of Rock Mechanics & Mining Sciences，2010，47 (6)：915-926.

第 7 章 基于离散元方法的岩体动力学分析及工程应用

在分析地震、爆破或冲击、岩爆或泥石流等问题的时候，我们需要将其考虑为动力问题。这些问题与时间密切相关，其持续时间可能仅有几秒或几分钟。动力问题在阻尼、吸收边界、动力输入等方面与静力问题有显著的区别。

7.1 离散元程序动力学计算方法

7.1.1 阻尼设置

正如在 3DEC 理论介绍中所述，包括 3DEC 在内的所有 Itasca 软件都使用"动力"算法来求解问题，即将静态问题视作伪时间条件下的动态问题来求解。因此，求解过程中自然需要采用阻尼来吸收系统内的振荡能量。否则，当受到外力作用时，系统将持续振荡。系统内的阻力包括：块体接触时在接触点摩擦的能量损失、块体材料内部摩擦产生的能量损失、材料周边的空气或流体阻力。

前面提到了，3DEC 将静态问题视作伪时间条件下的动态问题来求解，那么当求解动态问题时，仅需要将在静态条件下采用的"过阻尼"条件，替换为真实阻尼即可。

3DEC 提供了两种类型的阻尼（质量比例和刚度比例）。质量比例阻尼施加的力与绝对速度和质量成正比，但方向与速度相反。而刚度比例阻尼的反力与增量刚度矩阵乘以相对速度或应变率成比例。两种形式的阻尼组合使用被称为瑞利阻尼（Bathe 和 Wilson，1976）。解决静态问题时通常使用质量比例阻尼。对于动态分析，可以是质量比例的或刚度比例的，或两者都使用（即瑞利阻尼）。

1. 瑞利阻尼

这里介绍瑞利阻尼。瑞利阻尼是应用在结构工程的动力分析中的，其阻尼作用的体现与结构的振型相关。在瑞利阻尼中，阻尼矩阵 $\boldsymbol{C}$ 与质量矩阵 $\boldsymbol{M}$ 和刚度矩阵 $\boldsymbol{K}$ 成比例关系，如下：

$$\boldsymbol{C} = \alpha \boldsymbol{M} + \beta \boldsymbol{K} \tag{7-1}$$

式中，α 为质量比例阻尼常数；β 为刚度比例阻尼常数。

对于多自由度系统，在任意角频率 ω_i 条件下的临界阻尼比 ξ_i 按下式计算：

$$\alpha + \beta \omega_i^2 = 2\omega_i \xi_i \tag{7-2}$$

或

$$\xi_i = \frac{1}{2}\left(\frac{\alpha}{\omega_i} + \beta \omega_i\right) \tag{7-3}$$

图 7-1 给出了正则化的临界阻尼比与角频率 ω_i 的关系。图中给出了三条曲线：仅质量比例分量的阻尼曲线、仅刚度比例分量的阻尼曲线、二者相加的总阻尼曲线。质量比例阻

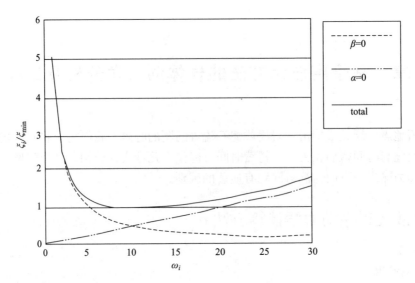

图 7-1　瑞利阻尼中的正则化临界阻尼比随角频率的变化

尼在较低的角频率范围内占主导地位，而刚度比例阻尼在较高的角频率范围内占主导地位。二者相加的总阻尼曲线达到最小值定义为：

$$\xi_{\min} = (\alpha\beta)^{1/2} \tag{7-4a}$$

$$\omega_{\min} = (\alpha/\beta)^{1/2} \tag{7-4b}$$

或

$$\alpha = \xi_{\min}\omega_{\min} \tag{7-5a}$$

$$\beta = \xi_{\min}/\omega_{\min} \tag{7-5b}$$

因此，对应总阻尼比最小时的频率，临界频率 $f_{\min}$ 的定义为：

$$f_{\min} = \omega_{\min}/2\pi \tag{7-6}$$

因此，3DEC 中的瑞利阻尼需要的输入参数为 $f_{\min}$（命令关键词 freq）和 $\xi_{\min}$（命令关键词 fcrit）。

对于图 7-1 中的例子，$\omega_{\min} = 10\text{rad/s}$，而 $\xi_{\min} = 1$。注意，阻尼比在至少 3：1 的频率范围内（例如，从 5～15）几乎是恒定的。由于已知岩土介质中的阻尼与频率无关，因此设置瑞利阻尼时，临界频率 $f_{\min}$ 应该选择在数值模拟中频率范围的中心。以使得整个系统在 3：1 的频率范围内，其阻尼比基本上是一致的。如图 7-1 中，可选择 $\omega_{\min} = 10 \sim 12$ 作为临界频率。

此外，还可以看到，在且仅在临界频谱 $f_{\min}$（或者 $\omega_{\min}$）处，质量阻尼和刚度阻尼各自提供一半的阻尼成分。

2. 瑞利阻尼参数的选取

在动力计算中，我们总是希望系统中阻尼是频率无关的，如同前面介绍的，瑞利阻尼是一种频谱有关的阻尼，因此我们必须采取一些变通的方式，在数值模拟考虑的频率范围内，使瑞利阻尼尽可能地呈现出频率无关性。

在图 7-1 中可以看到，临界阻尼比的周围有一段 3：1 的频率范围是近似平坦的，在这一范围内，可以近似地认为阻尼是频率无关的，我们指定 $f_{\min}$，其实就是在为系统指定这一平坦范围。

对于某一具体问题而言，当获得其速度时程的傅里叶谱（速度谱）时，我们可能会发现速度谱上具有一个相对平台的频率区段。

如果我们人为地取一个最高卓越频率是最低卓越频率的三倍的范围，那么就有一个 3∶1 的跨度，这个跨度中包含了频谱中大部分的动态能量。因此，在为动力分析选取瑞利阻尼参数时，我们需要调整 $\omega_{\min}$

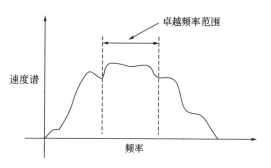

图 7-2 速度谱与频率的关系图

参数，使其 3∶1 的范围与问题中的主频范围一致。调整以符合正确的物理阻尼比。主导频率既不是输入频率，也不是系统的固有模态，而是两者的结合。我们的想法是试图为问题中的重要频率获得合适的阻尼。而对于 $\xi_{\min}$ 参数，则需要将其设定为合适的阻尼比量值。

应注意图 7-2 的速度谱中，卓越频率的范围并不是输入时程的频率，也不是系统自己的自振频率，卓越频率反映的是二者的结合，因此可以将卓越频率中的平坦段视作系统最关键的频率范围。

对于一些涉及块体大位移的问题，由于块体的运动可能受到人为的限制，使用任何质量阻尼都是不合适的。典型的场景是块体的掉落问题，或者爆破中块体的飞溅问题。此时应该只使用刚度比例阻尼，即取 $\alpha=0$。

实践中发现瑞利阻尼的一个缺点是，瑞利阻尼的刚度比例分量会影响显式求解方案的临界时间步长。因此，随着刚度阻尼分量的增加，控制时间步长将减小，即动力时步减小了，计算需要的机时会增加。该问题在所有 Itasca 软件中都存在。

关于瑞利阻尼的具体使用，参考后文的关键命令。

7.1.2 局部密度缩放

密度缩放（Density Scaling，其实本质是放大）是 3DEC 在分析静态问题时为了增加收敛速率的一种数值处理技术，可以较好地减小静态问题达到平衡的时间。毕竟在静态问题中，我们仅希望系统达到平衡，而对系统的动态响应（请记住 3DEC 的静态求解是伪动力求解）并不关心。密度缩放技术的本质是对系统中网格点的密度进行放大，以增加其质量/惯性，改善其数值收敛性。

当然，在动力分析中，我们关心的是系统动力响应本身，因此很显然不能再使用密度缩放技术来不真实地增加节点的质量，因为我们需要考虑系统真实的质量。但是，实践中用户往往会发现，由于模型的复杂性、切割或者划分网格的关系，模型中经常会出现一些非常小的块体或单元。因为显式计算算法的时步是与系统中最小块体/单元尺寸相关的，因此一旦出现哪怕一个非常小的块体或单元，即可能很大程度地减小动力计算的时步，导致动力计算的时间显著增加。

但反过来而言，这些很小的块体或单元，由于体积很小，质量也很小，其实对系统整体的动力特性影响并不会很大。一种实用的处理方式是直接将这些小块体或小单元删除；

另一种处理思路是采用密度缩放技术，将这些小块体或小单元的密度放大，增加其质量，以改善动力计算时步。这即是 3DEC 动态计算中的"局部密度缩放"技术。

采用这种处理方式时，用户直接通过 mechanical mass-scale dt 将希望达到的时步长度输入。程序将自动从小到大将系统内的小块体或小单元进行密度缩放，以达到指定的时步，同时当 model cycle 命令被输入之后，系统会将有关缩放的信息反馈出来。

下面这个简单的例子，解释了对于一个内部有很畸形的块体的系统，采用局部密度缩放技术，将动力计算时步从 1.005e-6s 增加到了 5e-6s，同时仅增加了系统不到 5% 的质量。

本例模型中，通过人为地控制切割面的倾角，形成了形态上很尖、尺寸上很小的畸形块体，从而降低了动态计算时步。在块体底部输入正弦激励，通过比较动力计算中的时间步来说明局部密度缩放技术对计算效率的改善；同时比较动力计算结果来说明局部密度缩放技术并不会对结果有明显的不利影响。

```
model new
model config dynamic  ；打开动力选项
model large-strain on

; 建立模型
block create brick -1, 1 -1, 1 -1, 1
block cut joint-set dip 5 dip-direction 45 origin 0 0 0
block cut joint-set dip 10 dip-direction 40 origin 0 0 0
block cut joint-set dip 70 dip-direction 95
block cut joint-set dip 80 dip-direction 10

; 划分网格
block zone generate edgelength 0. 5
block zone cmodel assign el
block zone prop dens 0. 0024 bulk 33333 shear 20000

; 节理切割
block contact jmodel assign el
block contact prop stiffness-normal 500000 stiffness-shear 500000
block contact material-table default prop stiffness-normal 500000...
                                        stiffness-shear 500000

; 当需要部分密度缩放时，去掉下面命令的分号
; block mechanical mass-scale timestep 5e-6

[freq = 100.0]
fish def sin _
    sin _  = math. sin(2. 0 * math. pi * mech. time * freq)
```

```
end

; 在模型底部输入一个正弦激励，而在顶部设置吸收边界
block gridpoint apply visc range pos-z 1
block gridpoint apply vel-x 0.1 fish sin _  range pos-z -1
block gridpoint apply vel-y 0 vel-z 0 range pos-z -1
block gridpoint apply vel-y 0 vel-z 0 range pos-x -1
block gridpoint apply vel-y 0 vel-z 0 range pos-x 1
block gridpoint apply vel-y 0 vel-z 0 range pos-y -1
block gridpoint apply vel-y 0 vel-z 0 range pos-y 1

; 对系统的动力响应进行监测
model his mech unbalanced-max
block his name 'Velocity at Bottom' vel-x pos -1 -1 -1
block his name 'Velocity at Top' vel-x pos -1 -1 1
model his name 'Time' dynamic time-total
model solve time-total 0.01
```

通过是否将 "block mechanical mass-scale timestep 5e-6" 语句加入计算，来实现是否启用局部密度缩放。启用后，时步直接从 1.005e-6s 增加到了 5e-6s。而在使用了局部密度缩放后，在求解时系统反馈回来的信息中，可以看到系统自动添加的缩放因子、增加的质量等信息。可见，增加的质量和系统真实的质量相比，差异在 4.272%，对系统的影响并不大。

```
no. scaled g. p. masses = 68
min. g. p. scaling factor = 4.038E-02
max. g. p. scaling factor = 1.000E + 00
min. g. p. added mass = 0.000E + 00
max. g. p. added mass = 3.103E-05
min. block added mass = 0.000E + 00
max. block added mass = 1.938E-04
total added mass in model = 8.202E-04
total real mass in model = 1.920E-02
added mass / real mass = 4.272E-02
```

图 7-3 给出了是否采用局部密度缩放，对计算结果的影响。可以看到对于当前的例子，对计算结果的影响是非常小的，但采用局部密度缩放技术，几乎将计算时间缩短了 5 倍，这对动力计算的效率是很可观的改善。

7.1.3　动力边界设置

岩土工程的动态响应分析本质上一般属于近场波动范畴内的开放系统中的波动问题。

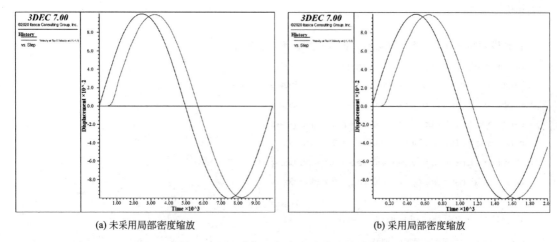

(a) 未采用局部密度缩放　　　　　　　　(b) 采用局部密度缩放

图 7-3　是否采用局部密度缩放的结果比较

但仅有工程本身其邻近的岩土体中的波动具有工程意义，对于远离工程的岩体中的波动，我们所关心的仅限于其对工程区域波动的影响。

但在数值模拟中，我们仅能建立有限域模型。为此需要在有限域模型的边界上建立某种条件以模拟外部无限域对内部有限域中进场波动的影响。这类边界条件称之为人工边界条件。3DEC 中的两种人工边界条件介绍如下。

1. 黏性边界

黏性边界由 Lysmer 和 Kuhlemeyer 提出，包括连接到边界法向和切向的独立阻尼器，阻尼器具有正向和法向黏滞牵引力。该黏滞力可以直接引入边界节点的运动方程中，即在每一时步计算法向和切向牵引力，并把它们以边界荷载的方式施加到边界上。在人工边界上设置一系列这样的阻尼器，以吸收穿过边界的波动能量，以此模拟有限域至无限域中波动的出平面问题。该边界对于大于 30°角入射到边界的体波吸收情况非常有效，而对于低入射角度的体波以及面波的能量吸收效果不太理想。其表达式为：

$$\begin{cases} \sigma = -a\rho C_{\mathrm{p}} V_{\mathrm{n}} \\ \tau = -b\rho C_{\mathrm{s}} V_{\mathrm{s}} \end{cases} \tag{7-7}$$

式中，a、b 为两个常数，一般建议取 1；ρ 为密度；C_{p} 和 C_{s} 分别为压缩波波速和剪切波波速；V_{n} 和 V_{s} 分别为法向和切向的速率。

使用黏性边界的时候需要注意，当在动力计算之前，如果进行了静力计算（如开挖、自重平衡、构造应力平衡等），需要注意静动力边界的替换。如果静力计算时采用的是约束边界速度方式，则可以直接修改静力边界为黏性边界；而当静力计算采用的是应力边界，修改静力边界为黏性边界时，需要在同一边界上施加相反符号的应力边界条件。

2. 自由场边界

对于近地表结构，如大坝、边坡、浅埋隧道的地震响应计算时，需要对与地基相邻的材料的区域进行离散化。地震输入通常由通过基岩向上传播的平面波表示。模型两侧的边界条件必须考虑到在没有结构物的情况下可能存在的自由场运动。3DEC 中采用了 Cundall P. A. 于 1980 年编写的有限差分程序 NESSI 建立耦合黏性边界。这种人工边界通过自由场条件与黏性边界的耦合来吸收出平面波的能量，以模拟无限远边界。主网格的侧边界通过黏性阻尼器与自由场网格耦合，以模拟吸收边界；而来自自由场网格的不平衡力将反馈至主网格边界（图 7-4）。

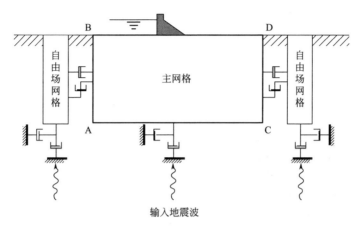

图 7-4　包含主网格和自由场网格的地震分析模型

三向的自由场边界方程如下：

$$\begin{cases} F_x = -\rho C_{\mathrm{p}}(V_x^{\mathrm{m}} - V_x^{\mathrm{ff}})A + F_x^{\mathrm{ff}} \\ F_y = -\rho C_{\mathrm{s}}(V_y^{\mathrm{m}} - V_y^{\mathrm{ff}})A + F_y^{\mathrm{ff}} \\ F_z = -\rho C_{\mathrm{s}}(V_z^{\mathrm{m}} - V_y^{\mathrm{ff}})A + F_z^{\mathrm{ff}} \end{cases} \tag{7-8}$$

式中，上标 m 代表主网格的节点，上标 ff 代表自由场边界的节点。

为了在 3DEC 中应用自由场边界，模型的方向必须确保模型底部是水平的，其法线在 z 轴方向上，侧面是垂直的，其法线在 x 或 y 轴方向上。自由场模型由四个平面形自由场网格和四个角的柱形自由场网格组成。自由场网格和主网格边界上的节点是一一对应的。在应用自由场边界之前，模型应处于静态平衡状态。当调用命令 block dynamic free field apply 时，动态分析前的静态平衡条件自动转移到自由场，并建立侧边界网格。与自由场相邻的模型边界中的所有数据（包括模型类型和当前状态变量）都将复制到自由场区域的网格。自由场网格的应力将被指定为相邻网格区域的平均应力。

需要特别注意的是，应在设置自由场之后再指定模型底部的动态边界条件。这一点非常重要，请各位读者牢记，即需要先设置自由场边界，再设置模型底部的动力输入。只有这样，模型底部的动力输入才能也正确地作用在自由场网格的底部。另外，自由场网格总是连续的，假设主网格中有贯通的结构面时，即使这个结构面切穿了主网格的侧边界，也不能延续至自由场网格。

下面给出一个简单的例子（图 7-5），对于一个简单的大坝模型，说明两种动力边界的使用方法，以及对结果的差异。

首先建立模型，并进行重力平衡。

```
model new
;初始设置
model random 10000
model config dyn
```

```
model large-strain on
;
; 建立模型
block create brick -100 100 -100 100 -100 0

block cut joint-set dip 0 dip-direction 0 origin 0 0 -30
block hide range position-z -100 -30
block cut joint-set dip 45 dip-direction 0 origin 0 -50 0
block cut joint-set dip 45 dip-direction 180 origin 0 50 0
block hide range position-y -100 -50
block hide range position-y 50 100
block cut joint-set dip 90 dip-direction 90 origin -12 0 0
block delete range position-x -100 -12 position-z -30 0 position-y -50 50
block cut joint-set dip 51 dip-direction 90 origin -12 0 0
block delete range position-x 12 100 position-z -30 0 position-y -50 50
; 对大坝赋组名 mat2
block group 'mat2'
block hide off
block hide range group 'mat2'
block join
block cut joint-set dip 30 dip-direction 270...
                        origin 30 0 -30 spacing 50 number 5
block hide off
block zone gen edgelength 26

block zone cmodel assign el
block zone prop dens 0. 0025   bulk 33333 shear 20000 ; 岩土体材料
block zone prop bulk 20000 shear 12000 range group 'mat2' ; 大坝材料

; 对节理赋大值，使其成为"虚拟"节理，整个模型近似为连续介质
block contact jmodel assign el
block contact prop stiffness-normal 10000 stiffness-shear 4000
block contact material-table default prop stiffness-normal 10000...
                                stiffness-shear 4000

; 动力计算之前需要进行静力平衡
block gridpoint apply velocity-z 0 range position-z -100
block gridpoint apply velocity-x 0 range position-x -100
block gridpoint apply velocity-x 0 range position-x 100
block gridpoint apply velocity-y 0 range position-y -100
block gridpoint apply velocity-y 0 range position-y 100
block insitu stress 0 0 0 0 0 0 gradient-z 0. 00125 0. 00125 0. 0025 0 0 0
model gravity 0 0 -10
```

```
block mechanical damp global
model cycle 2000

;静力平衡之后开始进行动力计算的设置
block mechanical damp rayleigh 0 0 mass

history delete
model dynamic time-total 0
block gridpoint initialize displacement 0 0 0

model history mechanical unbalanced-maximum
block hist name 'vel1' vel-x pos 0 0 0
block hist name 'vel2' vel-x pos 0 0 -100
block hist name 'vel3' vel-x pos -40 -20 -28

hist name 'vel1' label 'X velocity at crest'
hist name 'vel2' label 'X velocity at base'

;一个频率为 15Hz 的脉冲函数
[freq = 15]
fish def impulse
    impulse = 0.5 * (1.0-math.cos(2.0 * freq * dynamic.time.total))
end
fish history impulse

model save "ff1"
```

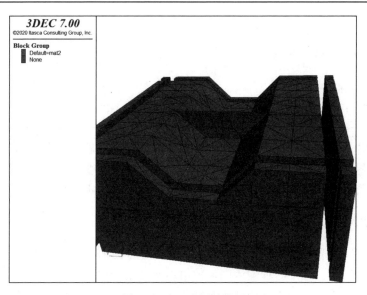

图 7-5　人工边界的使用

当采用黏性边界时，代码如下：

```
model res "ff1"

; 对模型四个侧面都施加黏性边界，并声明了黏性边界仅吸收边界法向的能量
block gridpoint apply visc-x range pos-x -100
block gridpoint apply visc-x range pos-x 100
block gridpoint apply visc-y range pos-y -100
block gridpoint apply visc-y range pos-y 100

; 在模型底部作用一个量值为 2MPa，波形为函数 impulse 的动力激励
block face apply stress-xz 2.0 fish impulse range pos-z -100

; 对模型底部也施加了黏性边界
block gridpoint apply visc range pos-z -100
; 动力计算 0.4s
model solve time-total 0.4
model save "ff2"
```

当采用自由场边界时，代码如下，请注意各个语句出现的顺序，这个顺序不能颠倒。

```
model rest "ff1"

; 首先需要施加自由场边界
block dynamic free-field  apply gap 10 thick 10
; 再对底部施加动荷载，以保证自由场网格的底部节点也能获得这个动荷载
block face apply stress-xz 2.0 fish impulse range pos-z -100
; 最后再对模型底部施加黏性边界
block gridpoint apply visc range pos-z -100

model solve  time-total 0.4
model save "ff3"
```

图 7-6 给出了两种边界处理条件下计算结果的差异，很显然，在当前的例子中，当四周采用黏性边界时，坝基处的速度有放大，坝顶的运动有畸变，相反，采用了自由场边界的结果会现实得多。这一对比很直观地说明了两种边界在假定上的差异。

7.1.4 动力输入

与常用的 FLAC3D 软件不同，在 3DEC 中，动力输入仅可通过两种方式之一输入：速度时程或应力时程。速度时程输入中，数值边界会精准地按照输入的速度时程运动，而不会受到反射波的干扰；与之对应的，若按照应力时程输入且在输入面使用了黏性吸收边

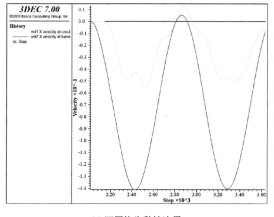

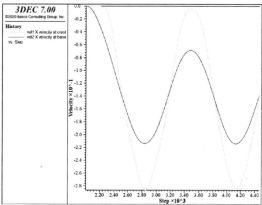

(a) 四周均为黏性边界　　　　　　　　　(b) 四周均为自由场边界

图 7-6　两种边界条件的计算结果

界时，边界点的响应将是输入时程和反射时程的叠加。

速度时程输入的问题则是当采用这种输入方式时，输入面是不能设置吸收边界的，这使得输入面会将入射的动力波全部反射回去，这在很多应用场景中是不希望看到的。为了避免这个问题，可以使用应力时程输入，将速度时程转换为应力时程，并在输入面施加吸收边界。

其转换公式为：

$$\begin{cases} \sigma = 2\rho C_{\mathrm{p}} V_{\mathrm{n}} \\ \tau = 2\rho C_{\mathrm{s}} V_{\mathrm{s}} \end{cases} \tag{7-9}$$

式中，ρ 为密度；C_{p} 和 C_{s} 分别为压缩波波速和剪切波波速；V_{n} 和 V_{s} 分别为法向和切向速率。

7.1.5　单元尺寸、滤波与基线校正

单元尺寸是动力计算与静力计算的一个重要差别，静力计算往往是要求工程区域附近的网格尺寸较为精细，远离工程区域的网格，仅需要保持一个合理的渐变梯度逐渐过渡即可。但在动力分析中，输入波的频率分布和系统的波速均影响波传播过程中的数值精度，Kuhlemeyer 和 Lysmer 指出，数值计算划分的空间网格尺寸应小于输入波最高频率分量波长的 $1/10 \sim 1/8$。作者希望告诉读者的是这并不意味着单元尺寸大于波长 $1/8$ 的时候程序不能正常计算，而是大于这个尺寸之后，计算得到的波形将会掺杂进许多类似噪声一样的不正确的高频分量。

采用天然或人工地震记录进行动力分析，有时会注意到时程最终的速度或者位移并不一定是归零的。因此很多教程或文献都提到了基线校正这一工序，即对加速度时程作基线校正处理，以消除位移时程的漂移现象。

可以采用在原时程上叠加一个低频的位移曲线，使得最终位移量值趋于 0。在对比多种积分位移-时程的拟合均值线后，按照位移点在均值两侧分布均匀和多项式阶数尽可能低的原则，认为 4 次多项式模拟程度较好，即：

$$\overline{s}(t) = a_1 t + a_2 t^2 + a_3 t^3 + a_4 t^4 \tag{7-10}$$

式中，$\overline{s}(t)$ 为拟合的位移均值线，考虑加速度、速度及位移间的积分关系，与其对应的速度-时程、加速度-时程分别为：

$$\begin{aligned} \overline{v}(t) &= a_1 + 2a_2 t + 3a_3 t^2 + 4a_4 t^3 \\ \overline{a}(t) &= 2a_2 + 6a_3 t + 12a_4 t^2 \end{aligned} \tag{7-11}$$

考虑到速度-时程为零初值曲线，则参数 a_1 为 0，$\overline{a}(t) = 2a_2 + 6a_3 t + 12a_4 t^2$ 便是所需要的非零基线形式，非零基线的表达式次数过高，就会导致计算烦琐。此外，在基线漂移中的随机干扰是一些长周期分量，而 2 次曲线对相当于 2 倍持续时间的长周期分量有一定的过滤作用。从原始的加速度时程中除去非零基线，可以从根源上消除积分位移基线漂移现象。该法处理简单，保证了校正后加速度、速度和位移三者之间的自然积分关系。

以上即一个典型的基线校正的过程，但这里作者想强调的是，实测地震动很大程度上本来都是位移漂移的，我们在计算中经常对位移进行基线校正的是为了方便计算模型中对动力计算结果的对比。但这一过程并不是必需的，有时候如果为了反映地震对整个岩体的刚体运动作用，就不需要进行基线校正，此处请读者牢记。

另一个问题是高通滤波问题。大多数教材中提及，由于对包含有较高频率分量的动力输入，需要非常精细的网格和较小的时间步长，这对计算机的内存容量和 CPU 性能要求较高。如果能够从功率谱中确认输入波的低频分量包含了绝大多数能量，就可以通过低频滤波器将输入地震波时程中高频部分滤去，从而使得模型中采用较粗的网格也不会显著影响计算结果。这里作者想强调的是，根据大量的实践，这一过程也不是必需的，高频分量本身对计算速率不会有影响，影响计算速率的只有模型参数本身，输入动荷载不会影响计算速率。而动力时程中的高频分量本就不能在较粗的网格中正确传播。因此，在较为粗糙的计算要求条件下，高频滤波这一工序并不是必需的。

7.1.6 本征频率与振型分析

虽然 3DEC 经常被用来计算包含块体分离、滑移等大变形问题，但有时候我们仍然会碰到需要计算弹性的问题，如计算大坝弹性动力学工况。3DEC 在计算刚性块体的弹性工况时，提供了计算系统本征频率和振型的能力。命令 block dynamic eigen-modes 即是用来计算模型的本质模态的，将给出系统中不同振动模态的固有频率。

请再次注意，这一计算能力仅针对刚性块体的弹性计算工况（其实也可以对可变形块体的本征值计算，但额外需要有限元块体的命令 model config feblock）。在这一条件下，每个刚性块体有 6 个自由度（3 个平动自由度和 3 个转动自由度）。而系统的变形仅在块体的接触面上产生，考虑各块体的位移和转动，及作用在块体上的力和力矩，可以得到刚性块体的整体刚度矩阵。而质量矩阵则是对称的，包括了块体的质量（有 3 个方向的分量）及在 3 个方向上的惯性矩。

具体而言，程序中使用了向量迭代法用来计算系统的动力学特征值。算法中将给出前 N 个特征值。特征值的顺序有时候不一定准确，如对堆成结构即存在多个特征值相同的情况。为了保持矩阵的正定性，块体系统中需要至少约束住 1 个块，且系统中没有完全分开的块体。此外，系统中的块体的密度信息也需要正确赋值，注意不能使用密度缩放 Density

Scaling。

在具体使用 block dynamic eigen modes 命令时，需要输入 model dynamic active on 开启动力计算，再输入 model cycle 0，使程序完成动态质量的计算。此外，在本征频率计算后，由于组装了系统的刚度矩阵，模型的文件体积将会急剧增大（占用更多的内存和储存）。因此对于计算了特征值之后的模型文件，不应该继续在这个基础上开展后续另外的分析。后续另外的分析应该从没有计算的模型文件的基础上开始（在开展特征值计算之前的 save 文件基础上）。

这里给出一个本征值计算的例子（图 7-7）。模型是一个高 10m，截面 1m×1m，由 10 个块体构成的刚性块体系统，底部固定约束。块体材料的密度为 2500kg/m³，接触面的法向刚度和剪切刚度分别为 1.0GPa/m 和 0.4GPa/m。下面的命令给出了这个系统前 6 阶的特征值。

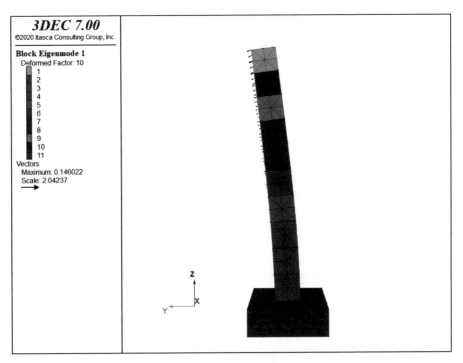

图 7-7　本征值计算的模型

```
program log-file "Rigid.log"    ;自振频率将被记录在 log 文件中，也可在程序窗口中被读取
program log on

model new;
model config dyn
model large-strain off

block create brick 0 1 0 1 0 10
```

```
block cut j-set dip 0 dip-dir 0 origin 0 0 1
block cut j-set dip 0 dip-dir 0 origin 0 0 2
block cut j-set dip 0 dip-dir 0 origin 0 0 3
block cut j-set dip 0 dip-dir 0 origin 0 0 4
block cut j-set dip 0 dip-dir 0 origin 0 0 5
block cut j-set dip 0 dip-dir 0 origin 0 0 6
block cut j-set dip 0 dip-dir 0 origin 0 0 7
block cut j-set dip 0 dip-dir 0 origin 0 0 8
block cut j-set dip 0 dip-dir 0 origin 0 0 9


block create brick -1 2 -1 2 -1 0 group 'base'


; 修改默认的子接触，增加计算精度，特别是对弯矩的精度
block face triangulate radial-8
block contact gen-sub


; 再次注意特征值计算仅可针对刚性块体的弹性工况
block prop dens 2500
block contact jmodel assign el
block contact prop stiffness-normal 1e9 stiffness-shear .4e9
block contact material-table default prop stiffness-normal 1e9...
                                      stiffness-shear .4e9


block fix range group 'base'


; calculate eigenvalues for first 6 modes
model cyc 1 ; 这里循环 1 步或者 0 步都可以，循环的目的仅仅是为了完成动态质量计算


block dynamic eigen modes 6 ; 计算前 6 阶特征值


program log off


block dynamic eigen setmode   ; 将特征值计算结果输入到 Block eigenmode 的显示选项方便显示


model save "sqpmodes"   ; 后续如有时程计算，不建议在这个 save 文件上开展
```

特征值每次计算，或者在每台计算机上的结果可能有细微的差异，本次计算的结果为：

```
mode    1 no. iter     4 freq     1.070376E+00
mode    2 no. iter    12 freq     1.070376E+00
mode    3 no. iter     8 freq     6.561493E+00
```

mode	4 no. iter	15 freq	$1.129812E+01$
mode	5 no. iter	16 freq	$6.561493E+00$
mode	6 no. iter	17 freq	$1.476539E+01$

理论上而言，这 6 个特征值的含义分别而是：

模态 1：1 阶弯曲模态

模态 2：与 1 阶弯曲模态正交的模态

模态 3：2 阶弯曲模态

模态 4：与 2 阶弯曲模态正交的模态

模态 5：1 阶扭转模态

模态 6：3 阶弯曲模态

但正如解释性文字所述，计算得到的本征频率并未严格排序，通过与振型的对比，其实四阶模态，才是扭转模态，对应的四阶自振周期为 11.3s。而梁的前三阶弯曲频率是有理论解的，分别为 1.02、6.09、16.1。可见程序的计算结果分别为 1.07、6.56、14.7，对应还是较为理想的。此外，作者可以通过 plot 窗口中的 Block eigenmode 的显示选项查看具体的振型。

7.2　动力计算的关键命令

在动力计算相关的命令中，最重要的就是 model config dynamic 命令，用来打开动力计算选项。此外，除了 model dynamic 和 block dynamic 等一系列动力设置命令外，用来施加边界动荷载的 block face apply 和 block gridpoint apply，以及关于阻尼的 block mechanical 也是动力计算中的常用命令。

7.2.1　model dynamic

● active b

用来开启动力计算，当声明了 model config dynamic 之后，动力计算默认开启。当需要关闭动力计算时，键入 off；反之 on。

● time-total f

重设全局累积动力计算时间为 f，该时间被重设后将在后续动力计算中重新累积。

● timestep

automatic

程序自动根据当前系统的刚度和质量计算最佳稳定时间步，这是程序的默认选项。若系统的质量和刚度变化了，程序将自动重新计算新的最佳时间步。

fix f

强制设定时间步为 f。当启用该选项时，系统将在循环过程中不再计算稳定时步（会略微增加动力计算效率），但过大的时步将带来数值不稳定的问题。

increment f

限制程序在更新新的时间步长的最大乘子倍数。即若此处声明 1.05，则时间步长在两次循环之间的增加或减小的最大倍数限定为 1.05。

maximum f

限定自动时步的最大值为 f。默认条件下最大时步是没有上限的。

safety-factor f

当设定了一个 f 后，程序实际执行的时间步长将是计算得到最优时步除以这个 f。

7.2.2　block dynamic

● eigen *keyword*

计算自振频率和模态。

modes i

计算系统前 i 阶特征值，前 10 阶模态的定义分别是：

模态	描述
1	1 阶弯曲模态
2	与模态 1 正交的模态
3	2 阶弯曲模态
4	与模态 3 正交的模态
5	1 阶扭转模态
6	3 阶弯曲模态
7	与模态 6 正交的模态
8	轴向拉压模态
9	4 阶弯曲模态
10	与模态 9 正交的模态

setmodes

将模态计算结果写入节点额外变量以供显示。但实际上振型显示是通过 plot item list 中的 Block eigenmode 选项来显示的。

tolerance f

指定求解容差。

● free-field *keyword*

自由场边界条件设置的相关命令。

apply $<keyword>$

创建自由场网格。

$fx1\ fx2\ fy1\ fy2$

指定创建自由场网格的范围，默认为模型在 x 和 y 向的最小最大值。

gap f

设置自由场网格与主网格之间的空隙，这个空隙仅仅是显示效果，而并不是实际空隙。默认空隙为 5% 模型长度。

thickness *f*

设置自由场网格的厚度，默认为 5%模型长度。

link *b*

开启/关闭自由场网格与主网格的链接。默认为 on 开启，反之可设置 off 关闭。

7.2.3　block mechanical

● mass-scale *b* <timestep *f*> <maximum-ratio*f*>

on 为开启密度缩放，off 为关闭。当设置 timestep 关键词时，意为增加系统内小块体小单元的质量以将系统的时间步提升至 *f*；当设置 maximum-ratio 关键词，为限制最大质量缩放因子。

● damping *keyword*

为静态、动态计算设置阻尼。

local *f*

程序默认的局部阻尼，默认值为 0.8。

rayleigh *f1 f2* <*keyword*>

设置瑞利阻尼，*f2* 为中心频率，*f1* 为在中心频率 *f2* 处的阻尼比。当声明关键词 mass 的时候，质量阻尼分量为 0；当声明关键词 stiffness 时，刚度阻尼分量为 0。

7.2.4　block face apply

主要是力与应力相关的时程施加。

● point-load *v1* location *v2*

在位置 *v2* 施加集中力向量 *v1*。当跟随了 fish 或 table 关键词，考虑为时程时，这里的力向量代表着时程内的最大值。集中力将按距离权重分配至临近的节点上。

● point-load-x *f* location *v*

● point-load-y *f* location *v*

● point-load-z *f* location *v*

在位置 *v* 施加对应各方向的集中力分量 *f*。当跟随了 fish 或 table 关键词，考虑为时程时，这里的力分量量值代表着时程内的最大值。集中力将按距离权重分配至临近的节点上。

● stress *fsxx0 fsyy0 fszz0 fsxy0 fsxz0 fsyz0*

● stress-xx

● stress-yy

● stress-zz

● stress-xy

● stress-xz

● stress-yz

在 rang 定义的边界上施加指定的应力分量。当跟随了 fish 或 table 关键词时，这里的应力分量量值代表着时程内的最大值。

● fish *s*

将当前时步下 FISH 函数 s 的返回值，作为施加的力或应力的乘子。当函数 s 以时间为自变量的话，即相当于一个时程作用。

- table s

将当前时步下名为 s 的表格的返回值，作为施加的力或应力的乘子。表格中必须包含时间和量值两种数据。在两个时间点之间的量值，程序将自动按照线性插值求取。

7.2.5　block gridpoint apply

主要是关于节点力与速度的时程施加。

- force v

在 rang 定义的范围上施加指定的节点力矢量 v。当跟随了 fish 或 table 关键词，考虑为时程时，这里的节点力矢量量值代表着时程内的最大值。

- force-x f
- force-y f
- force-z f

在 rang 定义的范围上施加指定的节点力分量 f。当跟随了 fish 或 table 关键词时，这里的力矢量量值代表着时程内的最大值。

- velocity v

在 rang 定义的范围上施加指定的速度矢量 v。如果不去除掉，那么这个速率量值将一直保持。当跟随了 fish 或 table 关键词，考虑为时程时，这里的速度矢量量值代表着力时程的最大值。

- velocity-x f
- velocity-y f
- velocity-z f
- velocity-normal f

在 rang 定义的范围上施加指定的速度分量 f。当跟随了 fish 或 table 关键词时，这里的速度分量量值代表着速度时程的最大值。normal 的含义是当前表面的法向力。

- table s

将当前时步下名为 s 的表格的返回值，作为施加的力或应力的乘子。表格中必须包含时间和量值两种数据。在两个时间点之间的量值，程序将自动按照线性插值求取。

- viscous

在 rang 定义的范围上设置黏性边界，请注意当设置了速度边界之后对应位置的黏性边界将不起作用。在同一位置，黏性边界仅能和应力边界共存。

- viscous-x
- viscous-y
- viscous-z

在 rang 定义的范围上设置相应方向的黏性边界，对应方向的黏性边界仅吸收该方向的入射波分量。

7.3　动力波在工程岩体中的传播规律

7.3.1　理论

对于小变形前提下，各向同性弹性无限空间中的波传播问题，有运动方程如下（假设无体力，徐仲达，1997）：

$$\begin{cases} (\lambda + G)\dfrac{\partial e}{\partial x} + G\,\nabla^2 u - \rho\,\dfrac{\partial^2 u}{\partial t^2} = 0 \\[2mm] (\lambda + G)\dfrac{\partial e}{\partial y} + G\,\nabla^2 v - \rho\,\dfrac{\partial^2 v}{\partial t^2} = 0 \\[2mm] (\lambda + G)\dfrac{\partial e}{\partial z} + G\,\nabla^2 w - \rho\,\dfrac{\partial^2 w}{\partial t^2} = 0 \end{cases} \tag{7-12}$$

式中，e 代表体积变形。

对于无体积变形时（无散场），$e = 0$，波传播中的变形由剪切变形和质点旋转组成。上式可简化为：

$$\begin{cases} G\,\nabla^2 u - \rho\,\dfrac{\partial^2 u}{\partial t^2} = 0 \\[2mm] G\,\nabla^2 v - \rho\,\dfrac{\partial^2 v}{\partial t^2} = 0 \\[2mm] G\,\nabla^2 w - \rho\,\dfrac{\partial^2 w}{\partial t^2} = 0 \end{cases} \tag{7-13}$$

此即为等容波动方程（何樵登，2005），亦称横波。

对于变形仅由体积变形组成时（无旋场），弹性体中某一微元的旋转（旋度）为 0：

$$\begin{cases} \omega_x = \dfrac{1}{2}\left(\dfrac{\partial w}{\partial y} - \dfrac{\partial v}{\partial z}\right) = 0 \\[2mm] \omega_y = \dfrac{1}{2}\left(\dfrac{\partial u}{\partial z} - \dfrac{\partial w}{\partial x}\right) = 0 \\[2mm] \omega_z = \dfrac{1}{2}\left(\dfrac{\partial v}{\partial x} - \dfrac{\partial u}{\partial y}\right) = 0 \end{cases} \tag{7-14}$$

则：

$$\frac{\partial v}{\partial x} - \frac{\partial u}{\partial y} = \frac{\partial u}{\partial z} - \frac{\partial w}{\partial x} = \frac{\partial w}{\partial y} - \frac{\partial v}{\partial z} = 0 \tag{7-15}$$

设存在一个势函数 ϕ 使得上式成立，且该势函数与各位移分量的关系如下：

$$\begin{cases} u = \dfrac{\partial \phi}{\partial x} \\[2mm] v = \dfrac{\partial \phi}{\partial y} \\[2mm] w = \dfrac{\partial \phi}{\partial z} \end{cases} \tag{7-16}$$

则体积变形与各位移分量的关系可表达为：

$$\begin{cases} e = \nabla^2 \phi \\ \dfrac{\partial e}{\partial x} = \dfrac{\partial}{\partial x} \nabla^2 \phi = \nabla^2 u \\ \dfrac{\partial e}{\partial y} = \dfrac{\partial}{\partial y} \nabla^2 \phi = \nabla^2 v \\ \dfrac{\partial e}{\partial z} = \dfrac{\partial}{\partial z} \nabla^2 \phi = \nabla^2 w \end{cases} \tag{7-17}$$

将上式代入方程（7-12），则有：

$$\begin{cases} (\lambda + G) \nabla^2 u - \rho \dfrac{\partial^2 u}{\partial t^2} = 0 \\ (\lambda + G) \nabla^2 v - \rho \dfrac{\partial^2 v}{\partial t^2} = 0 \\ (\lambda + G) \nabla^2 w - \rho \dfrac{\partial^2 w}{\partial t^2} = 0 \end{cases} \tag{7-18}$$

此即为胀缩波波动方程，亦称纵波。

两种波动方程可写作同一形式的齐次微分方程：

$$\frac{\partial^2 \psi}{\partial t^2} = a^2 \nabla^2 \psi \tag{7-19}$$

对于纵波，ψ 为一标量势函数，且

$$a = c_{p} = \sqrt{\frac{\lambda + 2G}{\rho}} = \sqrt{\frac{E(1-\mu)}{\rho(1+\mu)(1-2\mu)}} \tag{7-20}$$

对于横波，ψ 为一矢量势函数，且

$$a = c_{s} = \sqrt{\frac{G}{\rho}} = \sqrt{\frac{E}{2\rho(1+\mu)}} \tag{7-21}$$

式中，c_{p} 为纵波波速；c_{s} 为横波波速。

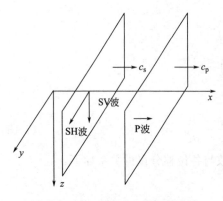

图 7-8　平面胀缩波和平面等容波

对于在无限弹性体中传播的地震波，假定该平面波沿 x 向传播，以 x-y 平面为水平面，则地震波传播中各分量的示意图见图 7-8。其中，根据地震波传播方向和指点振动方向的关系，横波进一步细分为水平向的 SH 波和垂直向的 SV 波。

根据给定的初值条件和边界条件，波动方程可以得到定解。对于无限空间中的波传播问题，是一个无界问题，仅需要初值条件即可得到定解；对于含界面空间中的波传播问题，是一个有界问题，定解条件既需要初值条件，又需要边界条件。与弹性静力学中问题类似，弹性动力学中也有三类基本的初值-边界问题。对于这三类问题，位移（u, v, w）在体积 V 中，在 $t > t_0$ 时间内满足第一个方程组及初始条件。

$$\begin{cases} u(x,\ y,\ z,\ t)=u_0(x,\ y,\ z,\ t) & \dfrac{\partial u(x,y,z,t)}{\partial t}=u_0'(x,\ y,\ z,\ t) \\[3mm] v(x,\ y,\ z,\ t)=v_0(x,\ y,\ z,\ t) & \dfrac{\partial v(x,y,z,t)}{\partial t}=v_0'(x,\ y,\ z,\ t) \\[3mm] w(x,\ y,\ z,\ t)=w_0(x,\ y,\ z,\ t) & \dfrac{\partial w(x,y,z,t)}{\partial t}=w_0'(x,\ y,\ z,\ t) \end{cases} \quad (7\text{-}22)$$

式中，$(u_0,\ v_0,\ w_0)$ 和 $(u_0',\ v_0',\ w_0')$ 为已知函数，这三类问题以不同的边界条件而相互区别。第一类问题是已知位移，第二类问题是已知面力，第三类问题是部分边界上已知面力，部分边界上已知位移，因而称作混合边界问题。

7.3.2　离散元分析

为了验证 3DEC 计算弹性无限空间中地震波传播的合理性，对其进行验算。计算区域取 $2m \times 2m \times 2000m$，模型示意图及坐标系规定如图 7-9 所示。按弹性介质考虑，密度 $2650kg/m^3$，泊松比 0.25。模型上下端面设置黏性人工边界模拟近场效应，波动至模型底部沿 Z 向向上输入。分别考虑 P 波和 SV 波入射两种工况，考虑波形为 2Hz 单位的雷克子波（图 7-10），雷克子波是一种无论加速度、速度、位移都可以自行归零的波形，这一优点使得雷克子波在研究物体地震响应时具有结果凸显性较好的优势。每种工况分别考虑 $E=5GPa$、10GPa、20GPa、30GPa、40GPa、50GPa 六种情况。数值模型网格尺寸为 2m，远小于 $E=5GPa$ 时横波波长 434m 的十分之一，满足暂态波保真需求。通过考查波动从 A 点出发到达 B 点和 C 点的时间计算波速，并将结果（图 7-11、图 7-12）与理论解相比较。

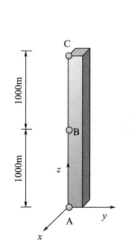

图 7-9　数值计算模型示意图

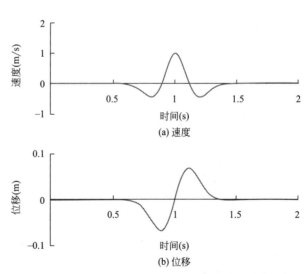

图 7-10　雷克子波（Ricky's wavelet）的速度时程和位移时程

通过分别计算雷克子波波形通过监测点的时间，可以计算出数值条件下的波速，通过与理论波速的对比（图 7-13），表明 3DEC 的数值结果与理论结果吻合良好，正确地反映了地震波在弹性无限空间中的传播规律。

程序实现如下：

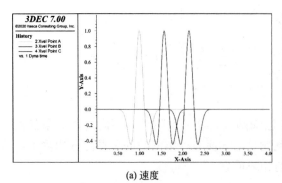

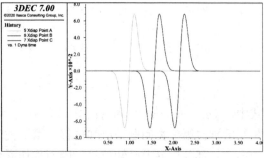

(a) 速度   (b) 位移

图 7-11 $E=20$GPa 时横波的传播

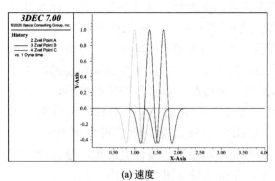

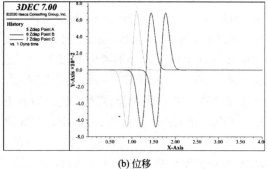

(a) 速度   (b) 位移

图 7-12 $E=20$GPa 时纵波的传播

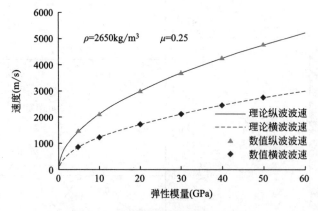

图 7-13   理论波速与数值波速对比

1model. dat 文件

```
model new

model configure dynamic

;;;;; define the range of the model
```

```
[global xmin = -1.  ]
[global ymin = -1.  ]
[global zmin = -1000.]
[global xmax =  1.  ]
[global ymax =  1.  ]
[global zmax =  1000.]
;
[global xmin _ L = xmin - 0.05]
[global xmin _ U = xmin + 0.05]
[global xmax _ L = xmax -0.05]
[global xmax _ U = xmax + 0.05]
;
[global ymin _ L = ymin - 0.05]
[global ymin _ U = ymin + 0.05]
[global ymax _ L = ymax - 0.05]
[global ymax _ U = ymax + 0.05]
;
[global zmin _ L = zmin - 0.05]
[global zmin _ U = zmin + 0.05]
[global zmax _ L = zmax - 0.05]
[global zmax _ U = zmax + 0.05]
;
block create brick(@xmin, @xmax)(@ymin, @ymax)(@zmin, @zmax); 建立 2 * 2 * 2000 的柱形
模型
;
block zone generate edgelength[1 * (ymax-ymin)]; 按照网格尺寸 2m 划分网格
;
model save 'model'
```

2dyna. dat 文件

```
model new
model restore 'model'
model large-strain off
;
fish define prop  ; 定义材料参数，注意为 MPa 单位体系，模量 20GPa，泊松比 0.25，密度 2650kg/m³
  global rock _ E _ 1    = 20e3
  global rock _ uxy _ 1  = 0.25
  global rock _ dens _ 1 = 2650e-6
end
@prop
;
block zone cmodel assign elastic; 仅考虑弹性材料
```

307

block zone property density @rock_dens_1 young @rock_E_1 poisson @rock_uxy_1；赋材料参数

;

block gridpoint apply viscous-x viscous-y viscous-z range position-z @zmin_L @zmin_U；在模型的底部和顶部设置吸收边界

block gridpoint apply viscous-x viscous-y viscous-z range position-z @zmax_L @zmax_U；用来模拟无限空间波传播问题

;

fish define vel2stress ；用来实现将速度时程转换为应力时程的函数，可分别给出对应横波和纵波的速度-应力转换

local cp = ((rock_E_1 * (1-rock_uxy_1))/(rock_dens_1 * (1 + rock_uxy_1) * (1-2 * rock_uxy_1)))^0.5

local cs = (rock_E_1/(2 * rock_dens_1 * (1 + rock_uxy_1)))^0.5

global n_stress = -2 * rock_dens_1 * cp

global s_stress = -2 * rock_dens_1 * cs

end

@vel2stress

;

block gridpoint apply velocity-x 0 range position-z @zmin_L @zmax_U；将模型的除 Z 向以外的平动自由度约束

block gridpoint apply velocity-y 0 range position-z @zmin_L @zmax_U；目的是提高计算精度

;

table '1' import 'Ricker.dat'；将包含雷克子波的 dat 文件读入，赋给名为 1 的表格

block face apply stress-zz @n_stress table '1' range position-z @zmin_L @zmin_U；给模型底部定义这个时程记录，量值为单位速度

;

history interval 5

;

model history dynamic time-total ；监测动力计算时间

block history velocity-z position 0 0[zmin] ；监测模型底部点的 Z 向速度

block history velocity-z position 0 0 0 ；监测模型中部点的 Z 向速度

block history velocity-z position 0 0[zmax] ；监测模型顶部点的 Z 向速度

;

block history displacement-z position 0 0[zmin]；监测模型底部点的 Z 向位移

block history displacement-z position 0 0 0 ；监测模型中部点的 Z 向位移

block history displacement-z position 0 0[zmax] ；监测模型顶部点的 Z 向位移

;

history name '1' label 'Dyna time' ；分别给编号 1～7 的各监测数据命名

history name '2' label 'Zvel Point A'

history name '3' label 'Zvel Point B'

history name '4' label 'Zvel Point C'

history name '5' label 'Zdisp Point A'

history name '6' label 'Zdisp Point B'

```
history name '7' label 'Zdisp Point C'
```

model solve　time-total 4.0；计算 4s

以上是纵波的计算文件，对于横波的计算，仅需要将以上代码中的 Z 向的部分，修改为 X 向即可。

7.4　动力波跨越节理不连续面

7.4.1　理论

1. 地震波在无滑移结构面上的反射与透射

考虑如图 7-14 所示一般情况，P 波和 SV 波从上半无限空间 I 向下半无限空间 II 的界面入射（胡聿贤，2006）。界面两边介质特性不同，分别为介质 I：λ_1、μ_1、ρ_1 和介质 II：λ_2、μ_2、ρ_2。z 轴向上为正，x-y 平面为结构面，此处作为平面应变问题讨论。入射 P 波和 SV 波经过结构面将产生反射 P 波和 SV 波，以及透射 P 波和 SV 波。设这 6 个可能波的幅值分别为 $S_0^{(1)}$、$S_0^{(2)}$、$S_0^{(3)}$、$S_0^{(4)}$、$S_0^{(5)}$、$S_0^{(6)}$。这六个可能波的弹性位移可写作：

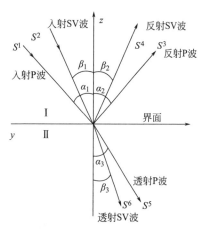

图 7-14　P 波和 SV 波的反射与透射

入射 P 波　$S^{(1)} = S_0^{(1)} \mathrm{e}^{i(k_x^{(1)}x - k_z^{(1)}z - \omega^{(1)}t)} = S_0^{(1)} \mathrm{e}^{i\left(\frac{\omega^{(1)}\sin\alpha_1}{c_{p1}}x - \frac{\omega^{(1)}\cos\alpha_1}{c_{p1}}z - \omega^{(1)}t\right)}$ 　(7-23a)

入射 SV 波　$S^{(2)} = S_0^{(2)} \mathrm{e}^{i(k_x^{(2)}x - k_z^{(2)}z - \omega^{(2)}t)} = S_0^{(2)} \mathrm{e}^{i\left(\frac{\omega^{(2)}\sin\beta_1}{c_{s1}}x - \frac{\omega^{(2)}\cos\beta_1}{c_{s1}}z - \omega^{(2)}t\right)}$ 　(7-23b)

反射 P 波　$S^{(3)} = S_0^{(3)} \mathrm{e}^{i(k_x^{(3)}x + k_z^{(3)}z - \omega^{(3)}t)} = S_0^{(3)} \mathrm{e}^{i\left(\frac{\omega^{(3)}\sin\alpha_2}{c_{p1}}x + \frac{\omega^{(3)}\cos\alpha_2}{c_{p1}}z - \omega^{(3)}t\right)}$ 　(7-23c)

反射 SV 波　$S^{(4)} = S_0^{(4)} \mathrm{e}^{i(k_x^{(4)}x + k_z^{(4)}z - \omega^{(4)}t)} = S_0^{(4)} \mathrm{e}^{i\left(\frac{\omega^{(4)}\sin\beta_2}{c_{s1}}x + \frac{\omega^{(4)}\cos\beta_2}{c_{s1}}z - \omega^{(4)}t\right)}$ 　(7-23d)

透射 P 波　$S^{(5)} = S_0^{(5)} \mathrm{e}^{i(k_x^{(5)}x - k_z^{(5)}z - \omega^{(5)}t)} = S_0^{(5)} \mathrm{e}^{i\left(\frac{\omega^{(5)}\sin\alpha_3}{c_{p2}}x - \frac{\omega^{(5)}\cos\alpha_3}{c_{p2}}z - \omega^{(5)}t\right)}$ 　(7-23e)

透射 SV 波　$S^{(6)} = S_0^{(6)} \mathrm{e}^{i(k_x^{(6)}x - k_z^{(6)}z - \omega^{(6)}t)} = S_0^{(6)} \mathrm{e}^{i\left(\frac{\omega^{(6)}\sin\beta_3}{c_{s2}}x - \frac{\omega^{(6)}\cos\beta_3}{c_{s2}}z - \omega^{(6)}t\right)}$ 　(7-23f)

在 $z=0$ 的分界面上，因无相对滑移的假设，在此面上有位移和应力的连续条件，又考虑透反射系数与 x 和 t 无关，因而有：

$$\omega^{(1)} = \omega^{(2)} = \omega^{(3)} = \omega^{(4)} = \omega^{(5)} = \omega^{(6)} = \omega \qquad (7\text{-}24\mathrm{a})$$

$$\alpha_1 = \alpha_2 = \alpha ; \ \beta_1 = \beta_2 = \beta \qquad (7\text{-}24\mathrm{b})$$

$$\frac{\sin\alpha}{c_{p1}} = \frac{\sin\beta}{c_{s1}} = \frac{\sin\alpha_3}{c_{p2}} = \frac{\sin\beta_3}{c_{s2}} = \mathrm{const} \qquad (7\text{-}24\mathrm{c})$$

利用上式可以导出各可能波振幅之间的关系（廖振鹏，2002）：

$$
\begin{cases}
(S_0^{(1)} + S_0^{(3)}) + (S_0^{(2)} - S_0^{(4)})\cot\beta = S_0^{(5)} + S_0^{(6)}\cot\beta_3 \\
(S_0^{(1)} + S_0^{(3)})\cot\alpha - (S_0^{(2)} + S_0^{(4)}) = S_0^{(5)}\cot\alpha_3 - S_0^{(6)} \\
\mu_1\left[(\cot^2\beta - 1)(S_0^{(1)} + S_0^{(3)}) - 2(S_0^{(2)} - S_0^{(4)})\cot\beta\right] = \mu_2\left[(\cot^2\beta_3 - 1)S_0^{(5)} - 2S_0^{(6)}\cot\beta_3\right] \\
\mu_1\left[2(S_0^{(1)} - S_0^{(3)})\cot\alpha + (\cot^2\beta - 1)(S_0^{(2)} + S_0^{(4)})\right] = \mu_2\left[2S_0^{(5)}\cot\alpha_3 + (\cot^2\beta_3 - 1)S_0^{(6)}\right]
\end{cases}
$$

$$(7\text{-}25)$$

只要确定了入射波是 P 波或 SV 波，就可以根据上式求出相应的反射系数和透射系数。可以证明，入射 P 波和 SV 波的振幅，反射 P 波和 SV 波的振幅，透射 P 波和 SV 波的振幅满足以下关系：

$$
\begin{cases}
S_0^{(1)} + S_0^{(3)} = p_1 S_0^{(5)} + q_1 S_0^{(6)} \\
S_0^{(2)} - S_0^{(4)} = p_2 S_0^{(5)} + q_2 S_0^{(6)} \\
S_0^{(1)} - S_0^{(3)} = p_3 S_0^{(5)} + q_3 S_0^{(6)} \\
S_0^{(2)} + S_0^{(4)} = p_4 S_0^{(5)} + q_4 S_0^{(6)}
\end{cases}
\tag{7-26}
$$

式中，$p_1 = \dfrac{2\mu_1 + \mu_2(\cot^2\beta - 1)}{\mu_1(\cot^2\beta + 1)}$；$q_1 = \dfrac{2(\mu_1 - \mu_2)\cot\beta_3}{\mu_1(\cot^2\beta + 1)}$；$p_2 = \dfrac{\mu_1(\cot^2\beta - 1) - \mu_2(\cot^2\beta_3 - 1)}{\mu_1(\cot^2\beta + 1)\cot\beta}$；

$q_2 = \dfrac{\left[\mu_1(\cot^2\beta - 1) + 2\mu_2\right]\cot\beta_3}{\mu_1(\cot^2\beta + 1)\cot\beta}$；$p_3 = \dfrac{\left[\mu_1(\cot^2\beta - 1) + 2\mu_2\right]\cot\alpha_3}{\mu_1(\cot^2\beta + 1)\cot\alpha}$；$q_3 = \dfrac{\mu_2 b_3 - \mu_1 b}{\mu_1(b+2)\cot\alpha}$；

$p_4 = -\dfrac{2(\mu_1 - \mu_2)\cot\alpha_3}{\mu_1(\cot^2\beta + 1)}$；$q_4 = p_1$。

当考虑 P 波入射时，令中 $S_0^{(2)} = 0$，则得出 P 波入射时界面上的振幅透反射系数为：

P 波反射系数 $\dfrac{S_0^{(3)}}{S_0^{(1)}} = \dfrac{(p_1 - p_3)(q_2 + q_4) - (p_2 + p_4)(q_1 - q_3)}{(p_1 + p_3)(q_2 + q_4) - (p_2 + p_4)(q_1 + q_3)}$ $\tag{7-27a}$

SV 波反射系数 $\dfrac{S_0^{(4)}}{S_0^{(1)}} = \dfrac{2(p_4 q_2 - p_2 q_4)}{(p_1 + p_3)(q_2 + q_4) - (p_2 + p_4)(q_1 + q_3)}$ $\tag{7-27b}$

P 波透射系数 $\dfrac{S_0^{(5)}}{S_0^{(1)}} = \dfrac{2(q_2 + q_4)}{(p_1 + p_3)(q_2 + q_4) - (p_2 + p_4)(q_1 + q_3)}$ $\tag{7-27c}$

SV 波透射系数 $\dfrac{S_0^{(6)}}{S_0^{(1)}} = \dfrac{-2(p_2 + p_4)}{(p_1 + p_3)(q_2 + q_4) - (p_2 + p_4)(q_1 + q_3)}$ $\tag{7-27d}$

当考虑 SV 波入射时，令 $S_0^{(1)} = 0$，则得出 SV 波入射时界面上的振幅透反射系数为：

P 波反射系数 $\dfrac{S_0^{(3)}}{S_0^{(2)}} = \dfrac{2(p_3 q_1 - p_1 q_3)}{(p_1 + p_3)(q_2 + q_4) - (p_2 + p_4)(q_1 + q_3)}$ $\tag{7-28a}$

SV 波反射系数 $\dfrac{S_0^{(4)}}{S_0^{(2)}} = \dfrac{(p_2 - p_4)(q_1 + q_3) - (p_1 + p_3)(q_2 - q_4)}{(p_1 + p_3)(q_2 + q_4) - (p_2 + p_4)(q_1 + q_3)}$ $\tag{7-28b}$

P 波透射系数 $\dfrac{S_0^{(5)}}{S_0^{(2)}} = \dfrac{-2(q_1 + q_3)}{(p_1 + p_3)(q_2 + q_4) - (p_2 + p_4)(q_1 + q_3)}$ $\tag{7-28c}$

SV 波透射系数 $\dfrac{S_0^{(6)}}{S_0^{(2)}} = \dfrac{2(p_1 + p_3)}{(p_1 + p_3)(q_2 + q_4) - (p_2 + p_4)(q_1 + q_3)}$ $\tag{7-28d}$

根据振幅与位移之间的关系，P 波的位移透反射系数可以写作（徐仲达，1997）：

$$\begin{cases} \dfrac{U_3}{U_1} = -\dfrac{W_3}{W_1} = \dfrac{S_0^{(3)}}{S_0^{(1)}} \\[3mm] \dfrac{U_4}{U_1} = \dfrac{W_4}{W_1} = -\dfrac{c_{\mathrm{p1}}}{c_{\mathrm{s1}}}\dfrac{S_0^{(4)}}{S_0^{(1)}} \\[3mm] \dfrac{U_5}{U_1} = \dfrac{W_5}{W_1} = -\dfrac{c_{\mathrm{p1}}}{c_{\mathrm{p2}}}\dfrac{S_0^{(5)}}{S_0^{(1)}} \\[3mm] \dfrac{U_6}{U_1} = -\dfrac{W_6}{W_1} = \dfrac{c_{\mathrm{p1}}}{c_{\mathrm{s2}}}\dfrac{S_0^{(6)}}{S_0^{(1)}} \end{cases} \tag{7-29}$$

SV 波的位移透反射系数可以写作：

$$\begin{cases} \dfrac{U_3}{U_2} = \dfrac{W_3}{W_2} = \dfrac{c_{\mathrm{s1}}}{c_{\mathrm{p1}}}\dfrac{S_0^{(3)}}{S_0^{(2)}} \\[3mm] \dfrac{U_4}{U_2} = -\dfrac{W_4}{W_2} = \dfrac{S_0^{(4)}}{S_0^{(2)}} \\[3mm] \dfrac{U_5}{U_2} = -\dfrac{W_5}{W_2} = \dfrac{c_{\mathrm{s1}}}{c_{\mathrm{p2}}}\dfrac{S_0^{(5)}}{S_0^{(2)}} \\[3mm] \dfrac{U_6}{U_2} = \dfrac{W_6}{W_2} = \dfrac{c_{\mathrm{s1}}}{c_{\mathrm{s2}}}\dfrac{S_0^{(6)}}{S_0^{(2)}} \end{cases} \tag{7-30}$$

若波的能量可以表示如下（MILLER，1978）：

$$E = \int \sigma v \, \mathrm{d}t = \int \rho c v^2 \, \mathrm{d}t = \rho c \int v^2 \, \mathrm{d}t \tag{7-31}$$

则单位波束横截面积上的能量流可以用该波的总动能量密度乘以其波速表达。P 波入射到界面的能量分配关系式为：

$$1 = \frac{E_3}{E_1} + \frac{E_4}{E_1} + \frac{E_5}{E_1} + \frac{E_6}{E_1} = \left(\frac{S_0^{(3)}}{S_0^{(1)}}\right)^2 + \frac{\tan\alpha}{\tan\beta}\left(\frac{S_0^{(4)}}{S_0^{(1)}}\right)^2 + \frac{\rho_2 \tan\alpha}{\rho_1 \tan\alpha_3}\left(\frac{S_0^{(5)}}{S_0^{(1)}}\right)^2 + \frac{\rho_2 \tan\alpha}{\rho_1 \tan\beta_3}\left(\frac{S_0^{(6)}}{S_0^{(1)}}\right)^2$$

$$\tag{7-32}$$

SV 波入射到界面的能量分配关系式为：

$$1 = \frac{E_3}{E_2} + \frac{E_4}{E_2} + \frac{E_5}{E_2} + \frac{E_6}{E_2} = \frac{\tan\beta}{\tan\alpha}\left(\frac{S_0^{(3)}}{S_0^{(2)}}\right)^2 + \left(\frac{S_0^{(4)}}{S_0^{(2)}}\right)^2 + \frac{\rho_2 \tan\beta}{\rho_1 \tan\alpha_3}\left(\frac{S_0^{(5)}}{S_0^{(2)}}\right)^2 + \frac{\rho_2 \tan\beta}{\rho_1 \tan\beta_3}\left(\frac{S_0^{(6)}}{S_0^{(2)}}\right)^2$$

$$\tag{7-33}$$

对于 SH 波入射时，在结构面处只产生 SH 的反射波和透射波，不发生波形转换（图 7-15）。其分析过程与 P 波入射时类似，假设其入射波、反射波和透射波的幅值为 $H_0^{(1)}$、$H_0^{(2)}$、$H_0^{(3)}$。则有：

入射 SH 波　$H^{(1)} = H_0^{(1)} \mathrm{e}^{i(k_x^{(1)}x - k_z^{(1)}z - \omega^{(1)}t)} = H_0^{(1)} \mathrm{e}^{i\left(\frac{\omega^{(1)}\sin\alpha_1}{c_{\mathrm{s1}}}x - \frac{\omega^{(1)}\cos\alpha_1}{c_{\mathrm{s1}}}z - \omega^{(1)}t\right)}$ $\quad$ (7-34a)

反射 SH 波　$H^{(2)} = H_0^{(2)} \mathrm{e}^{i(k_x^{(2)}x + k_z^{(2)}z - \omega^{(2)}t)} = H_0^{(2)} \mathrm{e}^{i\left(\frac{\omega^{(2)}\sin\alpha_2}{c_{\mathrm{s1}}}x + \frac{\omega^{(2)}\cos\alpha_2}{c_{\mathrm{s1}}}z - \omega^{(2)}t\right)}$ $\quad$ (7-34b)

透射 SH 波　$H^{(5)} = H_0^{(3)} \mathrm{e}^{i(k_x^{(3)}x - k_z^{(3)}z - \omega^{(3)}t)} = H_0^{(3)} \mathrm{e}^{i\left(\frac{\omega^{(3)}\sin\alpha_3}{c_{\mathrm{p2}}}x - \frac{\omega^{(3)}\cos\alpha_3}{c_{\mathrm{p2}}}z - \omega^{(3)}t\right)}$ $\quad$ (7-34c)

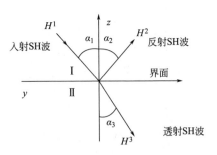

图 7-15　SH 波的反射与透射

$$\begin{cases} H_0^{(1)} + H_0^{(2)} = \dfrac{\rho_2 \mu_1}{\rho_1 \mu_2} H_0^{(3)} \\[3mm] H_0^{(1)} - H_0^{(2)} = \dfrac{\rho_2 c_{s1} \cos\alpha_3}{\rho_1 c_{s2} \cos\alpha} H_0^{(3)} \end{cases} \tag{7-35}$$

SH 波反射系数　　$\dfrac{H_0^{(2)}}{H_0^{(1)}} = \dfrac{\rho_1 c_{s1} \cos\alpha - \rho_2 c_{s2} \cos\alpha_3}{\rho_1 c_{s1} \cos\alpha + \rho_2 c_{s2} \cos\alpha_3}$　　(7-36a)

SH 波透射系数　　$\dfrac{H_0^{(3)}}{H_0^{(1)}} = \dfrac{2\rho_1 c_{s2}^2 \cos\alpha}{c_{s1}(\rho_1 c_{s1} \cos\alpha + \rho_2 c_{s2} \cos\alpha_3)}$　　(7-36b)

$$\begin{cases} \dfrac{V_2}{V_1} = \dfrac{H_0^{(2)}}{H_0^{(1)}} \\[3mm] \dfrac{V_3}{V_1} = \dfrac{H_0^{(3)}}{H_0^{(1)}} \left(\dfrac{c_{s1}}{c_{s2}}\right)^2 \end{cases} \tag{7-37}$$

$$1 = \frac{E_2}{E_1} + \frac{E_3}{E_1} = \left(\frac{H_0^{(2)}}{H_0^{(1)}}\right)^2 + \frac{\rho_2 c_{s1}^2 \tan\alpha}{\rho_1 c_{s2}^2 \tan\alpha_3} \left(\frac{H_0^{(3)}}{H_0^{(1)}}\right)^2 \tag{7-38}$$

对于垂直入射的特殊情况，有 $\alpha = 0$，P 波、SV 波和 SH 波的位移透反射系数可分别表示为：

P 波反射　　$\dfrac{W_3}{W_1} = \dfrac{\rho_1 c_{p1} - \rho_2 c_{p2}}{\rho_1 c_{p1} + \rho_2 c_{p2}}$　　(7-39a)

P 波透射　　$\dfrac{W_5}{W_1} = \dfrac{2\rho_1 c_{p1}}{\rho_1 c_{p1} + \rho_2 c_{p2}}$　　(7-39b)

SV 波反射　　$\dfrac{W_4}{W_2} = \dfrac{\rho_1 c_{s1} - \rho_2 c_{s2}}{\rho_1 c_{s1} + \rho_2 c_{s2}}$　　(7-39c)

SV 波透射　　$\dfrac{W_6}{W_2} = \dfrac{2\rho_1 c_{s1}}{\rho_1 c_{s1} + \rho_2 c_{s2}}$　　(7-39d)

SH 波反射　　$\dfrac{V_2}{V_1} = \dfrac{\rho_1 c_{s1} - \rho_2 c_{s2}}{\rho_1 c_{s1} + \rho_2 c_{s2}}$　　(7-39e)

SH 波透射　　$\dfrac{V_3}{V_1} = \dfrac{2\rho_1 c_{s1}}{\rho_1 c_{s1} + \rho_2 c_{s2}}$　　(7-39f)

2. 地震波在可滑移结构面上的反射与透射

仍考虑图 7-14 情况，P 波和 SV 波从上半无限空间 I 向下半无限空间 II 的界面入射。其他条件与上节相同，但此时 $z = 0$ 分界面为可滑移分界面，在此面上有应力连续条件，无位移连续条件（石崇等，2009）。$z=0$ 处的边界条件变为如下：

$$\begin{cases} u_1 - u_2 = (\sigma_{zx1} - \sigma_{zx2})/K_s \\ w_1 - w_2 = (\sigma_{z1} - \sigma_{z2})/K_n \end{cases} \tag{7-40}$$

式中，K_s、K_n 分别为结构面的剪切和法向刚度。

推导过程与上节类似，当考虑为 P 波和 SV 波入射时，有：

$$\begin{cases} \mu_1\left[(\cot^2\beta-1)(S_0^{(1)}+S_0^{(3)})-2(S_0^{(2)}-S_0^{(4)})\cot\beta\right]=\mu_2\left[(\cot^2\beta_3-1)S_0^{(5)}+S_0^{(6)}\cot\beta_3\right] \\ \mu_1\left[2(S_0^{(1)}-S_0^{(3)})\cot\alpha+(\cot^2\beta-1)(S_0^{(2)}+S_0^{(4)})\right]=\mu_2\left[2S_0^{(5)}\cot\alpha_3+(\cot^2\beta_3-1)S_0^{(6)}\right] \\ (S_0^{(1)}-S_0^{(3)})\cot\alpha-(S_0^{(2)}+S_0^{(4)})-S_0^{(5)}\cot\alpha_3=-\dfrac{i\omega\mu_2}{c}\dfrac{\left[(\cot\alpha_3-1)S_0^{(5)}-2S_0^{(6)}\cot\beta_3\right]}{K_n} \\ (S_0^{(1)}+S_0^{(3)})+(S_0^{(2)}+S_0^{(4)})\cot\beta-S_0^{(5)}-S_0^{(6)}\cot\beta_3=-\dfrac{i\omega\mu_2}{c}\dfrac{\left[2S_0^{(5)}\cot\alpha_3+(\cot\beta_3-1)S_0^{(6)}\right]}{K_s} \end{cases} \tag{7-41}$$

当考虑 P 波入射时，令中 $S_0^{(2)}=0$，则得出 P 波入射时界面上的振幅透反射系数为：

P 波反射
$$\frac{S_0^{(3)}}{S_0^{(1)}}=\frac{K_n(\rho_1 c_{p1}-\rho_2 c_{p2})-i\omega\rho_1\rho_2 c_{p1} c_{p2}\cos\alpha\cos\alpha_3}{K_n(\rho_1 c_{p1}+\rho_2 c_{p2})+i\omega\rho_1\rho_2 c_{p1} c_{p2}\cos\alpha\cos\alpha_3} \tag{7-42a}$$

P 波透射
$$\frac{S_0^{(5)}}{S_0^{(1)}}=\frac{2K_n\rho_1 c_{p2}}{K_n(\rho_1 c_{p1}+\rho_2 c_{p2})+i\omega\rho_1\rho_2 c_{p1} c_{p2}\cos\alpha\cos\alpha_3} \tag{7-42b}$$

当考虑 SV 波入射时，令 $S_0^{(1)}=0$，则得出 SV 波入射时界面上的振幅透反射系数为：

SV 波反射
$$\frac{S_0^{(4)}}{S_0^{(2)}}=\frac{K_s(\rho_1 c_{s1}-\rho_2 c_{s2})-i\omega\rho_1\rho_2 c_{s1} c_{s2}\cos\beta\cos\beta_3}{K_s(\rho_1 c_{s1}+\rho_2 c_{s2})+i\omega\rho_1\rho_2 c_{s1} c_{s2}\cos\beta\cos\beta_3} \tag{7-43a}$$

SV 波透射
$$\frac{S_0^{(5)}}{S_0^{(2)}}=\frac{2K_s\rho_1 c_{s2}\cos\beta}{K_s(\rho_1 c_{s1}+\rho_2 c_{s2})+i\omega\rho_1\rho_2 c_{s1} c_{s2}\cos\beta\cos\beta_3} \tag{7-43b}$$

当考虑地震波垂直入射的特殊情况，有 $\alpha=0=\alpha_3=\beta=\beta_3$，并考虑根据振幅与位移之间的关系。P 波、SV 波的位移透反射系数可分别表示为：

P 波反射
$$\frac{W_3}{W_1}=\frac{K_n(\rho_1 c_{p1}-\rho_2 c_{p2})-i\omega\rho_1\rho_2 c_{p1} c_{p2}}{K_n(\rho_1 c_{p1}+\rho_2 c_{p2})+i\omega\rho_1\rho_2 c_{p1} c_{p2}} \tag{7-44a}$$

P 波透射
$$\frac{W_5}{W_1}=\frac{2K_n\rho_1 c_{p2}}{K_n(\rho_1 c_{p1}+\rho_2 c_{p2})+i\omega\rho_1\rho_2 c_{p1} c_{p2}} \tag{7-44b}$$

SV 波反射
$$\frac{W_4}{W_2}=\frac{K_s(\rho_1 c_{s1}-\rho_2 c_{s2})-i\omega\rho_1\rho_2 c_{s1} c_{s2}}{K_s(\rho_1 c_{s1}+\rho_2 c_{s2})+i\omega\rho_1\rho_2 c_{s1} c_{s2}} \tag{7-44c}$$

SV 波透射
$$\frac{W_6}{W_2}=\frac{2K_s\rho_1 c_{s1}}{K_s(\rho_1 c_{s1}+\rho_2 c_{s2})+i\omega\rho_1\rho_2 c_{s1} c_{s2}} \tag{7-44d}$$

对于 SH 波入射时，假设其入射波、反射波和透射波的幅值为 $H_0^{(1)}$、$H_0^{(2)}$、$H_0^{(3)}$。

$$\begin{cases} H_0^{(1)}+H_0^{(2)}=\dfrac{c_{s1}}{c_{s2}}\left(1-\dfrac{i\omega\rho_2 c_{s2}\cos\alpha_3}{K_{s'}}\right) \\ H_0^{(1)}-H_0^{(2)}=\dfrac{\rho_2 c_{s1}\cos\alpha_3}{\rho_1 c_{s2}\cos\alpha}H_0^{(3)} \end{cases} \tag{7-45}$$

SH 波反射
$$\frac{H_0^{(2)}}{H_0^{(1)}}=\frac{K_{s'}(\rho_1 c_{s1}-\rho_2 c_{s2})-i\omega\rho_1\rho_2 c_{s1} c_{s2}\cos\alpha\cos\alpha_3}{K_{s'}(\rho_1 c_{s1}+\rho_2 c_{s2})+i\omega\rho_1\rho_2 c_{s1} c_{s2}\cos\alpha\cos\alpha_3} \tag{7-46a}$$

SH 波透射 $\qquad \dfrac{H_0^{(3)}}{H_0^{(1)}} = \dfrac{2K_{s'}\rho_1 c_{s1}\cos\alpha}{K_{s'}(\rho_1 c_{s1} + \rho_2 c_{s2}) + i\omega\rho_1\rho_2 c_{s1}c_{s2}\cos\alpha\cos\alpha_3}$ (7-46b)

当考虑地震波垂直入射的特殊情况，有 $\alpha = 0 = \alpha_3$，并考虑根据振幅与位移之间的关系。SH 波的位移透反射系数可分别表示为：

SH 波反射 $\qquad \dfrac{W_4}{W_2} = \dfrac{K_{s'}(\rho_1 c_{s1} - \rho_2 c_{s2}) - i\omega\rho_1\rho_2 c_{s1}c_{s2}}{K_{s'}(\rho_1 c_{s1} + \rho_2 c_{s2}) + i\omega\rho_1\rho_2 c_{s1}c_{s2}}$ (7-47a)

SH 波透射 $\qquad \dfrac{W_6}{W_2} = \dfrac{2K_{s'}\rho_1 c_{s1}}{K_{s'}(\rho_1 c_{s1} + \rho_2 c_{s2}) + i\omega\rho_1\rho_2 c_{s1}c_{s2}}$ (7-47b)

若结构面两侧岩体力学特性基本相同时，有更特殊情况 $\rho_1 = \rho_2 = \rho$，$c_{s1} = c_{s2} = c_s$，$c_{p1} = c_{p2} = c_p$。此时，P 波、SV 波和 SH 波的位移透反射系数可分别表示为：

P 波反射 $\qquad \dfrac{W_3}{W_1} = \dfrac{-i\omega\rho c_p}{2K_n + i\omega\rho c_p}$ (7-48a)

P 波透射 $\qquad \dfrac{W_5}{W_1} = \dfrac{2K_n}{2K_n + i\omega\rho c_p}$ (7-48b)

SV 波反射 $\qquad \dfrac{W_4}{W_2} = \dfrac{-i\omega\rho c_s}{2K_s + i\omega\rho c_s}$ (7-48c)

SV 波透射 $\qquad \dfrac{W_6}{W_2} = \dfrac{2K_s}{2K_s + i\omega\rho c_s}$ (7-48d)

SH 波反射 $\qquad \dfrac{V_2}{V_1} = \dfrac{-i\omega\rho c_s}{2K_{s'} + i\omega\rho c_s}$ (7-48e)

SH 波透射 $\qquad \dfrac{V_3}{V_1} = \dfrac{2K_{s'}}{2K_{s'} + i\omega\rho c_s}$ (7-48f)

7.4.2 离散元分析

1. 地震波在无滑移结构面上的反射与透射

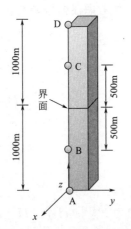

图 7-16 数值计算模型示意图

为了验证 3DEC 计算弹性介质中无滑移结构面上的反射与透射问题的合理性，对其进行验算。计算区域取 $2m \times 2m \times 2000m$，模型示意图及坐标系规定如图 7-16 所示，介质 I、II 均按弹性介质考虑。介质 I 属性固定为密度 $2650kg/m^3$，泊松比 0.25，弹性模量 10GPa。介质 II 属性为密度 $2650kg/m^3$，泊松比 0.25，弹性模量考虑 2GPa、5GPa、10GPa、20GPa、50GPa 五种情况，分别对应阻抗比 2.24、1.41、1、0.71、0.45。模型上下端面设置黏性人工边界模拟近场效应，波动至模型底部向上输入。考虑波形为 2Hz 单位雷克子波，按 SV 波入射考虑。通过考察透射波和反射波的幅值与入射波的比值计算透射系数，将结果与理论解相比较。数值模型网格尺寸为 2m，满足暂态波保真需求。

图 7-17 给出了在阻抗比为 0.71 时，A、B、C、D 点的时程曲线。两种介质阻抗比为 2.24、1.41、1、0.71、0.45 五种情况时界面上的透反射系数与理论值的对比见图 7-18。

结果表明，透射系数随阻抗比增加而增加，而反射系数（绝对值）在阻抗比大于 1 的

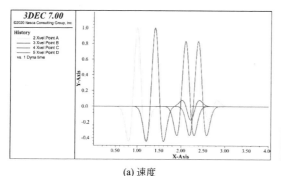

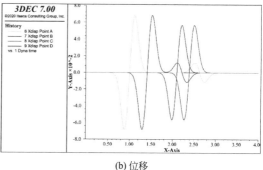

(a) 速度　　　　　　　　　　　　　　　　　(b) 位移

图 7-17　阻抗比 0.71 时的透反射

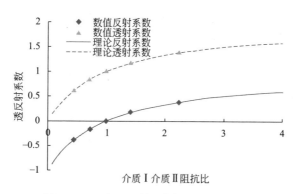

图 7-18　理论透反射系数与数值解的对比

时候随阻抗比增加而增加，而在阻抗比小于 1 的时候随阻抗比增加而减小。在阻抗比等于 1 的时候，仅发生透射，不发生反射。

　　值得注意的是图 7-18 中当阻抗比小于 1 时，反射系数为负值，这代表了当阻抗比小于 1 时，入射波与反射波反相的现象，图 7-17 中 A、B 点的时程曲线给出了这一现象的直观描述。以上结果表明 3DEC 的数值结果与理论结果吻合良好，正确地反映了地震波在弹性介质中无滑移结构面上的反射与透射。

　　这里的代码更改相对简单，仅需要将 7.3.2 节中 2dyna 文件中代码的 prop 函数中，增加给介质Ⅱ定义材料参数的语句，并增加对介质Ⅱ赋值的语句即可。

```
fish define prop    ;定义材料参数，注意为 MPa 单位体系，模量 20GPa，泊松比 0.25，密度 2650kg/m³
  global rock_E_1     = 10e3
  global rock_uxy_1   = 0.25
  global rock_dens_1  = 2650e-6
  ;
  global rock_E_2     = 20e3
  global rock_uxy_2   = 0.25
  global rock_dens_2  = 2650e-6
end
@prop
```

首先给整个模型赋值为介质Ⅰ，随后将模型上半部分赋值为介质Ⅱ。

---

block zone property density @rock _ dens _ 2 young @rock _ E _ 2 poisson @rock _ uxy _ 1 range position-z 0.@zmax _ U；给介质Ⅱ赋材料参数

---

2. 地震波在可滑移结构面上的反射与透射

为了验证 3DEC 计算弹性介质中可滑移结构面上，结构面未分离时的反射与透射问题的合理性，对其进行验算。计算模型示意图及坐标系规定如图 7-16 所示。介质Ⅰ、Ⅱ材料属性相同，均按弹性介质考虑。属性固定为密度 2650kg/m³，泊松比 0.25，弹性模量 10GPa。模型上下端面设置黏性人工边界模拟近场效应。波动至模型底部向上输入。考虑波形为 2Hz 雷克子波，按 SV 波入射考虑。结构面设置同图 7-16 中的界面，结构面刚度考虑 k_s＝1MPa、5MPa、10MPa、20MPa、30MPa、40MPa、50MPa、60MPa、70MPa、80MPa、90MPa、100MPa，共 12 种工况。通过考察透射波和反射波的幅值与入射波的比值计算透反射系数，将结果与理论解相比较。

图 7-19 分别给出了结构面刚度为 40MPa 时，两种频率入射波下的透反射时程曲线。界面上的透反射系数与理论值的对比见图 7-20。对比结果可以表明，对于采用刚度系数表述应力-应变关系的岩体结构面来讲，当地震波传播通过时，其透反射系数不仅与界面两侧的岩体阻抗比有关，也与结构面刚度有关。对于结构面刚度参数，透反射系数与其呈非

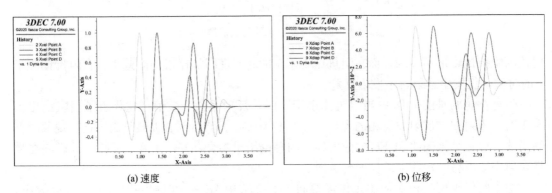

(a) 速度	(b) 位移

图 7-19 k_s＝40MPa 的透反射波时程曲线

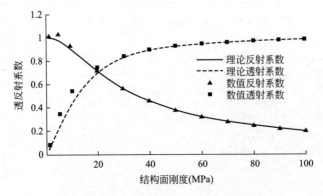

图 7-20 理论透反射系数与数值解的对比

线性关系，刚度越大，反射系数越小。透射系数越小，在某一特定刚度值下，透反射系数相等。以上结果表明 3DEC 对于结构面未滑移状态的数值结果与理论结果吻合良好，正确地反映了地震波在弹性介质中未滑移结构面上的反射与透射。

对于代码，仅需要在 7.3.2 节 1model 文件的 block zone generate 命令之前，增加一句切割结构面的命令即可。

```
block cut joint-set dip-direction 0 dip 0 origin 0 0 0
```

在 2dyna 文件中增加给结构面定义材料参数的语句，并增加对结构面赋值的语句。

```
fish define prop
  global rock _ E _ 1 = 10e3
  global rock _ uxy _ 1 = 0.25
  global rock _ dens _ 1 = 2650e-6
  ;
  global joint _ jkn _ 1 = 40
  global joint _ jks _ 1 = 40
end
@prop
```

```
; 结构面赋值的语句
block contact jmodel assign elas ; 将结构面定义为不会滑移的弹性本构
block contact prop stiffness-normal @joint _ jkn _ 1 stiffness-shear @joint _ jks _ 1 ; 赋值法向
刚度和切向刚度
```

7.5　地下岩石工程的地震响应与稳定性工程实例

7.5.1　引言

位于中国四川境内的某水电站是西电东送骨干电源点之一，为大（1）等水电工程。电站包括大坝，两岸的地下厂房，及其他附属设施。两岸洞室群构成基本相同，均由四大主要洞室——主厂房、主变室、尾闸室、尾调室及其他辅助洞室构成。

对于地下洞室群，埋深约为 350m，主要位于二叠系上统峨眉山组玄武岩中，岩层产状为倾向 120°～145°，倾角 15°～20°。主要由 $P_2\beta_2^3$，$P_2\beta_3^1$，$P_2\beta_3^2$ 等岩层构成。其中，$P_2\beta_2^3$ 层主要构成为隐晶玄武岩、杏仁状玄武岩及熔岩角砾岩；$P_2\beta_3^1$ 层主要构成为隐晶玄武岩、杏仁状玄武岩、角砾熔岩及斜斑玄武岩；$P_2\beta_3^2$ 层主要构成为角砾熔岩、柱状节理玄武岩、杏仁状玄武岩构成。一条产状与岩层相同的层间错动带穿过整个地下洞室群区域，并出露在河谷山坡上，成为厂区的控制性结构面。根据测量及反演成果，厂区地应力主应力量值分别为约 20MPa、17MPa、10MPa。

层间错动带的力学性质非常软弱，其自身的剪切错动或者与其他结构面交切形成关键块体，均是洞室稳定性的重大威胁。此外，由于工程场地处于我国西南强震多发地区，根据《水工建筑物抗震设计规范》DL 5073—2000，对于大（1）等工程，由地震机构进行了专门的概率地震危险性分析（PSHA）。分析结果表明电站基本抗震烈度为Ⅷ度，水平设计地震加速度峰值为 219Gal。水电站地下洞室群为目前在建的最大的地下洞室群，若在地震作用下遭到破坏，后果严重。因此，层间错动带在地震动力作用下的力学响应及在其控制作用下洞室的稳定性，成为非常关键的科学与工程问题。

虽然传统上认为地下工程相对于地面工程具有更好的抗震性能，但在今年以来的强震中，如 1976 年唐山地震（中国）、1988 年 Spitak 地震（亚美尼亚），1995 年阪神地震（日本）、1999 年集集地震（中国台湾）、2007 年 Singkarak 地震（印尼）、2008 年汶川地震（中国），均报道了不同程度、不同类型的地下工程破坏现象。因此，考虑到水电工程的重要性，其地下厂房洞室的地震稳定性理应得到详细的研究。

7.5.2　数值模拟条件

在 3DEC 中建立了包括尾调室及底部尾水隧洞的三维可变形离散元数值模型，见图 7-21。数值模型平面上以尾调室圆筒圆心为原点，以海拔 0m 作为 Z 轴起点，范围为 $X \in$（-100，100），$Y \in$（-100，100），$Z \in$（500，720）。数值模型中，施加了地应力，数值模型中顶部按照上部岩体的重量施加相应的竖直应力。

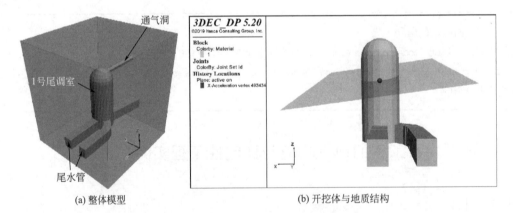

(a) 整体模型　　　　　　　　　　　(b) 开挖体与地质结构

图 7-21　三维离散元模型与监测点位置

为了说明动力计算的时间变化过程，取图 7-21 所示位置作为监测点，监测了层间错动带上下盘岩体的相应量值变化。

岩体及结构面的力学参数如表 7-1 所述。

岩体及结构面力学参数　　　　　　　　　　　　　表 7-1

	密度 (kg/m³)	模量 (GPa)	泊松比	K_{ni} (GPa/m)	K_{ni} (GPa/m)	黏聚力 (MPa)	摩擦角 (°)
岩体	2700	20	0.25	—	—	3.5	51
层间错动带	—	—	—	0.25	25	0.04	14

输入的地震动采用的是水工抗震中常用的印度 Koyna 水电站地震动时程曲线（图 7-22）。

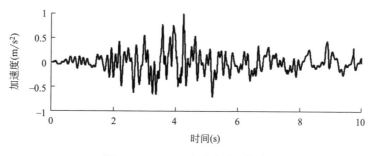

图 7-22　Koyna 地震动时程曲线

地震动力数值模型中，网格尺寸为 8m，满足暂态波保真需求。动力人工边界采用自由场边界。根据《水工建筑物抗震设计规范》DL 5073—2000，地震波按照峰值加速度，从底部自下而上输入。

值得指出的是动力分析是十分消耗计算机时的工作，在本例题分析过程中，为了方便读者学习，减少运行代码时的计算时间，使用了很多加快计算速度的设置，这些设置显然会对结果的精度造成不利影响，但仅是为了示例而已。具体的设置和正确的处理方法将在后面代码环节详细讲述。

7.5.3　开挖

尾调室为圆筒形结构，在进行地震响应分析前首先进行了开挖模拟，开挖自顶部半球形穹顶开始，分 7 步开挖完成。开挖结果如图 7-23、图 7-24 所示，可见洞室的最大开挖位移约为 3cm，发生在层间错动带下盘的洞室岩壁。洞室下部围岩出现较为明显的塑性区，深度小于 8m。

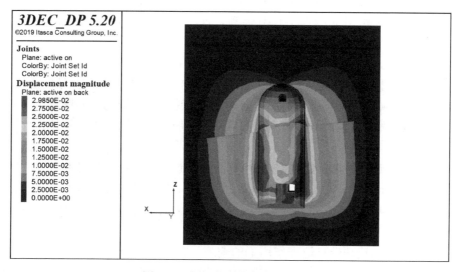

图 7-23　尾调室开挖完成后的位移

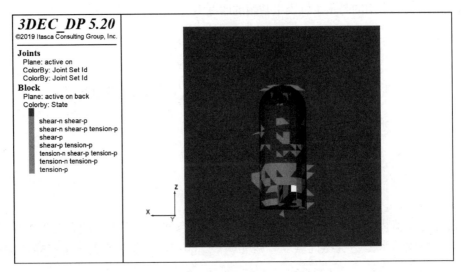

图 7-24　尾调室开挖完成后的塑性区

7.5.4　地震动力分析结果

对地震动力分析成果的讨论中，地震位移、应力、塑性区成果将分别被讨论。

1. 地震位移

图 7-25 给出了 1 号尾调室在地震动不同时刻的位移云图。同时，图 7-26 给出了层间错动带附近部位 2 个记录点（上下盘岩体各一个）的整体地震位移量值的时程曲线。可见，洞室围岩的整体地震位移在地震初始阶段量值较小，表现不明显。随着地震动强度的逐渐增加，洞室的整体地震位移也随之增大，并在约 6s 时达到最大值。随后，随着地震强度的逐渐减弱，整体地震位移逐渐减小，最终结束于一个残余值。同时可以看到，力学性质相对非常软弱的 C2 错动带地震作用下，成为围岩变形的一个重要控制性边界，错动带上下盘岩体在地震作用下产生了相对错动，这一错动将对洞室的稳定性产生不利的影响。

2. 塑性区与应力

图 7-27 给出了监测点在地震作用下最小主应力的时程曲线，其中符号约定压正拉负。在地震动的动力荷载作用下，围岩的应力在 4～5s 时受到了地震的剧烈影响，产生了剧烈抖动，随后上盘监测点量值减小，下盘监测点量值增加，显示出上下盘岩体在地震作用下不同的破坏特征。

图 7-28 给出了地震结束后的洞室塑性区，虽然地震结束之后洞周围岩塑性区体积增加了大约 15%，塑性区体积和深度都有一定的增加。注意到新增加的塑性区基本都发展在结构面的下盘，说明层间错动带在地震工况下也将成为洞室稳定性的控制性结构面。

3. 层间错动带的地震响应

图 7-29 为了展示错动带在地震作用下的响应，它的法向与切向接触变形时程曲线被展示在中。结果显示，随着地震动幅值的变化，接触变形也随之变化，在地震过程中将会达到一个较大的值，但在地震结束后这一较大值将逐渐恢复为一个较小的残余值。

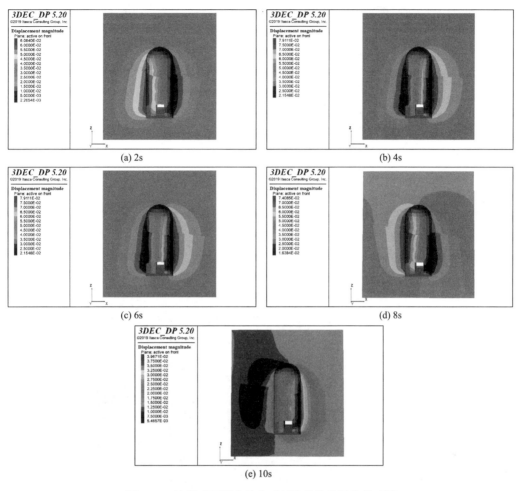

图 7-25　地震动下洞室各个时刻的整体地震位移云图

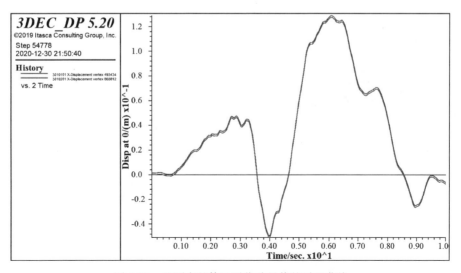

图 7-26　监测点整体地震位移量值的时程曲线

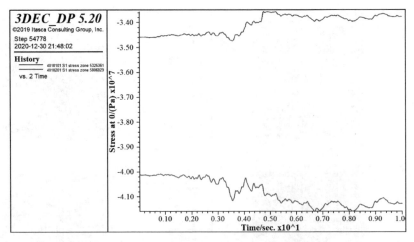

图 7-27　监测点在地震作用下最小主应力的时程曲线

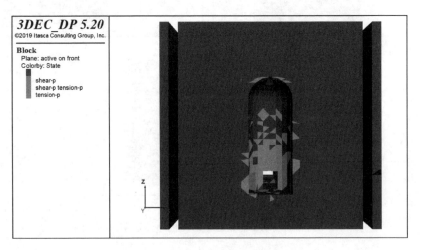

图 7-28　地震结束后的洞室塑性区

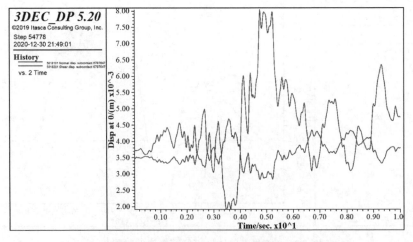

图 7-29　监测点处错动带的法向与切向接触变形时程曲线

图 7-30 给出了法向与切向接触应力时程曲线，可见接触面的应力时程也受地震作用影响较大，在地震动峰值达到时曲线发生剧烈抖动。

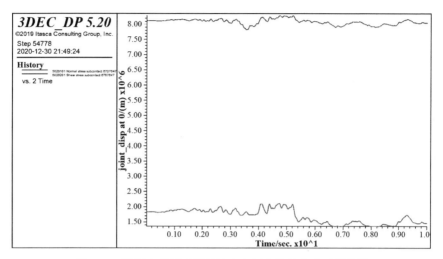

图 7-30　监测点处错动带的法向与切向接触应力时程曲线

4. FISH 代码

以下给出了对应以上分析过程的 FISH 代码，由于建模过程较为复杂，且与本章内容无关，因此这里直接给出了 model. sav 文件，在这个文件中，层间错动带被命名为了 ID 为 10000 的节理。而洞室周围的岩体，根据距离洞室的远近也被编成了不同的 region，这些 region 编号的主要用途是控制网格划分密度和开挖操作。

1excav. dat 是静力开挖文件，在读入模型文件 model. sav 后，首先进行了网格划分操作，这里为了计算的快捷，将所有的网格都划分为一个较大的 8m 尺寸，应注意这仅仅是示例的缘故。FISH 文件中保留了更精细的网格划分的语句，读者可以自行增加洞室周围的网格密度。

随后，进行了材料参数赋值，将围岩和层间错动带各自的材料参数赋进了模型中。然后进行地应力施加，在这里简单施加了主应力分量为 20MPa、17MPa 和 10MPa 的地应力，方向分别为 x、y、z。这和实际并不完全一致，但这并不是本节的重点，也仅为示例的缘故。但可以注意在施加地应力的过程中，模型的顶部是按照最小主应力施加了 10MPa 的应力边界。同时，地应力平衡中为了提升平衡效果，第一遍进行了仅弹性的计算后再次进行了地应力赋值，再进行了弹塑性计算。同样，为了加快计算效率，这里的计算收敛值被设为了一个较大的 2e-5，读者可以自行改为 1e-5 或更严格的收敛准则。

地应力平衡后开始了 7 步开挖过程，最后得到了一个 step6. sav 的文件，代表了静力开挖完成后的洞室。

1excav. dat

```
new
res model
```

```
hide

; seek reg 100    ; 作者可以自行添加这些精细划分网格的语句
; gen edge 3.
; hide

; seek reg 101 1 2 3 4 5 6 7 8 9 10
; gen edge 5
; hide

; seek reg 998 997 1000 1001
; gen edge 7. 0
; hide

seek
gen edge 8. 0
sav model _ zone

new
res model _ zone
hide
show
change mat 1

change cons 2
[global rock _ E _ 1    = 20. e9 ]
[global rock _ uxy _ 1 = 0. 25    ]
[global rock _ dens _ 1 = 2700. ]

prop mat = 1 ymod @rock _ E _ 1 pratio @rock _ uxy _ 1 density @rock _ dens _ 1 ; 围岩的材料参数
prop mat = 1 bfric 51 bcoh 3. 5e6 btens 0. 3e6

prop jmat 1 jkn 50e9 jks 50E9    jfric 89. 9 jcoh 1. 0e12    jtens 1. 0e12 ; 虚拟节理的材料, 用来构
成模型, 因此赋大值
  ;
prop jmat 10 jkn 0. 3e9 jks 0. 25e9    jfric 14. jcoh 0. 04e6 jte = 0.    ; 层间错动带的材料


;;;;;;;;;;; assign joint prop
change jcon 2
change jmat 1          ; 虚拟节理赋大值

change joint 10000 jmat 10   ; ID10000 的结构面是层间错动带
```

```
sav mat
call 4 _ ini. 3ddat

new
rest mat
set processors 8
set nodal on

hide
seek
grav 0 0 -9. 81

bound stress 0. 0. -10. e6   0. 0. 0.        range  z  @zmax _ L      @zmax _ U    ；模型顶部赋应力边界
bound xvel = 0.   yvel = 0.   zvel = 0.                 range  x  @xmin _ L      @xmin _ U
bound xvel = 0.   yvel = 0.   zvel = 0.                 range  x  @xmax _ L      @xmax _ U
bound yvel = 0.   xvel = 0.   zvel = 0.                 range  y  @ymin _ L      @ymin _ U
bound yvel = 0.   xvel = 0.   zvel = 0.                 range  y  @ymax _ L      @ymax _ U
bound zvel = 0.   xvel = 0.   yvel = 0.                 range  z  @zmin _ L      @zmin _ U
;
ini sxx -20. e6   ；第一次赋地应力
ini syy -17. e6
ini szz -10. e6

hist unbal
set small on
damp auto
mscale on    ；使用密度缩放来加快静力收敛

plot add hist 1
solve elastic only ratio 1e-5 cyc 100000    ；仅弹性计算

ini sxx -20. e6 ；第二次赋地应力
ini syy -17. e6
ini szz -10. e6

solve ratio 2e-5 cyc 100000 ；弹塑性计算
save calc _ ini

call 5 _ excav. 3ddat

new
rest calc _ ini
hide
```

```
seek
reset disp vel jdis ；重置了围岩的位移、速度；结构面的位移

hist reset
hist unbal

set processors 8

remove range reg 101 1001 10001 997 10 ；分布开挖
solve cyc 10000 ratio 2e-5
sav step0

remove range reg 1 2
solve cyc 10000 ratio 2e-5
sav step1

remove range reg 3 4 5
solve cyc 10000 ratio 2e-5
sav step2

remove range reg 6
solve cyc 10000 ratio 2e-5
sav step3

remove range reg 7
solve cyc 10000 ratio 2e-5
sav step4

remove range reg 8
solve cyc 10000 ratio 2e-5
sav step5

remove range reg 9
solve cyc 10000 ratio 2e-5
sav step6
```

动力计算中，首先关闭了静力计算中的自动密度缩放，以避免计算误差，但同时为了加快计算速度，还是使用了一定量的密度缩放，请注意这里为了加快计算速度，将 mscale part 的量值设为一个比较大的 2e-4，这当然会影响计算结果，读者在自己计算的时候需要将这里设置为一个较小的合理值。

建立的自由场边界，并读入了 koyna 地震波的速度时程文件，并利用 vel2stress 函数将速度转换为应力时程，并将量值设置为 219Gal 后，在底部输入。

　　在动力计算之前，重置了模型的时间、监测以及速度，请注意这里为了将开挖作用与地震作用同时考虑，并没有将开挖的位移清零。

　　此外，还读入了 hist. dat 文件，其中的信息是监测信息。最后，开始对持时为 10s 的 koyna 地震波开始计算。

　　2seismic. dat

```
new
config dynamic
set small on
rest step6
mscale off
mscale part 2e-4   ；密度缩放，目的为加快动力计算速度

hide
seek

ffield apply gap 10 thick 10 ；模型四周自由场边界
;
bound mat = 1                 range z(@zmin_L, @zmin_U)；顶部和底部设置为吸收边界
bound xvisc yvisc zvisc range z(@zmin_L, @zmin_U)
bound mat = 1                 range z(@zmax_L, @zmax_U)
bound xvisc yvisc zvisc range z(@zmax_L, @zmax_U)


table 1 read koyna-x-v. dat ；读入地震动时程记录到 table 1

define vel2stress  ；将速度转换为应力的函数
    local cp = ((rock_E_1 * (1-rock_uxy_1))/(rock_dens_1 * (1 + rock_uxy_1) * (1-2 * rock_uxy_1)))^0.5
    local cs = (rock_E_1/(2 * rock_dens_1 * (1 + rock_uxy_1)))^0.5
    global n_stress = -2 * rock_dens_1 * cp * 2.19 * 0.667   ；法向力一般是当作竖直向地震动的，按规范取 2/3
    global s_stress = -2 * rock_dens_1 * cs * 2.19
end
@vel2stress

bound xhist table 1 stress(0, 0, 0, 0, @s_stress, 0)range z(@zmin_L, @zmin_U)；从底部按应力输入
;
damp 0 0 ; mass   ；这里没有采用阻尼
reset time hist vel  ；重设了时间、监测、速度
; set histories
```

```
hist n = 100
hist id =      1     unbal
hist id =      2     time
hist id =      3     energy

call hist    ; 读入了监测信息

plot create plot Acc    ; 出图的语句
plot hist 1010101 1010201 vs 2 &
xaxis label 'Time/sec.' yaxis label 'Acc at 0/(m/s2)'

plot create plot Vel
plot hist 2010101 2010201 vs 2 &
xaxis label 'Time/sec.' yaxis label 'velocity at 0/(m/s)'

plot create plot Disp
plot hist 3010101 3010201 vs 2 &
xaxis label 'Time/sec.' yaxis label 'Disp at 0/(m)'

plot create plot S1
plot hist 4010101 4010201 vs 2 &
xaxis label 'Time/sec.' yaxis label 'Stress at 0/(Pa)'

plot create plot Joint _ disp
plot hist 5010101 5010201 vs 2 &
xaxis label 'Time/sec.' yaxis label 'Disp at 0/(m)'

plot create plot Joint _ stress
plot hist 5020101 5020201 vs 2 &
xaxis label 'Time/sec.' yaxis label 'joint _ disp at 0/(m)'

set time 0    ; 开始动力时程计算
solve time 2 ratio 1e-50
save 2sec
solve time 2 ratio 1e-50
save 4sec
solve time 2 ratio 1e-50
save 6sec
solve time 2 ratio 1e-50
save 8sec
solve time 2 ratio 1e-50
save 10sec
```

return

hist. dat 文件中的为监测信息。含义具体如下：
hist. dat

hist id =	1010101	xacc	0	24	610.5 ；监测点处错动带上盘岩体的 X 向加速度
;					
hist id =	1010201	xacc	0	24	604.5；监测点处错动带下盘岩体的 X 向加速度
;					
hist id =	2010101	xvel	0	24	610.5；监测点处错动带上盘岩体的 X 向速度
;					
hist id =	2010201	xvel	0	24	604.5；监测点处错动带下盘岩体的 X 向速度
;					
hist id =	3010101	xdisp	0	24	610.5；监测点处错动带上盘岩体的 X 向位移
;					
hist id =	3010201	xdisp	0	24	604.5；监测点处错动带下盘岩体的 X 向速度
;					
hist id =	4010101	s1	0	24	610.5；监测点处错动带上盘岩体的最小主应力
;					
hist id =	4010201	s1	0	24	604.5；监测点处错动带下盘岩体的最小主应力
;					
hist id =	4020101	s2	0	24	610.5；监测点处错动带上盘岩体的中间主应力
;					
hist id =	4020201	s2	0	24	604.5；监测点处错动带下盘岩体的中间主应力
;					
hist id =	4030101	s3	0	24	610.5；监测点处错动带上盘岩体的最大主应力
;					
hist id =	4030201	s3	0	24	604.5；监测点处错动带下盘岩体的最大主应力
;					
hist id =	5010101	ndisp	0	24	607.5dd 22. dip 18.；监测点处错动带的法向接触位移，dd 22. dip 18 为产状
;					
hist id =	5010201	sdisp	0	24	607.5dd 22. dip 18.；监测点处错动带的切向接触位移，dd 22. dip 18 为产状
;					
hist id =	5020101	nstress	0	24	607.5dd 22. dip 18.；监测点处错动带的法向接触应力，dd 22. dip 18 为产状
;					
hist id =	5020201	sstress	0	24	607.5dd 22. dip 18.；监测点处错动带的切向接触应力，dd 22. dip 18 为产状

参考文献

［1］ 徐仲达 . 地震波理论 ［M］. 上海：同济大学出版社，1997.

［2］ 何樵登 . 地震波理论 ［M］. 长春：吉林大学出版社，2005.

［3］ 胡聿贤 . 地震工程学 ［M］. 北京：地震出版社，2006.

［4］ 廖振鹏 . 工程波动理论导论 ［M］. 2 版 . 北京：科学出版社，2002.

［5］ MILLER R. K. The Effect of Boundary Friction on the Propagation of Elastic Waves ［J］. Bulletin of the Seismological Society of America，1978，68 （4）：987-998.

［6］ 石崇，徐卫亚，周家文，等 . 节理面透射模型及其隔振性能研究 ［J］. 岩土力学，2009，30 （3）：729-734.

第 8 章　3DEC 模拟水力压裂问题

8.1　研究背景

水力压裂（Hydraulic Fracturing，也译作"水压致裂"或"水力劈裂"）是高压水流或其他液体将岩体内已有的裂纹和孔隙驱动、扩展、贯通等物理现象的统称。水力压裂技术由于其高渗透性，是油、气井增产增注的主要措施，在低渗透油和气田的开发中发挥着重要作用，取得了大量研究成果（Cipolla 和 Wright，2002）。随着理论模型和技术手段的不断完善，水力压裂技术在能源开采、地应力测试（石淼，1981；刘允芳，1991；郭启良等，2002；汪集旸等，2012；许天福等，2015）及环境保护工程（Murdoch 等，2002）等领域的应用日益广泛且深入。

随着常规石油、页岩气资源开采的规模不断加大，其产量增长越来越困难，非常规油气资源的地位日益重要。非常规油气资源，包括了储藏在低渗透岩层的页岩气、页岩油、煤层气等。水力压裂技术是页岩气开采的关键技术，借助水平井分段压裂技术的规模化应用，美国实现了页岩气大规模的商业开采，并迎来了全球页岩气革命。中国的页岩气储量排名世界第一，占比全球储量的 36%（庄苗等，2016）。与美国页岩油气资源相比，我国页岩油气的地质条件更为复杂，我国页岩储层构造改造强烈，多尺度裂缝、节理、断裂发育，岩性明显有别于砂岩、碳酸盐岩储层。其非连续的特性决定了现有岩石力学连续介质理论与方法难以准确反映页岩力学特征。工程实践也表明，在水力压裂井水平段附近的岩体通常具有明显的各向异性，不同穿孔处的抗拉强度不尽相同，在水压作用下穿孔各处岩体的开裂程度也会有所差异（图 8-1）。

水力压裂同时也是应用于地应力测量的一种非常成熟的技术，Hubbert 和 Willis（1957）在岩体工程实践中发现了破裂压力与地应力之间的关系，Haimson 和 Fairhurst（1967）利用这一发现进行了地应力的测量。1980 年 10 月我国地质勘测人员在河北易县首次采用水压致裂方法进行了地应力的测量工作（石淼，1981），长江科学研究院提出了在三个不同方向的钻孔中进行水压致裂以测量地应力的方法（刘允芳，2003）。目前，水力压裂技术已被广泛应用于地基加固（陈进杰和王祥琴，1995）、核废料地下处置（Souley等，2001）、地下注浆（Morgenstern 和 Vaughan，1963；Wong 和 Farmer，1973）、环境保护（Murdoch 和 Slack，2002）等众多行业领域。

煤层气（也称"瓦斯"）同样是我国重要的非常规油气资源之一，被广泛用于民用燃气、汽车燃料、工业燃料、发电等领域。据预测，我国境内埋深 2000m 以内煤层气地质资源量约 36.81 万亿 m^3，居世界第 3 位。尽管我国煤层气资源量大，但高效开发利用并非易事。我国煤层渗透率普遍较低，导致煤层气抽采难度大、抽采半径小，也直接影响煤层气抽采量、抽采浓度与抽采率。由于煤层赋存条件、物理力学特性、应力环境等方面的差异性，水力压裂的起裂条件、扩展规律、压裂效果也不尽相同，其水力压裂机理和规律

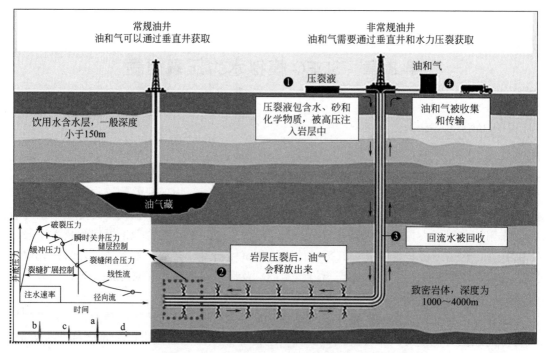

图 8-1　非常规油气藏水平井水力压裂裂纹扩展特性示意图

也具有特殊性，尚缺乏理论支撑与实践经验（雷毅，2014）。利用裂纹扩展的时间效应，使裂纹在较低的水压作用下仍能充分扩展，不仅能增强煤层的渗透性，而且会有效降低水力压裂的能耗、水耗和成本。

　　但是，水力压裂作用也会给岩体工程带来非常严重的灾害，在水利工程中水力压裂往往是造成大坝漏水甚至失事的一个重要原因，例如美国的 Teton 坝（Sherard，1987）、法国的 Malpasset 拱坝（Londe，1987）、英国的 Balderhead 坝（Vaughan 等，1970）、挪威的 Hyttejuvet 坝（Kjaernsli 和 Torblaa，1968）等多起大坝失事，以及许多深埋地下隧道、洞室的开挖而导致的大量涌水等均是由于高压水的渗透作用造成的。在矿山地下开采中往往会遇到高压含水层，当开采工作面靠近高压含水层时，高压水可能压裂岩体突入工作空间而造成重大事故。

　　在过去的几十年中，研究者付出了极大努力来通过数值方法了解水力压裂问题的机理。有限元法（FEM）和边界元法（BEM）已被用于模拟复杂地层中的水力压裂（Papanastasiou，1997）。刘伟（2005）在考虑导流能力沿裂缝方向变化的条件下，在 Laplace 空间对有限导流垂直裂缝压力动态分布进行了详细讨论，同时应用边界元方法进行了数值求解。连志龙（2007 和 2009）和 Zhang 等（2011）利用有限元软件 ABAQUS 构建了三维非线性有限元水力耦合模型，并使用此模型对大庆油田一个水平井的分段压裂过程进行了数值模拟研究。结合有限元和无网格方法的耦合算法，Wang 等（2010）模拟了考虑外力和液压作用下的压裂裂纹的动态传播。Aghighi 和 Rahman（2010）采用有限元数值模型模拟了完全的气液耦合并研究了重复压裂的致密气储层的应力变化。Zhang 等（2010）利用二维边界元模型模拟了近井筒的裂缝迁曲问题。盛茂和李根生（2014）基于扩展有限元，利用积分法来数值求解裂缝尖端的应力强度因子、利用最大能量释放率准则判定裂缝的扩展及方向，从而构建了水力劈裂模型，该模型无需预设裂缝的扩展方向，作者采用该模型进行了数值模拟并与室内试验结果进行了对比分析。王小龙（2017）研发了二维扩展有限元水力压裂程序 Matlab-XFEM，可以模拟各向同性岩石和正交各向异性岩石中裂缝的起裂和扩展，多条裂缝同时扩展，水力裂缝与天然裂缝相互作用以及复杂缝网的形成过程。

Fairhurst 等（2007）指出完整岩石与不连续面之间裂缝形成过程是非常复杂的，很难用连续介质的观点去考虑。非连续变形数值方法能够抓住完整岩石破裂以及不连续面滑动的本质，可以提高我们对岩体各种力学行为的理解。离散元方法作为其中的一个典型代表是研究岩体水力压裂的有效方法。Al-Busaidi 等（2005）通过微震监测描绘了 Lac du Bonnet 花岗岩水力压裂的效果和性质，证实了水力压裂效果与通常连续介质力学数值模型预测的结果并不一致，而基于不连续介质力学的离散元法（DEM）的计算结果与实际效果更加接近。Souley 等（2001）通过 DEM 提出了基于组合有限离散元技术获得的初步结果来研究流体驱动裂缝与天然岩体结构面之间的相互作用。Han 等（2012）基于 DEM 提出了一个微观数值计算系统来模拟水力压裂和天然破裂之间的相互作用。Damjanac 和 Cundall（2016）基于 DEM 开发了 HF Simulator，并用来模拟节理岩体中的水力压裂。DEM 可以用来分析压裂半径、累积裂缝数量和孔隙率与注入时间增长率的变化规律，研究天然存在的裂缝对流体驱动水力压裂的影响（Wang 等，2014 和 2018；周炜波，2015）。

本章将从 3DEC 中的流体与力学的相互作用原理、水平地层垂直水力裂缝扩展模拟、基于离散裂缝网络模型水力压裂模拟三方面对水力压裂在 3DEC 中的模拟应用进行详细阐述。

8.2　3DEC 中流体与力学的相互作用

8.2.1　引言

3DEC 能够全面地模拟流体流动和流体压力对岩土体的影响。众所周知，岩土体中的流体压力降低了有效应力，从而增加了损伤的概率，例如节理滑动或固体材料的塑性流动。因此，在力学分析中能够考虑流体的影响是至关重要的。

3DEC 为流体建模提供了不同的方法。用户可以简单地指定模型中各处的水压，这些水压用于计算有效应力。然后在计算中使用有效应力来确定是否有固体材料的破坏或节理的滑移。

流体流动是根据指定的材料属性和流体边界条件（压力或流量）计算的。流体流动计算可以单独进行（不耦合），也可以与力学计算耦合。不仅可以对节理也可以对基体材料（节理之间的块体）进行流体流动计算。流体压力在节理和基体之间是连续的，因此可以模拟从节理到基体的"泄漏"。

3DEC 还能够模拟支撑剂的流动和力学效应。假设支撑剂由小颗粒组成，在注入作业结束时，这些小颗粒在流体中运移，目的是支撑开放的裂缝。假设支撑剂和流体是一定浓度的混合物，支撑剂浓度会随着平流而变化。如果浓度足够高，支撑剂将开始承载荷载，并有效地支撑主裂缝。3DEC 还考虑了其他支撑剂效应，包括重力引起的沉降、桥接和对流。

用户在尝试解决流体和力学效应问题之前，应先熟悉 3DEC 处理简单力学问题的操作。流体和力学的耦合行为通常是非常复杂的，在开始一个大的项目之前，应尝试对其简化模型进行流固耦合的模拟，以寻找合适的建模策略及边界条件。

8.2.2 孔压与有效应力

在本章中，我们使用了孔隙水压力这个术语，尽管在岩石中，可能不同于传统意义上的孔隙，而是含有流体的小裂隙。某些岩土体材料中的孔隙水压力可能大于零，导致材料中的有效应力小于总应力。有效应力用于测试塑性材料的失效（或弹性固体的潜在失效），接触上的有效法向应力也用于确定节理是否破坏（拉伸或剪切）。因此，孔隙水压力的影响在 3DEC 建模中至关重要。

在饱和岩土体材料中，一部分应力由固体承担，另一部分则由孔隙水承担。两部分所承受的应力之和就是总应力。固体部分所承担的应力为有效应力，太沙基对有效应力的定义是：

$$\sigma'_{ij} = \sigma_{ij} + p\delta_{ij} \tag{8-1}$$

式中，σ_{ij} 为总应力；p 为孔隙水压力。

也可以使用 Biot 理论定义有效应力，但目前还未在 3DEC 中实现。类似地，节理上的有效法向应力由下式给出：

$$\sigma'_n = \sigma_n + p \tag{8-2}$$

式中，σ_n 为总法向应力。

即使在 3DEC 中没有打开流体分析模式，孔隙水压力也可以存在于 3DEC 模型中。没有通过命令 model configure matrixflow 配置流体分析模式，则不能进行流体流动分析，但仍然可以在网格点分配孔隙水压力。在这种计算模式下，孔隙水压力不会改变，但当使用塑性本构模型时，在这种计算模式下，无需为材料设置孔隙度和渗透率等流体属性，也无需为数值模型设置流体边界条件。数值计算收敛过程中，网格点上的孔隙水压力不会改变，但当使用塑性本构模型时，可能会导致由有效应力状态控制的破坏。

使用块体网格点的 block gridpoint initialize pore-pressure、block insitu porepressure 或 block water table 命令能够在网格点指定孔隙压力分布。如果使用 block water table 命令，则代码会自动计算给定地下水位以下的静水孔隙压力分布。在这种情况下，还必须指定流体密度（block fluid property density）和重力（model gravity）。

在这两种情况下，网格的孔隙水压力通过计算该网格各网格点的孔隙水压力平均值得到，并用于推导该网格在当前本构模型下的有效应力。若没有配置流体计算模式，则流体导致的材料力学参数的改变不会在求解力时被自动考虑。因此，若有需要，用户可以相应地分别指定水位以下和以上的干湿介质的力学参数，如密度。

另请注意，孔隙水压力的变化不会调整区域中的总应力。因此，在没有节理的弹性材料中提高或降低地下水位没有任何影响（孔隙水压力仅用于计算可能的破坏）。但是，当存在节理时孔隙水压力会在每个子接触处施加法向力。因此，当孔隙水压力发生变化时，能够在节理上观察到位移。可以使用 FISH 函数 block. subcontact. force. pp（），查询到该力的大小。

当输入 block water table 命令时，不会删除当前存在的任何现有水位数据。这意味着新地下水位下方的网格点将被分配新的孔隙水压力，而介于新地下水位的上方及原始地下水位下方的网格点将保留原始的非零孔隙水压力。因此，如果需要模拟地下水位的降低，则需要以下三步。

（1）使用命令 block water table clear 删除现有的地下水位。

（2）使用命令 block gridpoint initialize pore-pressure 0 将网格点孔隙压力重置为零。

（3）使用命令 block water table command 创建新的地下水位。

请注意，当给出 water table 命令时，子接触中的孔隙水压力会自动设置为零，因此无需用户手动将子接触的孔隙水压力重置为零。

例 8-1 展示一个简单算例，以进一步介绍不考虑流体流动的计算模式。创建一个简单的边长为 10m 的正方体模型，中间含有一条水平节理。模型在重力下达到平衡，且没有孔隙水压力。将地下水位升高到模型上表面，从而在整个模型中产生孔隙水压力，再进行计算。可以看到在图 8-2 中孔隙水压力随着深度的增加而增加，并且顶部块体随着孔隙水压力的变化而向上移动，这是因为节理上的压力变化会导致施加向上的力。底部块体没有移动，因为当流体流动配置关闭时，变化的孔隙水压力对未连接的弹性材料的位移没有影响。代码如下：

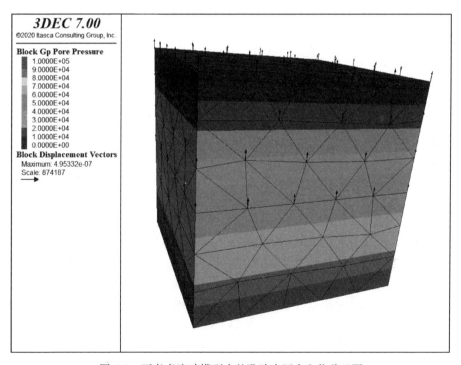

图 8-2   不考虑流动模型中的孔隙水压力和位移云图

例 8-1

```
model new
model random 10000 ；设置随机颗粒种子
model large-strain off ；关闭大变形
```

```
; create brick
block create brick 0 10 0 10 0 10 ；建立模型
; add horizontal joint
block cut joint-set origin 0 0 5 dip 0 dip-direction 0 ；添加节理
; zone
block zone generate edgelength 2.
; material properties
block zone cmodel assign elastic ；设置本构模型
block zone property density 2650 bulk 1e10shear 7e9
block contact jmodel assign mohr ;
block contact property stiffness-normal 1e11 stiffness-shear 1e11
; boundary conditions ；边界条件
block gridpoint apply velocity 0 0 0 range position-z 0
block gridpoint apply velocity-x 0 range position-x 0
block gridpoint apply velocity-x 0 range position-x 10
block gridpoint apply velocity-y 0 range position-y 0
block gridpoint apply velocity-y 0 range position-y 10
; gravity
model gravity 0 0 -10 ；设置重力
; solve -no fluid
model solve ratio 1e-7
block gridpoint initialize displacement 0 0 0 ；位移清零
; now raise water table to surface
block fluid property density 1000. 0
block water plane origin 0 0 10 normal 0 0 1
model solve
```

8.2.3 岩石基质中的渗流

除了节理渗流，3DEC 还可以模拟流体通过块体或基质（节理之间）的流动，假定块体代表饱和、可渗透的固体，例如土壤或开裂的岩体等。基质中的流动与节理中的流动相耦合，使得节理中的流体可以流入周围的基质。与节理渗流一样，基质中的渗流建模可以单独完成，独立于 3DEC 的普通力学计算，或者与力学建模并行完成，以捕捉流体/固体之间相互作用的影响。

流体的渗流能力提供了以下几个特性。

（1）不同的区域可以分配不同的渗透率，目前只能考虑各向同性渗透性。

（2）可以规定流体压力、流量和不渗透边界条件。

（3）流体源（井）可以作为点源或体积源插入材料中。这些来源对应于规定的流体流入或流出，并随时间变化。

（4）任何力学和热学模型都可以与流体流动模型一起使用。在耦合问题中，饱和材料的可压缩性和热膨胀是允许的。

a_i 表示在笛卡尔参考轴系统中向量 $\{a\}$ 的分量 i；A_{ij} 是张量 $[A]$ 的分量 $(i，j)$。此外，$f_{,i}$ 用于表示 f 相对于 x_i 的偏导数。（符号 f 表示标量变量或向量分量。）

爱因斯坦求和约定仅适用于索引 i、j 和 k，对于涉及空间维度的分量，它们取值 1、2、3。当在矩阵方程中使用时，索引可以采用任何值。

SI 单位用于说明变量的参数和维度。有关转换为其他单位制的信息，请参阅单位制的具体说明。

以下参考量可用于表征瞬态流体流动。

特征长度：

$$L_c = \frac{流域体积}{流域表面积} \tag{8-3}$$

流体扩散率：

$$c = \frac{K}{\dfrac{1}{M} + \dfrac{\alpha^2}{\alpha_1}} \tag{8-4}$$

式中，k 为迁移系数（3DEC 渗透率）；M 为 Biot 模量；α 为 Biot 系数，$\alpha_1 = K + 4/3G$；K 为排水体积模量；G 为多孔材料的剪切模量。

Biot 系数考虑了多孔材料的颗粒可压缩性。如果 α 保持不变，则认为颗粒不可压缩且 Biot 模量 $M = K_f/n$，其中 K_f 是流体体积模量，并且 n 是孔隙率。流体扩散率变为：

$$c = \frac{k}{n/K_f + 1/\alpha_1} \tag{8-5}$$

在 3DEC 中，Biot 系数始终为 1（不可压缩颗粒）。对于仅流动计算（刚性材料），流体扩散系数为：

$$c = kM \tag{8-6}$$

描述多孔材料的流体力学响应的微分方程如下：

（1）流动准则

流体流动由达西定律描述：

$$q_i = -k_{il}[p - \rho_f x_j g_j]_{,l} \tag{8-7}$$

式中，q_i 为比流量矢量；p 为孔隙水压力；k 为指标的绝对迁移系数张量（3DEC 渗透系数张量）；ρ_f 为流体密度；g_j，$i=1$，3 是重力矢量的三个方向。

为了将来参考，数量 $\phi = (p - \rho_f x_j g_j)/(\rho_f g)$（其中 g 是重力矢量的模量）被定义为头部，而 $\rho_f g \phi$ 成为压力水头。

（2）平衡准则

对于小变形，流体质量平衡可以表示为：

$$-q_{i,i} + q_v = \frac{\partial S}{\partial t} \tag{8-8}$$

式中，q_v 是以 (1/s) 为单位的体积流体源强度；S 为由于扩散的流体传质引起的每单位体积多孔材料流体含量的变化或流体体积的变化，正如 Biot 所介绍的那样。

动量平衡的形式为：

$$\sigma_{ij,j} + \rho g_i = \rho \frac{\mathrm{d}v_i}{\mathrm{d}t} \tag{8-9}$$

式中，$\rho = \rho_d + ns\rho_w$ 为体积密度；ρ_d 和 ρ_w 分别为干基质和流体的密度；n 为孔隙度；s 为饱和度。在 3DEC 中，饱和度始终为 $s = 1$。

（3）本构准则

流体含量的变化与孔隙压力 p、饱和度 s 和体积应变 ε 的变化有关。孔隙流体的响应方程可表示为：

$$\frac{n}{K_f} \frac{\partial p}{\partial t} = \frac{\partial S}{\partial t} \frac{\partial \varepsilon}{\partial t} \tag{8-10}$$

多孔固体的本构响应具有以下的形式：

$$\sigma'_{ij} + \frac{\partial p}{\partial t} \delta_{ij} = H(\sigma_{ij}, \xi_{ij} - \xi_{ij}^T, K) \tag{8-11}$$

式中，左侧的量为太沙基有效应力；H 为本构方程的函数形式；K 为历史参数；ξ_{ij} 为应变率。

有效应力与应变之间的弹性关系为（小应变）：

$$\sigma_{ij} - \sigma_{ij}^o + (P - P^O)\delta_{ij} = 2G(\varepsilon_{ij} - \varepsilon_{ij}^T) + \left(K - \frac{2}{3}G\right)(\varepsilon_{kk} - \varepsilon_{kk}^T) \tag{8-12}$$

（4）相容性方程

应变率与速度梯度的关系为：

$$\xi_{ij} = \frac{1}{2}[v_{i,j} + v_{j,i}] \tag{8-13}$$

将流体质量平衡方程（8-6）代入孔隙流体构成方程（8-8），得到流体连续性方程的表达式：

$$\frac{n}{K_f} \frac{\partial p}{\partial t} = (-q_{i,i} + q_v) - \frac{\partial \varepsilon}{\partial t} \tag{8-14}$$

在 3DEC 数值计算中，流域被离散成由四个节点定义的四面体区域。（在适用的情况下，同样的离散化也用于力学和热计算）孔隙水压力被认为是一个节点变量。

数值计算通过流体连续性方程的有限差分节点公式。该公式与牛顿定律的节点形式的力学恒定应力公式相似。它是通过将孔隙水压力、特定排放矢量和孔隙压力梯度分别替换为速度矢量、应力张量和应变率张量而得到的。所得的常微分方程系统使用时间上的显式离散模式（默认模式）进行求解。

从力学平衡状态开始，3DEC 中的耦合流体力学静态模拟涉及一系列步骤。每个步骤包括一个或多个流体步（流体循环），然后是足够多的力学步（力学回路）以维持准静态平衡，或用 block gridpoint initialize pore-pressure，block insitu pore-pressure，block water table 命令进行初始化。

与 3DEC 中流体流动相关的参数有渗透系数 k、流体质量密度 ρ_f、流体体积模量 K_f 和孔隙率 n。以下为这些参数的相关阐述。

（1）渗透系数

3DEC 中使用的各向同性渗透系数 k 在文献中也称为流动系数。它是达西定律中压力项的系数，与水力传导率 k_h 有关，表达式为：

$$k = \frac{k_h}{\rho_f g} \tag{8-15}$$

式中，g 为重力加速度。

固有渗透率 κ 与 k 相关：

$$k = \frac{\kappa}{\upsilon} \tag{8-16}$$

式中，υ 为动态黏度。

如果整个网格的渗透率发生变化，则时间步长将由最大渗透率控制。对于需要稳态（但不是瞬态行为）的问题，限制不同材料渗透率的差异能够显著提高数值计算的收敛速度。例如，与具有 200 倍渗透率差异的系统相比，流体完全从 20 倍渗透率差异的系统流过的最终状态几乎没有差异，但收敛速度却是数倍。各向同性渗透系数是使用 zone 命令指定的区域属性。

（2）质量密度

在不同情况下，三种不同的质量密度形式可以作为 3DEC 的输入：固体基质的干密度 $\rho_{\rm d}$；固体基质的饱和密度 $\rho_{\rm s}$；流体的密度 $\rho_{\rm f}$。仅当指定了重力荷载时才需要设置密度。如果 3DEC 配置为流体流动（model configure matrixflow），则必须使用固体材料的干密度。3DEC 将使用已知的流体密度和孔隙率来计算每个元素的饱和密度 n：$\rho_{\rm s} = \rho_{\rm d} + n\rho_{\rm f}$。

当饱和密度作为输入给出的唯一情况是有效应力计算（静态孔隙压力分布）不在 model configure matrixflow mode 中执行。block water table command，block gridpoint initialize pore-pressure command，block insitu pore-pressure 命令指定了地下水位的位置。指定地下水位以上区域的干密度，以及下方区域的饱和密度。固体密度（干的或饱和的）使用 block zone property density 命令给出。使用 block fluid property density 命令全局施加流体密度。所有密度都是 3DEC 中的区域变量，并且是质量密度。

（3）体积弹性系数

流体体积模量 $K_{\rm f}$ 定义为：

$$K_{\rm f} = \frac{\Delta P}{\Delta V_{\rm f}/V_{\rm f}} \tag{8-17}$$

式中，ΔP 为体积应变 $\Delta V_{\rm f}/V_{\rm f}$ 的压力变化。

流体的"可压缩性" $C_{\rm f}$ 是 $K_{\rm f}$ 的倒数。在实际土壤中，孔隙水可能含有一些溶解的空气或气泡，这会大大降低其表观体积模量。对于压实砂中 99% 饱和度的空气/水混合物，流体模量可以降低一个数量级。对于地下水问题，由于地下水存在不同数量级的空气，水的体积模量在网格的不同部分可能不同。FISH 函数可用于改变局部模量（例如，模量可以与压力成正比以表示气体），但应注意不要做出非物理假设。

如果需要稳态流动解，模数 $K_{\rm f}$ 对数值收敛过程并不重要，因为系统的响应时间和时间步长都与 $K_{\rm f}$ 成反比，且收敛至稳态流所需要的计算步数与 $K_{\rm f}$ 无关。

对于瞬态或耦合分析，扩散率由流体刚度与基体刚度之比控制。对于较低的体积模量，该解决方案将运行得更快，但体积模量不能设置为任意低的值，因为时间步与扩散率有关。从数值的角度来看，没有必要在模拟中使用大于 20 倍 $(K+4/3G)n$ 的 $K_{\rm f}$ 值。流体模量是使用 block fluid property bulk 设置的全局变量。

在 3DEC 中，无论何时对流体模量赋值并指定 model configure matrixflow，都必须为固体基质指定排水体积模量。然后计算随时间变化的固体基质的表观（不排水）体积模量，也可以在不指定 model configure matrixflow 的情况下执行不排水分析。在这种情况下，应指定固体基质的不排水体积模量 K_u。不排水体积模量为：

$$K_u = K + \frac{K_f}{n} \tag{8-18}$$

（4）孔隙率

孔隙率 n 是一个无量纲数，定义为单元的孔隙体积与总体积之比。它与孔隙比 e 相关：

$$n = \frac{e}{1+e} \tag{8-19}$$

n 的默认值，如果未指定，则为 0。n 应指定为 0 到 1 之间的正数，且应谨慎使用较小的值（小于 0.2）因为孔隙流体的表观刚度与 K_f/n 成正比。对于较小的 n，与实体材料的刚度相比，刚度可能会变得非常大，从而导致 3DEC 计算需要很长时间才能收敛。若 n 的赋值不得不取为较小值，则考虑减少 K_f 值。

3DEC 使用孔隙率来计算介质的饱和密度，并在流体体积模量作为输入的情况下评估 Biot 模量。3DEC 在计算周期内不更新孔隙率，因为该过程耗时且仅影响瞬态响应的斜率。孔隙度是使用 zone 命令指定的区域属性。

默认情况下，边界是不可渗透的；所有网格点/流体节点最初都是"自由的"，即这些节点孔隙水压力可以根据相邻区域的净流入和流出自由变化。如果孔隙水压力固定，流体可能会在外部边界处进入或离开网格。可以使用 flowknot apply pore-pressure 命令将孔隙水压力分配给块体边界或内部流体节点。flowknot apply discharge 命令使规定的流入或流出应用于范围（体积/时间）内的 flow nots。可以使用 block gridpoint initialize pore-pressure，block water table，or block insitu pore-pressure 来指定孔隙水压力的初始分布。重要的是初始分布与重力、给定的流体密度和网格内的孔隙度值所暗示的重力梯度一致。如果初始分布不一致，则在运行开始时所有区域中都可能出现流动。在设置孔隙水压力的初始分布时，应充分检查这种可能性。

初始化模型的应力时，如果模型包含节理，无论是否通过 model configure matrixflow 命令配置流体计算模式，都将初始化节理的有效应力，即考虑子接触处应力中孔隙水压力的存在。关于流体沿节理流动的内容，在 8.2.4 节中进行了更加详细的说明。如果命令 model configure matrixflow 没有给出，则不能进行流体流动分析，但仍然可以在网格点和节理接触处分配孔隙水压力。在这种计算模式下，孔隙水压力不会改变，但当使用塑性本构模型时，可能会导致由有效应力状态控制的破坏。此外，在指定的孔隙水压力下，节理会发生变形和破坏。

如果给出命令 model configure matrixflow，则可以执行瞬态流体流动分析，并且可以发生孔隙水压力的变化。当给出 model configure matrixflow 时，孔隙水压力是在流体节点而不是网格点处计算的。每个网格点都有一个等效的流体节点，其中节理相对侧的网格点共享一个流体节点，这确保了裂缝中的流动和基质中的流动是耦合的。每一计算步都将流体节点压力复制到等效的网格点，并利用单元各网格点的孔隙水压力的平均值求解该单元的孔隙水压力。

有效应力（静态孔隙压力分布）和不排水计算都可以在 model configure matrixflow

模式下进行。此外，可以执行完全耦合分析，即孔隙水压力的改变引起体积应变的变化，进而影响应力；同时，体积应变的变化也会导致孔压的改变。如果网格配置为流体流动，则必须由用户指定干密度（水位以下和以上），因为 3DEC 在计算体力时考虑了流体的影响。

流体属性被分配给网格，网格的流体特性包括各向同性渗透率和孔隙度。网格流体属性通过 block zone fluid property 命令指定。流体密度和流体体积模量由 block fluid property 命令指定。

可以使用 block zone list fluid 命令输出区域流体属性。flowknot list 命令可用于输出包括体积和压力在内 flowknot 信息。流体密度以及地下水位的位置可以使用 block list water 命令打印。通过 List->Blocks->Label->Fluid Property 绘制流体流动属性。

对于 model configure matrixflow on 模式和 model configure matrixflow off 模式，初始网格点/流体节点孔隙水压力分布的分配方式相同（使用 block gridpoint initialize pore-pressure 命令，block insitu pore-pressure 命令或 block water table 命令）。可以使用 flowknot apply pore-pressure 命令在边界网格点/流体节点处固定孔隙水压力。流体可以通过 flowknot apply discharge 或 flowplane edge apply discharge 命令来应用。

流体流动分析的结果以多种形式提供。命令 block gridpoint list pore-pressure and block zone list pore-pressure 分别输出网格点和区域的孔隙水压力。流体节点信息使用 flowknot list 列出，可以使用 flowknot history pore-pressure 命令监控流体节点孔隙水压力的历史记录。对于瞬态计算，可以通过使用 model history fluid time-total 命令监控流动时间来绘制孔隙压力与实时的关系图。绘制网格点孔隙压力的等高线（在 List->Blocks->Contour->Pore Pressure 下找到）。

可以仅执行流量计算来确定系统中的流量和压力分布，而与任何力学效应无关。当渗透率很大或加载很慢时，这种方法很有用；从而使孔隙压力快速平衡，力学荷载对孔隙水压力的影响可以忽略不计。在这种情况下，3DEC 可以在流体-流动模式下运行，而无须进行任何力学计算。

流动计算的第一步是发出 model configure matrixflow 命令，以便可以为流体流动计算分配额外的内存。应使用模型 model mechanical active off 命令来关闭力学计算。

必须为可能发生流体流动的单元指定流体流动参数，之后设置初始条件和边界条件。例如，可以通过使用 range 关键字指定 flowknot apply discharge 命令以对应于该域的边界来分配通量边界条件。

可以指定 model step 命令来执行给定数量的流体流动步数。目前，3DEC 中没有用于求解流体稳态流动的 model solve 功能。如果将计算出的孔隙水压力分布用于力学计算，假设孔隙水压力保持恒定，则应给出 model fluid active off 和 model mechanical active on 命令。流体体积模量也应设置为零，以防止力学变形产生额外的孔隙水压力。

要将单纯流体问题求解到稳态，计算时间并不重要。流体体积模量的降低将增加时间步长，需要更多的时间才能达到平衡。目前 3DEC 中没有用于求解流体稳态流动的 model solve 命令，因此用户必须监控一些变量（例如孔隙水压力）以确定是否已达到稳态条件，即孔隙水压力随时间的变化可以忽略不计。

工况一：仅流体计算

下面给出一个简单的例子。创建一个高度为 20m 的一维柱体，并且孔隙水压力在底部保持为 1kPa，在顶部保持为 0。两点的孔隙水压力演变如图 8-3 所示，最终孔隙水压力与流量向量如图 8-4 所示。

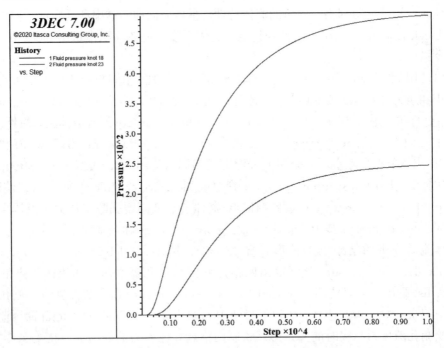

图 8-3　稳态模型中两点的孔隙水压力变化时程曲线

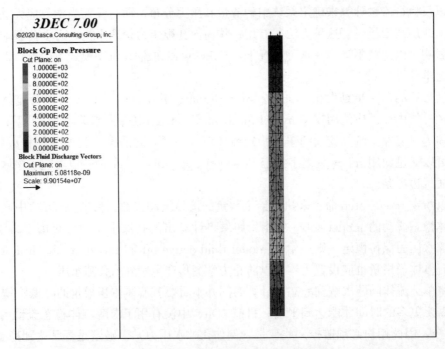

图 8-4　10000 计算步后稳态模型中的孔隙水压力和流量向量示意图

表观流体体积模量由下式给出：

$$K_{\mathrm{f}}^{\mathrm{a}} = \frac{n}{\dfrac{n}{k_{\mathrm{f}}} + \dfrac{1}{K + 4G/3}} \tag{8-20}$$

使用该流体体积模量值重新运行稳态示例，可以看到孔隙水压力随时间的演变（图 8-5）。可以使用 model solve fluid time 命令指定运行时间。对比图 8-3 与图 8-5 可知，相比于稳态情况，瞬态流动结果与稳态情况相同，除了横轴由计算步数（Step）改变为流体时间（Time）。

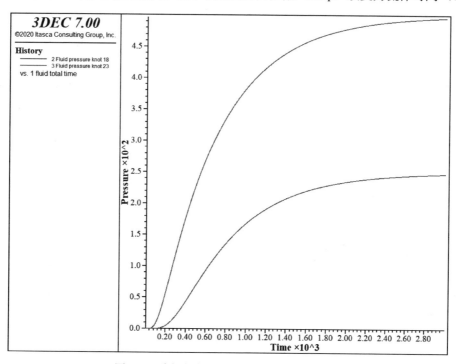

图 8-5　瞬态流动示例的孔隙水压力时程曲线

在渗透率非常低或加载速度非常快的情况下，力学加载引起的孔隙水压力变化会比它们消散的速度更快。这种不排水（短期）响应可以在 3DEC 中通过配置流体流动模式（model configure matrixflow）关闭流体流量计算（model fluid active off）来分析。流体模量被赋予一个实际值并打开力学计算（model mechanical active on）。这样做时，由于力学变形，将产生孔隙水压力。例如，可以通过这种方式计算由基础荷载产生的"瞬时"孔隙水压力。

如果流体体积模量远大于固体体积模量，收敛会很慢。下面的命令文件说明了由装在盒子中的弹塑性材料上的基础载荷产生的孔隙水压力累积。盒子的左边界是一条对称线，沿顶面的孔隙压力固定为零，以防止在那里产生孔隙水压力。孔隙率设置为 0.5；因为没有计算流量，所以不需要渗透率。

例 8-2

```
model new
model random 10000  ;设置随机种子
```

```
model config matrixflow
model large-strain off
block create brick 0 21 0 1 0 10
block densify segments 7 1 4 join ；块体加密
block zone generate edgelength 0.5 range position-x 0 6 position-z 4 10 ；生成网格
block zone generate edgelength 1
; ---mechanical model ---
block zone cmodel assign mohr-coulomb ；设置本构模型
block zone property dens 2000 bulk 5e7 shear 3e7...
                     friction 25 cohesion 1e5 tension 1e10 ；设置力学参数
block gridpoint apply velocity-x 0 range position-x 0
block gridpoint apply velocity-z 0 range position-z 0
block gridpoint apply velocity-x 0 range position-x 21
block gridpoint apply velocity-y 0 range position-y 0
block gridpoint apply velocity-y 0 range position-y 1
; ---apply load slowly ---; 施加荷载
fish define ramp
   ramp = math.min(1.0, float(global.step)/1000.0)
end
block face apply stress-zz -0.3e6 fish ramp range pos-x -0.1 3.1 pos-z 10
; ---fluid flow model ---; 设置流体参数
block zone fluid property porosity 0.5
block fluid property bulk 9e8
; ---fix pp to 0 at surface
flowknot apply pore-pressure 0 range position-z 10
; ---histories ---
flowknot history pore-pressure position 2 0.5 9
; ---solve undrained ---
model fluid active off
model mechanical active on
block zone nodal-mixed-discretization on
model solve
model save 'load'
```

　　由于加载过程中发生大量塑性流动，因此通过使用 FISH 函数为加载命令提供线性变化的乘数，逐渐施加法向应力。图 8-6 显示了孔隙水压力等值线和位移矢量。可以看到塑性流动将在很短的时间内（几秒钟）发生；这里的"流动"一词具有误导性，因为与流体流动相比，它是瞬间发生的。因此，不排水分析（model fluid active off）是能够实现的。

　　线性四面体单元（3DEC）在模拟不排水条件方面不是很好。从图 8-6 中不均匀的孔隙水压力等值线可以明显看出这一点。目前，流体流动逻辑不适用于 3DEC 中的六面体区域或高阶四面体区域。克服这个问题的一种方法是在 model configure matrixflow off 的情况下执行不排水模拟。要使用这种"干"方法，需要将固体体积模量设置为不排水值：

$$K_u = K + \frac{K_w}{n} \tag{8-21}$$

然后使用 block gridpoint initialize pore-pressure 或 block water table 命令设置孔隙水压力。请注意，此方法假设由于力学效应引起的孔隙水压力扰动相比初始孔隙水压力小。

默认情况下，如果使用 model configure matrixflow 配置流体流动模式，并且流体体积模量和渗透率设置为实际值，3DEC 将执行耦合的流体计算和力学计算。3DEC 中完整的流体-力学耦合过程：孔隙水压力变化引起体积应变，从而影响应力；反过来，孔隙水压力受到应变变化的影响。不排水模型的孔隙压力等值线及位移矢量图见图 8-6。

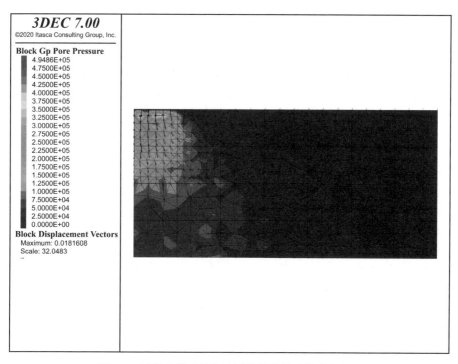

图 8-6　不排水模型的孔隙压力等值线及位移矢量图

在实践中，与扩散效应相比，可以假设力学效应是瞬时发生的。3DEC 采用了该方法，并假设与流体流动步同时进行的任何力学步都没有时间延迟。可以考虑在 3DEC 中使用动态选项来研究材料（例如沙子）中的流体-力学相互作用，其中力学和流体时间尺度具有可比性。

在大多数模拟过程中，初始力学条件对应于必须在耦合分析开始之前首先达到的平衡状态。通常，在较小的流体流动时间内，每个流体计算必须采取一定数量的力学计算步才能达到准静态平衡。在较大的流体流动时间内，如果系统接近稳态流动，可以采取几个流体时间步长，而不会显著扰乱介质的力学状态。相应的数值模拟可以通过在仅流体（model fluid active on 和 model mechanical active off）和仅力学（model fluid active off 和 model mechanical active on）模式之间交替来手动控制。模型步骤命令可用于执行纯流动和纯力学过程的计算。

作为替代方法，通过结合适当的设置使用 model solve 或 model cycle 命令，可以避免在纯流动和纯力学模式之间切换的烦琐任务。默认情况下，如果流动和力学计算都打开，3DEC 在每个流体时间步长中插入一个力学时间步长。通常，每个力学计算都希望达到准平衡状态，因此每个流体步可能需要更多的力学时间步。

还可以使用带有 model solve 命令的 mechanical ratio 关键字对假定准静态力学平衡的不平衡力设置限制。当不平衡力低于指定的限制时，力学时间步将停止，并执行下一个流体步。

在某些情况下，用户可能希望每个力学时间步执行多个流体时间步。这可以通过使用 model fluid slave on 和 model fluid substep 命令来实现。

工况二：完全流固耦合

下面给出一个完全流固耦合案例，命令文件如下所示。

例 8-3

```
model restore 'load' ；调用计算结果文件
; ---turn on fluid flow ---
block zone fluid property permeability 1e-12
block gridpoint initialize displacement 0 0 0 ；位移清零
block gridpoint initialize velocity 0 0 0 ；速度清零
block initialize velocity 0 0 0
; ---histories ---；监测
history delete
history interval 1000
model history fluid time
block history displacement-z position 0 1 10
block history displacement-z position 1 1 10
block history displacement-z position 2 1 10
flowknot history pore-pressure position 2 1 9
flowknot history pore-pressure position 5 1 5
flowknot history pore-pressure position 10 1 7
; ---set mechanical limits ---
model fluid active on
model mechanical substep 100
model mechanical slave on
; ---solve to 1 million seconds ---
model mechanical time-total 0
model solve fluid time 1e6 or ratio 1e-4
model save 'age _ 1e6'
```

对于此问题，不平衡力比界限设置为 1e-4；采取足够的力学时间步以将最大不平衡力比保持在此限制以下。在此示例中，由模型定义的力学时间步数限制设置为 100。计算结果的准确性取决于力的容差：小的容差能够给出准确的响应，但运行速度会很慢；大的容差计算速度快但不准确。

　　图 8-7 显示了在基础荷载下位移 1,000,000s 的时间历程。在这个模拟中，地表的孔隙水压力固定为零。因此，多余的流体向上溢出。

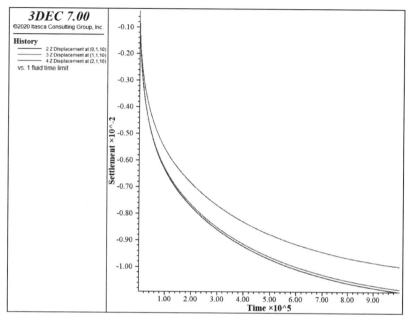

图 8-7　流固耦合计算基础下部的位移时程曲线

　　完全流固耦合需要很长时间才能计算完毕。在许多情况下，使用非耦合方法仍可以获得相对准确的结果。下面的例子展示了如何使用非耦合方法解决上述基础问题。非耦合排水模拟的最终位移绘制在图 8-8 中。最终沉降结果与流固耦合结果的误差在 3% 以内。

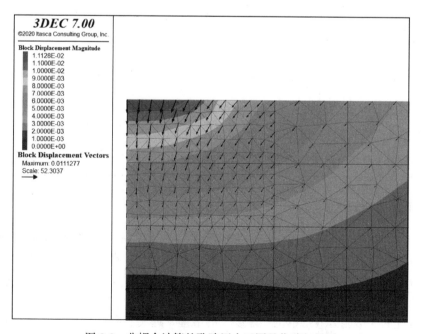

图 8-8　非耦合计算的孔隙压力云图及位移矢量图

相关代码如下所示：

例 8-4

```
model restore 'load' ；调用计算结果文件
; ---turn on fluid flow ---
block zone fluid property permeability 1e-12
block gridpoint initialize displacement 0 0 0
block gridpoint initialize velocity 0 0 0
block initialize velocity 0 0 0
; ---histories ---
history delete
history interval 100
model history fluid time
block history displacement-z position 0 1 10
block history displacement-z position 1 1 10
block history displacement-z position 2 1 10
flowknot history pore-pressure position 2 1 9
flowknot history pore-pressure position 5 1 5
flowknot history pore-pressure position 10 1 7
;    solve uncoupled to 1 million sec ---
model fluid active on
model mechanical active off
model mechanical time-total 0
fish define kfa
   kfa = 0.5/((0.5/9e8) + (1.0/(5e7 + 4.0 * 3e7/3.0)))
end
block fluid property bulk [kfa]
model solve fluid time 1e6
model fluid active off
model mechanical active on
block fluid property bulk 0
model solve
model save 'age _ 1e6 _ uncoup'
```

8.2.4 岩石节理中的渗流

节理是岩石基质之间的结构面，节理的流体力学行为主要由两个表面的粗糙度控制。粗糙度是与断裂有关的函数，例如，拉伸断裂比经历了一些剪切变形的断裂具有更明显的粗糙度。节理附近的狭窄岩石区域（包括节理本身）与远离节理的"完整"岩石表现出明显不同的流体力学行为。因此：

（1）节理的变形能力（每单位"厚度"的节理）远大于完整岩石的变形能力。接触的两个表面的粗糙度使得实际接触的面积远小于涉及接触的两个表面之间的重叠面积。

（2）节理平面内岩体的抗剪强度远小于完整岩石的抗剪强度。节理是不连续的，剪切变形的阻力主要是由于摩擦和接触表面的粗糙度。

（3）节理岩体的孔隙横截面积远大于完整岩石内孔隙的横截面积。因此，通过节理的流体流速比通过完整岩石孔隙的流速大几个数量级。由于节理岩石基质孔隙度远大于岩体孔隙度，岩体中的流体流动受节理控制，而大部分流体储存在完整岩石内的孔隙中。

在计算模型中，节理以本构关系和相关属性在宏观尺度分析不连续性，例如法向刚度、切向刚度、摩擦角、剪胀角、压裂开度。节理宏观属性与节理的"点"有关，实际上，它代表节理的一个区域，称为"代表性基本区域"或 REA，其特征长度远大于节理的特征长度。在 REA 级别定义的宏观属性和变量将节理参数的不均匀性表示为节理平面中位置的平滑变化函数。

节理中流体流动的控制方程遵循 Navier-Stokes 方程的简化形式。在两个几乎平行的不可渗透边界之间，将流体流动的 Navier-Stokes 方程与流体不可压缩性条件相结合，可以得到简化的雷诺方程（Batchelor，1967）：

$$\left(\frac{u^3 \rho g}{12\mu}\phi,\ i\right),\ i=0 \tag{8-22}$$

式中，$u=(x_i)$ 为平面中某点 $x_i(i=1,2)$ 处不透水边界之间的距离；$\phi=Z+\dfrac{P}{\rho g}$ 为水头；g 为重力加速度；ρ 为流体密度；μ 为流体黏度；z 为高程；p 为流体中的压力。

等式是在不渗透边界之间的距离上积分。对于岩石块体之间的连接面，要使等式（8-22）有效，流动必须是层流的（流体应在平行层中流动）。雷诺数是一个无量纲数，它描述了流动是层流还是紊流。

$$Re=\frac{\rho u_c v_{max}}{\mu} \tag{8-23}$$

式中，u_c 为特征截面尺寸；v_{max} 为流体的最大速度。

雷诺数给出了惯性力与黏性力之比的度量，因此量化了这两种力在给定流动条件下的相对重要性。

只要满足不等式（8-24），等式（8-23）就是有效的。

$$\alpha\frac{\rho u_c v_{max}}{\mu}\ll 1 \tag{8-24}$$

式中，α 为包围流体的两个表面之间的角度。本质上，方程（8-25）是确保流动保持层流的条件。方程（8-22）中平板的单位宽度的流体流速可以写为：

$$q_i=-\frac{u^3\rho g}{12\mu}\phi,\ i=-k_H\phi,\ i \tag{8-25}$$

式中，单个裂缝的渗透率为 $u^2/12$；水力传导率为 $k_H=\rho g u^3/12\mu$。

请注意，方程（8-26）的应用适用于流动主要发生在裂隙或厚度非常小的平面流动通道中的情况。如果流动是通过实心块之间不规则的三维空隙空间发生的，这种方法不再适用。

在离散裂隙网络中的流固耦合中，伴随裂隙开度变化的力学变形将影响网格的渗透率。

裂缝中的流体应力会影响裂缝的法向变形。如图 8-9 所示，当岩体裂缝在一定压力下充满流体时，裂缝的法向变形是岩石中围压 σ_n 和流体压力 p_p 的线性组合的函数。产生相同断裂变形的 σ_n 和 p_p 的任何线性组合称为断裂的"有效应力" σ_n'。有效应力的表达式：

$$\mathrm{d}v_p = -\frac{\delta v_p}{\delta p}(\mathrm{d}\sigma_n + \mathrm{d}p_p) + v_p \beta_s \mathrm{d}p_p = 0 \tag{8-26}$$

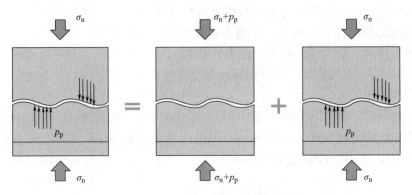

图 8-9　断裂法向变形示意图

式中，v_p 为孔隙空间的体积；β_s 为裂缝周围岩石的可压缩系数。等式（8-26）中的第一项是"围压"应力引起的干裂缝变形量，第二项等于在裂缝中增加的孔隙空间。有效应力的表达式可以从方程（8-26）获得，如下所示：

$$\mathrm{d}\sigma_n' = \mathrm{d}\sigma_n + \left(1 - \frac{v_p \beta_s}{\delta v_p / \delta p}\right)\mathrm{d}p_p \tag{8-27}$$

化简后：

$$\mathrm{d}\sigma_n' = \sigma_n + \alpha p_p \tag{8-28}$$

经试验测得的有效应力系数在 $0.5 < \alpha < 1.0$ 的范围内。对于具有粗糙表面的拉伸断裂，测得的值较小，为 0.5 左右，而当断裂表面光滑时，测得的值较大。

孔隙水压力也通过有效应力原理影响岩体裂缝的强度。岩体裂缝的拉伸和剪切破坏条件均以有效应力而非总应力表示。然而，当有效应力用于评估岩体裂缝的法向强度或剪切强度时，它总是被定义为 $\sigma_n' = \sigma_n + p$（有效应力系数总是等于1）。力学孔径定义为断裂面之间的平均距离，是力学变形的函数。用于计算方程（8-27）中岩体裂缝流速的水力孔径是力学孔径的函数。

1. 仅流体计算算例

可以在不考虑流体压力对岩体变形的影响或岩体变形对流体扩散率的影响的情况下对节理中的流体流动进行建模。这种形式的分析将被称为"非耦合"或"仅流体"，因为特定存储仅由流体可压缩性控制，并且假定岩体具有无限刚度。

流体分析可以是瞬态的（时间很重要），也可以是稳态的。在 3DEC 中，计算方案始终是瞬态的。如果需要稳态解，只需进行瞬态计算，直到孔隙水压力不再变化，此时假定已达到稳态。在仅流动分析中降低流体体积模量不会加快计算速度，降低模量会增加时间步长，但也会增加达到稳态所需的时间。因此，对于稳态分析，K_w 的选择并不重要。

对于瞬态分析，K_w 的选择对于获得正确的时间尺度很重要。如果使用正确的流体体积模量，则意味着岩体是刚性的，其在扩散过程的时间尺度上的变形完全被忽略。然而，在某些条件下，可以通过降低使用的流体体积模量来考虑岩体的变形能力以此进行仅流动计算。通过这种方式，可以在模型中使用正确的时间尺度。饱和介质中的压力传播速率由扩散率决定：

$$c = \frac{k_H}{S} \tag{8-29}$$

式中，k_H 为水力传导率（长度/时间单位），S 为蓄水量（1/长度单位）。如果忽略节理的刚度，则在节理饱和材料中的存储可以由下式给出：

$$S = \rho_w g \left(\frac{u_h/s}{K_w} + \frac{1}{K + 4/3G} \right) \tag{8-30}$$

为了解决 3DEC 中的流体流动问题，首先必须在模型设置开始时打开流体流动分析，以便为流体流动内存要求创建额外的数据结构，即流体流动的配置命令（model config fluid）应该在所有其他命令之前。对于仅流体分析，必须激活流体分析并取消激活力学分析（model fluid active on 和 model 开度 active off）。流体所需的流体材料特性是密度、黏度和体积模量。对于节理材料属性，只需要初始开度（u_{h0}），因为没有力学计算并且开度不会改变。示例 flow_only.3ddat 中显示了仅通过单个节理的流动模型示例。表观流体模量由方程（8-20）计算，假设真实流体体积模量为 2GPa，节理间距为 2m。

节理上的流体压力和流量如图 8-10 所示。要创建此图，请添加绘图项目 Flow Planes/Contours/Pore Pressure/和 Fluid Vectors/Discharge。如图 8-11 所示节理中部压力随时间的变化，可以看到在大约 12s 后压力达到稳定状态。

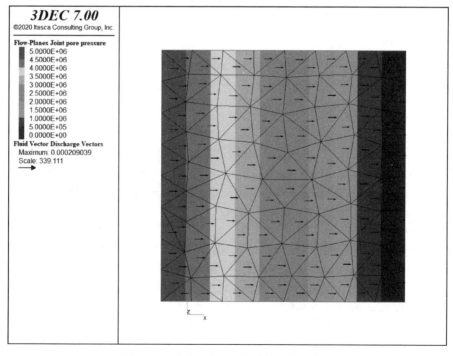

图 8-10　节理流体应力与排放矢量示意图

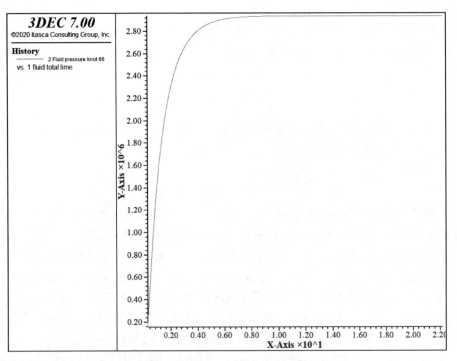

图 8-11　中间节理压力时程曲线

例 8-5

```
model new
model config fluid
model large-strain off
block create brick -1 1 -1 1 -1 1
block cut joint-set dip 0 dip-direction 90
block zone generate edgelength 0.25 ；生成网格
block zone cmodel assign elastic ；设置块体本构模型
block zone property density 2500 shear 2e9 bulk 5e9 ；设置块体力学参数
block contact jmodel assign mohr ；设置节理本构模型
block contact property stiffness-normal 1e10 stiffness-shear 1e10 ；设置节理力学参数
block fluid property bulk 3.8e5 ；设置流体参数
block fluid property density 1000
block fluid property viscosity 1e-3
flowplane vertex property aperture-initial 1e-4 aperture-minimum 1e-4...
                    aperture-maximum 1e-4 ；设置流体条件
flowknot apply pore-pressure 5.0e6 range position-x -1
flowknot apply pore-pressure 0 range position-x 1
model his fluid time-total
flowknot history pore-pressure position 0 0 0
model fluid active on
```

```
model mechanical active off
model cycle 1000
```

2. 单向耦合算例

如果压力变化不会引起显著的开度变化，特别是当我们不关注模型的瞬态响应时，可以将问题模拟为单向耦合，依次计算仅流动和仅力学模拟。

在此算例中，孔隙水压力未初始化。孔隙水压力被初始化，通常基于地下水位的位置。该算例创建了一个具有单个节理的模型，并在块体中设置了 10MPa 的初始各向同性应力。然后向左侧施加 11MPa 的流体压力，而右侧的压力保持为零。流体压力变化导致节理面产生相对位移，位移等值线图如图 8-12 所示。

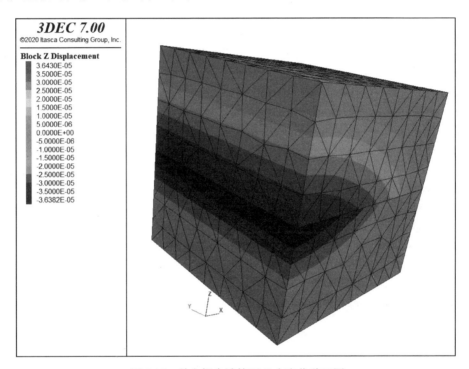

图 8-12　单向耦合计算下 Z 方向位移云图

例 8-6

```
model new
; one-way coupled simulation
model config fluid ；打开流体计算
model large-strain off
block create brick -1 1 -1 1 -1 1 ；生成模型
block cut joint-set dip 0 dip-direction 90
block zone generate edgelength 0.25 ；生成网格
block zone cmodel assign elastic ；设置块体本构模型
block zone property density 2500 shear 2e9 bulk 5e9 ；设置块体力学参数
```

```
block contact jmodel assign mohr ；设置节理本构模型
block contact property stiffness-normal 1e10 stiffness-shear 1e10    ；设置节理力学参数
block fluid property bulk 3.8e5 ；设置流体参数
block fluid property density 1000
block fluid property viscosity 1e-3
flowplane vertex property aperture-initial 1e-4...
                        aperture-minimum 1e-4 aperture-maximum 1e-4
block gridpoint apply velocity-x 0 range position-x -1 ；设置边界条件
block gridpoint apply velocity-x 0 range position-x 1
block gridpoint apply velocity-y 0 range position-y -1
block gridpoint apply velocity-y 0 range position-y 1
block gridpoint apply velocity-z 0 range position-z -1
block gridpoint apply velocity-z 0 range position-z 1
block insitu stress -1e7 -1e7 -1e7 0 0 0
model fluid active off ；关闭流体计算
model mechanical active on ；打开力学计算
block fluid property bulk 0.0
model history mechanical unbalanced-maximum
model cycle 100
model fluid active on
model mechanical active off
flowknot apply pore-pressure 1.1e7 range position-x -1
flowknot apply pore-pressure 0.0 range position-x 1
block fluid property bulk 3.8e5
history delete
model his fluid time-total
flowknot history pore-pressure position 0 0 0
model cycle 1000
model fluid active off
model mechanical active on
block fluid property bulk 0.0
model cycle 1000
program return
```

3. 不排水分析算例

上面的例子是单向耦合的，因为流体压力影响变形，而固体位移不影响流体压力。在此单向耦合的例子中，变形不是由扩散相关的孔隙水压力变化引起的，而是由相对较短的时间尺度上发生的力学荷载引起的，这样孔隙水压力扩散可以忽略不计。这通常称为不排水变形。

不排水分析需要以下步骤：

（1）在单向耦合情况下设置初始应力和孔隙水压力。

（2）指定 u_{res} 实际值，因为节理开度会影响变形引起的孔隙水压力变化。

（3）将流体体积模量设置为流体的真实体积模量。使用 model fluid active off 和 model mechanical active on 打开来执行力学计算。孔隙水压力将随着节理开度的变化而变化。

在本例中，初始应力和孔隙水压力初始化为零。然后在样品顶部施加应力，节理上的孔隙水压力相应增加。然后剪切节理以显示节理上的孔隙水压力如何影响剪切强度。

节理上的孔隙水压力如图 8-13 所示。压力通常接近 1MPa，表明施加的应力被流体吸收。剪切过程中块体中的位移如图 8-14 所示，剪切过程中节理平面的剪切应力可以忽略不计，因为断层上的有效法向应力接近于零，有利于断层的滑动。

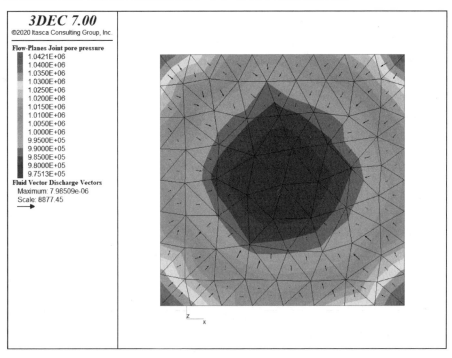

图 8-13　在不排水条件下加载后节理上的孔隙水压力

例 8-7

```
; undrained deformation
model new
model config fluid ；打开流体计算模块
model large-strain off ；关闭大变形
block create brick -1 1 -1 1 -1 1
block cut joint-set dip 0 dip-direction 90
block zone generate edgelength 0.25 ；生成网格
block zone cmodel assign elastic ；设置本构模型
block zone property density 2500 shear 2e9 bulk 5e9 ；设置力学参数
block contact jmodel assign mohr
block contact property stiffness-normal 2e9 stiffness-shear 2e9...
                      friction 30. tension 1e30
block fluid property bulk 2.e9 ；设置流体参数
```

```
block fluid property density 1000
block fluid property viscosity 1e-3
flowplane vertex property aperture-initial 1e-4...
                                    aperture-minimum 1e-15 aperture-maximum 1
block gridpoint apply velocity-x 0.0 range position-x -1
block gridpoint apply velocity-x 0.0 range position-x 1
block gridpoint apply velocity-y 0.0 range position-y -1
block gridpoint apply velocity-y 0.0 range position-y 1
block gridpoint apply velocity-z 0.0 range position-z -1
; Assume in-situ stress is 0.    Apply stress to top.
block face apply stress 0 0 -1e6 0 0 0 range position-z 1 ；施加面力
model fluid active off ；关闭流体计算
model mechanical active on
model cycle 5000
model save 'undrained-load' ；保存结果文件
; Apply shear
block gridpoint apply-remove velocity-x range position-x -1.1 1.1
block gridpoint apply velocity-x 0.01 velocity-z 0.0 range position-z 0.1 1.1
block gridpoint apply velocity-x 0.0 range position-z -1
block contact history stress-shear position 0 0 0
block gridpoint initialize displacement 0 0 0
model cycle 5000
program return
```

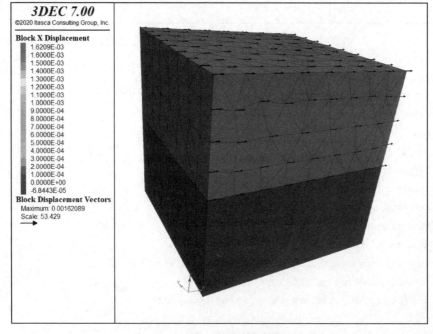

图 8-14　块体 X 方向位移示意图

4. 完全流固耦合算例

在许多情况下，例如流体压力变化导致固体变形足以导致开度变化比初始开度大，需要完全耦合的流体力学模拟。在这种情况下，固体变形会影响流体压力，流体压力也会影响应力和应变。计算方案通过在力学和流体计算之间频繁交替来执行。用户可以控制每个流体步执行的力学步的数量。执行完全耦合分析时所需的步骤：

（1）设置流体参数

计算所需的流体材料属性有密度、黏度和体积模量（block fluid property density，block fluid property viscosity，and block fluid property bulk）。对于联合水力特性（水力耦合特性），必须通过 flowplane vertex property 命令指定流体流动面在零应力下的开度（aperture-initial）、剩余开度（aperture-minimum）和最大液压开度（aperture-maximum）。

（2）求解初始状态

首先指定初始应力和孔隙压力（使用 block insitu 命令）。为了求解初始状态，首先激活力学模式并关闭流动分析模式，将流体体积模量设置为 0（block fluid property bulk 0）。这些步骤确保在不改变流体压力的情况下获得应力解。力学平衡后获得初始化模型的平衡应力。关闭力学模型并将流体体积模量设置为流体的实际值，然后打开流动计算（model fluid active on 和 model mechanical active off）至再次达到平衡以获得初始稳态压力。在求解初始状态期间，目标是初始化模型内的平衡应力和稳态压力。在此步骤期间发生的位移通常是无意义的，因此一旦获得初始状态，应重置位移（block gridpoint initialize displacement 0 0 0 和 block contact reset displacement）。

在初始化模型应力时，可以使用 nodisplacement 关键字防止流动平面的法向位移（在初始应力状态下）从零应力开度（在零应力状态下）中减去。即使用该关键字，流动平面的 aperture-initial 将保持初始应力状态下的开度，而非零应力状态下的开度。

（3）运行耦合计算

要进行耦合计算，必须同时打开力学和流动模式。3DEC 首先运行一系列力学步，然后是一系列流体步。每个流体步的力学步数和每个力学步的流体步数可由用户自行设置。

在大多数情况下，与力学变形相关的时间明显少于与流体流动相关的时间。事实上，3DEC 中耦合流体力学模型假设力学变形是准静态的。对于当前孔隙水压力分布，力学模型处于平衡状态。因此，尽管流动和力学模型都明确地在时间上集成，但只有流动时间是物理时间。此外，流动和力学模型不需要同步。对于每个流动时间步长，执行尽可能多的力学时间步长就足以达到力学平衡。当最大不平衡力低于给定阈值时，假定已达到力学平衡。默认情况下，阈值为 1×10^{-5}，这可以通过 model solve 命令中的 mechanical ratio maximum 关键字进行更改。

有时，达到每个流动时间步长的不平衡力阈值可能非常耗时。因此，还可以指定每个流体时间步长要执行的最大力学步数。通过使用 model mechanical slave on 和 model mechanical substep n 命令可以完成上述操作。例如 model mechanical substep 200 命令可以将流体流动步之间执行的最大力学步数设置为 200，而与不平衡力比无关。如果数值模型在 200 步以内达到力学平衡，执行的力学步数仍然会达到 200 后才会进入下一个流体步，该命令只能防止每个流体步执行过多的力学步。

在某些情况下，特别是在对模型进行初始扰动后的很长时间内，一个流动时间步长内的压力变化和力学扰动可能相对较小。在这些情况下，每个流动时间步长执行一个或多个力学步可能是低效的。在这种情况下，命令 model fluid slave on 和命令 model fluid sub-step n 可用于将每个力学步执行的最大流体时间步数设置 n（默认值为 1）。

例 8-8 与单向耦合算例条件相同，运行此示例后，可以看到已经执行了超过 500000 计算步。这是因为每个流体步都执行多个力学步（本示例中的指定执行 20000 个流体步），计算总时间仅为 0.047s 左右。图 8-15 显示了节理中的流体压力等值线。很明显，此时尚未达到稳态并且压力仍在变化。节理开度分布如图 8-16 所示，该图是通过添加绘图项 Flow PLane/Contours/Aperture 生成的。最后，块体 Z 方向位移等值线如图 8-17 所示。

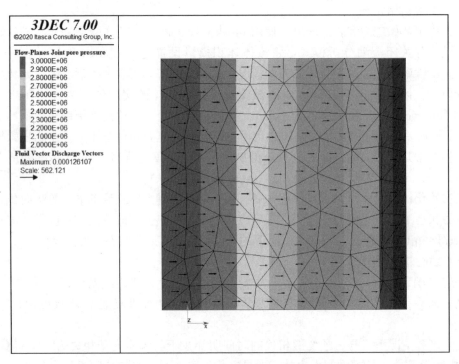

图 8-15　计算 20000 步后流体压力分布示意图

例 8-8

```
; fully coupled analysis
model new
model config fluid
model large-strain off
block create brick -1 1 -1 1 -1 1
block cut joint-set dip 0 dip-direction 90
block zone generate edgelength 0.25
block zone cmodel assign elastic
```

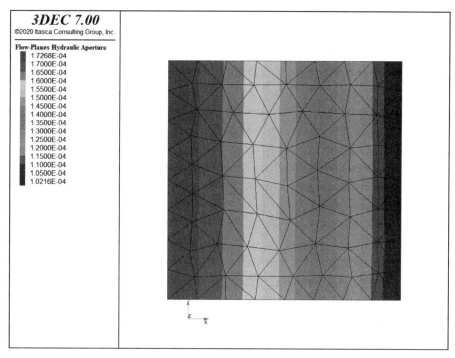

图 8-16　计算 20000 步后节理开度分布示意图

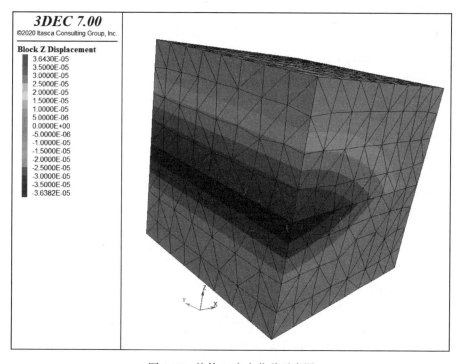

图 8-17　块体 Z 方向位移示意图

```
block zone prop density 2500 shear 2e9 bulk 5e9
block contact jmodel assign mohr
block contact property stiffness-normal 1e10 stiffness-shear 1e10
block fluid property bulk 2e9 density 1000 viscosity 1e-3 ；设置流体参数
flowplane vertex property aperture-initial 1e-4...
                          aperture-minimum 1e-5 aperture-maximum 1e-
block gridpoint apply vel-x 0.0 range pos-x -1.0 ；设置边界条件
block gridpoint apply vel-x 0.0 range pos-x  1.0
block gridpoint apply vel-y 0.0 range pos-y -1.0
block gridpoint apply vel-y 0.0 range pos-y  1.0
block gridpoint apply vel-z 0.0 range pos-z -1.0
block gridpoint apply vel-z 0.0 range pos-z  1.0
block insitu stress -1e7 -1e7 -1e7 0 0 0 nodis
block insitu p-p 2e6
; initial equilibrium -mechanical ；力学条件初始平衡
model fluid active off
block fluid property bulk 0.0
model hist mech unbal-max
model cyc 100
; inital equilibrium -fluid ；流体计算初始平衡
model fluid active on
model mech active off
block fluid property bulk 2e9
model cyc 100
block gridpoint ini disp 0 0 0
block contact reset disp
flowknot apply p-p 3.0e6 range pos-x -1.0
flowknot apply p-p 2.0e6 range pos-x 1.0
model mech active on
block fluid property bulk 2e8
model mechanical substep 10
model mechanical slave on
history delete
model his fluid time-total
flowknot his p-p pos 0 0 0
model solve fluid cycles 20000 or mechanical ratio 1e-5
model save "coupled"
```

随着基质流体流动，可以模拟流体从节理到相邻岩石块体的迁移。通过指定 model configure matrixflow，节理流动和岩石基质流动都将打开。在该模式下，基质的每个网格点处都将创建流结，在流平面位置，一个流结代表两个（或多个）重合的网格点，从而连接节理流和基质流。

例 8-9 为仅流体计算算例。因此，矩阵中流体的体积模量被设置为表观流体体积模量。如果块体流体特性 bulk-matrix 命令没有给出基质流体体积模量，则基质流体体积模量设置为与节理流体体积模量相同（由 block fluid property bulk 命令给出）。

1.5s 后的孔隙水压力如图 8-18 所示。很明显，流体已从裂缝迁移到基质中，其中基质渗透率设置为 1×10^{-8} m/s 时，流体不会在基质中发生较远的迁移，而是沿着节理发生远距离的流动。

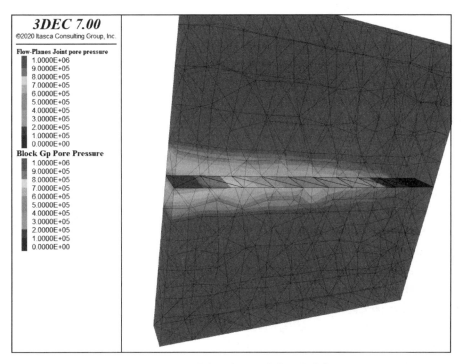

图 8-18　不同基质渗透率下孔隙水压力分布云图

例 8-9

```
program log on
program log-file 'leakoff-1. log'
; ---------------------------------------------
; leakoff-1... matrix conductivity 1e-6 m/s
; ---------------------------------------------
model new
model config matrixflow
model large-strain off
block create brick -5 5 -0. 5 0. 5 -5 5
block cut joint-set
block zone generate edgelength 1. 0
block zone cmodel assign elastic
block zone property density 2500 shear 1e9 bulk 2. 5e9
```

```
block contact jmodel assign mohr
block contact property stiffness-normal 1e11 stiffness-shear 1e11
flowplane vertex property aperture-initial 2e-4...
                          aperture-minimum 2e-4 aperture-maximum 2e-4
block fluid property bulk 2e9 density 1000 viscosity 1e-3
; perm = (1e-6 m/s) / (rho * g) = 1e-10
block zone fluid property permeability 1e-10
block zone fluid property porosity 0. 10
block insitu stress 0 0 -1e6 0 0 0
block gridpoint apply velocity-x 0 velocity-y 0 velocity-z 0...
                          range position-z -5
flowknot history pore-pressure position -5 0 0
flowknot history pore-pressure position -2 0 0
flowknot history pore-pressure position 0 0 0
flowknot history pore-pressure position 2 0 0
flowknot history pore-pressure position -2 0 5
flowknot history pore-pressure position 0 0 5
flowknot history pore-pressure position 2 0 5
flowknot history pore-pressure position -2 0 -5
flowknot history pore-pressure position 0 0 -5
flowknot history pore-pressure position 2 0 5
flowknot history pore-pressure position -5 -1 0
flowknot history pore-pressure position -5 1 0
flowknot history pore-pressure position -3 -1 0
flowknot history pore-pressure position -3 1 0
flowknot history pore-pressure position -5 -1 1
flowknot history pore-pressure position -5 1 1
flowknot history pore-pressure position -5 -1 -1
flowknot history pore-pressure position -5 1 -1
; 计算表观流体体积模量
fish define kf _ matrix
  local poros _ = 0. 1
  local rockbulk _ = 2. 5e9
  local shear _ = 1e9
  local fluidbulk _ = 2e9
  kf _ matrix = poros _ /(poros _ /fluidbulk _ + 1. 0/(rockbulk _ + 4. 0/3. 0 * shear _ ))
end
block fluid property bulk-matrix [kf _ matrix]
flowknot apply pore-pressure 1e6 range position-x -5 position-z 0
flowknot apply pore-pressure 0. 0 range position-x 5 position-z 0
model fluid active on
model mechanical active off
model solve fluid time-total 1. 5
```

```
flowknot list range pos-z -0.1 0.1
model save 'leakoff-1'
```

8.2.5　支撑剂

水力压裂是石油和天然气工业中用于提高生产率的一种技术。压裂处理通常将支撑剂作为压裂液中的悬浮液注入。注入结束后，支撑剂支撑裂缝张开，形成油气通道，使油气高效流动。

在 3DEC 中，支撑剂通常与压裂液组成混合物来实现在裂缝内输送和放置的模拟。在计算中假设支撑剂颗粒的粒径小于裂缝开度，并且混合物中的支撑剂由其体积浓度给出。

计算中考虑了流固耦合，并表示了几种效应，例如填料形成（当浓度达到给定值时，支撑剂形成填料，仅留下压裂液流过）、桥接、支撑剂对流（当密度梯度导致载有支撑剂的流体中的流体运动时）和沉降。

在 3DEC 中，对支撑剂在节理内的移动做出如下假设：在没有重力引起沉降的情况下，支撑剂和流体以相同的速度移动。当支撑剂颗粒粒径与裂缝的开度具有相当的数量级，支撑剂的体积分数可以表征其在裂缝中的分布情况。此外，重力引起的沉降是唯一能够解释支撑剂和压裂液之间相对速度的力学原理。

当支撑剂体积分数达到饱和值时，浆液（压裂液和支撑剂的混合物）会呈现出多孔固体的形态，支撑剂颗粒整合成一个"聚合物"。此外，如果节理开度小于支撑剂颗粒粒径，支撑剂的流动性就会受到抑制，再次形成"聚合物"或"通道"。之后，会产生两种效应：第一种，支撑剂聚合物能够承受来自闭合裂隙的荷载（力学效应）；第二种，只有压裂液能够在聚合物的空隙间流动（流体输送效应）。

当发生沉降时，支撑剂在重力方向上的速度分量，会造成颗粒沉降。沉降速度与特定大小颗粒在特定黏度的流体中的斯托克斯速度（在重力作用下）成正比。此外，将经验乘法因子（体积分数的函数）应用于斯托克斯速度可以解释粒子相互作用和墙壁效应。

1. 平面流算例

通过简单的平面流算例，在理解之后才能接在均匀且固定开度的水平节理中的传输模式，及其所产生的影响。节理长 10m，宽 1m，裂隙 0.1mm。在节理的长度方向上施加 0.1MPa/m 的均匀梯度压力，流体黏度为 10^{-3}Pa·s，节理的离散长度为 0.25m。裂缝中的流体速度为 8.33×10^{-2}m/s，或 $\frac{1}{12}$m/s（图 8-19），是用于测试的参数值。

沿着节理的左（短）边缘注入浓度为 0.3 的支撑剂。60s 后，支撑剂浓度等值线如图 8-20 所示。在 12s，36s 及 60s 时，沿节理左右（短）边缘中心连线的支撑剂浓度分布如图 8-21 所示，其中，虚线表示理论上基于流体流速的支撑剂前沿。12s 后，支撑剂前沿大致在理论线的中间位置。之后，支撑剂前沿上升速度变慢并落后于理论线。这是由于随着支撑剂的注入和流体流速减慢，流体黏度增加，60s 后的流体黏度和速度如图 8-22 所示。由此可以看出支撑剂浓度最高的地方黏度增加了一倍以上，并且最大流体速度降低了约 30%。

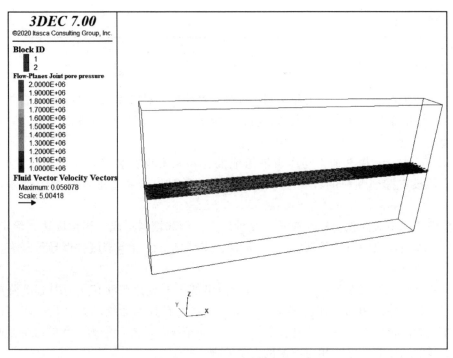

图 8-19 稳态孔隙压力和流体速度分布图

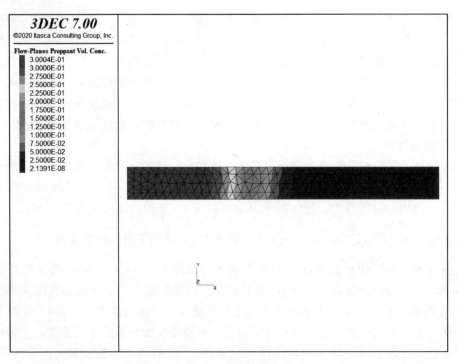

图 8-20 60s 后的支撑剂浓度云图

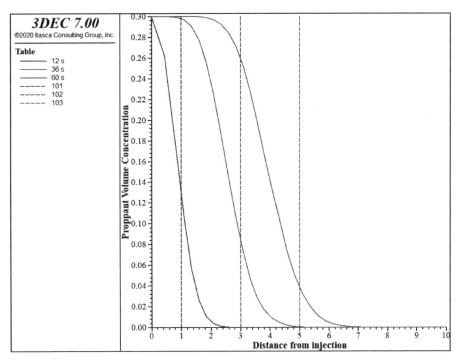

图 8-21　三个不同时间沿节理左右（短）边缘中心点连线的支撑剂浓度分布图

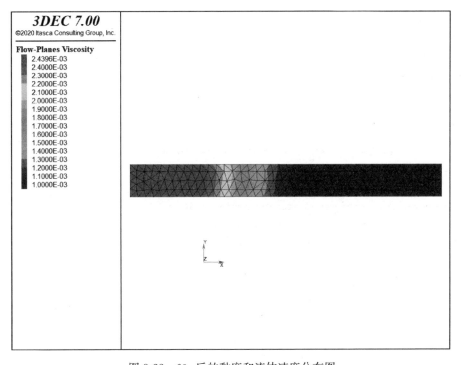

图 8-22　60s 后的黏度和流体速度分布图

例 8-10

```
model new
model random 10000
model config fluid
model large-strain off
block create brick 0 10 -0. 5 0. 5 -2. 5 2. 5
block cut joint-set dip 0
block zone generate edgelength 0. 25
block zone cmodel assign elastic
block zone property density 2500 shear 2e9 bulk 5e9
block contact jmodel assign mohr
block contact property stiffness-normal 5e10 stiffness-shear 1e10
flowplane vertex property aperture-initial 1e-4 aperture-minimum 1e-5. . .
                                            aperture-maximum 2e-4
block fluid property bulk 0. 05e9 density 1000 viscosity 1e-3
history interval 1000
flowknot history pore-pressure position 0 0 0
flowknot history pore-pressure position 3 0 0
flowknot history pore-pressure position 5 0 0
flowknot history pore-pressure position 7 0 0
model fluid active on
model mechanical active off
flowknot apply pore-pressure 2e6 range position-x 0 position-z -0. 1 0. 1
flowknot apply pore-pressure 1e6 range position-x 10 position-z -0. 1 0. 1
; 计算至稳定流
model cycle 20000
model save 'advec-ss'
; 注射支撑剂
flowknot apply proppant-volume 0. 3 range position-x 0 position-z -0. 1 0. 1
block fluid proppant active on
model history fluid time
flowplane vertex history proppant-vconcentration position 1 0 0
flowplane vertex history proppant-vconcentration position 3 0 0
flowplane vertex history proppant-vconcentration position 5 0 0
model fluid time-total 0
fish define profile(itab)
; 沿着 Y = 0 建立支撑剂浓度剖面
  local tabp = table. get(itab)
  loop foreach local fpx flowplane. vertex. list
    local pos = flowplane. vertex. pos(fpx)
    if math. abs(comp. y(pos)) < 0. 1
      table(tabp, comp. x(pos)) = flowplane. vertex. proppan. vconc(fpx)
```

```
    end _ if
  end _ loop
  ; also create a table to show location of theoretical proppant front
  tabp = table. get(itab + 100)
  local front = 1. 0/12. 0 * fluid. time. total
  table(tabp, front) = 0. 0
  table(tabp, front + 0. 001) = 0. 3
end
model solve fluid time 12
[profile(1)]
model solve fluid time 24
[profile(2)]
model solve fluid time 24
[profile(3)]
table '1'label '12 s'
table '2'label '36 s'
table '3'label '60 s'
model save 'advec-60s'
```

2. 注水算例

本例中模拟了流体注入 $10m \times 10m \times 10m$ 的弹性材料块，该块包含两个垂直的断裂面。块中的初始应力在 X 和 Z 方向上为 3MPa，在 Y 方向上为零。第一个断裂面是水平的，穿过块体的中心；第二个裂缝是垂直的，位于 $X = 2.5m$ 平面上。在水平裂缝平面的中心施加一个装有支撑剂的体积流体源，注入流体中支撑剂的体积浓度为 0.1。

如图 8-23 所示为注水 2s 时裂缝中的孔隙水压力等值线和特定的流量矢量。流体在第一个裂缝中广泛运移，并在第二个裂缝中侵入。图 8-24 绘制了 2s 时的裂缝开度分布图。图 8-25 显示了 2s 模拟结束时的支撑剂浓度分布图。模拟结果显示，支撑剂在第一个裂缝中以径向模式迁移，并且也侵入了第二道裂缝。在流体源处注入的支撑剂体积与模型中分布的支撑剂体积（使用 FISH 函数统计）的比值表明，在模拟结束时，体积平衡小于 0.2% 的相对误差。

例 8-11

```
model new
model random 10000
model config fluid
model large-strain off
block create brick -5 5 -5. 0 5. 0 -5 5
block cut j-set
block cut j-set dip 90 d-d 90 or 2. 5 0 0
block zone generate edgelength 0. 5
block zone cmodel assign el
```

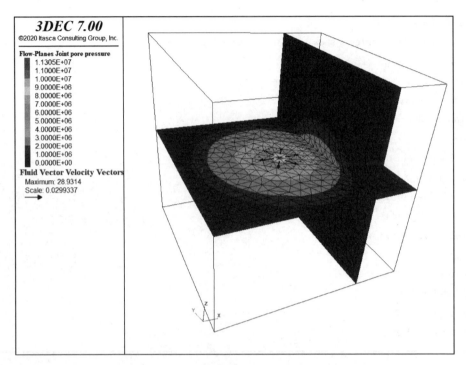

图 8-23　注水 2s 后孔隙水压力与流体速度分布图

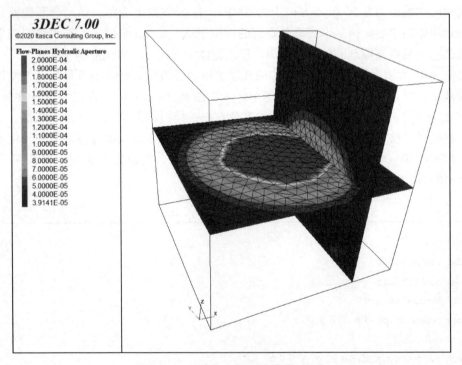

图 8-24　注水 2s 后裂缝开度分布图

```
block zone prop density 2500 shear 2e9 bulk 5e9
model save "mesh"
block contact jmodel assign mohr
block contact property stiffness-normal 5e10 stiffness-shear 1e10
flowplane vertex prop ap-ini 1e-4 ap-min 1e-5 ap-max 2e-4
block fluid property bulk 0.05e9 density 1000 viscosity 1e-3
block insitu stress -3e6 0 -3e6 0 0 0
block face apply stress -3e6 0 -3.0e6 0 0 0 range pos-z 5
block face apply stress -3e6 0 -3.0e6 0 0 0 range pos-x -5
block gridpoint apply vel-x 0 range pos-x 5
block gridpoint apply vel-x 0 vel-y 0 vel-z 0 range pos-z -5
block hist dis-x pos 0 0 0
block hist dis-y pos 0 0 0
block hist dis-z pos 0 0 0
flowknot hist p-p pos -5 0 0
flowknot hist p-p pos -2 0 0
flowknot hist p-p pos   0 0 0
flowknot hist p-p pos   2 0 0
flowplane vertex his proppant-vconc pos -2 0 0
flowplane vertex his proppant-vconc pos 0 0 0
flowplane vertex his proppant-vconc pos 2 0 0
flowknot apply discharge 0.01...
                range pos-x -0.3 0.2 pos-y -0.3 0.3 pos-z -0.1 0.1
flowknot apply proppant-volume 0.1...
                range pos-x -0.3 0.2 pos-y -0.3 0.3 pos-z -0.1 0.1
model fluid active on
model mech active on
block fluid proppant active on

; ---------------------
fish def check _ volume
  global propp _ vol = 0.0
  loop foreach local fpx flowplane.vertex.list
    propp _ vol = propp _ vol + flowplane.vertex.area(fpx) *...
                          flowplane.vertex.proppant.thick(fpx)
  end _ loop
; volume is fluid injection rate x proppant concentration x time
  global volume _ inject = 0.01 * 0.1 * fluid.time.total
  local status = io.out('current stayed proppant vol: ' + string(propp _ vol))
  status = io.out('actual injected proppant vol: ' + string(volume _ inject))
end
model mechanical substep 1
model mechanical slave on
model solve time-total 2.0
```

```
[check _ volume]
model save "injection"
```

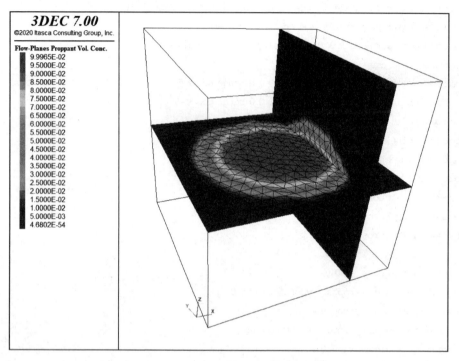

图 8-25　注水 2s 后支撑剂浓度分布图

3. 支撑剂桥接算例

如果岩体裂缝宽度比流体和支撑剂的最小颗粒直径更小，那么很可能会形成堵塞，阻止（或减少）流体和支撑剂的进一步流动。该算例针对此情况进行计算。

创建的流平面具有两个不同的属性。平面的一部分被指定为 $100\mu m$ 的开度，其余部分的开度为 $80\mu m$。施加初始应力后，开度减小到 $40\mu m$ 和 $20\mu m$（图 8-26）。流体和支撑剂被注入平面的较宽部分，模型仅进行流体计算。

预计随着流体前沿到达较窄的开口，流动将受到限制，支撑剂粒度设置为 $10\mu m$。默认情况下，用于桥接的晶粒尺寸因子为 1，意味着如果流动平面开度小于 $10\mu m$，则会发生桥接。由于流动平面的狭窄部分的开度为 $20\mu m$，因此不会出现桥接。图 8-27 和图 8-28 显示了注入 10s 后的孔隙水压力和支撑剂浓度云图。在流动平面的部分边界处显然存在流动限制，但流体和支撑剂都能够通过。

重新运行模型时将晶粒尺寸因子设置为 3，这意味着如果流动平面开度小于 $30\mu m$，则会出现桥接。堵塞的渗透系数设置为 0.1，这意味着通过堵塞的流量将比没有堵塞时的流量小 10 倍。

图 8-29 显示了注入 10s 后的孔隙水压力分布。与图 8-27 相比，接头狭窄部分的压力降低。图 8-30 显示了支撑剂浓度，很明显在大开度与小开度的过渡处，没有支撑剂能够通过。

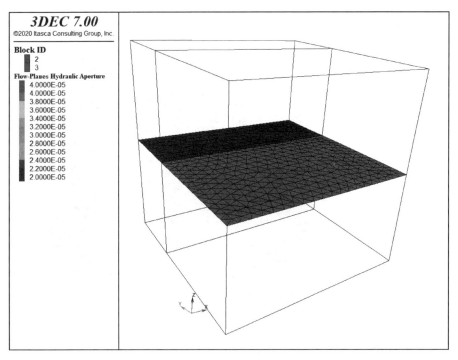

图 8-26　流平面上的开度分布图

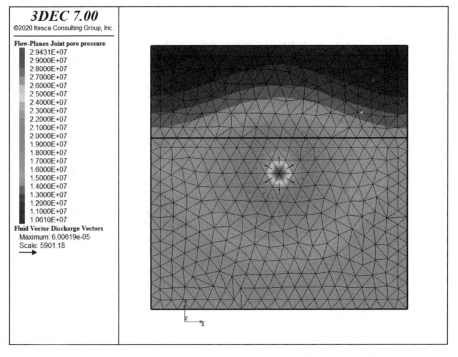

图 8-27　在没有支撑剂桥接的情况下注入 10s 后的孔隙水压力（粒度因子＝1）

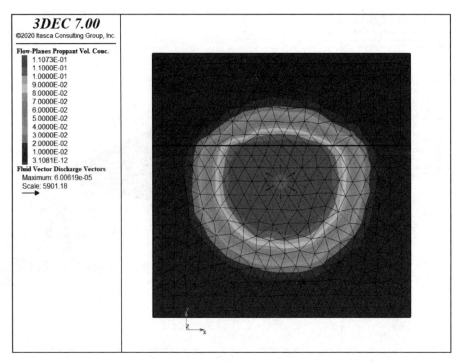

图 8-28　在没有支撑剂桥接的情况下注入 10s 后的支撑剂浓度（粒度因子＝1）

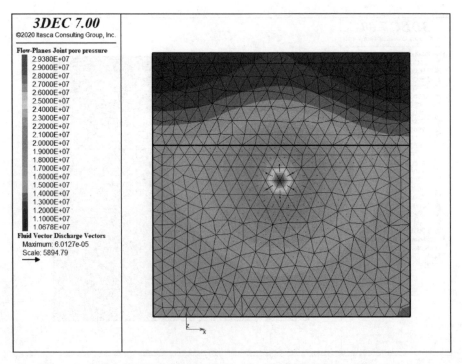

图 8-29　在有支撑剂桥接的情况下注入 10s 后的孔隙水压力（粒度因子＝3）

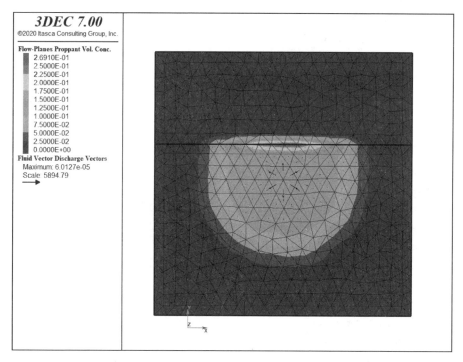

图 8-30　在有支撑剂桥接的情况下注入 10s 后的支撑剂浓度（粒度因子＝3）

例 8-12

```
model new
model random 10000
model config fluid
model large-strain off
block create brick -5 5 -5.0 5.0 -5 5
block cut joint-set dip 90 origin 0 1.5 0
block join
block cut joint-set
block zone generate edgelength 0.5
block zone cmodel assign elastic
block zone property density 2500 shear 2e9 bulk 5e9
block contact jmodel assign mohr
block contact property stiffness-normal 5e10 stiffness-shear 1e10
;顶部开度小于底部
flowplane vertex property aperture-initial 1e-4 aperture-minimum 1e-5...
                                    aperture-maximum 2e-4
flowplane hide range pos-y -5 1.5
flowplane vertex property aperture-initial 0.8e-4 aperture-minimum 0.8e-5...
                                    aperture-maximum 1.6e-4
flowplane hide off
```

```
block fluid property bulk 0.05e9 density 1000 viscosity 1e-3
block insitu stress 0 0 -3e6 0 0 0
block face apply stress 0 0 -3.0e6 0 0 0 range position-z 5
block gridpoint apply velocity-x 0 velocity-y 0 velocity-z 0...
                range position-z -5
flowknot history pore-pressure position 0 -5 0
flowknot history pore-pressure position 0 -2 0
flowknot history pore-pressure position 0 0 0
flowknot history pore-pressure position 0 2 0
flowplane vertex history proppant-vconcentration position 0 -2 0
flowplane vertex history proppant-vconcentration position 0 0 0
flowplane vertex history proppant-vconcentration position 0 2 0
flowknot apply discharge 0.0001...
        range position-x -0.3 0.2 position-y -0.3 0.3 position-z -0.1 0.1
flowknot apply proppant-volume 0.1...
        range position-x -0.3 0.2 position-y -0.3 0.3 position-z -0.1 0.1
block fluid proppant grain-size 1e-5
block fluid proppant permeability-factor 0.1
model fluid active on
model mechanical active off
block fluid proppant active on
model save 'bridging-ini'
model solve fluid time 10.0
model save 'bridging-factor1'
= = = = = = = = = = = = = = = = = = = = = = = = = = = = = = = = = = = = = = = = = = = = =
;通过增加颗粒大小因子测试桥接
model restore 'bridging-ini'
block fluid proppant grain-size-factor 3.0
model solve fluid time 10.0
model save 'bridging-factor3'
program return
```

4. 支撑剂沉降算例

为了解释重力作用下支撑剂的沉降，提出一个单一垂直裂隙的简单模型。初始孔隙压力设置为 5MPa，流体（无支撑剂）沿一侧以 $0.0007\text{m}^2/\text{s}$ 的速率注入，2s 后的孔隙压力如图 8-31 所示。在此算例中，流体体积模量设置为低值（0.01MPa）以加快求解速度。因此，计算时间并不是实际上的时间。

将支撑剂以 0.1 的浓度注入流体中。对支撑剂指定具体的密度（2650kg/m^2）和粒径（0.425mm）并将支撑剂沉降打开。支撑剂最大浓度设置为 0.7，表示当浓度达到 0.7 时，支撑剂被紧密堆积在一起，浓度不能进一步增加，此外，渗透率将下降，反映了这些区域中的收缩流。支撑剂聚合物的固有渗透率设置为较低值（$5.33\times10^{-13}\text{m}^2$）。

支撑剂注入后 20s 和 40s 的支撑剂浓度和流量矢量分别如图 8-32 和图 8-33 所示。这些图显示了支撑剂如何沉降到裂隙底部并形成"堤岸"，由于该区域渗透率降低和支撑剂流动受限，流体和支撑剂必须流过该"堤岸"，才能继续前进。

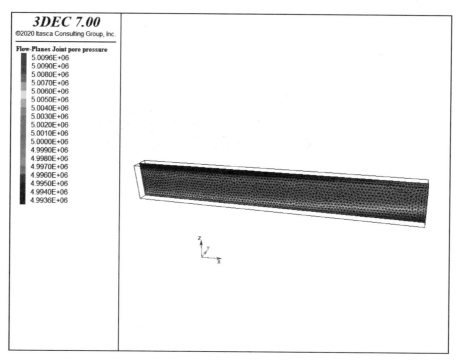

图 8-31　支撑剂注入前的孔隙压力

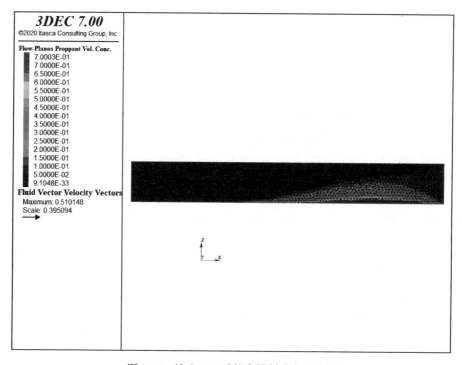

图 8-32　注入 20s 后的支撑剂浓度和流速

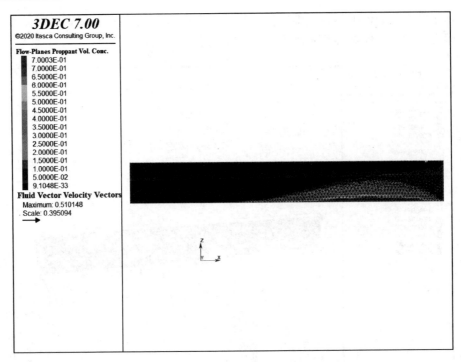

图 8-33　注入 40s 后的支撑剂浓度和流速

例 8-13

```
model new

model random 10000

model config fluid

model large-strain off

block create brick -4. 0 4. 0 -0. 25 0. 25 -0. 5 0. 5

block cut joint-set dip 90 dip-direction 0

block zone generate edgelength 0. 075

block zone cmodel assign elastic

block zone property density 2500 shear 2e9 bulk 5e9

model save "mesh"

block contact jmodel assign mohr

block contact property stiffness-normal 5e10 stiffness-shear 1e10

block contact property friction 40 cohesion 0. 0 tension 0. 0

flowplane vertex property aperture-initial 2e-3 aperture-minimum 2e-3...

                                    aperture-maximum 1e-2

; note low fluid modulus to speed up solution

block fluid property bulk 1e4 density 1300 viscosity 1e-3

block insitu stress 0 -10. 0e6 0 0 0 0 gradient-z 0. 0 1. 6e4 0. 0 0. 0 0. 0 0. 0

block insitu pore-pressure 5. 0e6 gradient 0. 0 0. 0 0. 0

model gravity 0. 0 0. 0 -10. 0
```

```
block gridpoint apply velocity 0 0 0 range position-y -0. 25
block gridpoint apply velocity 0 0 0 range position-y 0. 25
history interval 1000
model history fluid time
block history displacement-z position 0 0 0
flowknot history pore-pressure position 0 0 0
flowplane edge apply discharge 0. 0007 range position-x 4
model fluid active on
model mechanical active off
model solve fluid time 2. 0
model save 'settlement _ ini'
flowplane vertex history proppant-vconcentration position 0 0 0. 5
flowplane vertex history proppant-vconcentration position 0 0 0
flowplane vertex history proppant-vconcentration position 0 0 -0. 5
flowplane vertex history proppant-thickness position 0 0 0. 5
flowplane vertex history proppant-thickness position 0 0 0
flowplane vertex history proppant-thickness position 0 0 -0. 5
block fluid proppant concentration-limit-volume 0. 7
block fluid proppant permeability 5. 33e-13
block fluid proppant grain-size 0. 425e-3
block fluid proppant density 2. 65e3
block fluid proppant settling on
block fluid proppant active on
flowknot apply proppant-volume 0. 1 range position-x 4
model solve fluid time 10. 0
model save 'settlement _ 10s'
model solve fluid time 10. 0
model save 'settlement _ 20s'
model solve fluid time 10. 0
model save 'settlement _ 30s'
model solve fluid time 10. 0
model save 'settlement _ 40s'
```

8.2.6　流体属性及单位

表 8-1 为各种流体参数。

流体参数　　　　　　　　　　　　　　　　　　　　　　　　　　　　表 8-1

参数	3DEC 关键词	国际单位制
零法向应力下的节理开度, u_{h0}	flowplane property aperture-initial	m
节理最大开度, u_{max}	flowplane property aperture-maximum	m
节理最小开度, u_{res}	flowplane property aperture-minimum	m

377

参数	3DEC 关键词	国际单位制
流体体积模量，K_w	block fluid property bulk	Pa
流体密度，ρ_f	block fluid property density	kg/m^3
动力黏度，μ	block fluid property viscosity	Pa·s
单位节理宽度流量，q	flowplane edge apply discharge	$m^3/s·m$
体积流量，Q	flowknot apply discharge	m^3/s
流体压力，p	flowpknot apply pore-pressure	Pa
节理水力传导率，k_H	—	m/s
气体流量常数，γ	block fluid gas constant	s^2/m^2
支撑剂体积浓度，B	flowplane vertex initialize proppant-volume	—
支撑剂粒径	block fluid proppant grain-size	m
支撑剂密度，ρ_d	block fluid proppant density	kg/m^3
支撑剂充填层固有渗透率	block fluid proppant permeability	m^2
岩石基质流动系数，k	block zone fluid property permeability	$m^2/(Pa·s)$
岩石基质孔隙度，n	block zone fluid property porosity	—

8.3 水平地层垂直水力裂缝的扩展模拟

8.3.1 问题陈述

本节分析了在30m 厚水平地层内垂直水力裂缝的扩展规律。将黏度为1cP（10^{-3}pa·s）的流体以 $2\times10^{-3}m^3/s$ 的总流速注入垂直注水孔，地层假设为各向同性的均匀弹性介质，其杨氏模量为10GPa，泊松比为 0.2，裂缝在其中传播。需要注意的是本节算例计算所需时间偏长，至少需要预留 12～24h 进行计算。

8.3.2 解析解法

在下列假设条件下，该问题中的压力和裂缝宽度的演化可以用 PKN 解（Perkins and Kern 1961）来近似：

① 线弹性断裂力学（LEFM）理论适用；

② 裂缝扩展方向上的压力梯度是由狭窄的椭圆形通道中的流动阻力产生的；

③ 裂缝的高度 H 为一固定值，与距离井筒的远近，即 x 无关。

④ 在垂直于扩展方向的垂直椭圆截面上，流体压力 p 是恒定的（没有垂直压降）；

⑤ 裂缝尖端净压 $p_{net}=0$（裂缝尖端处流体压力等于围压）；

⑥ 平面应变变形发生在垂直截面上，每个相同的垂直截面独立作用（仅当 $L \gg H$ 有效）；

如图 8-34 所示为 PKN 模型的几何形状与模型中重要的变量。

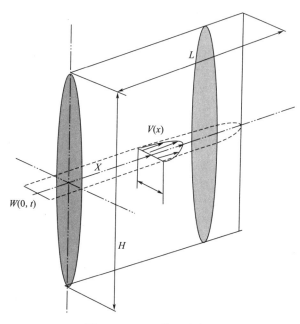

图 8-34　PKN 模型示意图

根据 PKN 解析解，净压力可以用以下表达式近似表示：

$$p_{net} = \left[\frac{16\mu q E^3}{(1-\upsilon^2)^3 \pi H^4} L \right]^{1/4} \tag{8-31}$$

裂缝中部宽度（开度）的表达式为：

$$w(x) = 3 \left[\frac{\mu q (1-\upsilon^2)(L-x)}{E} L \right]^{1/4} \tag{8-32}$$

式中，E 为杨氏模量；υ 为泊松比；q 为注入速率；μ 为注入流体黏度；L 和 H 分别为裂缝的长度和高度。

8.3.3　3DEC 模型

由于该模型为对称结构，在建模时先创建一半然后复制。裂缝的轨迹在 3DEC 中由垂直接触面预定义，该接触面最初是连接在一起的，但在模拟过程中，根据注入流体引起的应力变化，裂缝只允许在恒定高度的地层内打开（垂直接触面不允许在设层外断裂）。断裂面是模型中唯一的不连续面，PKN 解是无限弹性介质中断裂的解。由于 3DEC 模型的尺寸范围是有限的，因此与模拟过程中获得的裂缝尺寸（裂缝高度和裂缝长度）相比，需选择足够大的 3DEC 模型，这样裂缝的变形就不受模型尺寸的影响，但也要考虑数值模拟的时间成本，因为求解过大的模型需要很长的时间。模型的几何形状如图 8-35 所示。模型的离散化网格如图 8-36 所示，在裂缝附近 1m 区域内的离散化程度最高，在远离裂缝的 4m 区域的网格离散化程度最低。

力学模型的所有外部边界均采用 "Roller" 边界条件。如图 8-36 所示，沿模型底部与裂缝面相交边缘以指定的速度注入流体。

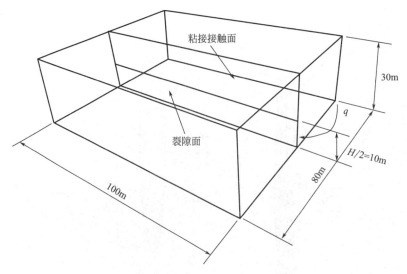

图 8-35　3DEC 中 PKN 几何模型

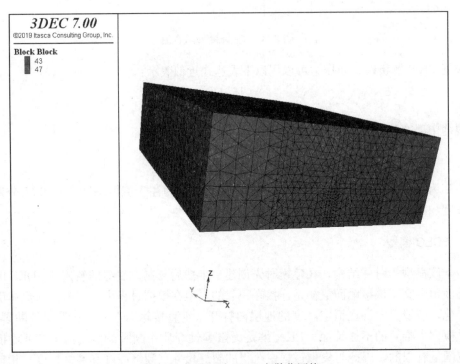

图 8-36　3DEC 中 PKN 离散化网格

8.3.4　结果与讨论

注入 368s 后，裂缝长约 75m，这足以满足假设（$L/H = 75/20 = 3.75 \gg 1$）用于推导 PKN 解。在注射 368s 后的状态下，将 3DEC 结果与 PKN 解进行比较。3DEC 模型的状态分别由图 8-37~图 8-39 所示的位移、流体压力和裂缝宽度的云图显示。图 8-38 中的流体压力云图表明，除了注入点和裂缝尖端附近，在垂直方向上没有压力梯度，与 PKN 解近似。

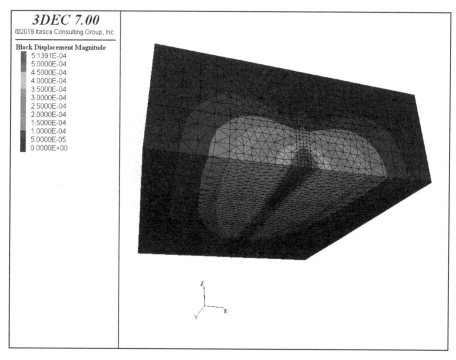

图 8-37　PKN 模型的位移云图（m）

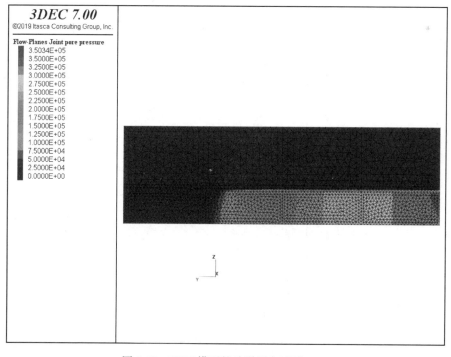

图 8-38　PKN 模型的破裂压力云图（Pa）

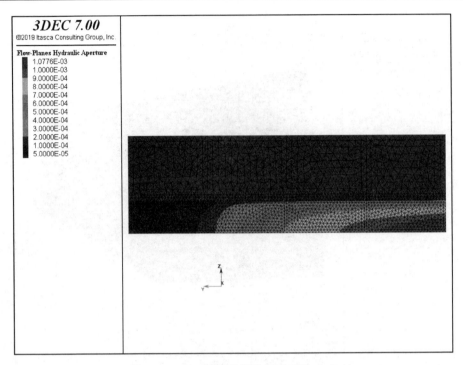

图 8-39　PKN 模型的裂缝宽度云图（m）

根据 3DEC 计算出的净压力如图 8-40 所示。图 8-41 对比了 3DEC 和 PKN 方法预测的裂缝宽度（开度）。总的来说，3DEC 的预测与 PKN 的解析解基本一致。最大宽度在注入

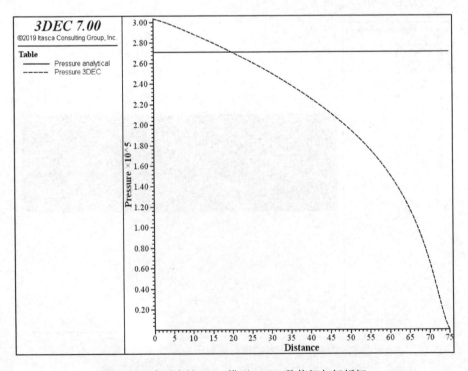

图 8-40　净压力的 PKN 模型 3DEC 数值解与解析解

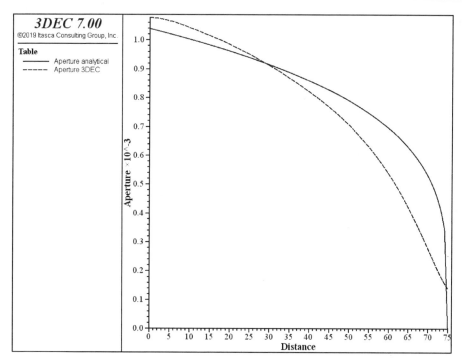

图 8-41　最大裂缝宽度的 PKN 模型 3DEC 数值解与解析解

点附近拟合较好，在断裂尖端附近差异最大。3DEC 在整个裂缝上使用大小均匀的恒定应变区。因此，3DEC 模型对断裂尖端附近的应力奇异性和应变梯度的模拟较差。裂缝尖端附近匹配不佳的第二个原因是 3DEC 模型中的最小裂缝开度不能小于用户指定的剩余。这个限制是为了防止当开度减小到零时流动方程变得奇异时模型不稳定。通常情况下，与模型中的主流开度相比，剩余开度被选择为一个较小的值。在这些模拟中，剩余开度假设为 $50\mu m$。表 8-2 给出了用 3DEC 和 PKN 计算的最大净压力和裂缝宽度的比较。结果显示匹配良好，误差小于 7%。

3DEC 数值解与 PKN 解析解在注入点的对比			表 8-2
	PKN	3DEC	误差(%)
$w(0)(\mathrm{mm})$	1.039×10^{-3}	1.037×10^{-3}	0.2
$p(0)(\mathrm{Pa})$	2.71×10^{5}	2.89×10^{5}	6.6

8.3.5　相关命令文件

例 8-14

```
; pkn. dat
model new
model random 10000
fish automatic-create off
model config fluid
```

```
model large-strain off
fish def geometry ；设置几何参数
global fractureLength = 10.0
local modelWidth = 8. * fractureLength
local modelHeight = 3. * fractureLength
local modelLength = 10. * fractureLength
global x1 = -0.5 * modelWidth
global x12 = -0.25 * modelWidth
global x2 = 0.
global x21 = -0.2 * fractureLength
global x22 = 0.2 * fractureLength
global x23 = 0.25 * modelWidth
global x3 = 0.5 * modelWidth
global y1 = 0.
global yh1 = 0.25 * modelLength
global yh = 0.5 * modelLength
global yh2 = 0.75 * modelLength
global y2 = modelLength
global z1 = 0.
global z2 = fractureLength
global z21 = z2 + 0.2 * fractureLength
global z3 = modelHeight
global edge1 = 0.1 * fractureLength
global edge2 = 0.2 * fractureLength
global edge3 = 0.4 * fractureLength
global edge = edge1
global z1l = z1-0.2 * edge
global z2l = z2-0.2 * edge
global z2h = z2 + 0.2 * edge
global z3h = z3 + 0.2 * edge
global x2l = x2-0.2 * edge
global x2h = x2 + 0.2 * edge
global y1l = y1-0.2 * edge
global y1h = y1 + 0.2 * edge
end
[geometry] ；调用函数
block create brick [x1] [x3] [y1] [y2] [z1] [z3]
block cut joint-set dip 0 dip-direction 0 ori [x2] [y1] [z21]
block cut joint-set dip 90 dip-direction 90 ori [x2] [y1] [z1]
block cut joint-set dip 90 dip-direction 0 ori [x2] [yh] [z1]
block cut joint-set dip 90 dip-direction 0 ori [x2] [yh1] [z1]
block cut joint-set dip 90 dip-direction 0 ori [x2] [yh2] [z1]
block cut joint-set dip 90 dip-direction 90 ori [x12] [y1] [z1]
```

```
block cut joint-set dip 90 dip-direction 90 ori [x23] [y1] [z1]
block hide range plane dip 0 dip-direction 0 ori [x2] [y1] [z21] above
block cut joint-set dip 90 dip-direction 90 ori [x21] [y1] [z1]
block cut joint-set dip 90 dip-direction 90 ori [x22] [y1] [z1]
block hide range plane dip 90 dip-direction 90 ori [x21] [y1] [z1] below
block hide range plane dip 90 dip-direction 90 ori [x22] [y1] [z1] above
block cut joint-set dip 0 dip-direction 0 ori [x2] [y1] [z2]
block hide off
block hide range plane dip 90 dip-direction 90 ori [x2] [y1] [z2] above
block join on
block hide off
block hide range plane dip 90 dip-direction 90 ori [x2] [y1] [z2] below
block join on
block hide off
block zone generate edgelength [edge1] range pos-x [x21] [x22] pos-z [z1] [z21]
block zone generate edgelength [edge2] range pos-x [x12] [x23]
block zone generate edgelength [edge3]
model save 'pkn-zoned' ；保存结果文件
model rest 'pkn-zoned'
block gridpoint apply velocity-x 0. range position-x [x1]
block gridpoint apply velocity-x 0. range position-x [x3]
block gridpoint apply velocity-y 0. range position-y [y1]
block gridpoint apply velocity-y 0. range position-y [y2]
block gridpoint apply velocity-z 0. range position-z [z1]
block gridpoint apply velocity-z 0. range position-z [z3]
[global pois_ = 0. 2]
[global E_ = 1e10]
block zone cmodel assign elastic ；设置本构模型
block zone property density 2600. young [E_] poiss [pois_] ；设置力学参数
block contact jmodel assign mohr ；设置节理本构模型
block contact property stiffness-normal 1e9...
stiffness-shear 1e9...
cohesion 1e4...
tension 1e4
flowplane vertex property aperture-initial 0. 5e-4...
aperture-minimum 0. 5e-4...
aperture-maximum 1e-2
block contact property stiffness-normal 1e10...
stiffness-shear 1e10...
tension 1e30...
cohesion 1e30...
range position-z [z21] [z3h]
flowplane vertex property aperture-initial 1e-4...
```

```
aperture-minimum 1e-4...
aperture-maximum 1e-4...
range position-z [z2l] [z3h]
block fluid crack-flow on
[global visc_ = 1e-3]
[global inj_ = 2e-3]
block fluid property bulk 2e7
block fluid property density 1000.
block fluid property viscosity [visc_]
;注入到裂缝的一半，因此流量为注入速度/长度/2
flowplane edge apply discharge [inj_/fractureLength/2.0]...
range position-x [x2l] [x2h]...
position-y [y1l] [y1h]...
position-z [z1l] [z2h]
model mechanical active on
model fluid active on
;model fluid slave on
;model fluid substep 10
model mech slave on
model mech substep 1
model solve fluid time-total 368
model save 'pkn'
program call 'PKN_verify'
program return


; pkn_verify.dat
[global frac_length = 75.0]
[global frac_height = 20.0]
;开度和压力的解析解
;沿 Y 轴，开度数据存在表 1，压力数据存在表 3
fish define _analytical
;PKN 压力解
local numerator_ = 16.0 * visc_ * inj_ * E_ * E_ * E_ * frac_length
local denominator_ = (1.0-pois_ * pois_ )^3 * math.pi * frac_height^4
local pressure_ = math.sqrt(math.sqrt(numerator_/denominator_))
loop foreach local gp_ block.gp.list
local z_ = block.gp.pos.z(gp_)
if z_ < 0.01
local y_ = block.gp.pos.y(gp_)
if y_ < 75.1
;PKN 开度结果
local aperture_ = 3 * ((visc_ * inj_ * (1-pois_^2) * (frac_length-y_))/E_)^0.2
table(1, y_) = aperture_
```

386

```
table(3, y _ ) = pressure _
    endif
    endif
end _ loop
end
; 沿 Y 轴 3DEC 开度及压力结果
; 开度数据存在表 2
; 压力数据存在表 4
fish define _ 3DEC
loop foreach local fpe _ flowplane. vertex. list
    local coord _ global = flowplane. vertex. pos(fpe _ )
    if comp. z(coord _ global) < 0. 01
        local y _ = comp. y(coord _ global)
        if y _ < 75. 1
            local aperture _ = flowplane. vertex. aperture. hydraulic(fpe _ )
            table(2, y _ ) = aperture _
            local knot _ = flowplane. vertex. knot(fpe _ )
            local pressure _ = flowknot. pp(knot _ )
            table(4, y _ ) = pressure _
        endif
    endif
end _ loop
end
[ _ analytical]
[ _ 3DEC]
table '1'label 'Aperture analytical'
table '2'label 'Aperture 3DEC'
table '3'label 'Pressure analytical'
table '4'label 'Pressure 3DEC'
```

8.4　基于离散裂缝网络模型水力压裂模拟

本节将向读者介绍创建基本水力压裂模型所需的命令及步骤。此模型需要用到离散裂缝网络（DFN），由命令文件"dfn. dat"提供。本节还提供了一个附加命令文件"hf. fis"，命令能够实现水力压裂模拟的几个功能。另外要注意的是，本节所提供算例的计算量较大，时长一般需要 12～24h。

8.4.1　模型的创建

1. 几何模型的建立

首先，在计算前初始化模型的信息并使用 model configure fluid 命令激活流体流量计算模式。此命令必须在创建任何块体前应用，以便为压裂流体流量计算启用内存分配。另外需要注意，3DEC 中的联合流体流动需要小应变分析，因此还需要命令 model large-strain off。

接下来定义并调用 FISH 函数来设置计算模型的几何参数。指定整个模型的质心在 FISH 函数中定义为（xmiddle=0，ymiddle=0，zmiddle=0），用于为形成岩体的边界点创建一个参考点。模型的范围在 FISH 函数中定义为（_ modelSize _ x=800，_ model-Size _ y=800，_ modelSize _ z=200），并指定水力压裂的节理 ID（hf _ id=10000）。DFN 区域所需的较小内部框由三个点（x1，x2，x3，y1，y2，y3，z1，z2，z3）指定，而扩展模型由带有 "_ ext" 后缀的类似变量指定，该函数用以定义 DFN 区域和扩展模型的边界。坐标（z_sub1，z_sub2）被用于额外设置 DFN 平面的位置。最后定义 DFN 区域大小（edge _ size）包括用于离散化的内部区域（inner=10）和外部区域（outer=3×inner）。

例 8-15

```
fish define set _ geometry
; 模型中间部分
global xmiddle = 0.0
global ymiddle = 0.0
global zmiddle = 0.0
; 计算 DFN 区域
local _ modelSize _ x = 800
local _ modelSize _ y = 800
local _ modelSize _ z = 200
; 水力压裂的节理 ID
global hf _ id = 10000
; 计算网格尺寸
global edge _ size = 10
; 几何计算
; DFN 区域限制
global x1 = xmiddle -0.5 * _ modelSize _ x
global x2 = xmiddle + 0.5 * _ modelSize _ x
global y1 = ymiddle -0.5 * _ modelSize _ y
global y2 = ymiddle + 0.5 * _ modelSize _ y
global z1 = zmiddle -0.5 * _ modelSize _ z
global z2 = zmiddle + 0.5 * _ modelSize _ z
; 扩展模型限制
global x1 _ ext = xmiddle - _ modelSize _ x
global x2 _ ext = xmiddle + _ modelSize _ x
global y1 _ ext = ymiddle - _ modelSize _ y
global y2 _ ext = ymiddle + _ modelSize _ y
global z1 _ ext = zmiddle - _ modelSize _ z
global z2 _ ext = zmiddle + _ modelSize _ z
; Z 坐标表示额外的平面
```

```
global z_sub1 = zmiddle -0.25 * _modelSize_z
global z_sub2 = zmiddle + 0.25 * _modelSize_z
global edge_size_outer = 3 * edge_size ; outer domain discretization
end
```

2. 块体模型的建立

使用以下 block 命令创建块体模型，该命令使用上一个函数（set_geometry）中定义的点，指定外部块的顶点限制扩展模型。

内部的 DFN 区域是使用六个节理面创建的，这些节理面定义了模型内部的每个面。调用函数 set_geometry 中定义的顶点以指定每个节理面的原点。使用以下命令依次进行切割：

```
block cut joint-set dip 0 dip-direction 0 ori [x1] [y1] [z1]
block cut joint-set dip 0 dip-direction 0 ori [x1] [y1] [z2]
block cut joint-set dip 90 dip-direction 0 ori [x1] [y1] [z1]
block cut joint-set dip 90 dip-direction 0 ori [x1] [y2] [z1]
block cut joint-set dip 90 dip-direction 90 ori [x1] [y1] [z1]
block cut joint-set dip 90 dip-direction 90 ori [x2] [y1] [z1]
model range create 'middle' position-x [x1] [x2] ...
                            position-y [y1] [y2] position-z [z1] [z2]
block hide range named-range 'middle'
```

将 DFN 的内部区域使用 range 命令命名为 "middle"，然后使用 block hide 命令并通过名称选择隐藏范围，这样可以使切割外部块的节理面不会切割到内部块。然后使用块 densify 命令为外部扩展模型创建虚拟块，此命令可以轻松地在整个模型中创建一系列节理面。block join 命令会将新切割的块重新连接在一起，使用 block hide off 命令可以使内部区域再次可见，并且不会被 densify 命令切割。虚拟节理的目的只是为了能够加速分区，因为分区随着块体积的增加会越来越复杂。内部 DFN 区域需要水力压裂平面，但外部扩展模型不需要。相关命令：

```
block hide range named-range 'middle' not
block cut joint-set dip 90 dip-direction 0...
                        ori [xmiddle] [ymiddle] [zmiddle] jointset-id [hf_id]
```

将 not 关键字应用于 block hide 命令的范围将隐藏除指定范围（'middle'）之外的所有模型。在由几何函数中的点指定的原点处引入节理面。这个节理面也有自己的 ID，并在几何函数中指定（hf_id=10000）。最后，引入额外的虚拟节理面，以帮助定位内部区域的 DFN 切割。

3. 离散裂隙网络（DFN）

首先要准备好 DFN 的模板引入模型。有关如何创建 DFN 模板和应用的进一步说明，请参阅前文中对 DFN 的介绍部分。在本案例中，我们使用预先准备好的 DFN 文件，其中包括所有必要的数据，并导入 DFN 到计算模型。适用于这一特定 DFN 的过滤器包括去除某些方向的裂缝和非常小的裂缝。过滤器还可以重新对准裂缝，这样在切割过程中就不会形成非常小/薄的块。

```
model domain extent [x1_ext][x2_ext][y1_ext][y2_ext][z1_ext][z2_ext]
fracture import skip-errors from-file 'dfn. dat' dfn 'fractures'
```

skip-errors 关键词将获取一个非平面的裂缝，并从中创建一个最适合的平面。如果没有 skip-errors 关键字，非平面断裂将产生错误消息并停止执行。创建一个名为"DFN"的视图窗口。如图 8-42 所示为在模型中添加的 DFN。

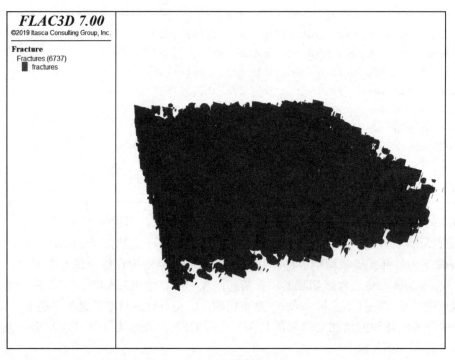

图 8-42　节理网络模型（DFN）

现在，可以使用 block cut dfn 命令来用 DFN 切割 3DEC 模型中的块体。块体切割结果如图 8-43 所示。

4. 划分网格

创建块体模型的最后阶段是通过划分网格使块体可以发生变形。外部块体网格尺寸更大，内部 DFN 区域网格更细。指定网格尺寸的 FISH 函数分别被指定为 edge_size 和 edge_size_outer。

```
block zone generate edgelength [edge_size] range named-range 'middle'
block zone generate edgelength [edge_size_outer] range named-range 'middle' no
```

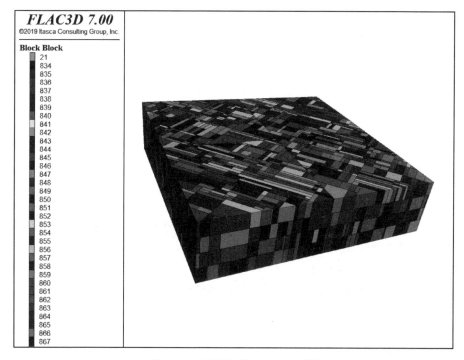

图 8-43　块体模型被 DFN 切割图

可以使用以下命令将模型信息的记录保存在日志文件中:

```
program log-file 'model _ info. log'
program log on
model list info
program log off
```

model list info 命令可用于输出关于全局变量, 参数设置和程序状态信息的信息。由于日志文件已启动并设置为“开启”, 因此输出到屏幕的任何信息也会被捕获并保存在日志文件中。最后, 使用 model save 命令保存模型状态, 并最好在退出该项目前保存项目状态。

5. 参数赋值

类似于 1. 中定义的几何函数, set _ mat _ prop 函数被用于设置所有模型的参数并将它们分配给变量。定义每个属性变量的代码如下:

```
fish define set _ mat _ prop
; INPUTS
; 完整岩石力学参数
global rock _ young = 20e9 ; Pa
global rock _ poisson = 0. 25
global rock _ density = 2600. 0
; 节理力学参数
global joint _ kn = 5. e10
```

```
global joint _ ks = 5. e10
global joint _ cohesion = 0. 0
global joint _ friction = 20. 0
global joint _ tension = 0. 0
global j _ ap0 = 1. 0e-4 ; aperture at 0 normal stress
; 流体参数
global fluid _ bulk _ = 3e6
global fluid _ density _ = 1000. 0
global fluid _ viscosity _ = 0. 0015
end
```

FISH 函数不赋予材料参数，而只是指定变量来存储要使用的值。可以不使用 FISH 函数直接输入材料参数，提供了一种将材料参数定义为全局变量的简洁方法，并且可以轻松地在将来调用或更改这些参数。

模型设置为线弹性材料，并进行参数赋值，命令如下：

```
block zone cmodel assign elastic
block zone property density [rock _ density] young [rock _ young]...
poisson [rock _ poisson]
```

DFN 节理面、水力裂缝等都分配了不同的节理参数。所有节理都使用 Mohr-Coulomb 本构模型。

```
; DFN 外部节理
block contact jmodel assign mohr
block contact property stiffness-normal [joint _ kn] stiffness-shear [joint _ ks]
block contact property friction 40 cohesion 1e30 tension 1e30
; DFN 节理
block contact property friction [joint _ friction] cohesion [joint _ cohesion]...
tension [joint _ tension] range dfn-3dec 'fractures'
; 水力裂缝面
block contact property friction [joint _ friction] cohesion [joint _ cohesion]...
tension [joint _ tension] range joint-set [hf _ id]
```
然后为流动平面指定初始、最大和最小开度，并分配流体属性。
```
; 流面参数
flowplane vertex property aperture-ini [j _ ap0] aperture-min [j _ ap0]...
aperture-max [j _ ap0]
; 设置流体参数
block fluid property bulk [fluid _ bulk _]
block fluid property density [fluid _ density _]
block fluid property viscosity [fluid _ viscosity _]
```

6. 地应力

地应力相关的参数赋值与模型相似。在 FISH 函数中定义全局变量并在之后的命令中调用,此示例所需的参数包括模型深度、重力加速度以及水平应力与垂直应力的最大和最小比率。计算的参数包括在 $Z=0$ 处的应力和 X、Y、Z 方向上的应力梯度,以及初始流体压力。

全局变量的输入与运算在函数"set _ insitu"中定义,如下所示。然后执行 block insitu 命令来设置初始应力和孔隙压力。

```
; 设置初始应力
fish define set _ insitu
; INPUT
global depth = 3000. 0 ; depth of model centre (m)
global gravity _ = 9. 81 ; metric,
global kH _ max = 1. 0 ; maximum ratio of horizontal to vertical stress (x)
global kh _ min = 0. 5 ; minimum ratio of horizontal to vertical stress (y)
; CALCULATIONS. DO NOT CHANGE
; 在 Z = 0 压力为负值
global szz0 = -rock _ density * depth * gravity _
global sxx0 = kH _ max * szz0
global syy0 = kh _ min * szz0
; 在 Z = 0 流体压力为正值

global pp0 = fluid _ density _ * depth * gravity _
; gradients (per m in positive z direction)
global szz _ grad = rock _ density * gravity _
global syy _ grad = kh _ min * szz _ grad
global sxx _ grad = kH _ max * szz _ grad
global pp _ grad = -fluid _ density _ * gravity _
end
[set _ insitu]

; 地应力
block insitu stress [sxx0] [syy0] [szz0] 0. 0. 0....
grad-z [sxx _ grad] [syy _ grad] [szz _ grad] 0. 0. 0. nodisp
block insitu pore-pressure [pp0] gradient 0 0 [pp _ grad]
```

7. 边界条件

通过将 X、Y 和 Z 方向速度设置为零,模型外部范围被固定。以下命令用于设置边界速度:

```
; 边界条件
```

```
block gridpoint apply velocity 0 0 0 range position-x [x1 _ ext]
block gridpoint apply velocity 0 0 0 range position-x [x2 _ ext]
block gridpoint apply velocity 0 0 0 range position-y [y1 _ ext]
block gridpoint apply velocity 0 0 0 range position-y [y2 _ ext]
block gridpoint apply velocity 0 0 0 range position-z [z1 _ ext]
block gridpoint apply velocity 0 0 0 range position-z [z2 _ ext]
```

8. 初始应力的计算

模型现在已准备好计算初始应力状态。在开始计算之前,我们需要完成一些通用的模型设置。使用 model gravity 命令设置重力,然后打开力学计算并关闭流体计算。之后将流体体积模量设置为零,以便孔隙压力不会因力学变形而改变。最后,将模型求解至平衡并保存。

```
model gravity 0 0 [-gravity _ ]


model fluid active off
model mechanical active on
block fluid property bulk 0


model history mechanical unbalanced-maximum


model solve


model save 'initial'
```

8.4.2 水力压裂模拟过程

重新调用模型的初始应力状态后,开始在 FISH 函数中设置流体参数。首先,指定水力裂缝平面的初始裂缝部分的半径。在注水之前,该平面上的一小块区域会"破裂",以启动岩石中的裂缝扩展。然后我们指定一个最大允许开度来控制和保持合理的时间步长,最后设置注入位置和注入速率。各个监测点的位置也在如下所示的 hf _ setup 函数中定义。

```
model restore 'initial'


; 设置 HF 参数
fish define hf _ setup
; INPUTS
; HF 最初断裂(张开)部分的半径
global hf _ fractured _ radius = 15.0
; 最大容许开度
global j _ ap _ max = 30.0e-4
; 注射点位置
```

394

```
global injection _ loc = vector(0.0, 0.0, 0.0)
; 体积注入速率
global injection _ rate = 0.05
; CALCULATED
; 监测点位置
global his _ x = comp.x(injection _ loc)
global his _ y = comp.y(injection _ loc)
global his _ z = comp.z(injection _ loc)
global his _ x1 = comp.x(injection _ loc) -30.0
global his _ x2 = comp.x(injection _ loc) + 30.0
global his _ z1 = comp.z(injection _ loc) -30.0
global his _ z2 = comp.z(injection _ loc) + 30.0
end
```

接下来，调用一个 FISH 文件，其中包含几个预处理岩体所需的 FISH 函数（参见 hf. fis）。

通过使用 block gridpoint initial displacement 命令和 block contact reset 命令重置块体和节理面的位移信息。"hf. fis" 文件中名为 reset _ aperture 的 FISH 函数将对所有记录的节理开度进行重置。

在此之前，最大节理面开度是使用 j _ ap0 值设置的，因此必须更改此值以允许节理面开度扩展和流体流动。使用 flowplane vertex property 命令根据定义的最大允许开度（j _ ap _ max）更改耦合属性。

使用以下命令指定记录注入位置及其周围位置的孔隙压力历史记录：

```
flowknot history pore-pressure position [his _ x] [his _ y] [his _ z]
flowknot history pore-pressure position [his _ x1] [his _ y] [his _ z]
flowknot history pore-pressure position [his _ x2] [his _ y] [his _ z]
flowknot history pore-pressure position [his _ x] [his _ y] [his _ z1]
flowknot history pore-pressure position [his _ x] [his _ y] [his _ z2]
```

在之前对初始模型的设置中，流体体积模量被设置为零。现在使用 fluid _ bulk 变量将体积模量重置为先前定义的值（3MPa）。该体积模量小于真正的流体，然而就本算例而言，它将有助于加速模型求解并获得合理的结果。之后，打开力学与流体计算模式，获得耦合计算结果。

```
block fluid property bulk [fluid _ bulk _ ]
flowplane zone area-min 0.25
flowknot volume-min 1e-3
model fluid active on
model mechanical active on
```

通常情况下，流体时间步长大于力学时间步长，因此每个流体步长可能需要执行多个力学时间步长。耦合计算将在每个流体步之后求解力学平衡。然而，这需要很长时间，因此每个流体步的力学步数量可以给出限制。以下命令将每个流体步的最大力学步数设置为 5。

```
model mechanical substep 5
model mechanical slave on
```

现在需要手动破坏一小部分水力压裂，以便流体开始流动。通过从"hf.fis"文件调用 FISH 函数，注入点 hf_fractured_radius 距离内的水力压裂平面上的子接触失效。裂缝流动选项也被打开，以限制流动仅流向裂缝的失效部分。

```
；使部分水力裂缝面不允许产生流动
[crack_hf]
；流动只发生在拉破坏的节理处
block fluid crack-flow on
```

最终，流体被注入最靠近指定位置（injection_loc）的流结（flow knot）中。

数值模拟的计算步骤由 FISH 函数控制，该函数循环一定次数（在我们的例子中为 10）并在每次循环迭代中执行一次命令。在以下函数中，循环索引 k 用于通过在执行 10000 步后将循环索引与保存的文件名相关联来创建文件名。

执行此功能将创建 10 个结果文件，每个文件记录 10000 个计算步。每个文件的命名约定由 fname 变量指定为 hf-k.sav，其中 k 是范围从 1 到 5 的循环索引。

```
fish define loop_solve
loop local k (1, 5)
global fname = "hf-" + string(k)
command
model solve fluid cycles 10000
model save [fname]
end_command
end_loop
end
[loop_solve]
```

计算完成后，绘制 Flow Panes，将"Type"更改为"Contour"并将"Contour"更改为"Joint pore pressure"。为了更容易比较不同阶段的孔隙压力，最好为云图设置一个固定的范围。这是通过扩展"Attributes"选项卡中的"Contour"条目，取消选中"Auto"并将最大值设置为 45e6 来完成的，并将最小值设置为 28e6。

构造缝（construction joints）将遮挡感兴趣的区域。要查看详细信息，请在列表中的"Flow-planes Jointpore pressure"绘图项下，打开 Clip Box，并将其展开以查看感兴趣的区域，计算结束时，孔隙压力云图如图 8-44 和图 8-45 所示。

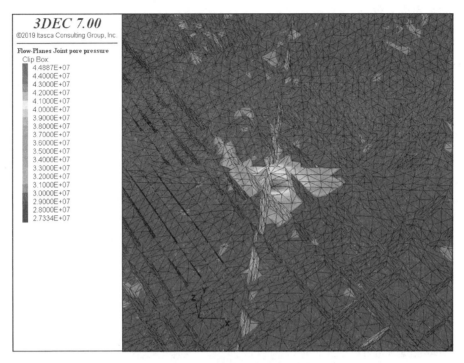

图 8-44　孔隙水压力分布云图

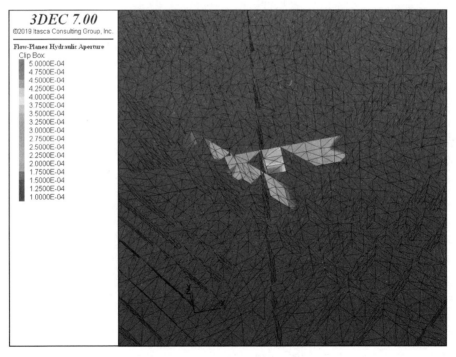

图 8-45　压裂开度分布云图

8.4.3　相关命令文件

例 8-16

---

(1)geometry. dat

; 定义水力压裂模型几何参数

```
model new
fish auto-create off
model large-strain off
model configure fluid

; 指定几何参数函数
fish define set _ geometry
; INPUTS
; 模型中部
global xmiddle = 0. 0
global ymiddle = 0. 0
global zmiddle = 0. 0
; DFN 区域
local _ modelSize _ x = 800
local _ modelSize _ y = 800
local _ modelSize _ z = 200
; 水力压裂节理 ID
global hf _ id = 10000
; DFN 区域单元尺寸
global edge _ size = 10
; GEOMETRY CALCULATIONS. DO NOT CHANGE
; DFN 区域限制
global x1 = xmiddle -0. 5 * _ modelSize _ x
global x2 = xmiddle + 0. 5 * _ modelSize _ x
global y1 = ymiddle -0. 5 * _ modelSize _ y
global y2 = ymiddle + 0. 5 * _ modelSize _ y
global z1 = zmiddle -0. 5 * _ modelSize _ z
global z2 = zmiddle + 0. 5 * _ modelSize _ z
; 扩展模型限制
global x1 _ ext = xmiddle - _ modelSize _ x
global x2 _ ext = xmiddle + _ modelSize _ x
global y1 _ ext = ymiddle - _ modelSize _ y
global y2 _ ext = ymiddle + _ modelSize _ y
global z1 _ ext = zmiddle - _ modelSize _ z
global z2 _ ext = zmiddle + _ modelSize _ z
```

```
; z coordinates for extra planes
global z _ sub1 = zmiddle -0. 25 * _ modelSize _ z
global z _ sub2 = zmiddle + 0. 25 * _ modelSize _ z
global edge _ size _ outer = 3 * edge _ size ; outer domain discretization
end
[set _ geometry]
```

; 设置容差
```
block tolerance 0. 02
```

; 创建大块体
```
block create brick [x1 _ ext] [x2 _ ext] [y1 _ ext] [y2 _ ext] [z1 _ ext] [z2 _ ext]
```

; 设置内部 DFN 区域
```
block cut joint-set dip 0 dip-direction 0 ori [x1] [y1] [z1]
block cut joint-set dip 0 dip-direction 0 ori [x1] [y1] [z2]
block cut joint-set dip 90 dip-direction 0 ori [x1] [y1] [z1]
block cut joint-set dip 90 dip-direction 0 ori [x1] [y2] [z1]
block cut joint-set dip 90 dip-direction 90 ori [x1] [y1] [z1]
block cut joint-set dip 90 dip-direction 90 ori [x2] [y1] [z1]
model range create 'middle' position-x [x1] [x2] ...
position-y [y1] [y2] position-z [z1] [z2]
block hide range named-range 'middle'
```

```
block densify segments 4 4 2 join
block hide off
```

```
block hide range named-range 'middle' not
block cut joint-set dip 90 dip-direction 0...
ori [xmiddle] [ymiddle] [zmiddle] jointset-id [hf _ id]
```

```
block cut joint-set dip 90 dip-direction 90 ori [xmiddle] [ymiddle] [zmiddle]
block cut joint-set dip 0 dip-direction 0 ori [xmiddle] [ymiddle] [zmiddle]
block cut joint-set dip 0 dip-direction 0 ori [xmiddle] [ymiddle] [z _ sub1]
block cut joint-set dip 0 dip-direction 0 ori [xmiddle] [ymiddle] [z _ sub2]
```

; 载入及切割 DFN
```
model domain extent [x1 _ ext] [x2 _ ext] [y1 _ ext] [y2 _ ext] [z1 _ ext] [z2 _ ext]
fracture import skip-errors from-file 'dfn. dat' dfn 'fractures'
```

```
block cut dfn id 1
```

```
block hide off
```

```
model save 'blocks'

; 生成单元
block zone generate edgelength [edge _ size] range named-range 'middle'
block zone generate edgelength [edge _ size _ outer] range named-range 'middle' no

program log-file 'model _ info. log'
program log on
model list info
program log off

model save 'zoned'
```

(2) initial. dat
; 设置力学参数、初始及边界条件
```
model restore 'zoned'
```
; 定义岩石及流体参数函数
```
fish define set _ mat _ prop
```
; 输入完整岩石参数
```
global rock _ young = 20e9 ; Pa
global rock _ poisson = 0. 25
global rock _ density = 2600. 0
```
; 节理参数
```
global joint _ kn = 5. e10
global joint _ ks = 5. e10
global joint _ cohesion = 0. 0
global joint _ friction = 20. 0
global joint _ tension = 0. 0
global j _ ap0 = 1. 0e-4 ; aperture at 0 normal stress
```
; 流体参数
```
global fluid _ bulk _  = 3e6
global fluid _ density _  = 1000. 0
global fluid _ viscosity _  = 0. 0015
end
[set _ mat _ prop]

; 设置岩石参数
block zone cmodel assign elastic
block zone property density [rock _ density] young [rock _ young]...
poisson [rock _ poisson]
```

; 节理保持初始应力状态，恒定开度

; DFN 外部节理
block contact jmodel assign mohr
block contact property stiffness-normal [joint_kn] stiffness-shear [joint_ks]
block contact property friction 40 cohesion 1e30 tension 1e30
; DFN joints
block contact property friction [joint_friction] cohesion [joint_cohesion]...
tension [joint_tension] range dfn-3dec 'fractures'
; hydrofracture plane
block contact property friction [joint_friction] cohesion [joint_cohesion]...
tension [joint_tension] range joint-set [hf_id]
; 渗流面参数
flowplane vertex property aperture-ini [j_ap0] aperture-min [j_ap0]...
aperture-max [j_ap0]

; 设置流体参数
block fluid property bulk [fluid_bulk_]
block fluid property density [fluid_density_]
block fluid property viscosity [fluid_viscosity_]
; 设置地应力
fish define set_insitu
; INPUT
global depth = 3000.0 ; depth of model centre (m)
global gravity_ = 9.81 ; metric,
global kH_max = 1.0 ; maximum ratio of horizontal to vertical stress (x)
global kh_min = 0.5 ; minimum ratio of horizontal to vertical stress (y)
; CALCULATIONS. DO NOT CHANGE
; Stresses at z = 0. Compression is negative
global szz0 = -rock_density * depth * gravity_
global sxx0 = kH_max * szz0
global syy0 = kh_min * szz0
; fluid pressure at z = 0 (positive)
global pp0 = fluid_density_ * depth * gravity_
; 应力梯度
global szz_grad = rock_density * gravity_
global syy_grad = kh_min * szz_grad
global sxx_grad = kH_max * szz_grad
global pp_grad = -fluid_density_ * gravity_
end
[set_insitu]

; 地应力
block insitu stress [sxx0] [syy0] [szz0] 0.0.0....
grad-z [sxx_grad] [syy_grad] [szz_grad] 0.0.0. nodisp

```
block insitu pore-pressure [pp0] gradient 0 0 [pp_grad]

;边界条件
block gridpoint apply velocity 0 0 0 range position-x [x1_ext]
block gridpoint apply velocity 0 0 0 range position-x [x2_ext]
block gridpoint apply velocity 0 0 0 range position-y [y1_ext]
block gridpoint apply velocity 0 0 0 range position-y [y2_ext]
block gridpoint apply velocity 0 0 0 range position-z [z1_ext]
block gridpoint apply velocity 0 0 0 range position-z [z2_ext]

model gravity 0 0 [-gravity_]

model fluid active off
model mechanical active on
block fluid property bulk 0

model history mechanical unbalanced-maximum
model solve
model save 'initial'
;
```

(3)simulate.dat

```
; Perform the hydraulic fracture simulation

model restore 'initial'

;设置水力压裂参数
fish define hf_setup
;输入初始裂缝张开半径
global hf_fractured_radius = 15.0
;输入最大容许开度
global j_ap_max = 30.0e-4
;输入注入点位置
global injection_loc = vector(0.0, 0.0, 0.0)
;输入体积注入速率
global injection_rate = 0.05
; CALCULATED
; history locations
global his_x = comp.x(injection_loc)
global his_y = comp.y(injection_loc)
global his_z = comp.z(injection_loc)
global his_x1 = comp.x(injection_loc) -30.0
global his_x2 = comp.x(injection_loc) + 30.0
global his_z1 = comp.z(injection_loc) -30.0
```

```
global his _ z2 = comp. z(injection _ loc) + 30.0
end
[hf _ setup]


; 支持 HF 计算函数
program call 'hf. fis'


; 复位位移，开度和时间
block gridpoint initialize displacement 0 0 0
block contact reset displacement
[reset _ aperture]
model mechanical time-total 0
; 改变节理参数以及允许节理张开度
flowplane vertex property aperture-maximum [j _ ap _ max] range joint-set [hf _ id]
flowplane vertex property aperture-maximum [j _ ap _ max] range dfn-3dec 'fracture
; 设置监测信息
flowknot history pore-pressure position [his _ x] [his _ y] [his _ z]
flowknot history pore-pressure position [his _ x1] [his _ y] [his _ z]
flowknot history pore-pressure position [his _ x2] [his _ y] [his _ z]
flowknot history pore-pressure position [his _ x] [his _ y] [his _ z1]
flowknot history pore-pressure position [his _ x] [his _ y] [his _ z2]
; 设置流体参数
block fluid property bulk [fluid _ bulk _ ]
flowplane zone area-min 0. 25
flowknot volume-min 1e-3
model fluid active on
model mechanical active on
; 设置每个流体步的最大力学步数
model mechanical substep 5
model mechanical slave on
; 使部分水力裂缝面不允许产生流动
[crack _ hf]
; 流动只发生在张拉破坏的节理处
block fluid crack-flow on
; inject
[inject]
fish define loop _ solve
loop local k (1, 5)
global fname = "hf-" + string(k)
command
model solve fluid cycles 10000
model save [fname]
end _ command
```

```
        end _ loop
        end
      [loop _ solve]
      ;
(4)hf.fis
      ;函数设置小部分 HF 为"破坏"
      ;输入水裂缝半径 hf _ fractured _ radius
      ;输入注入点位置 injection _ loc
      ;输入水力压裂节理编号 hf _ id
      fish define crack _ hf
      loop foreach local cxi block. subcontact. list
      ;检查是否在井眼注入点的给定半径内
      local dist _  = math. mag(injection _ loc -block. subcontact. pos(cxi))
      if dist _ < = hf _ fractured _ radius then
      block. subcontact. state(cxi)  = 3 ; set state to 'tensile failure'
      block. subcontact. extra(cxi)  = 3 ; for plotting
      else
      block. subcontact. state(cxi)  = 0 ; set to unfailed
      block. subcontact. extra(cxi)  = 0
      endif
      end _ loop
      end
      ;
      ;将开度设置为初始值
      ;输入初始开度值
      fish define reset _ aperture
      loop foreach local fpx flowplane. vertex. list
      flowplane. vertex. aperture. mech(fpx)  = j _ ap0
      end _ loop
      end
      ;定义注射函数
      ; INPUT: injection _ loc -location of injection (v3)
      ; injection _ rate -volumetric (??) rate of injection

      fish define inject
      local fk  = flowknot. near(comp. x(injection _ loc), ...
      comp. y(injection _ loc), ...
      comp. z(injection _ loc))
      flowknot. flux. fluid. app(fk)  = injection _ rate
      global fk _ x _  = flowknot. pos. x(fk)
      global fk _ y _  = flowknot. pos. y(fk)
      global fk _ z _  = flowknot. pos. z(fk)
      command
```

```
flowknot history pore-pressure position [fk_x_][fk_y_][fk_z_]
end_command
end
```

参考文献

[1] 陈进杰，王祥琴. 劈裂灌浆及其效果分析 [J]. 石家庄铁道学院学报，1995 (2)：124-129.

[2] 郭启良，安其美，赵仕广. 水压致裂应力测量在广州抽水蓄能电站设计中的应用研究 [J]. 岩石力学与工程学报，2002 (6)：828-832.

[3] 雷毅. 松软煤层井下水力压裂致裂机理及应用研究 [D]. 北京：煤炭科学研究总院，2014.

[4] 连志龙，张劲，王秀喜，等. 水力压裂扩展特性的数值模拟研究 [J]. 岩土力学，2009，30 (1)：169-174.

[5] 刘伟. 水力压裂压力动态试井分析与增产效果提高方法研究 [D]. 北京：中国地质大学（北京），2005.

[6] 刘允芳. 水压致裂法三维地应力测量在工程中的应用 [J]. 长江科学院院报，2003 (2)：37-41.

[7] 柳贡慧，庞飞，陈治喜. 水力压裂模拟实验中的相似准则 [J]. 石油大学学报（自然科学版），2000 (05)：45-48.

[8] 石森. 我国水压致裂法首次试验喜获成果 [J]. 地震，1981 (1)：11.

[9] 汪集旸，胡圣标，庞忠和，等. 中国大陆干热岩地热资源潜力评估 [J]. 科技导报，2012，30 (32)：25-31.

[10] 王涛，吕庆，李杨，等. 颗粒离散元方法中接触模型的开发 [J]. 岩石力学与工程学报，2009，28 (S2)：4040-4045.

[11] 王小龙. 扩展有限元法应用于页岩气藏水力压裂数值模拟研究 [D]. 合肥：中国科学技术大学，2017.

[12] 许天福，张延军，于子望，等. 干热岩水力压裂实验室模拟研究 [J]. 科技导报，2015，33 (19)：35-39.

[13] 殷宗泽，朱俊高，袁俊平，等. 心墙堆石坝的水力劈裂分析 [J]. 水利学报，2006 (11)：1348-1353.

[14] 王涛，周炜波，徐大朋，等. 基于光滑节理模型的岩体水力压裂数值模拟 [J]. 武汉大学学报（工学版），2016，49 (4)：500-508.

[15] 庄苗，柳占立，王涛，等. 页岩水力压裂的关键力学问题 [J]. 科学通报，2016，61 (1)：72-81.

[16] ABASS H H，MEADOWS D L，BRUMLEY J L，et al. Oriented Perforations-A Rock Mechanics View [C] //Paper presented at the SPE Annual Technical Conference and Exhibition，New Orleans，Louisiana，1994.

[17] AGHIGHI M A，RAHMAN S S. Horizontal permeability anisotropy：Effect upon the evaluation and design of primary and secondary hydraulic fracture treatments in tight gas reservoirs [J]. Journal of Petroleum Science & Engineering，2010，74 (1-2)：4-13.

[18] AL-BUSAIDI A，HAZZARD J F，YOUNG R P. Distinct element modeling of hydraulically fractured Lac du Bonnet granite [J]. Journal of Geophysical Research Solid Earth，2005.

[19] CIPOLLA C L，WRIGHT C A. Diagnostic techniques to understand hydraulic fracturing：what? why? and how? [J]. SPE Production & Facilities，2002，17 (1)：23-35.

[20] CUNDALL P A. A computer model for simulating progressive, large-scale movements in block rock systems [C] //Proc. Int. Symp. on Rock Fracture, 1971, 1 (ii-b): II-8.

[21] HAIMSON B, FAIRHURST C. Initiation and extension of hydraulic fractures in rocks [J]. Society of Petroleum Engineers Journal, 1967, 7 (6): 310-318.

[22] HUBBERT M K, WILLIS D G. Mechanics of hydraulic fracturing [J]. Petroleum Transactions of the AIME, 210 (1957): 153-168.

[23] LONDE P. The Malpasset Dam failure [J]. Engineering Geology, 1987, 24 (1-4): 295-329.

[24] MORGENSTERN N R. Some observations on allowable grouting pressures [J]. Grouts and Drilling Muds in Engineering Practice, 1963.

[25] MURDOCH L C, Slack W W. Forms of hydraulic fractures in shallow fine-grained formations [J]. Journal of Geotechnical & Geoenvironmental Engineering, 2002, 128 (6): 479-487.

[26] PAPANASTASIOU P C. A coupled elastoplastic hydraulic fracturing model [J]. International Journal of Rock Mechanics & Mining Sciences, 1997, 34 (3-4): 240-241.

[27] SEED H B, DUNCAN J M. The failure of Teton Dam [J]. Engineering Geology, 1987, 24 (1-4): 173-205.

[28] SOULEY M, HOMAND F, PEPA S, et al. Damage-induced permeability changes in granite: a case example at the URL in Canada [J]. International Journal of Rock Mechanics and Mining Sciences, 2001, 38 (2): 297-310.

[29] VAUGHAN P R. Cracking and erosion of the rolled clay core of Balderhead Dam and the remedial works adopted for its repair [J]. Trans. int. Congr. large Dams Montreal, 1970: 1.

[30] WANG T, HU W, WU H, et al. Seepage analysis of a diversion tunnel with high pressure in different periods: a case study [J]. European Journal of Environmental & Civil Engineering, 2018, 22 (4): 386-404.

[31] WANG T, ZHOU W, CHEN J, et al. Simulation of hydraulic fracturing using particle flow method and application in a coal mine [J]. International Journal of Coal Geology, 2014, 121: 1-13.

[32] WONG H Y, FARMER I W. Hydrofracture mechanisms in rock during pressure grouting [J]. Rock Mechanics, 1973, 5 (1): 21-41.

[33] ZHANG G M, LIU H, ZHANG J, et al. Three-dimensional finite element simulation and parametric study for horizontal well hydraulic fracture [J]. Journal of Petroleum Science & Engineering, 2010, 72 (3-4): 310-317.

[34] ZHANG X, JEFFREY R G, BUNGER A P, et al. Initiation and growth of a hydraulic fracture from a circular wellbore [J]. International Journal of Rock Mechanics & Mining Sciences, 2011, 48 (6): 984-995.

第9章　3DEC在水电站地下厂房围岩稳定分析中的应用

9.1　概述

我国待开发水电资源主要集中于西南地区，受地形地貌限制，且伴随着抽水蓄能电站的发展，地下工程普遍应用于我国水利建设工程中（张有天，1999）。深埋大规模布置复杂的地下厂房有诸多建设难题，主要为大跨度、高边墙、高地应力及复杂地质构造，这些关键的工程技术问题也对工程建设提出了更高的要求（钱七虎，2012）。大型水电站的地下厂房形成由多种洞室组成的洞室群，洞室与洞室之间的结构错综复杂，各个洞室彼此影响，导致地下厂房成为一个相互作用又相互制约的复杂洞室群（张明等，2008）。故在技术上，水电站建设难度大幅度提高，由此产生的地质问题也越发的常见，施工开挖期间地下厂房的围岩稳定问题也显得尤其重要，每年因为地下洞室失稳、岩爆造成的伤亡事件时有发生，因而越来越多的学者将研究重点聚焦到了对地下洞室的围岩稳定性研究当中（周宇等，2003）。

现今对地下洞室的稳定性研究中，主要有如下几个科学问题：①地下洞室跨度大及复杂地下洞室群引起的围岩稳定问题；②高地应力问题；③地质构造对洞室安全性的隐患（郑守仁，2007）。

本章将结合具体工程背景，依据现场勘察资料，通过三维块体离散元数值方法，构建工程计算模型，依次对三座水电站地下厂房围岩稳定性进行分析计算，并评价开挖顺序以及支护方案对围岩稳定性的影响。最后根据数值模拟计算结果，分析地下厂房洞室群在施工开挖期间的围岩变形特征，判断地下厂房洞室围岩的稳定性，提出更加安全的开挖支护方案，对水电站大型地下洞室群围岩的稳定性评价提供参考。

9.2　简单算例（隧道开挖及支护）

9.2.1　问题描述

这个例子展示了如何在裂隙岩体中创建一个简单的隧道的过程，使用离散裂隙网络（DFN）来模拟节理分布，并引入混合锚杆来作为隧道的支护系统。

9.2.2　3DEC模型

1. 模型几何

3DEC模型如图9-1所示。该模型是通过首先创建一个20m×10m×20m的块体，然后进行切割来模拟中部的重点区域。在Y方向上则做了三个切面来定义隧道开挖的不同阶段。隧道模型是通过导入一个 dxf 文件并使用命令块切割几何图形来创建的。DFN 是以指数为 3 的幂律尺寸分布生成，最小和最大裂缝尺寸分别为 0.5m 和 20m。在模拟的重点区域内，四面体单元的边长为 0.25m，重点区域外则为 0.5m。

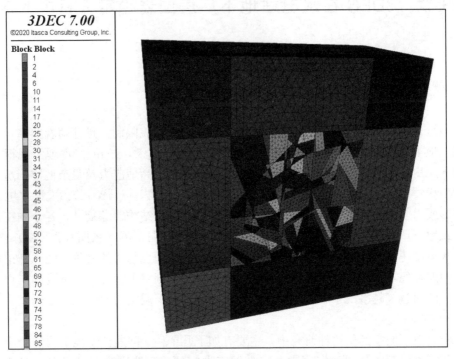

图 9-1　构成隧道模型的分区块

2. 材料力学特性

计算区域被赋予莫尔-库仑材料模型，其属性如下：

摩擦角，$\varphi = 30$

内聚力，$c = 10\text{MPa}$

抗拉强度，$T = 1\text{MPa}$

9.2.3　模型求解

1. 初始状态

所有的边界都被固定，并施加了以下初始地应力：

$$\sigma_{xx} = 40\text{MPa} \quad \sigma_{yy} = 30\text{MPa} \quad \sigma_{zz} = 10\text{MPa}$$

然后对模型进行求解，达到初始平衡状态。

2. 开挖和支护

隧道首先开挖 2m，然后模型进行求解。接着大约以 0.5m 的间距添加混合锚杆，边墙上的锚杆长度为 2m，顶拱上的锚杆长度为 4m，底板上没有安装锚杆。每轮开挖共使用了 11 根锚杆（图 9-2）。当每根锚杆穿过裂隙处自动生成销钉段，锚固长度设置为 5cm。

锚杆安装完毕后，隧道继续开挖 2m 的深度，并继续求解至平衡；再重复 3 次以开挖和支护整个 10m 长的隧道。

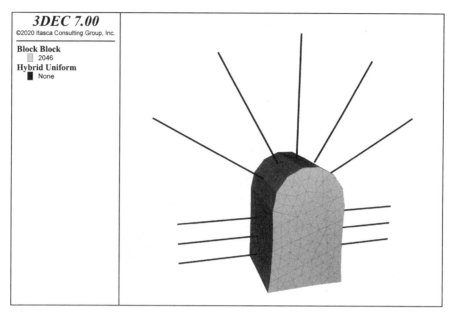

图 9-2   第一轮挖掘后安装的混合锚杆

9.2.4   结果与讨论

3DEC 计算后模型产生的位移如图 9-3 所示。图 9-4 则显示了混合锚杆的轴向力分布，图 9-5 显示了局部锚固区域中的剪切力。计算结果表明：支护系统增强了隧道围岩的稳定性，并且模型在每个开挖阶段后均达到了平衡状态。

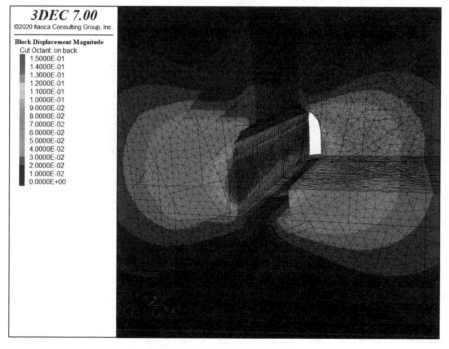

图 9-3   开挖后隧道内的位移

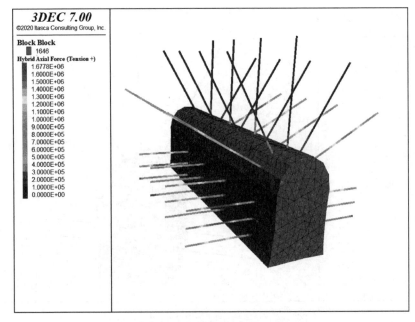

图 9-4　混合锚杆中的轴向力

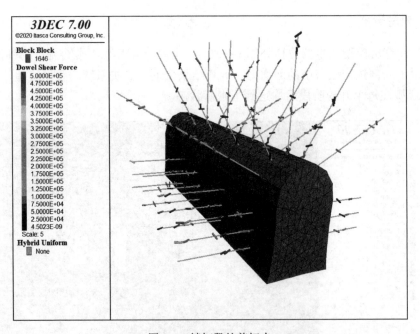

图 9-5　销钉段的剪切力

9.2.5　命令文件

例 9-1

tunnel-1. dat

；首先建立整体模型

```
model new
model random 10000
model large-strain on

model domain extent -20 20 -20 20 -20 20
block tolerance 1e-3
block create brick -10 10 -5 5 -10 10

; 定义重点区域
; 定义节理，编号 ID 99
block cut joint-set origin 0 0 -5 joint-id 99
block cut joint-set origin 0 0 5 joint-id 99
block cut joint-set dip 90 dip-dir 90 origin 5 0 0 joint-id 99
block cut joint-set dip 90 dip-dir 90 origin -5 0 0 joint-id 99

geometry import 'tunnel. dxf'
block cut geometry 'tunnel' joint-id 99
block group 'tunnel' range geometry-space 'tunnel' count odd

; 定义开挖阶段
block cut joint-set dip 90 origin 0 -3 0 spacing 2 joint-id 99

block join

; 在重点区域添加节理
block group 'center' slot 'construction' range pos-x -5 5 pos-z -5 5
block hide range group 'center' not

fracture template create "dfn-template" size power-law 3 size-limits 0.5 20
fracture generate dfn "dfn1" template "dfn-template" fracture-count 30000

block cut dfn name "dfn1"

; 划分单元
block zone generate edgelength 0. 25
block hide off
block zone generate edgelength 0. 5
= = = = = = = = = = = = = = = = = = = = = = = = = = = = = = = = = = = = = = = = = = = = = =
; 定义块体力学模型
block zone cmodel assign mohr-coulomb
block zone prop dens 2500 young 1e9 poiss 0. 25
block zone prop cohesion 1e7 friction 35 tension 1e6
```

; 定义弹性节理模型

```
block contact jmodel assign elastic
block contact prop stiff-norm 1e11 stiff-shear 1e11
```

; 定义莫尔-库仑节理模型

```
block contact jmodel assign mohr range dfn-3dec 'dfn1'
block contact prop stiff-norm 1e10 stiff-shear 1e10 friction 30...
    range dfn-3dec 'dfn1'
```

; 定义默认的接触属性

```
block contact material-table default prop stiff-norm 1e10...
    stiff-shear 1e10 friction 30
model save 'zoned'
```

tunnel-2. dat

```
model rest 'zoned'
```
; 施加初始应力状态
```
block insitu stress -40e6 -30e6 -10e6 0 0 0
```
; 施加边界条件
```
block gridpoint apply vel 0 0 0 range pos-x -10
block gridpoint apply vel 0 0 0 range pos-x 10
block gridpoint apply vel 0 0 0 range pos-z -10
block gridpoint apply vel 0 0 0 range pos-z 10
block gridpoint apply vel-y 0 range pos-y -5
block gridpoint apply vel-y 0 range pos-y 5
model solve convergence 1
model save 'initial'
```

tunnel-ext. dat

; 隧道首先开挖 2m，然后模型进行求解并保存
```
model restore 'initial'
block gridpoint ini dis 0 0 0
block excavate range group 'tunnel' pos-y -5 -3
model solve
model save 'exc-1'
```
= =
; 添加混合锚杆
```
fish def add _ cables(ypos)
```

; 左边墙处
```
    command
        sel hybrid create by-line (-1, [ypos], -0.5) (-3, [ypos], -0.5)...
    prop 1 segments 10 dowel-length 0.05
```

```
        sel hybrid create by-line (-1, [ypos], 0) (-3, [ypos], 0)...
    prop 1 segments 10 dowel-length 0. 05
        sel hybrid create by-line (-1, [ypos], 0.5) (-3, [ypos], 0.5)...
    prop 1 segments 10 dowel-length 0. 05
    end_command
```

; 右边墙处
```
command
        sel hybrid create by-line (1, [ypos], -0.5) (3, [ypos], -0.5)...
    prop 1 segments 10 dowel-length 0. 05
        sel hybrid create by-line (1, [ypos], 0) (3, [ypos], 0)...
    prop 1 segments 10 dowel-length 0. 05
        sel hybrid create by-line (1, [ypos], 0.5) (3, [ypos], 0.5)...
    prop 1 segments 10 dowel-length 0. 05
    end_command
```

; 顶拱处
```
loop i (1, 5)
    local angle = math. pi/6. 0 * float(i)
    p1x = math. cos(angle)
    p1z = 1. 0 + math. sin(angle)
    p2x = 4. 0 * math. cos(angle)
    p2z = 1. 0 + 4. 0 * math. sin(angle)
    command
        sel hybrid create by-line [(p1x, ypos, p1z)] [(p2x, ypos, p2z)]...
     prop 1 segments 10 dowel-length 0. 05
     end_command
    end_loop
end
```

; 锚杆安装完毕后，继续开挖 2m 的深度，并继续求解至平衡
```
[add_cables(-4)]
sel hybrid prop 1 cross-sectional-area 181e-6 young 98. 6e11 yield-tension 5e6...
    grout-stiffness 1. 12e9 grout-cohesion 1. 75e9
```

; 定义销钉段力学属性
```
sel hybrid prop 1 dowel-stiffness 2e10 dowel-yield 5e5 dowel-strainlimit 0. 1
block excavate range group 'tunnel' pos-y -3 -1
model solve
model save 'exc-2'
```
= =
; 重复三次计算循环，接着保存计算结果
```
[add_cables(-2)]
```

```
block excavate range group 'tunnel' pos-y -1 1
model solve elastic
model save 'exc-3'
= = = = = = = = = = = = = = = = = = = = = = = = = = = = = = = = = = = = = = = =
[add _ cables(0)]
block excavate range group 'tunnel' pos-y 1 3
model solve
model save 'exc-4'
= = = = = = = = = = = = = = = = = = = = = = = = = = = = = = = = = = = = = = = =
[add _ cables(2)]
block excavate range group 'tunnel' pos-y 3 5
model solve
model save 'exc-5'
```

9.3　JR 抽水蓄能电站地下厂房计算

本节以 JR 抽水蓄能电站项目为依托,通过 3DEC 建立地下厂房模型并分析不同类型的结构面和优势节理组,确定岩体及结构面的计算参数,按照设计开挖步骤分步对工程稳定性进行评价,并论证确定结构面及优势节理组对于围岩变形稳定性的影响,对施工风险进行超前预测。在前期研究的基础上通过随机块体理论进行块体稳定性分析,该成果将为今后基于三维离散元的地下洞室围岩变形稳定性及大跨度洞室项目提供有益借鉴。

9.3.1　工程概况

JR 抽水蓄能电站站址位于江苏省境内,本电站靠近负荷中心,紧靠省内主要的镇江、南京用电区,地理位置优越。电站为日调节纯抽水蓄能电站,装机容量 1350MW (6×225MW),开发任务为承担电力系统网调峰、填谷、调频、调相及紧急事故备用。本电站枢纽工程主要建筑物由上水库、下水库、输水系统、地下厂房和开关站等组成。地下厂房采用尾部开发方式,围岩分类以Ⅲ类为主,断层破碎带、岩脉蚀变带、溶蚀裂隙处为Ⅳ~Ⅴ类。根据现有地质资料揭示的岩层产状,兼顾枢纽布置合理,水道系统布置顺畅,地下厂房轴线方向采用 N62°W,与引水压力管道夹角为 70°,与尾水管成 90°。地下厂房洞室主要有:主副厂房洞、主变洞、母线洞、主变运输洞、交通电缆洞、500kV 出线系统、进厂交通洞、通风兼安全洞、排水廊道、排水洞等。主副厂房洞、主变洞两大洞室平行布置(胡正凯等,2015)。

9.3.2　模型建立与开挖方案

1. 计算区域及计算模型

根据单机组段确定的地下厂房结构间距布置方案,建立的三维离散元(3DEC)计算模型包括主厂房、主变洞、母线洞、尾水洞、出线洞等洞室。计算网格一共剖分了 2314457 个单元(图 9-6),开挖单元 100001 个(图 9-6)。三维计算坐标采用笛卡尔直角坐标系（遵守右手螺旋法则），计算区域及计算模型的坐标系如图 9-6，X 轴方向与厂房轴线平行，正向为 NW62°，计算范围为 $X=0\sim350\mathrm{m}$，Y 轴方向与厂房轴线垂直，正向为 NE28°，计算范围为 $Y=0\sim280\mathrm{m}$，取 Z 轴铅直向上为正，取高程 $-57.4\mathrm{m}$ 处为 $Z=0$ 点，计算范围为高程 $-57.4\mathrm{m}$ 到地表。为保证施工安全，采用主厂房和主变洞间距 40m 方案（图 9-7）。围岩岩体力学参数见表 9-1。

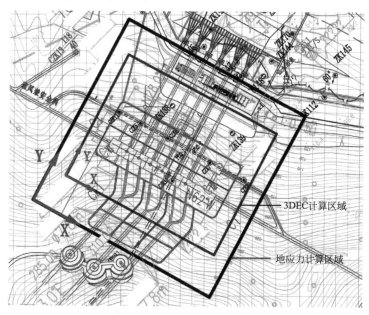

图 9-6　计算区域及计算模型坐标系

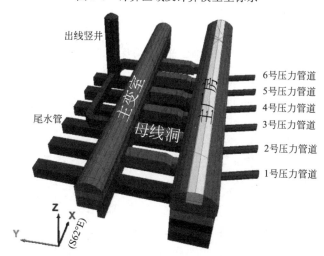

图 9-7　地下厂房模型

计算方案及材料参数取值　　表 9-1

计算方案	主厂房和主变洞之间洞室间距(m)	变形模量 E_0(GPa)	泊松比 μ	f	c(MPa)	抗拉强度(MPa)
SG40Z	40	7	0.275	1.0	0.9	0.85

续表

计算方案	主厂房和主变洞之间洞室间距(m)	变形模量 E_0(GPa)	泊松比 μ	f	c(MPa)	抗拉强度(MPa)
SG35Z	35	7	0.275	1.0	0.9	0.85
SG40X	40	6	0.25	0.9	0.8	0.60
SG35X	35	6	0.25	0.9	0.8	0.60

2. 结构面选取

模型共选取了穿过厂房开挖区域的 9 条断层（f31、f32、f33、f36、f37、f86、f88、δμ36 和 δμ37）和 1 条地层分界面，其空间展布情况如图 9-8 所示。

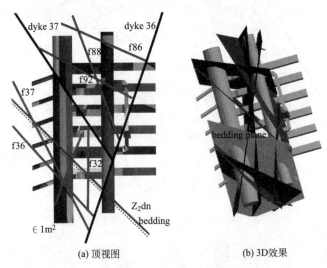

(a) 顶视图   (b) 3D效果

图 9-8　结构面位置示意图及其 3D 效果

3. 开挖顺序及支护方案

开挖方案按单机组段确定的洞室间距为 40m，洞室群分期开挖为方案三，其分区如图 9-9 所示，开挖方案如表 9-2 所示。

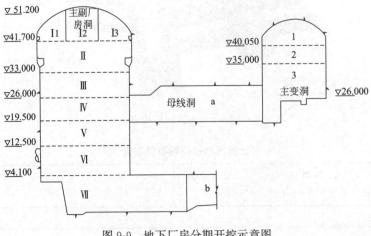

图 9-9　地下厂房分期开挖示意图

开挖方案说明　　　　　　　　　　　　　　　　　表 9-2

分期	一期	二期	三期	四期	五期	六期	七期
开挖方案三	I_1、$I_3 \rightarrow I_2$	II，1	III，2	IV	V，a，3	VI	VII，b

（1）第一期主要开挖区域为主副厂房洞，由 I_1、I_3 区域向中间 I_2 区域开挖；

（2）第二期主要开挖区域为主副厂房洞及主变洞，开挖主副厂房洞的 II 区域和主变洞的 1 区域；

（3）第三期主要开挖区域为主副厂房洞及主变洞，开挖主副厂房洞的 III 区域和主变洞的 2 区域；

（4）第四期主要开挖区域为主副厂房洞的 IV 区域；

（5）第五期主要开挖区域为主副厂房洞 V 区域、母线洞 a 区域及主变洞 3 区域；

（6）第六、七期依次开挖主副厂房洞的 VI 区域，VII 区域和 b 区域。

前期已对典型机组段开挖和支护方式进行了论证，认为方案二和方案三均能满足厂房稳定要求，方案三的支护效果最好。但是锚索的施工比较困难，而且施工过程中对厂房围岩的扰动增大，综合考虑各种因素后，本章采取的支护方式按照方案二进行计算，具体支护方式见表 9-3，支护材料参数见表 9-4。

地下厂房洞室群支护参数（方案二）　　　　　　　　　　　　　表 9-3

部位		支护形式
主副厂房洞	顶拱	喷 CF30 钢纤维混凝土，厚 150mm
		系统砂浆锚杆 $\phi 28$，$L=6000@3000 \times 1500$
		系统预应力锚杆 $\phi 32$，$L=9000@3000 \times 1500$，$T=100$kN
	拱座	喷 CF30 钢纤维混凝土，厚 150mm
		3 排预应力锚杆 $\phi 32$，$L=9000@1000 \times 1000$，$T=100$kN
	岩梁	拉杆：砂浆锚杆 $\phi 36$，$L=12000@750 \times 750$
		压杆：砂浆锚杆 $\phi 32$，$L=8000@750 \times 750$
	边墙	喷 C30 素混凝土，厚 150mm，随机挂网
		系统砂浆锚杆 $\phi 28/32$，$L=7000/9000@1500 \times 1500$，间隔布置
		岩梁上下部和边墙中部，共 6 排预应力锚杆 $\phi 32$，$L=9000@1500$，$T=100$kN
主变洞	顶拱	喷 CF30 钢纤维混凝土，厚 120mm
		系统砂浆锚杆 $\phi 25$，$L=6000@1500 \times 1500$
	拱座	喷 CF30 钢纤维混凝土，厚 100mm
		2 排拱座加强锚杆 $\phi 28$，$L=8000@1000 \times 1000$
	边墙	喷 C30 素混凝土，厚 100mm，随机挂网
		系统砂浆锚杆 $\phi 25$，$L=6000@1500 \times 1500$
母线洞	顶拱边墙	喷 C30 素混凝土，厚 100mm，随机挂网
		系统砂浆锚杆 $\phi 25$，$L=6000@1200 \times 1200$
尾水洞	顶拱边墙	喷 C30 素混凝土，厚 100mm，随机挂网
		系统砂浆锚杆 $\phi 25$，$L=6000@1200 \times 1200$

支护材料参数 表9-4

材料类型	弹性模量 (N/mm²)	泊松比	重度 (kN/m³)	抗拉强度 (N/mm²)	抗压强度 (N/mm²)
衬砌混凝土	2.8×10^4	0.167	25	1.3	12.5
喷钢纤维混凝土	3.0×10^4	0.14	25.5	2.1	22
锚杆（Ⅲ级钢筋）	2.0×10^5	—	—	$360(d\leqslant25)$	—
锚索	1.8×10^5	—	—	—	—

注：锚索尺寸按13束、每束7股，每股直径5mm考虑。锚索两端各2.5m的长度段与岩体牢固粘结，中间段模拟成无粘结状态；不同高程上锚索根据具体开挖进度分步安装的；锚索安装后预置150t张拉荷载的70%。

4. 结果分析断面及监测点布置

为便于对计算结果进行分析说明，本章选取6个典型断面，详见图9-10，分别为模型厂房平切面（$Z=82$m）0-0、2号机组横剖面（$X=124.5$m）1-1、4号机组横剖面（$X=179.5$m）2-2、6号机组横剖面（$X=235.5$m）3-3、主厂房中心轴线纵剖面A-A（$Y=102.5$m）、主变洞中心轴线纵剖面B-B（$Y=164.5$m）。另外图9-11给出了洞室典型机组截面上关键监测点布置情况，主要包括了顶拱、上下游拱座、上下游岩梁、上下游边墙等典型部位。

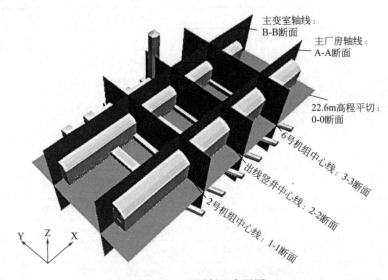

图9-10 监测断面布置图

9.3.3 无支护情况下围岩稳定分析

通过无支护条件下洞室群开挖过程的数值模拟，获得各分步开挖阶段围岩的应力、变形响应特征情况及塑性屈服区分布，在此基础上，分析和评价各洞室开挖方案的合理性和围岩开挖响应规律。

1. 无支护情况下主要洞室变形分布特征

厂房洞室群总体分7期开挖，其中第一期开挖分两步进行（9.3.2节）。图9-12～图9-14

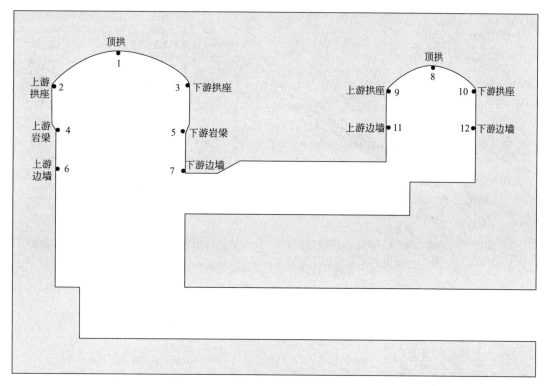

图 9-11　关键监测点布置图

显示了 2 号机组段（1-1 监测断面）、4 号机组段（2-2 监测断面）和 6 号机组段（3-3 监测断面）的主厂房和主变洞特征点围岩变形随分期开挖的变化过程。由图 9-12～图 9-14 可见，主厂房和主变洞典型断面监测点在分步开挖过程中的变形规律基本一致，均随着分步开挖过程而逐渐增大，在洞室开挖结束后，围岩变形达到最大，并最终趋于稳定。洞室顶拱围岩变形一般较小，拱顶及拱肩在开挖后经过 2～3 个开挖步后变形趋于稳定，后期开挖对围岩顶拱变形影响较小。随着洞室开挖的进行，边墙围岩变形量逐渐增大，边墙特征点变形量变化过程和各开挖步序吻合较好，各洞室上下游边墙变形变化规律差别不大。

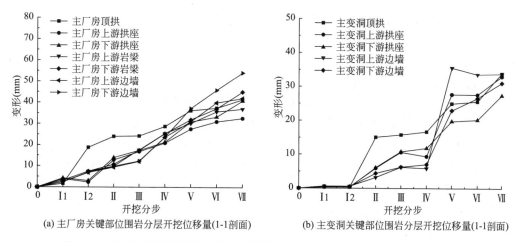

(a) 主厂房关键部位围岩分层开挖位移量(1-1剖面)　　(b) 主变洞关键部位围岩分层开挖位移量(1-1剖面)

图 9-12　无支护情况下各洞室特征点围岩变形随分期开挖变化情况（1-1 剖面）

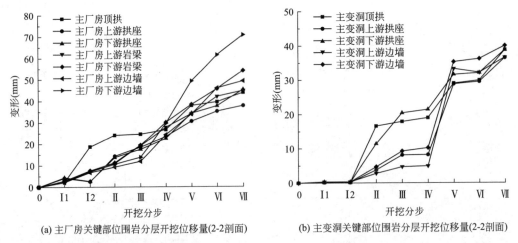

(a) 主厂房关键部位围岩分层开挖位移量(2-2剖面)　　(b) 主变洞关键部位围岩分层开挖位移量(2-2剖面)

图 9-13　无支护情况下各洞室特征点围岩变形随分期开挖变化情况（2-2 剖面）

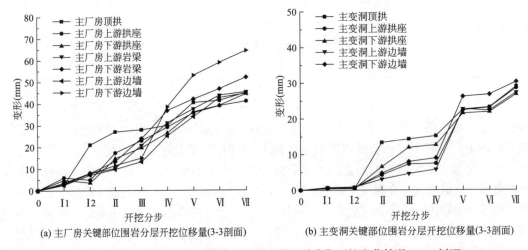

(a) 主厂房关键部位围岩分层开挖位移量(3-3剖面)　　(b) 主变洞关键部位围岩分层开挖位移量(3-3剖面)

图 9-14　无支护情况下各洞室特征点围岩变形随分期开挖变化情况（3-3 剖面）

　　根据位移增量曲线，我们选取了位移增量变化较大的一期开挖、五期开挖以及七期开挖三个阶段进行分析，各阶段典型监测断面（1-1 断面、2-2 断面和 3-3 断面）位移分布如图 9-15～图 9-23 所示。

　　1）第一期末围岩变形分析

　　一期开挖形成主厂房顶拱。总位移和 Z 位移分布规律在各监测断面处基本保持一致，主要受顶拱形状和结构面分布影响。洞室顶拱和底板中部位移较大，向两侧逐渐降低。由图 9-15 可见，2 号机组（1-1 剖面）主厂房洞室被一条结构面穿过，一期开挖后在该结构面处位移不连续，其左部位移大于右部位移，最大总位移和最大 Z 位移分别为 22.48mm、20.29mm，均由开挖区域的底板中部偏向结构面处。由图 9-16 可见，4 号机组（2-2 剖面）主厂房顶拱处未被结构面穿过，一期开挖后位移分布左右较对称，最大总位移和最大 Z 位移分别为 24.46mm、20.26mm，均位于开挖区域的底板中部。由图 9-17 可见，6 号机组（3-3 剖面）主厂房洞室被两条相交结构面贯穿，同时顶拱上部亦十分逼近另一条结构面，导致位移回弹变形较大，一期开挖形成的主厂房洞室围岩位移分布受结构面影响非常显著，最大总位移和最大 Z 位移分别为 26.63mm、26.57mm。

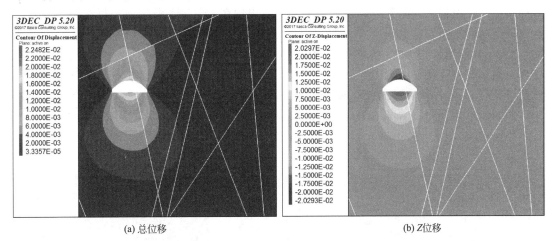

(a) 总位移　　　　　　　　　　(b) Z位移

图 9-15　第一期开挖位移分布图（1-1 剖面）（m）

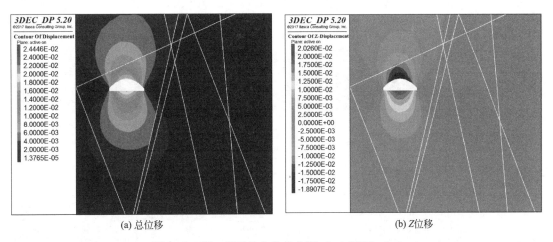

(a) 总位移　　　　　　　　　　(b) Z位移

图 9-16　第一期开挖位移分布图（2-2 剖面）（m）

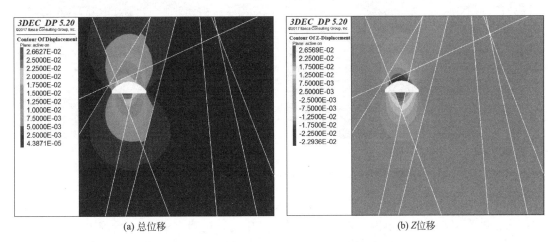

(a) 总位移　　　　　　　　　　(b) Z位移

图 9-17　第一期开挖位移分布图（3-3 剖面）（m）

2）第五期末围岩变形分析

五期开挖首次全面贯通主厂房、母线洞和主变洞。母线洞与主厂房贯通后，相交区域两面临空，位移回弹较为充分，因此最大总位移出现在主厂房下游边墙与母线洞相互贯通区域。结构面对于总位移分布影响较大，造成其左右的位移不连续和局部位移增大。如图 9-18（a）所示，最大总位移在 2 号机组主变洞的上游拱座处，其值为 44.16mm，由于该处有两条结构面相交。如图 9-19（a）所示，最大总位移在 4 号机组主厂房下游边墙处，其值为 49.26mm，在该处附近有两条结构面贯穿母线洞。如图 9-20（a）所示，6 号机组主厂房洞室下游边墙总位移最大，为 52.94mm，在该处附近有一条结构面贯穿母线洞，且其距离较图 9-19 中结构面近。

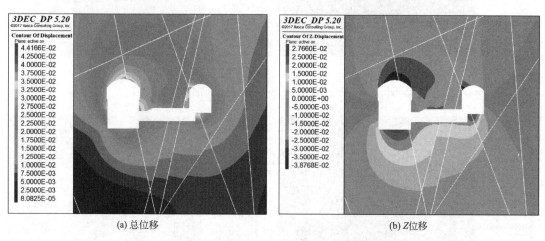

(a) 总位移　　　　　　　　　　　　　　　(b) Z位移

图 9-18　第五期开挖位移分布图（1-1 剖面）（m）

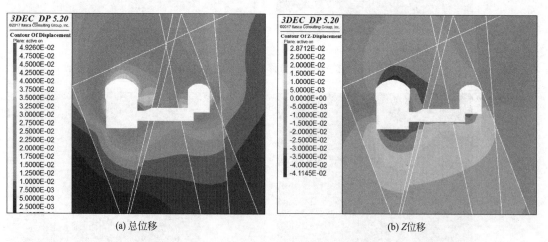

(a) 总位移　　　　　　　　　　　　　　　(b) Z位移

图 9-19　第五期开挖位移分布图（2-2 剖面）（m）

由于开挖造成的应力释放，开挖面的回弹方向主要垂直于其临空面。Z 位移主要是由主厂房、母线洞及主变洞顶板下沉和底板回弹产生的，边墙 Z 位移一般较小。如图 9-18（b）所示，主厂房顶拱最大 Z 位移为 38.76mm，在贯穿结构面的附近，主变洞的最大 Z

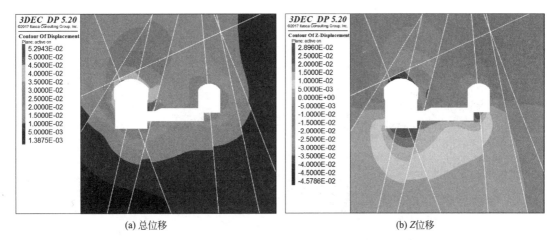

(a) 总位移　　　　　　　　　　　　　(b) Z 位移

图 9-20　第五期开挖位移分布图（3-3 剖面）（m）

位移位于其上游拱座处，为 35.00mm，底板回弹 Z 位移较小，最大值为 27.66mm。如图 9-19（b）所示，主厂房顶拱最大 Z 位移为 41.14mm，在贯穿结构面的附近，主变洞的最大 Z 位移位于其上游拱座处，为 30.00mm，底板回弹 Z 位移较小，最大值为 28.71mm。如图 9-20（b）所示，主厂房、主变洞顶拱最大 Z 位移均位于其拱顶处，分别为 41.14mm、30.00mm，底板回弹 Z 位移较小，最大值为 28.71mm。如图 9-20（b）所示，主厂房、主变洞顶拱最大 Z 位移均靠近其上游拱座，分别为 45.79mm、30.00mm，底板回弹 Z 位移较小，最大值为 28.96mm。

3）开挖完成后围岩变形分析

七期开挖结束，所有洞室开挖完毕。主厂房顶拱竖直向下变形为主，两侧边墙向临空面变形，底板回弹。最大总位移出现在 4 号机组（2-2 剖面）主厂房下游边墙与母线洞交叉区域，变形量为 70.77mm。这是由于该边墙右侧附近区域存在两条结构面，结构面间距较小，方位大致平行并偏向主厂房洞室，易于边墙向临空面回弹。第七期开挖位移分布图如图 9-21～图 9-23 所示。

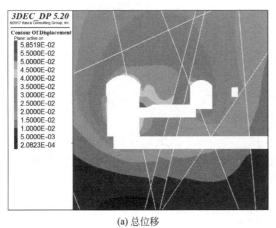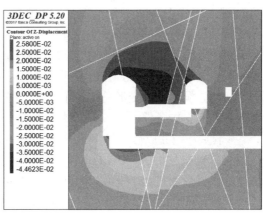

(a) 总位移　　　　　　　　　　　　　(b) Z 位移

图 9-21　第七期开挖位移分布图（1-1 剖面）（m）

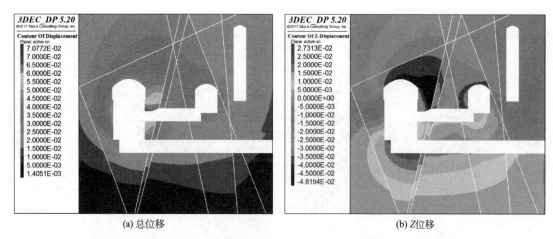

(a) 总位移　　　　　　　　　　　　　　　　(b) Z位移

图 9-22　第七期开挖位移分布图（2-2 剖面）（m）

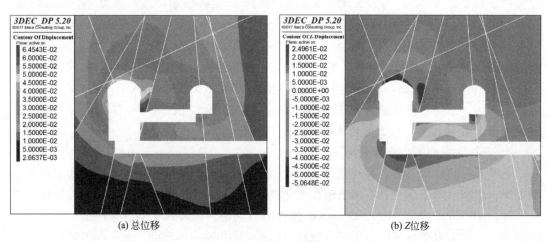

(a) 总位移　　　　　　　　　　　　　　　　(b) Z位移

图 9-23　第七期开挖位移分布图（3-3 剖面）（m）

图 9-24 和图 9-25 分别给出了几个典型监测断面（A-A 断面、B-B 断面、0-0 断面）在无支护条件下开挖的围岩变形总体特征，这些监测断面从不同侧面反映了厂房、主变洞、边墙等主要洞室的开挖变形响应情况。总的来看，由于厂房区域应力场最大主应力方向与主要洞室轴线夹角较大，且边墙开挖高度远大于洞室顶拱跨度，因此变形问题主要集中于洞室边墙，洞室顶拱变形总体较小；主厂房开挖规模较大，其围岩变形量值要明显大于主变室。在无支护条件下，厂房区域主要洞室变形特征如下：

●洞室开挖完成后，厂房顶拱变形量值在 $40\sim50$mm，拱座位置位移为 $30\sim45$mm，岩锚梁位置位移为 $35\sim55$mm，上游边墙变形量一般为 $40\sim50$mm，受不利结构面影响，下游边墙变形明显大于上游边墙变形，位移为 $55\sim70$mm。

●主变洞顶拱变形量在 $30\sim40$mm，上游边墙变形量一般为 $25\sim40$mm，下游边墙变形量在 $30\sim40$mm。

●出线竖井洞壁的变形量在 $15\sim20$mm，其变形受周围洞室开挖影响不大。

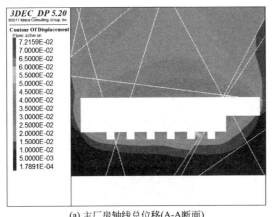
(a) 主厂房轴线总位移(A-A断面)

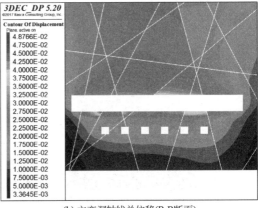
(b) 主变洞轴线总位移(B-B断面)

图 9-24　A-A、B-B 监测断面位移分布图（m）

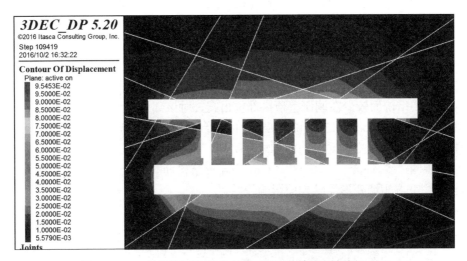

图 9-25　0-0 监测断面位移分布图（22.6m 高程平切图）（m）

图 9-26 给出了主厂房开挖完成后，上、下游边墙的围岩变形特征。计算结果显示，受主厂房围岩岩性、岩体结构、初始地应力及开挖体型等影响，在局部受结构面影响洞段边墙的最终累计变形较大，最大累计量值达到 107mm，并表现出明显的不连续特性，出现了结构面组成体的潜在块体问题。另外，下挖过程对上部边墙的影响也不可忽视，在这些部位设计布置有系统预应力锚杆进行加强支护。进一步，结构面对厂房边墙影响相对突出，主要表现在以下几个方面：

●主要陡倾结构面与主厂轴线呈较大角度相交，厂房顶拱部位受结构面影响较小。

●厂房上游侧边墙，f33、f36、f37、f86、f88 等结构面与边墙呈大角度相交，1 号机组和 5 号机组处边墙变形受结构面影响较明显。

●厂房下游侧边墙，f33、f36、f37、f86、f88 等结构面与边墙呈大角度相交，2 号机组和 5 号机组厂房边墙变形受结构面影响较明显。

●岩梁部位受结构面影响存在差异变形，对岩梁稳定有一定程度的影响，施工过程中需注意该部位的岩梁施工质量。

● 不利结构面揭露的洞段，宜采取针对性的加固处理和控制爆破措施，控制块体松动变形以确保围岩的安全稳定。

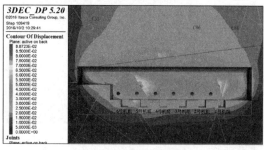

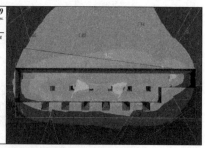

(a) 主厂房上游边墙总位移　　　　　　　　(b) 主厂房下游边墙总位移

图 9-26　主厂房边墙位移分布图（m）

图 9-27 给出了无支护条件下主变洞开挖完成后，上、下游侧边墙围岩变形特征。计算结果显示，受主变洞围岩岩体结构、初始地应力及开挖规模体型等影响，主变洞边墙部位在开挖过程中的变形问题也相对突出，在局部受结构面影响洞段边墙的最终累计变形较大（最大累计量值超过 80mm），不连续变形特征显著。结构面对调压室边墙影响相对突出，主要表现在以下几个方面：

● 厂区主要结构面较少在调压室顶拱部位出露，对该部位的影响较小。

● 在上游侧边墙，δ38、f31、f33、f86、f88 等结构面与边墙呈大角度相交，1 号机组和 5 号机组主变洞边墙变形受结构面影响较明显。

● 在下游侧边墙，δ38、f31、f33、f86、f88 等结构面与边墙呈大角度相交，2 号机组和 3 号机组主变洞边墙变形受结构面影响较明显。

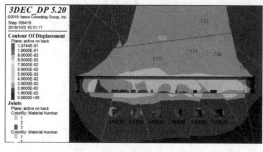
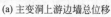
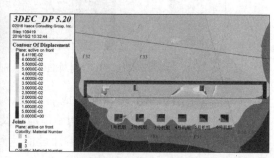

(a) 主变洞上游边墙总位移　　　　　　　　(b) 主变洞下游边墙总位移

图 9-27　主变洞边墙位移分布图（m）

2. 围岩应力分析

1）第一期末围压应力分析

图 9-28～图 9-30 为第一期末开挖完成后围岩的应力分布图。第一期第二步开挖完成后形成主厂房顶拱，其顶拱处和底板由于开挖卸荷作用出现应力松弛，而其拱座处出现应力集中现象。顶拱处最大主应力为 $-0.5 \sim 0.5$MPa，最小主应力为 $-4 \sim -2$MPa，部分临空面上出现拉应力。拱座处应力集中最大值出现在 6 号机组主厂房剖面，其最小主应力为 -24.4MPa（压应力），最大主应力为 -7.01MPa。拱座处应力集中较大，需要特别注意。

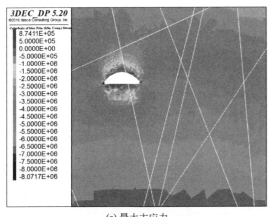
(a) 最大主应力

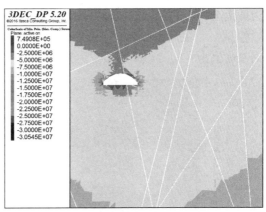
(b) 最小主应力

图 9-28　第一期末 2 号机组围岩应力分布图（1-1 剖面）（Pa）

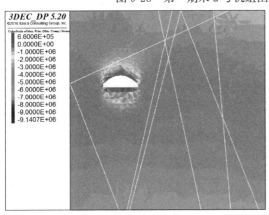
(a) 最大主应力

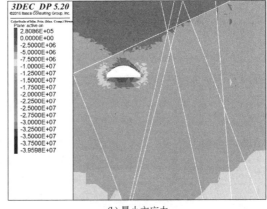
(b) 最小主应力

图 9-29　第一期末 4 号机组围岩应力分布图（2-2 剖面）（Pa）

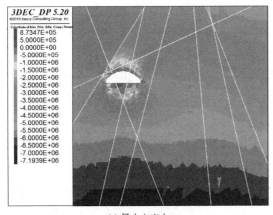
(a) 最大主应力

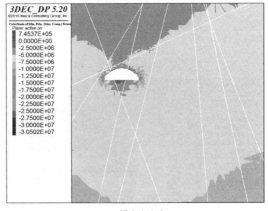
(b) 最小主应力

图 9-30　第一期末 6 号机组围岩应力分布图（3-3 剖面）（Pa）

2）第五期末围岩应力分析

图 9-31～图 9-33 为第五期末开挖完成后围岩的应力分布图。第五期开挖完成后首次全面贯通主厂房、母线洞和主变洞，最大主应力和最小主应力增大。主厂房拱座最大主应

力增大至−0.5～0.697MPa，最大值增幅 39.5%；最小主应力增大至−6MPa～−4MPa，增幅 50%。主厂房上游拱座和底角、主变洞下游拱座和底角出现应力集中现象，最小主应力最大值为−20.2MPa（压应力），出现在 4 号机组主变洞下游边墙底角处。

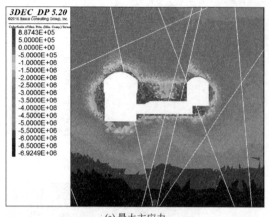

(a) 最大主应力   (b) 最小主应力

图 9-31　第五期末 2 号机组围岩应力分布图（1-1 剖面）（Pa）

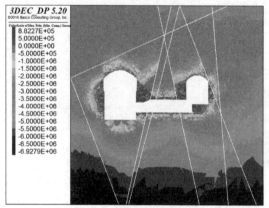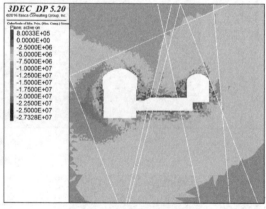

(a) 最大主应力   (b) 最小主应力

图 9-32　第五期末 4 号机组围岩应力分布图（2-2 剖面）（Pa）

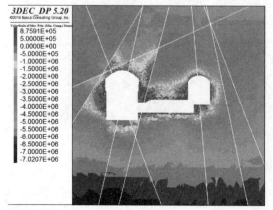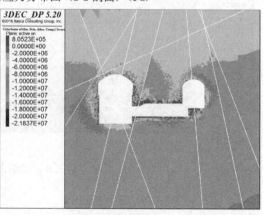

(a) 最大主应力   (b) 最小主应力

图 9-33　第五期末 6 号机组围岩应力分布图（3-3 剖面）（Pa）

3）开挖完成后围岩应力分析

图 9-34～图 9-36 为开挖完成后围岩的应力分布图。七期开挖结束，所有洞室开挖完毕。第七期开挖完成后，最大主应力和最小主应力进一步增大。主厂房顶拱第三主应力回弹至 $-0.5～0.76$ MPa，最大值增幅 9%，最小主应力增大至 $-7～-6$ MPa，增幅 16%。主厂房上游拱座和底角、尾水洞底角和主变洞下游拱座和底角出现应力集中现象，最小主应力最大值为 -12.44 MPa（压力），出现在 4 号机组尾水洞上游边墙底角处。

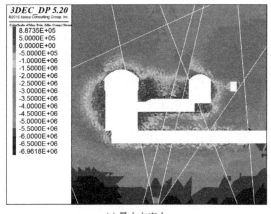

(a) 最大主应力　　　　　　　　　　　　　(b) 最小主应力

图 9-34　开挖完 2 号机组围岩应力分布图（1-1 剖面）（Pa）

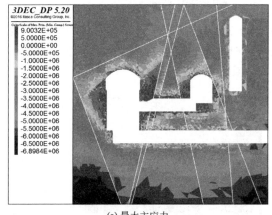
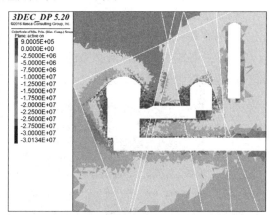

(a) 最大主应力　　　　　　　　　　　　　(b) 最小主应力

图 9-35　开挖完 4 号机组围岩应力分布图（2-2 剖面）（Pa）

图 9-37～图 9-39 分别显示了考虑厂区主要结构面后，洞室开挖典型监测断面（0-0 断面、A-A 断面、B-B 断面）的最大、最小主应力分布特征。洞室群开挖完成后，主厂房上游边墙卸荷作用最为明显，应力释放区域较深，主厂房、主变洞与母线洞相交边墙围岩松弛较为明显，临空面有拉应力产生。围岩应力集中区分布主要在主厂房和主变洞的边角处以及母线洞的侧壁。厂区主要洞室应力特征如下：

（1）厂房应力集中区主要分布在洞室边角处，在 10～12MPa 之间，应力集中程度总体不高。厂房顶拱最大应力在 6～8MPa 之间，总体判断不至于导致普遍的片帮破坏，即便有，也是受局部应力场影响以零星的形式出现，且相比连续方法获得应力集中程度有所降低。主

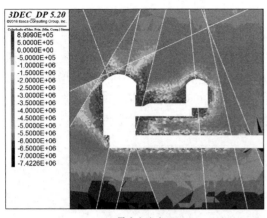 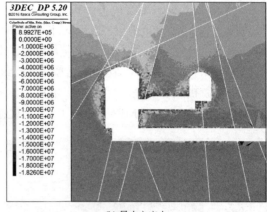

(a) 最大主应力 　　　　　　　　　　　(b) 最小主应力

图 9-36　开挖完 6 号机组围岩应力分布图（3-3 剖面）（Pa）

厂房洞高边墙一定深度范围内出现应力松弛现象，在不利结构面切割部位表现更为明显。

（2）主变洞开挖完成后没有出现明显的应力集中区，边墙应力松弛现象也相对较弱，浅部围岩的应力状态良好，整个主变洞受结构面的影响较小。

（3）母线洞隔柱四面临空，其上下游边墙由于与主厂房和主变洞相交，主要表现为应力松弛现象，主要受到拉应力作用，在 0.5～0.7MPa 范围内。侧墙中点和隔柱中心表现为应力集中，在 −14～−12MPa 之间。

（4）尾水洞开挖后的围岩应力集中区分布于与边墙交界处，集中程度在约为 10MPa。

总的看来，各洞室的应力集中最大值仅为 20～25MPa 的水平，整体量值不高，原则上围岩不具备应力型破坏所必需的二次应力条件。但考虑厂区主要结构面后，结构面交切部位的应力松弛问题变得突出。

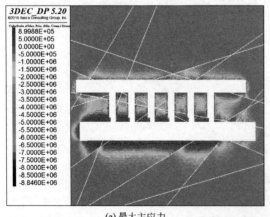

(a) 最大主应力 　　　　　　　　　　　(b) 最小主应力

图 9-37　高程 22.6m 围岩应力分布图（0-0 剖面）（Pa）

3. 围岩塑性区分析

由图 9-40 可以看出，随着开挖工期的进行其塑性区体积不断地增加，其中五期开挖期间体积增加量达到最大，在该段期间应注意施工期的合理安排以及支护的及时处理。

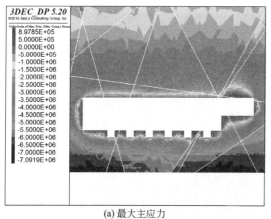
(a) 最大主应力

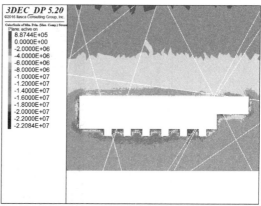
(b) 最小主应力

图 9-38　主厂房轴线围岩应力分布图（A-A 剖面）（Pa）

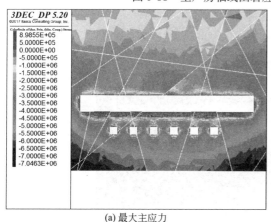
(a) 最大主应力

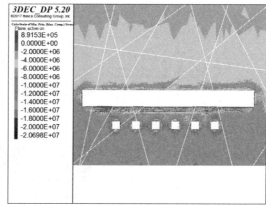
(b) 最小主应力

图 9-39　主变洞轴线围岩应力分布图（B-B 剖面）（Pa）

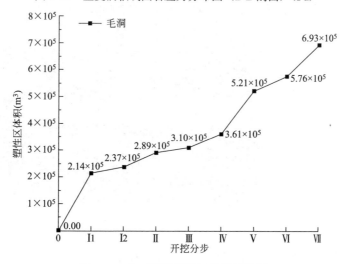

图 9-40　各工期下塑性区体积折线图

图 9-41～图 9-43 分别以平切图和纵剖面的形式展示了洞室群各关键部位开挖第一步末和第五步末的塑性屈服区分布情况。总的来看，洞群开挖完成后，洞室顶拱围岩塑性区

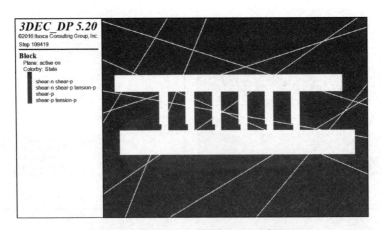

图 9-41　高程 22.6m 塑性区（0-0 断面）

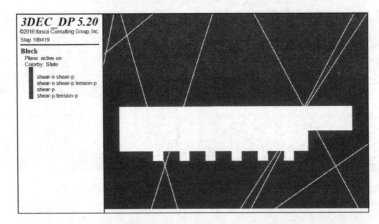

图 9-42　主厂房轴线塑性区（A-A 断面）

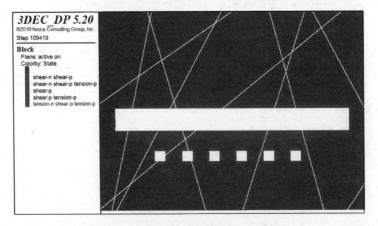

图 9-43　主变洞轴线塑性区（B-B 断面）

深度较浅，高边墙的塑性区分布范围较广，与边墙高度和结构面分布直接相关，厂房边墙塑性变形区范围最大，其次为主变洞，母线洞最小。主副厂房、主变洞之间的岩柱未出现塑性区贯穿现象，洞室当前选用的洞间距是合适的。在部分受结构面影响部位出现了较深的塑性屈服区，这些大面积屈服区明显受到结构面的控制。除受到结构面影响的区域以

432

外，Ⅲ类围岩洞段的塑性变形区深度一般也相对较大。

　　1）开挖第一步末塑性区分析

　　图 9-44 为开挖第一步完成时围岩的塑性区分布图，厂区主要洞室塑性区特征如下：主厂房顶拱围岩塑性区深度一般约 2～5.9m，底部塑性区深度 4～8.4m。顶拱部位受结构面影响，出现较深的塑性屈服区，在开挖过程中应注意顶拱的支护处理。

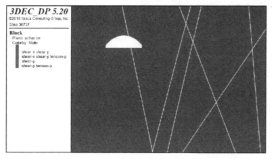

(a) 2号机组塑性区(1-1断面)

(b) 4号机组塑性区(2-2断面)

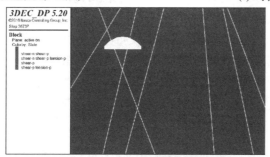

(c) 6号机组塑性区(3-3断面)

图 9-44　一期开挖完 1-1、2-2、3-3 断面塑性区分布图

　　2）开挖第五步末塑性区分析

　　图 9-45 为开挖第五步末时围岩的塑性区分布图，厂区主要洞室塑性区特征如下：主厂房顶拱围岩塑性区深度 2.7～5.9m，边墙塑性区深度 6～15m。主变室顶拱围岩塑性区深度 2.6～5m，边墙塑性区深度 5～8.4m。在厂房的左边墙和主变室的右边墙，均出现了较深的塑性区，在开挖过程中应注意对其的支护处理。

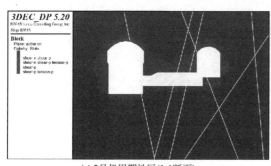

(a) 2号机组塑性区(1-1断面)

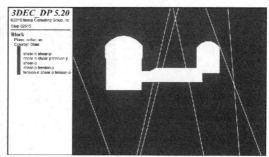

(b) 4号机组塑性区(2-2断面)

图 9-45　五期开挖完 1-1、2-2、3-3 断面塑性区分布图（一）

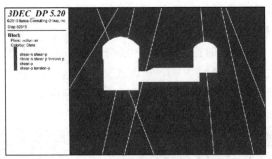

(c) 6号机组塑性区(3-3断面)

图 9-45 五期开挖完 1-1、2-2、3-3 断面塑性区分布图（二）

3）开挖完成时塑性区分析

图 9-46 为开挖完成后围岩的塑性区分布图，厂区主要洞室塑性区特征如下：主厂房顶拱围岩塑性区深度 3～6.7m，边墙塑性区深度 7～16.8m。主变室顶拱围岩塑性区深度 3～7.5m，边墙塑性区深度 6～12.6m。母线洞壁围岩的塑性区深度为 2.5～4.2m，由于洞室之间相对靠近，塑性区相对密集，但没有出现塑性区贯穿现象。出线竖井洞壁围岩的塑性区深度为 1～2m，不会对邻近洞室造成较明显的影响。在厂房的左边墙和主变室的右边墙，由于洞室的开挖以及结构面的影响出现了较深的塑性区，在 3-3 断面中可见因结构面的影响出现一片较长的塑性区，但是没有出现塑性区贯穿现象，在开挖过程中应注意对其的支护处理。另外，厂房的机组段部位存在塑性区贯通现象，应加强此部位的支护措施。

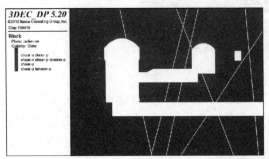

(a) 2号机组塑性区(1-1断面)

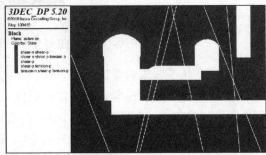

(b) 4号机组塑性区(2-2断面)

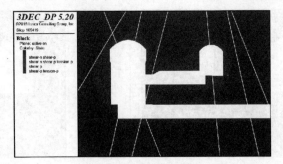

(c) 6号机组塑性区(3-3断面)

图 9-46 开挖完 1-1、2-2、3-3 断面塑性区分布图

4. 小结

无支护情况下洞室围岩开挖的相关计算成果表明，地下厂房洞室群围岩开挖响应特征表明其具备较好的成洞条件。主要结论如下：

（1）各洞室开挖后顶拱变形量、塑性区深度均较小，顶拱应力集中现象不明显，量值较小，顶拱围岩稳定性好。另一方面，主厂房开挖规模巨大，高边墙问题较为突出，而其下游边墙由于母线洞贯通，边墙的变形量、塑性区深度相对较大，在边墙部位布置系统性锚杆和预应力锚杆的措施是合理且必要的。

（2）母线洞的开挖受到邻近洞室的影响较大，其侧壁会出现应力集中现象，为压应力，在 10MPa 左右。

（3）尾水洞和出线竖井开挖后对邻近洞室的变形和应力场有一定的影响，但总的影响不大。

9.3.4　支护情况下围岩稳定分析

1. 地下洞室群支护设计概述

无支护条件下的洞室围岩开挖响应计算结果表明，各洞室顶拱部位的应力集中不会造成明显的高应力性破坏问题。数值计算获得的围岩塑性区、低围压区、显著变形区往往意味着围岩潜在的松弛特征，其承载力受到一定的影响，即尽管不一定出现工程问题，但安全储备可能会出现一定程度的降低，尤其当塑性区深度转深、应力松弛突出时，围岩稳定问题可能会比较突出，因此需要对这些区域进行针对性的加固。

本节根据设计院提供的系统支护参数，采取的支护方式按照方案二进行计算，具体支护方式见表 9-3，支护材料参数见表 9-4。开展支护条件下围岩稳定性分析，一方面论证支护效果；另一方面分析支护单元自身的受力特征，论述支护系统的安全性。

2. 支护条件下的主要洞室变形分布特征

图 9-47～图 9-49 显示了考虑系统支护后，主厂房洞典型机组段（1-1、2-2、3-3 剖面）各洞室特征点围岩变形随分期开挖的变化过程。由此可知，各洞室典型断面监测点在分布开挖过程中的变形变化规律与无支护条件的总体规律基本一致，均随着开挖过程而逐渐增大，在洞室开挖结束后，围岩变形达到最大，并最终趋于稳定。考虑系统支护后，各关键监测点的最终累计变形量值或开挖过程中的变形量与无支护条件下相比，均有一定程度的

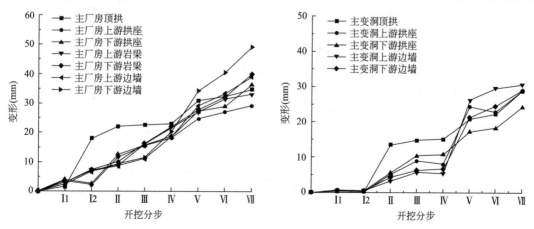

图 9-47　支护情况下各洞室特征点围岩变形随分期开挖变化情况（1-1 剖面）

降低。虽然洞室各关键部位的围岩位移的变形规律和减小幅度略有不同，但各点的变形增量较无支护工况有较大程度的减小，表明了当前系统支护体系设计合理，对围岩变形稳定起到了较好的控制作用。

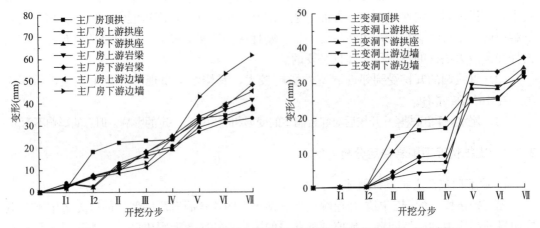

图 9-48　支护情况下各洞室特征点围岩变形随分期开挖变化情况（2-2 剖面）

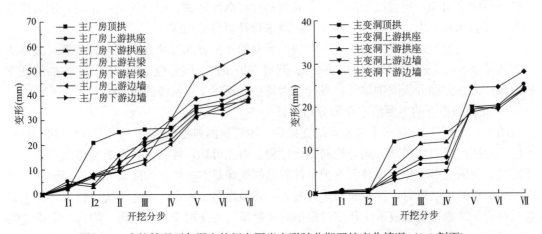

图 9-49　支护情况下各洞室特征点围岩变形随分期开挖变化情况（3-3 剖面）

为了更加清楚地说明系统支护情况下洞室各部位变形特征及加固效果，表 9-5～表 9-7 分别总结了主厂房、主变洞 1-1、2-2、3-3 剖面各关键监测点在开挖步有无支护条件下的位移值及减少百分比。

在 1-1 剖面点，与无支护情况下计算结果相比，主厂房在系统支护后的围岩变形量减少了 2～7mm，其顶拱变形量减少了约 6.5mm；主变室在系统支护后的围岩变形量减少了 2～6mm，其顶拱变形量减少了约 5.1mm，平均位移减小 10.8%。

在 2-2 剖面点，与无支护情况下计算结果相比，主厂房在系统支护后的围岩变形量减少了 4～8mm，其顶拱变形量减少了约 6.4mm；主变室在系统支护后的围岩变形量减少了 2～7mm，其顶拱变形量减少了约 5.7mm，平均位移减小 11.8%。

在 3-3 剖面点，与无支护情况下计算结果相比，主厂房在系统支护后的围岩变形量减少了 4～7mm，其顶拱变形量减少了约 7.4mm；主变室在系统支护后的围岩变形量减少了 2～5mm，其顶拱变形量减少了约 4.8mm，平均位移减小 10.5%。

　　总的来看，当前系统支护体现出了较好的加固效果，能够起到控制顶拱及边墙开挖变形的作用。

　　总体而言，施加了预应力锚杆的位置（主厂房顶拱、主厂房上游边墙、下游边墙），位移减少量较多，对于围岩变形的约束效果较好。

有无支护条件下分期开挖洞周位移变化（mm，1-1 剖面） 表 9-5

分期		第五期			第七期		
		毛洞	支护	变幅	毛洞	支护	变幅
主厂房	顶拱	36.2	31.0	−14.4%	41.4	34.9	−15.8%
	上游拱座	27.5	24.8	−9.7%	32.6	29.2	−10.3%
	下游拱座	30.9	27.3	−11.6%	40.8	36.3	−11.0%
	上游岩梁	30.2	27.1	−10.4%	37.0	33.1	−10.6%
	下游岩梁	31.9	27.9	−12.6%	45.0	40.0	−11.2%
	上游边墙	31.0	29.2	−5.7%	42.0	39.1	−7.0%
	下游边墙	37.2	34.3	−7.8%	54.1	49.2	−9.1%
主变洞	顶拱	25.0	20.9	−16.2%	33.9	28.8	−15.3%
	上游拱座	27.7	24.4	−11.9%	33.0	28.9	−12.5%
	下游拱座	19.8	17.3	−12.6%	27.4	24.3	−11.4%
	上游边墙	35.6	26.4	−8.8%	33.8	30.6	−9.4%
	下游边墙	23.0	21.3	−7.6%	31.1	28.9	−7.1%

有无支护条件下分期开挖洞周位移变化（mm，2-2 剖面） 表 9-6

分期		第五期			第七期		
		毛洞	支护	变幅	毛洞	支护	变幅
主厂房	顶拱	37.9	33.2	−12.4%	43.9	37.4	−14.9%
	上游拱座	30.6	27.3	−10.6%	37.8	33.3	−12.0%
	下游拱座	34.3	29.2	−14.9%	45.3	38.2	−15.7%
	上游岩梁	34.1	31.8	−6.6%	44.8	41.7	−7.0%
	下游岩梁	38.4	34.1	−11.0%	54.2	48.3	−10.9%
	上游边墙	33.9	31.5	−6.9%	49.3	45.4	−8.1%
	下游边墙	49.3	42.7	−13.3%	70.8	61.7	−12.9%
主变洞	顶拱	29.0	24.9	−14.1%	38.8	33.1	−14.7%
	上游拱座	28.8	25.5	−11.4%	36.5	31.9	−12.5%
	下游拱座	31.6	28.4	−9.9%	38.8	34.4	−11.3%
	上游边墙	33.3	29.7	−10.9%	36.6	31.5	−13.8%
	下游边墙	35.3	33.3	−5.7%	40.0	37.2	−7.1%

有无支护条件下分期开挖洞周位移变化（mm，3-3剖面） 表 9-7

分期		第五期			第七期		
		毛洞	支护	变幅	毛洞	支护	变幅
主厂房	顶拱	40.5	34.7	−14.22%	45.1	37.7	−16.4%
	上游拱座	35.8	33.1	−7.4%	41.1	37.6	−8.3%
	下游拱座	36.2	31.7	−12.6%	44.5	38.7	−13.1%
	上游岩梁	37.6	35.6	−5.2%	45.4	42.9	−5.6%
	下游岩梁	42.1	38.8	−7.9%	52.1	47.8	−8.2%
	上游边墙	34.0	31.1	−8.6%	44.7	41.0	−8.4%
	下游边墙	53.0	47.5	−10.4%	64.5	57.4	−10.9%
主变洞	顶拱	22.6	18.8	−16.7%	29.0	24.2	−16.7%
	上游拱座	22.4	19.9	−11.2%	28.6	25.4	−11.3%
	下游拱座	21.5	19.6	−9.1%	26.8	24.3	−9.3%
	上游边墙	22.7	20.1	−11.6%	27.3	23.9	−12.3%
	下游边墙	26.2	24.5	−6.3%	30.3	28.2	−6.9%

图 9-50～图 9-52 分别给出了各监测剖面（1-1、2-2、3-3）在系统支护条件下的围岩变形总体特征。由系统支护前后对比可见（无支护情况为图 9-12～图 9-14），系统支护后与无支护情况下洞室围岩位移场空间分布规律一致。系统支护后，厂区主要洞室围岩稳定条件得到较大程度改善，洞室围岩高边墙变形有较明显的减少。支护情况下最大总位移出现在 4 号机组（2-2 剖面）主厂房下游边墙与母线洞交叉区域，变形量为 62.5mm。

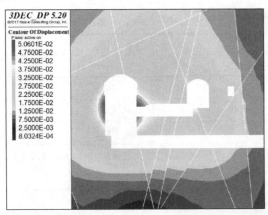

(a) 总位移

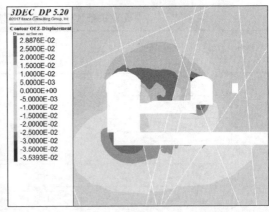

(b) Z 位移

图 9-50　支护条件下 2 号机组围岩变形分布图（1-1 剖面）（m）

图 9-53 和图 9-54 分别给出了几个典型监测断面（A-A 断面、B-B 断面、0-0 断面）在支护条件下开挖的围岩变形总体特征。总的来看，系统支护后与无支护情况下厂房区域主要洞室与变形规律基本一致，而由于系统支护提高了围岩的整体稳定性，主要洞室顶拱和边墙变形量都有相应减少，系统支护后厂房区域主要洞室变形具体特征简述如下：

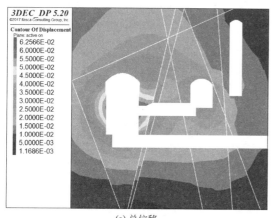
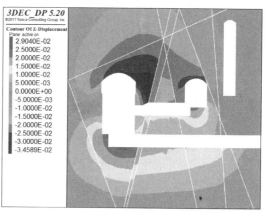

(a) 总位移　　　　　　　　　　　　　　　　　(b) Z 位移

图 9-51　支护条件下 4 号机组围岩变形分布图（2-2 剖面）（m）

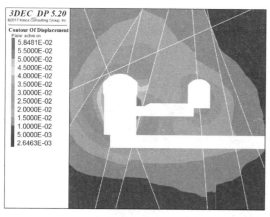
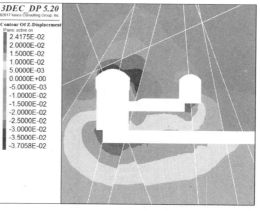

(a) 总位移　　　　　　　　　　　　　　　　　(b) Z 位移

图 9-52　支护条件下 6 号机组围岩变形分布图（3-3 剖面）（m）

● 洞室开挖完成后，厂房顶拱变形量值为 34～37mm，拱座位置位移为 33～38mm，岩锚梁位置位移 36～47mm，上游边墙变形量一般为 39～45mm，受不利结构面影响，下游边墙变形明显大于上游边墙变形，位移为 49～62mm。

● 主变洞顶拱变形量为 24～33mm，上游边墙变形量一般为 23～31mm，下游边墙变形量为 28～37mm。

● 出线竖井洞壁的变形量小于 12mm，其变形受周围洞室开挖影响不大。

● 总体位移水平比无支护情况下减小了 7%～17%。

图 9-55 和图 9-56 给出了在支护条件下主厂房和主变洞开挖完成后，其上、下游边墙的围岩变形特征。计算结果显示，在主厂房和主变洞局部受结构面影响洞段边墙的最终变形累计量值达到 80.3mm，比无支护情况下（图 9-18）减小了约 21%，说明系统支护有效改善了局部块体的稳定性。系统支护后与无支护情况下主厂房和主变洞上下游边墙变形规律基本一致，但是支护条件下主厂房和主变洞的开挖对于围岩程度减小，上下游边墙的整体位移变形量减少。

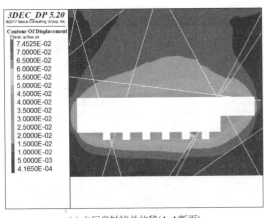 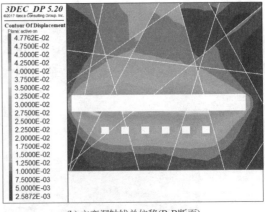

(a) 主厂房轴线总位移(A-A断面)　　　　　　　(b) 主变洞轴线总位移(B-B断面)

图 9-53　支护条件下 A-A、B-B 监测断面位移分布图（m）

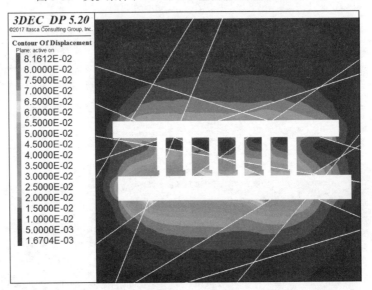

图 9-54　支护条件下 0-0 监测断面位移分布图（22.6m 高程平切图）（m）

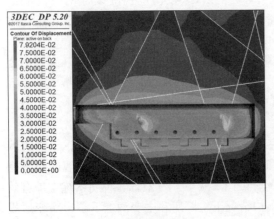 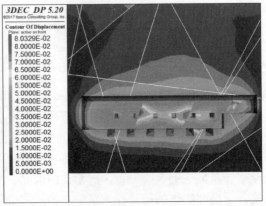

(a) 主厂房上游边墙总位移　　　　　　　　　(b) 主厂房下游边墙总位移

图 9-55　支护条件下主厂房边墙位移分布图（m）

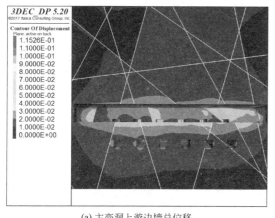
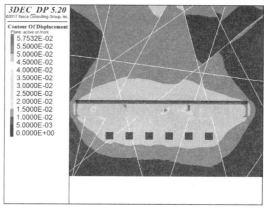

(a) 主变洞上游边墙总位移　　　　　　　　(b) 主变洞下游边墙总位移

图 9-56　支护条件下主变洞边墙位移分布图（m）

3. 围岩应力分析

图 9-57～图 9-62 为支护条件下开挖完成后围岩的应力分布图。由系统支护前后对比可见，系统支护后与无支护情况下洞室围岩应力场空间分布规律基本一致。主厂房顶拱最大主应力为 $-0.5 \sim 0.75$MPa，相较于无支护条件下有适量减小，减小了 9% 左右，最小主应力仍为 $-7 \sim -6$MPa。主厂房上游拱座和底角、尾水洞底角和主变洞下游拱座和底角出现应力集中现象，最小主应力最大值为 -16.5MPa（压应力），相较于无支护条件下增大了 14%，出现在 2 号机组尾水洞上游边墙底角处。

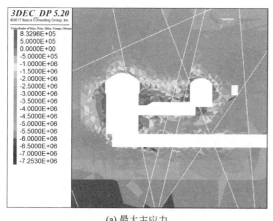

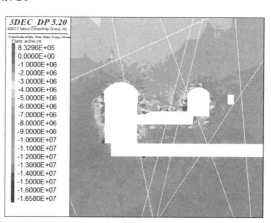

(a) 最大主应力　　　　　　　　　　(b) 最小主应力

图 9-57　支护条件下 2 号机组围岩应力分布图（1-1 剖面）（Pa）

洞室群开挖完成后，围岩应力集中区分布主要在各洞室的顶拱一带；主厂房上游拱座和底角、尾水洞底角和主变洞下游拱座和底角较高，边墙围岩一定深度内出现了应力松弛。支护施加后，各洞室浅部围岩的应力状态得到了较为明显的改善，洞壁应力分布发生两个方面的变化，一是应力松弛区的深度和程度有减小；二是应力集中区中心距岩壁的深度减少，这些现象均表明支护结构使得围岩应力状态向有利于围岩稳定方向调整，支护系统一定程度上限制了因开挖卸荷而引起的显著塑性变形破坏向围岩深部扩展的趋势。同时岩壁的应力状态得到了较大程度的改善，这说明系统支护在一定程度上提高了围岩的承载能力。

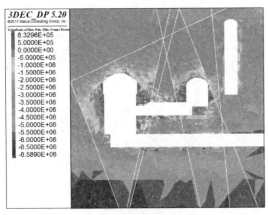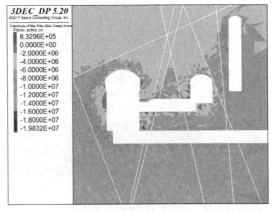

(a) 最大主应力　　　　　　　　　　(b) 最小主应力

图 9-58　支护条件下 4 号机组围岩应力分布图（2-2 剖面）（Pa）

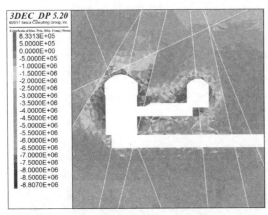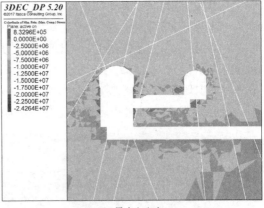

(a) 最大主应力　　　　　　　　　　(b) 最小主应力

图 9-59　支护条件下 6 号机组围岩应力分布图（3-3 剖面）（Pa）

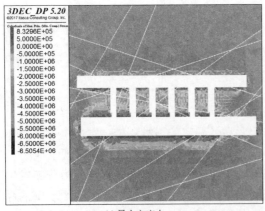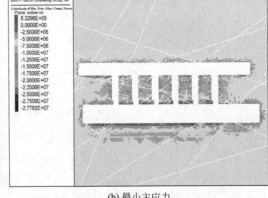

(a) 最大主应力　　　　　　　　　　(b) 最小主应力

图 9-60　支护条件下高程 22.6m 围岩应力分布图（0-0 剖面）（Pa）

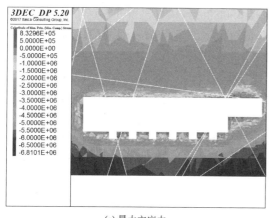

(a) 最大主应力

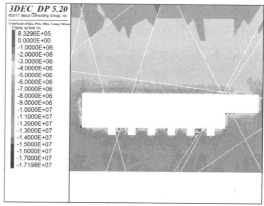

(b) 最小主应力

图 9-61　支护条件下主厂房轴线围岩应力分布图（A-A 剖面）（Pa）

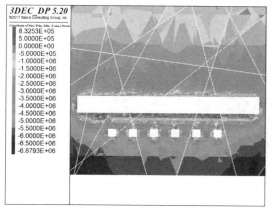

(a) 最大主应力

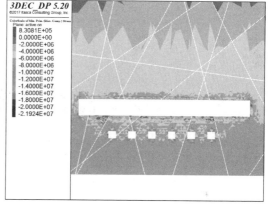

(b) 最小主应力

图 9-62　支护条件下主变洞轴线围岩应力分布图（B-B 剖面）（Pa）

4. 小结

由系统支护前后对比可见，系统支护后与无支护情况下洞室围岩位移、应力、塑性区空间分布规律基本一致。系统支护后，主要洞室围岩稳定条件得到较大程度改善，边墙变形及塑性区明显减小，支护后边墙变形一般减少 $10\%\sim17\%$，塑性区深度一般减小 $10\%\sim16\%$。围岩应力状态得到较好的改善，整体稳定性得到加强。

9.3.5　支护系统安全性分析评价

上一节简述了加固前后洞室群围岩变形对比分析，目的是对加固系统的有效性进行合理评价，但是对于加固系统自身的安全性也是设计关心的问题。本节对系统锚固施加的锚杆和预应力锚杆自身受力情况进行分析，论证在结构面控制下开挖支护方案的合理性。

1. 锚杆受力情况

支护方案锚杆采用Ⅲ级钢筋，直径小于 25mm 的钢筋其设计强度为 $360N/mm^2$（表 9-4），大于 25mm 钢筋其设计强度仍取为 $360N/mm^2$。本章计算采用的支护方式为方案二，见表 9.3-3。主厂房顶拱施加系统砂浆锚杆直径为 $\phi28/30$。顶拱、拱座和上下游边墙处间隔施

加直径为 φ32 预应力锚杆。岩梁处施加拉杆为直径 φ36 的砂浆锚杆，压杆为直径 φ32 的砂浆锚杆。边墙设置直径为 φ28/32 的系统砂浆锚杆，岩梁上下部设置预应力锚杆直径 φ32。

主变洞顶拱施加系统砂浆锚杆直径 φ25，拱座加强锚杆 φ28，边墙施加系统砂浆锚杆 φ25，母线洞和尾水洞施加系统砂浆锚杆 φ25。

图 9-63 和图 9-64 显示了开挖完成后最终洞室群锚杆系统整体受力特征和典型截面及机组段锚杆受力特征。总体而言，锚杆系统受力与围岩变形规律有较好的一致性，主厂房和主变洞边墙变形较大的锚杆最终受力也相对较大，而主变洞顶拱、母线洞、尾水洞变形较小，其相应支护的锚杆系统受力也较小。锚杆受力最大位置在主厂房下游边墙和母线洞连接处，这与该位置有较大变形也保持一致。

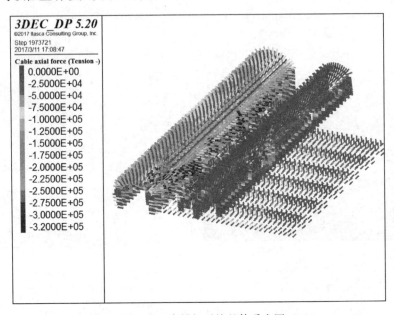

图 9-63　地下厂房锚杆系统整体受力图（N）

如图 9-64（a）所示，2 号机组段主厂房顶拱锚杆受力在 20～40kN，锚杆应力最大值为 50MPa，拱座处锚杆受力较大，达到了 100～120kN，锚杆应力最大值为 149MPa，上游边墙最大锚杆受力为 140～160kN，锚杆应力最大值为 260MPa，下游边墙锚杆受力为 120～200kN，锚杆应力最大值为 325MPa，最大达到了 300～320kN（预应力锚杆），锚杆应力最大值约为 398MPa。2 号机组段主变洞锚杆受力一般为 20～60kN，锚杆应力最大值为 122MPa，锚杆最大受力位于其上游边墙处为 180～200kN，部分预应力锚杆应力达到屈服强度。

如图 9-64（b）所示，4 号机组段主厂房顶拱普通砂浆锚杆受力在 25～45kN，锚杆应力最大值为 55MPa，预应力锚杆 110～130kN，受力良好。拱座处预应力锚杆受力较大，达到了 100～140kN，锚杆应力最大值为 174MPa，上游边墙最大预应力锚杆最大受力为 180～200kN，锚杆应力最大值为 325MPa，下游边墙锚杆受力为 140～200kN，最大达到了 300～320kN，部分预应力锚杆应力达到屈服强度。4 号机组段主变洞锚杆受力一般为 20～60kN，锚杆应力最大值为 122MPa，锚杆最大受力位于其下游边墙处为 180～200kN，锚杆应力最大值约为 390MPa，该部位部分锚杆发生屈服。

如图 9-64（c）所示，6 号机组段主厂房顶拱普通锚杆受力在 25～45kN，锚杆应力最大值为 55MPa，拱座处由于附近存在多条结构面，其锚杆受力达到了 240～320kN，部分预应力锚杆达到屈服强度，上游边墙最大锚杆受力为 200～220kN，锚杆应力最大值为 358MPa，下游边墙锚杆受力最大达到了 300～320kN，部分预应力锚杆应力达到屈服强度。6 号机组段主变洞锚杆受力一般为 20～60kN，锚杆应力最大值为 122MPa，锚杆最大受力位于其上游边墙与母线洞连接处为 100～120kN，锚杆应力最大值为 244MPa。母线洞及尾水洞施加的锚杆其受力一般在 0～60kN，基本不会发生屈服。

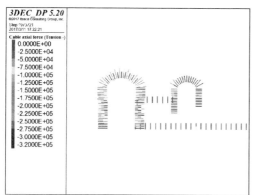
机组锚杆应力截面图

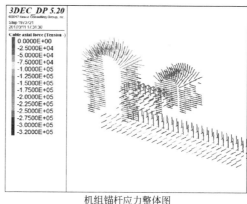
机组锚杆应力整体图

(a) 2 号机组段锚杆受力情况

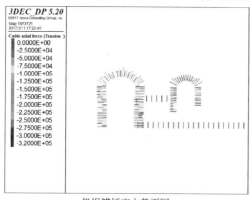
机组锚杆应力截面图　　机组锚杆应力整体图

(b) 4 号机组段锚杆受力情况

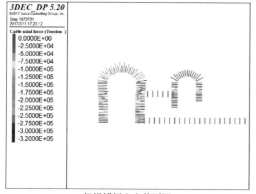
机组锚杆应力截面图

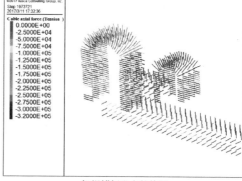
机组锚杆应力整体图

(c) 6 号机组段锚杆受力情况

图 9-64　各监测剖面及相应机组段锚杆系统受力图（N）

为了进一步了解锚杆系统的工作情况，对于洞室群整体锚杆系统的应力情况进行了统计，见图 9-65。对于非预应力锚杆而言，56.1％的锚杆应力处于 0～50MPa，20.6％处于 50～100MPa，8.37％处于 100～150MPa，5.37％处于 150～200MPa，仅有 3％可能接近其设计强度，因此可认为非预应力锚杆整体安全性较强。而对于预应力锚杆，100～150MPa、150～200MPa 和 200～250MPa 三个区段占锚杆应力的主要部分，分别为 52.4％、19.1％和8.9％。另外特别需要注意的是有 6.6％的预应力锚杆的锚杆应力处在 350～400MPa 区间，结合图 9-64 分析，这些预应力锚杆的位置多处在附近含有较多结构面的主厂房拱座、与母线洞贯通的下游边墙处，尤其是在 6 号机组段附近。

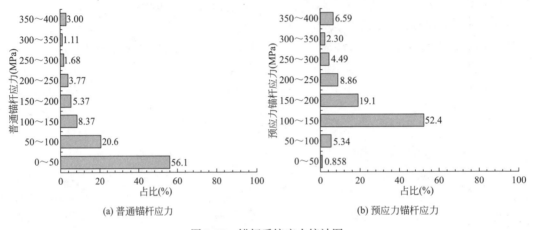

(a) 普通锚杆应力　　　　　　　　　(b) 预应力锚杆应力

图 9-65　锚杆系统应力统计图

2. 小结

通过对系统锚杆最终开挖后的受力情况进行分析，认为当前支护方案下锚固系统较为安全。非预应力锚杆整体受力较小，不会出现超限情况。预应力锚杆整体受力良好，但是局部可能会出现超限情况，主要分布在附近含有较多结构面的主厂房拱座、与母线洞贯通的下游边墙处，尤其是在 6 号机组段附近。

9.4　YT 扩建工程地下厂房计算

9.4.1　工程概况

广西 YT 水电站厂房建设分为一期工程与二期扩建工程，其中一期工程为坝后式厂房，二期扩建工程为地下厂房形式，布置于右岸坝址附近。本书以该工程扩建工程地下厂房为研究背景进行地下厂房开挖支护模拟研究（王涛等，2005）。

河岸式引水明渠布置于右岸。厂房进水口与厂房轴线垂直，为岸塔式。地下厂房采用首部布置，引水隧洞较短，供水方式为一机一洞式，洞轴线相互平行。每条引水隧洞长 102.5m，内径 11.0m。根据厂房周围岩体地质构造情况，厂房纵轴线与坝体呈 35°角布置，右端偏向上游。厂房长度为 132.8m（包括副厂房 14m），宽度为 26.9m，最大高度 72m，最低开挖高程 117.4m，厂房内安装两台水轮发电机组。主厂房两侧为副厂房与安装间，最大开挖高程为 169.8m。主变室布置于主厂房下游 32.2m 处，长 56.5m，宽 16.0m，底板高程与安装间相同，为 169.8m。每台机组设一条有压尾水支洞，尾水支洞为矩形断面，尺寸为：宽×高＝10.4m×18.2m，总长 62.6m。尾水主洞为圆拱直墙形断面。尾水调压室布置于尾水闸门井下游侧，两台机组共用同一阻抗式调压室，长×宽＝90m×19m，并利用尾水闸门井作为调压室的阻抗孔口，尾水调压室顶拱高程 205.9m，底板高程 144.2m（唐浩等，2014）。

9.4.2　地下洞室变形稳定性分析

由地下厂房布置可知，主变室与主厂房、调压室之间距离较小，三者开挖将对洞室之间岩体稳定性产生交叉影响，所以主要洞室开挖时序安排将会对洞室群整体稳定性产生较大影响。基于上述考量，并综合考虑施工组织便捷性、弃碴输送通道安排，在开挖方案设置上将主变室开挖时序设置为前期，并对该方案进行数值模拟计算，具体开挖方案见表 9-8，表中开挖部位对应于图 9-66。

地下洞室分期开挖方案　　　　　　　　　　　　表 9-8

分期	开挖区域			
第 1 期	1			Ⅰ
第 2 期	2	a		Ⅱ
第 3 期	3	b	B	Ⅲ
第 4 期	4	c	C	Ⅳ
第 5 期	5		D	Ⅴ
第 6 期	6		A	Ⅵ
第 7 期	7			Ⅶ
第 8 期	8			Ⅷ
第 9 期	9			Ⅸ
第 10 期	10			
第 11 期	11			

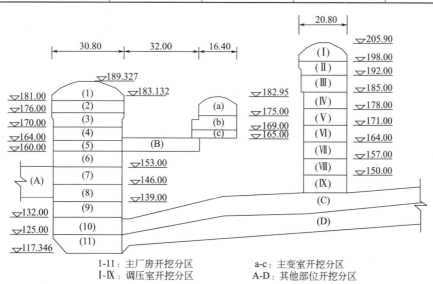

1-11：主厂房开挖分区　　　　　　a-c：主变室开挖分区
Ⅰ-Ⅸ：调压室开挖分区　　　　　　A-D：其他部位开挖分区

图 9-66　地下洞室分期开挖分区图

下文将分析此开挖方案所对应地下洞室应力变形稳定情况，分析围岩条件对围岩稳定性的影响，研究洞室顶拱、边墙及底板等关键部位围岩位移的规律，剖析开挖方案对围岩稳定性作用机理。

1. 块体离散元模型建立及参数选取

建模过程采用分区域建模，将整体模型分为地形区域、地下围岩和厂房结构三个部分分别建立。地形区域建模采用"由小到大"的思路，在该离散元计算程序中所有的单元都必须为平面单元，所以先根据所掌握的等高线信息，用三角形平面拟合地形信息，读取拟合的三角形平面点位信息。随后运用软件内置 FISH 语言将点位信息输入该软件建立若干三棱柱，删去各棱柱体之间的界面，使其成为整体。该方法能够精确地模拟厂房上方地形，对数值模拟计算结果的真实性、可靠性更加有利。

确定数值模拟计算模型范围，建立地下围岩模型，将地下围岩模型与地表地形模型统一，删去两者之间的分界面。通过地质勘探资料确定各地层倾向、倾角及地质构造的分布情况，通过软件内置语言切割出相应地层并赋予相应岩石物理参数。如此整个地质模型已经建立完成，再通过"由大到小"的建模思路，在地质模型的基础上建立地下厂房结构。首先根据设计院给出的地下厂房设计参数，将地下厂房分为主厂房、主变室、尾水调压室、母线洞和尾水洞五个区域，利用 Jset 和 Tunnel 命令切割出相应区域，便于今后开挖模拟计算，形成厂房结构模型如图 9-67（b）所示，其中不同颜色的块体代表了地下洞室群开挖分区。最后利用 zone 命令划分网格单元。

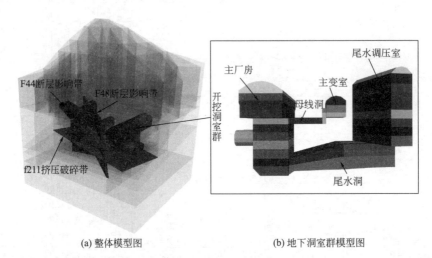

(a) 整体模型图　　　　　　　　(b) 地下洞室群模型图

图 9-67　计算模型图

利用 3DEC 软件内置 FISH 语言进行编程，建立离散元计算模型。模型整体尺寸为 270m×300m×240m，其中 Y 方向是竖直方向，X、Z 方向为水平方向，模型共 1447 个块体，125551 个单元。

根据该工程地质报告所给参数，岩体模拟力学参数偏危险考虑，围岩参数采用表 9-10 中小值（如某参数范围为 $A \sim B$（$B > A$），那么该参数中小值为 $A + \dfrac{B-A}{4}$），最终所用围岩模拟力学参数见表 9-9。

围岩模拟力学参数　　　　　　表 9-9

围岩类别	重度（kN/m³）	抗压强度（MPa）	抗拉强度（MPa）	摩擦系数	黏聚力（MPa）	弹性模量（GPa）	变形模量（GPa）	泊松比
Ⅱ类	30.0	70.0	6.3	1.04	1.05	13.3	8.4	0.20
Ⅲ类	26.2	35.0	2.1	0.64	0.42	4.2	3.5	0.28
Ⅳ类	28.0	28.0	0.8	0.4	0.21	2.1	1.75	0.33

洞室围岩分类参数　　　　　　表 9-10

围岩类别	岩体定性特征简述	重度 γ(kN/m³)	岩体纵波波速 V_p(km/s)	抗压强度 R_c(MPa)	抗拉强度 R_t(MPa)	摩擦系数 f	黏聚力 c(MPa)	弹性模量 E(GPa)	变形模量 E_0(GPa)	泊松比 μ
Ⅱ类	F48 断层上游，新鲜坚硬较完整辉绿岩，无断层破坏，缓节理多闭合，延伸短，陡节理，面粗糙，延伸不长，多方解石充填胶结	30.0～30.5	4.4～4.8	70.0～84.0	6.3～7.0	1.04～1.12	1.05～1.26	13.3～15.4	8.4～9.8	0.20～0.22
Ⅲ类	F48 上游侧石英脉带内下蚀变带及 F44 断层上盘约 200m 宽的岩体	26.2～29.2	2.5～5.0	35.0～42.0	2.1～2.8	0.64～0.72	0.42～0.56	4.2～4.9	3.5～3.9	0.28～0.33
Ⅳ类	Ⅳ类为 F44、F48 断层影响带及 f211 构造挤压带等较破碎的新鲜构造岩，多为条带状分布	28.0～28.5	3.0～4.0	28.0～31.5	1.2～0.8	0.4～0.56	0.21～0.35	2.1～2.45	1.75～2.1	0.33～0.34

　　断层影响带及构造破碎带采用实体单元模拟，其岩体参数为表 9-10 中 Ⅳ类岩体参数。断层影响带与岩体之间的接触面、构造破碎带与岩体之间接触面及节理面模拟力学参数见表 9-11。

接触模拟力学参数　　　　　　表 9-11

	法向刚度（N/m）	切向刚度（N/m）	抗剪断强度	
			黏聚力（MPa）	摩擦系数
节理	1×10^9	1×10^9	0.15	0.7

　　在下文的研究中，为了更好地展示地下洞室群的应力、位移及破坏状态以分析地下洞室群的稳定性，分别在地下洞室群主要洞室，包括主副厂房洞、主变室、调压室、母线洞及尾水洞的顶拱和边墙上设置监测点，观测各位置相应数据的随开挖过程变化情况。并且在各主要洞室设置监测剖面，包括 1～6 号剖面，依次为主厂房剖面、主变室剖面、调压室剖面、5 号机组剖面、6 号机组剖面及位于主厂房岩锚梁位置的水平剖面，以展示各洞

室应力变形情况。监测点与剖面的相应位置如图 9-68 所示。

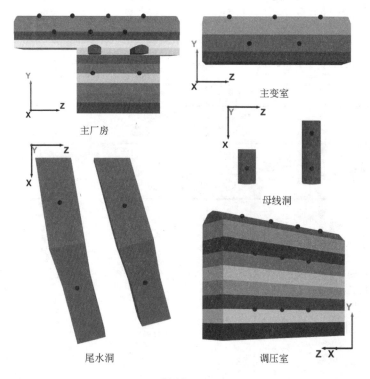

(a) 监测点

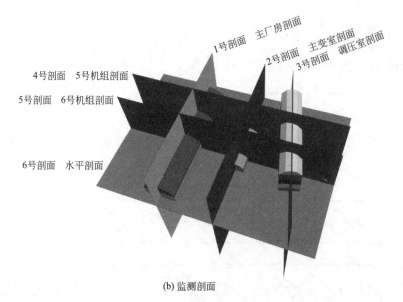

(b) 监测剖面

图 9-68 监测位置示意图

2. 毛洞开挖方案计算结果分析

1）围岩应力计算结果分析

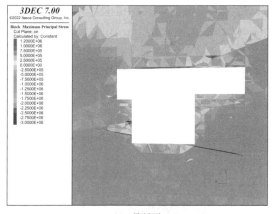

(a) 1号断面

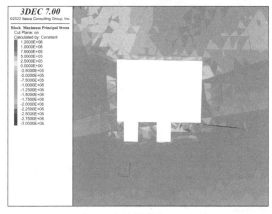

(c) 3号断面

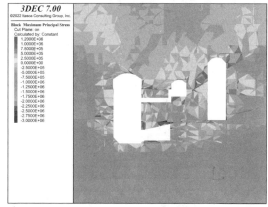

(d) 4号断面

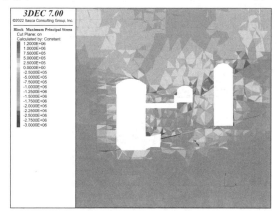

(e) 5号断面

图 9-69　最大主应力计算结果云图（Pa）

　　如图 9-69（a）和图 9-70（a）所示，主厂房洞顶拱因开挖卸荷作用产生最大拉应力为 1.15MPa，顶拱拉应力较大区域长约 55m。洞室底板拉应力最大值为 0.7MPa 之间，端墙大部分区域为压应力状态，其中副厂房侧端墙压应力值较大，最大压应力值为 6.5MPa。

　　图 9-69（b）和图 9-70（b）展示了选定开挖方案下主变室整体应力情况，由图可知，主变室顶拱拉应力值较小，拉应力最大值为 0.6MPa。主变室底板小区域有拉应力产生，

拉应力最大值为 0.8MPa；主变室底板压应力最大值为 2.7MPa。

　　右侧尾水洞较左侧尾水洞应力状态更差，顶拱和底板均产生拉应力区域，拉应力最大值为 1.1MPa。两尾水洞之间岩体有压应力集中现象，最大压应力值为 9.9MPa。

　　在图 9-69（c）和图 9-70（c）中，调压室顶拱拉应力最大值为 0.8MPa，顶拱整体应力状态较好。端墙应力状态为压应力，最大压应力值为 5.5MPa。两尾水洞底部产生拉应力，最大拉应力值为 0.5MPa；尾水洞底角有压应力集中现象，最大压应力值为 6.9MPa。

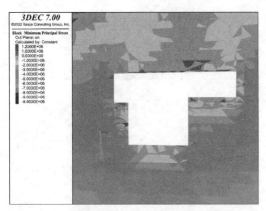

(a) 1号断面 　　　　　　　　　　　　　　　　(b) 2号断面

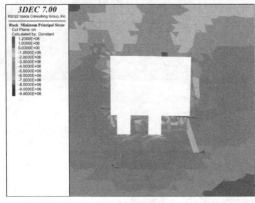

(c) 3号断面 　　　　　　　　　　　　　　　　(d) 4号断面

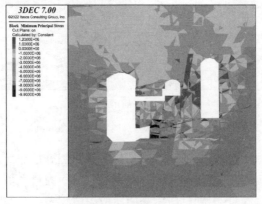

(e) 5号断面

图 9-70　最小主应力计算结果云图（Pa）

由图 9-69 (d) (e) 和图 9-70 (d) (e) 可知，洞室群上方两种岩体交界处产生较大拉应力，拉应力最大值达 1.0MPa。主厂房上游边墙整体处于压应力状态，最大压应力为 5.5MPa。主厂房下游边墙母线洞上方岩体整体处于压应力状态。母线洞与尾水洞之间岩体部分区域有拉应力产生，最大拉应力有 1.1MPa。调压室边墙岩体中位于岩体交界面上方岩体产生拉应力，最大拉应力为 1.2MPa；位于岩体交界面下方岩体产生压应力，最大压应力为 7.3MPa。

2）围岩位移计算结果分析

图 9-71 展示了主副厂房洞截面位移情况，从图中可知，主厂房洞顶拱处沉降最大值位于安装间侧顶拱，最大沉降值为 30.4mm，主厂房及副厂房顶拱沉降在 11.5～26.0mm 之间。边墙中心向洞室内位移最大，最大值为 35.9mm。主副厂房洞端墙位移值在 2.3～20.8mm 之间，最大位置发生在副厂房、安装间平台与主厂房交界处。主厂房底板受开挖卸荷作用发生隆起，最大隆起值 13.8mm，呈现从地板中心向四周逐渐减少的规律。

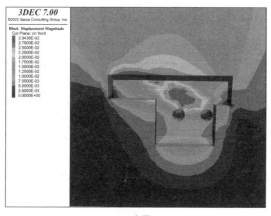

(a) 上游　　　　　　　　　　　　　　　　(b) 下游

图 9-71　1 号断面位移计算结果云图

由图 9-72 可见，主变室顶拱沉降 18.0～24.4mm，边墙向洞室内变形 6.9～29.8mm，端墙位移值 4.1～29.8mm。靠近山体侧尾水洞顶拱最大沉降 27.8mm，边墙向洞内位移值在 1.5～10.5mm 之间，该尾水洞边墙稳定性较好，底板隆起值最大为 13.9mm。靠近河谷侧尾水洞底板隆起最大值为 13.5mm，顶拱沉降位移值一般在 6.9～25.7mm 之间，边墙向洞内位移值一般在 3.6～10.1mm 之间，F48 陡倾断层影响带位移较大，断层尾水洞顶拱出露部分位移最大有 34.1mm，边墙出露部分位移最大值有 49.3mm。

图 9-73 为调压室位移情况，由图可知，调压室上游侧边墙向洞室内位移在 3.5～65.1mm 之间，其中两断层影响带交界处位移最大，为 76.9mm，另外 F44 缓倾断层影响带厚度大，影响带中心位移也较大，其中最大值为 65.1mm；下游侧边墙向洞室内位移一般为 4.0～36.2mm，其中有 F48 陡倾断层影响带出露岩体位移值较大，最大值为 99.9mm。调压室顶拱位移值最大为 20.3mm，端墙位移最大值为 18.5mm，底板隆起最大值为 12.4mm。

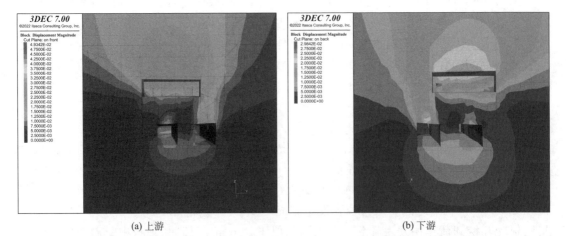

(a) 上游　　　　　　　　　　　　　　　　(b) 下游

图 9-72　2 号断面位移计算结果云图

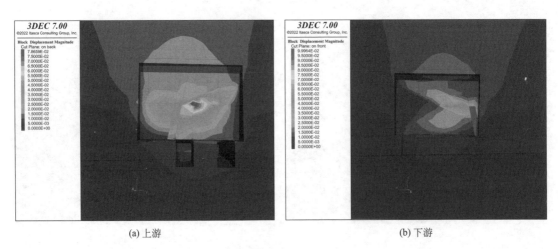

(a) 上游　　　　　　　　　　　　　　　　(b) 下游

图 9-73　3 号断面位移计算结果云图

　　图 9-74、图 9-75 分别为 4 号、5 号机组的断面位移计算结果云图，从图中可见，调压室位移值最大，上游边墙 F44 断层影响带区域位移在 12.2～69.3mm 之间；下游边墙一般情况较好，F48 陡倾断层影响区域较小，位移值在 5.5～36.5mm。主副厂房洞室、主变室较稳定，向洞内变形较小，主副厂房洞位移最大值为 35.3mm，最大位移值位于主副厂房洞发电机层边墙中心。主变室边墙位移最大值为 23.2mm。主副厂房洞、调压室的顶拱边墙稳定性都好于边墙。

　　如图 9-76 所示，各洞室顶拱沉降大于底板隆起位移值。主副厂房洞顶拱沉降在 9.3～30.9mm 之间，最大沉降处发生在安装间侧顶拱；主变室顶拱沉降位移值在 17.7～24.4mm 之间，沉降最大值发生在主变室顶拱中央；调压室顶拱沉降在 9.0～20.3mm 之间。安装间底板最大位移值为 21.4mm，位于安装间与主厂房交界处；主厂房底板最大位移值为 13.6mm，位于底板中央；副厂房底板最大位移值为 21.9mm，位于副厂房与主厂房交界处；主变室底板最大隆起值为 18.4mm；调压室底板最大隆起值为 17.9mm。

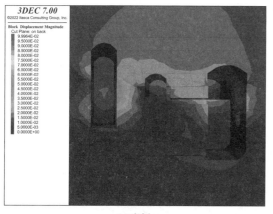
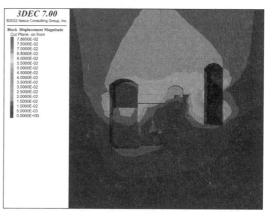

(a) 右侧　　　　　　　　　　　　　　　　　　(b) 左侧

图 9-74　4 号断面位移计算结果云图

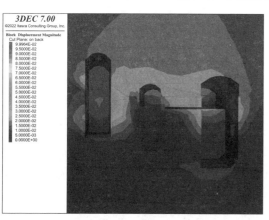
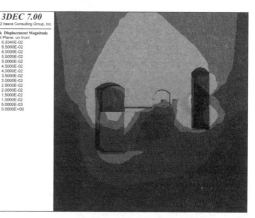

(a) 右侧　　　　　　　　　　　　　　　　　　(b) 左侧

图 9-75　5 号断面位移计算结果云图

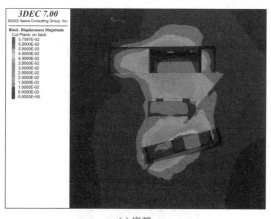
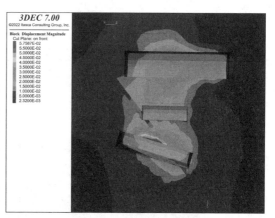

(a) 底部　　　　　　　　　　　　　　　　　　(b) 顶部

图 9-76　6 号断面位移计算结果云图

　　图 9-77 为围岩位移随开挖步变化情况，图中曲线值是将监测位置位移值取平均值作为该区域位移代表值。由图可见，主厂房顶拱平均位移值最大。随着开挖的进行各区域位

移逐渐增大，在洞室完成开挖时达到最大值并保持稳定。

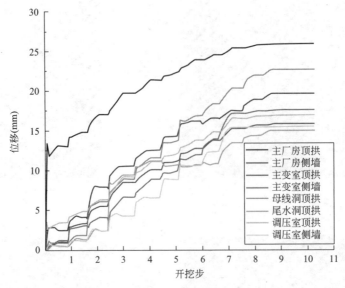

图 9-77　各洞室围岩位移随开挖变化情况

3）围岩塑性区计算结果分析

图 9-78 为经开挖后各断面岩体的塑性区计算结果云图。从图中可见，主副厂房洞顶拱围岩塑性区厚度一般为 3.6m，安装间侧端墙塑性区厚度 31.6m，副厂房侧端墙围岩塑性状态好，该侧水轮机层围岩状态优于发电机层围岩。主变室顶拱围岩只有少量块体有塑性区，顶拱围岩塑性区并不连通，两侧端墙塑性区厚度较大，分别为 38.2m 和 28.0m。主变室与尾水洞之间岩体塑性区状态与前两种方案下岩体情况一致。调压室顶拱围岩塑性区厚度一般为 4.1m，靠近河谷侧端墙围岩塑性区厚度一般为 10.9m，靠近山体侧端墙围岩塑性区厚度一般为 22.2m，底板围岩塑性区厚度与尾水洞高相近，一般为 20.3m。各洞室之间围岩力学状态较差，塑性区基本贯通。

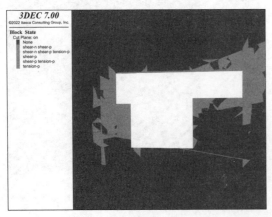
(a) 1 号断面

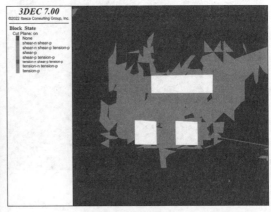
(b) 2 号断面

图 9-78　各断面岩体的塑性区计算结果云图（一）

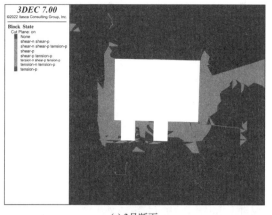

(c) 3号断面　　　　　　　　　　　　　(d) 4号断面

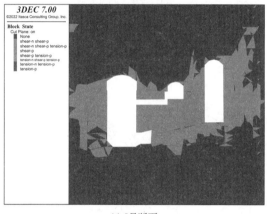

(e) 5号断面

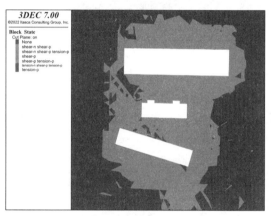

(f) 6号断面

图 9-78　各断面岩体的塑性区计算结果云图（二）

3. 小结

（1）开挖方案的设置主要针对主变室开挖时间不同设置，目的是减少因主厂房、调压室与主变室之间岩柱宽度较小而引起承载力不足的问题。合理适宜的地下洞室开挖方案有利于显著提高洞室稳定性，节约施工成本。所选开挖方案对该地下洞室群开挖稳定性较为有利，主要表现在明显改善主变室、调压室边墙变形状况，提高了洞室稳定性，但对围岩应力和围岩弹塑性状态影响小。

（2）围岩应力状况受地质构造影响，出现不连续性分布特性，主要表现在Ⅱ类、Ⅲ类岩体交界处及断层影响带边缘。在岩体性质变化交界面，产生应力集中现象。拉应力区域主要集中在洞室顶拱、底板和边墙端墙中部。岩体分布与地质构造因素对洞室开挖过程中应力改变影响很大。

（3）洞室群整体变形由大到小依次为调压室、主厂房、主变室，其中边墙变形一般大于顶拱底板变形，调压室边墙是整个洞室群变形最严重的区域。由该洞室群变形规律可知，围岩性质与地质构造条件是影响洞室开挖变形的重要因素，往往决定着洞室开挖施工的安全。在地下厂房设计初期，应对地下洞室围岩性质有清晰的把握，对规模较大的地质构造有全面的了解。

（4）相邻洞室距离较近，洞室间岩体厚度较小，不同洞室的开挖对岩体状态产生叠加影响。由本节数值模拟结果分析可知，相邻洞室错峰开挖有利于改善洞室间岩体稳定性。在设计地下洞室群开挖方案过程中，应综合分析洞室群围岩应力应变响应，可以增加施工安全性，保障洞室稳定性，节约支护成本。

9.4.3 地下洞室围岩块体稳定性分析

工程岩体的破坏基本上有两种类型，一种是应力诱发的破坏或称应力型破坏，一种是块体控制破坏或称重力型破坏（WANG T，FAN B，KHADKA S S，2020）。节理组是影响块体控制破坏的关键因素。节理发育较多的地区，会造成开挖洞室周围岩体离散化成块体结构。在块状岩体结构中开挖洞室，低地应力状态下容易造成开挖面岩块坠落，如图 9-79（a）所示；中地应力状态下容易造成局部脆性破坏，如图 9-79（b）所示；高地应力状态下容易造成开挖洞室周边破坏，如图 9-79（c）所示。因此，地下洞室开挖失稳风险也会以块状岩体破坏形式表现出来，使得节理分布研究成为地下洞室稳定性分析中的重要一环。本节结合实际工程案例，利用离散元计算手段分析研究节理分布对地下洞室稳定性的影响。本工程实例地下埋深较浅，岩体性质较好，地下洞室开挖主要造成岩块坠落风险。在 3DEC 离散元计算中，离散化块体较多造成单元数过多，本节采用刚体计算方法研究上述问题。

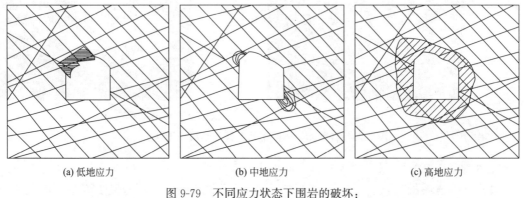

(a) 低地应力　　　　　　　　(b) 中地应力　　　　　　　　(c) 高地应力

图 9-79　不同应力状态下围岩的破坏：

（修改自：MARTIN et al.，1999）

1. 随机节理模型

根据工程地质条件及岩石力学参数介绍，将统计结果中的 6 组节理组加入到模型中。节理统计结果包括倾向、倾角与间距，各参数都是以范围值的方式给出。为了更好地模拟节理随机分布效果，假设各参数以正态分布形式在范围区间中分布。

$$J = J_{\min} + (J_{\max} - J_{\min})\gamma \tag{9-1}$$

$$\gamma = \frac{1}{\sqrt{2\pi}} e^{-\frac{r^2}{4}} \tag{9-2}$$

式中，J 为模拟节理相应参数；$J_{\min}$ 为参数范围最小值；$J_{\max}$ 为参数范围最大值；r 为软件内置标准正态分布随机数。

依据节理信息统计结果，利用 3DEC 离散元软件内置 FISH 语言，编写相应随机节理生成命令。在原有模型基础上建立随机节理，建立相应随机节理离散元计算模型。刚体离散元计算边界条件与弹塑性离散元计算有所不同，本文在计算模型周围建立边界块体，限制边界块体各方向位移。其中，底部边界块体、模型接触凝聚力及摩擦角设置为极大值，而四周边界块体、模型接触凝聚力及摩擦角设置为零，以保证模型整体开挖模拟结果与实际情况相符。

本节以刚体计算来研究地下洞室开挖过程中受洞室开挖和岩体块状结构影响而引起的岩体坠落滑移风险，结合分析结果给开挖支护方案提供具体的建议。

2. 围岩块体稳定性分析

本节按照统计资料，按照上述方法将节理组接入模型中，进行毛洞开挖数值模拟。在节理统计结果表 9-12 中，缓倾节理组以 J1 和 J2 节理组最为发育，陡倾节理组以 J4 和 J5 节理组最为发育。模拟节理参数统计见表 9-12。分析开挖后块体稳定性，分析不稳定块体位置及大小。

模拟节理参数统计　　　　　　　表 9-12

组号	倾向(°)	倾角(°)	间距(m)
J1	10～40	20～25	2.8～6.8
J2	70～80	24～25	4.8～7.5
J3	150～170	68～75	8.1～12.1
J4	230～270	75～80	4.3～8.3
J5	290～310	72～74	5.7～8.7
J6	350～360	68～75	12.1～16.1

图 9-80 为开挖后围岩块体位移计算结果，从图中可知，围岩破坏最严重的区域位于主厂房顶拱及边墙，发生块体坠落。

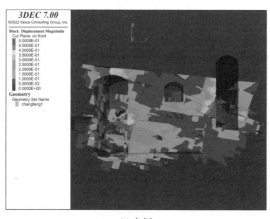 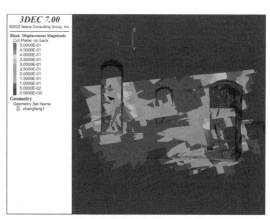

(a) 左侧　　　　　　　　　　　　　(b) 右侧

图 9-80　开挖后围岩块体位移计算结果（m）

在分析过程中，将围岩状态分为四类：稳定块体（位移小于 30mm）、明显位移块体（位移在 30～40mm 之间）、潜在不稳定块体（位移在 40～50mm 之间）、不稳定块体（位移大于 50mm)。所选开挖方案各级块体体积列于表 9-13。

各级位移块体体积表			表 9-13
块体位移(mm)	30~40	40~50	>50
各级块体体积(m³)	121917	73596	62069

图 9-81 展示了各类块体的分布位置。由图可知，不稳定块体分布位置集中于主厂房顶拱及边墙、调压室边墙，主厂房、调压室与主变室之间存在大量明显位移块体。由图可知，在洞室支护方案设计过程中，应充分考虑因节理面而存在的块体滑落坠落的风险，保证洞室稳定安全。

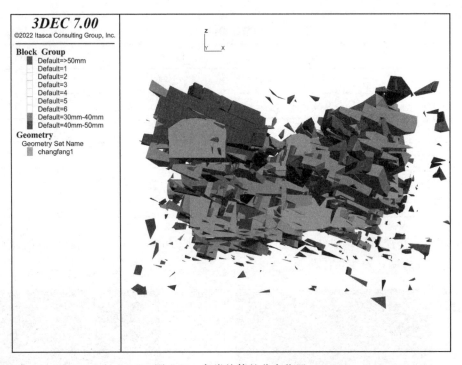

图 9-81　各类块体的分布位置

3. 节理组合与节理发育程度

1）节理组合影响分析

由前述分析可知，该洞室周围共有四组优势节理组，分别为 J1、J2、J4、J5，从四组节理组中随机选出三组节理组，研究不同的节理组合下，洞室围岩稳定性所受到的影响。图 9-82 为各工况节理组合赤平投影图，将不同工况共分为四组，工况 1（J2、J4、J5）、工况 2（J1、J4、J5）、工况 3（J1、J2、J5）、工况 4（J1、J2、J4）。下面将分别对四种工况的计算结果进行分析。

工况 1 中，明显位移块体体积有 111158m³，潜在不稳定块体体积 68669m³，不稳定块体体积有 31779m³。由图 9-83、图 9-84 可见，不稳定块体及潜在不稳定块体主要分布在主变室顶拱、主变室边墙及调压室之间。

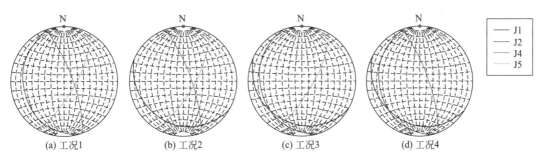

(a) 工况1　　　(b) 工况2　　　(c) 工况3　　　(d) 工况4

图 9-82　各工况节理组合赤平投影图（上半球投影）

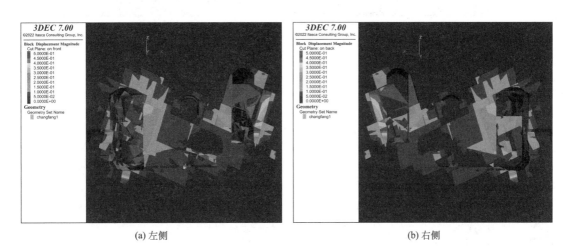

(a) 左侧　　　　　　　　　　　　　　　(b) 右侧

图 9-83　工况 1 块体位移计算结果（m）

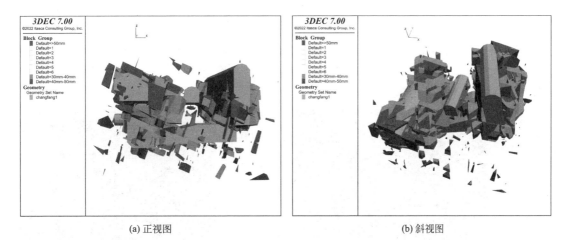

(a) 正视图　　　　　　　　　　　　　　(b) 斜视图

图 9-84　工况 1 块体位移分类

工况 2 中，明显位移块体体积有 31653m³，潜在不稳定块体体积有 3013m³，不稳定块体体积有 7763m³。由图 9-85、图 9-86 可见，不稳定块体及潜在不稳定块体主要在主厂房顶拱、主变室、调压室边墙及尾水洞顶拱之间。

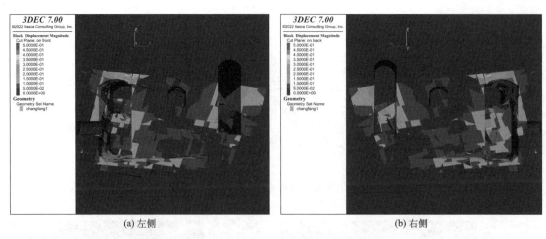

(a) 左侧   (b) 右侧

图 9-85 工况 2 块体位移计算结果（m）

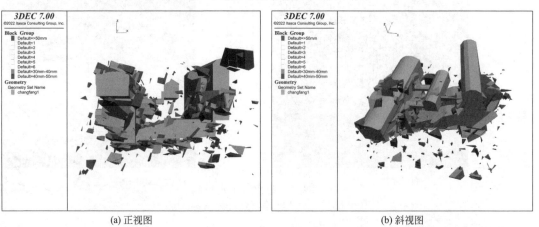

(a) 正视图   (b) 斜视图

图 9-86 工况 2 块体位移分类

工况 3 中，明显位移块体体积有 109673m³，潜在不稳定块体体积有 57797m³，不稳定块体体积有 29248m³。由图 9-87、图 9-88 可见，不稳定块体及潜在不稳定块体集中在安装间顶拱、主厂房及主变室之间。

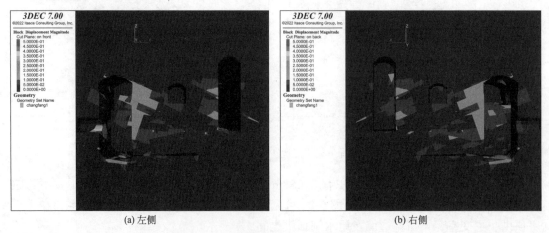

(a) 左侧   (b) 右侧

图 9-87 工况 3 块体位移计算结果（m）

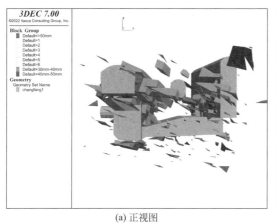

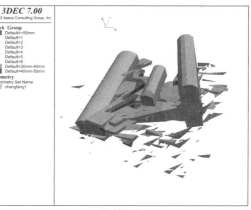

(a) 正视图

(b) 斜视图

图 9-88　工况 3 块体位移分类

工况 4 中，明显位移块体体积有 $21876m^3$，潜在不稳定块体体积有 $11113m^3$，不稳定块体体积有 $5735m^3$。由图 9-89、图 9-90 可见，不稳定块体及潜在不稳定块体主要在主厂房边墙、主变室端墙及调压室边墙之间。

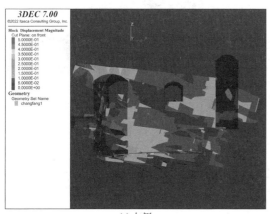

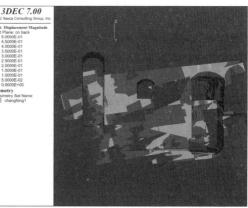

(a) 左侧

(b) 右侧

图 9-89　工况 4 块体位移计算结果（m）

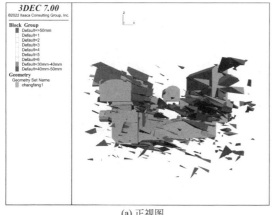

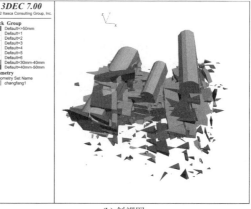

(a) 正视图

(b) 斜视图

图 9-90　工况 4 块体位移分类

由以上结果可见，不同的节理组合下，不稳定围岩的体积及分布并不相同。工况 2 模拟计算结果中不稳定块体体积最少，工况 1 不稳定块体体积最多，两者相差四倍。这说明在特定洞室开挖下，节理组的方位组合不同对围岩稳定性具有重要作用，特殊节理组合更易引起开挖临空面上的块体坠落滑落。在四种工况中，不稳定块体分布也具有较大差异，这说明不同节理组需要与特定开挖临空面结合创造块体滑落条件。

2）节理发育程度影响分析

将节理发育情况分为三个等级（极发育、较发育、一般发育），分析不同节理发育程度下围岩稳定性。通过 3DEC 离散元计算软件内置函数 p 控制模型中节理发育情况，p 为 Jset 命令下内置函数，控制模型生成时节理在一区域内的生成概率，当预设节理穿过某区域，有 p 概率产生相应节理，$1-p$ 的概率不产生相应节理，故 p 为 0~1 之间的常数。极发育、较发育、一般发育分别对应 p 函数值为 0.8、0.6、0.4。通过上述 3DEC 离散元内置 FISH 语言及计算函数模拟地质状态下不同节理发育程度，以数值模拟计算手段研究不同节理发育程度下洞室围岩稳定性问题，选用的开挖方案为方案 1。图 9-91～图 9-94 为三种不同节理发育程度下块体位移计算结果。

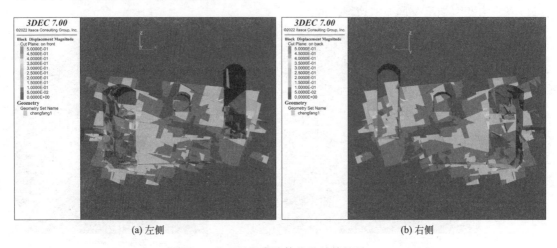

(a) 左侧   (b) 右侧

图 9-91　节理极发育块体位移计算结果（m）

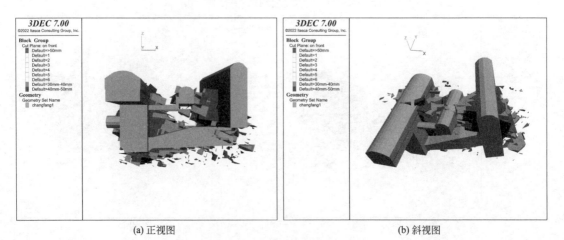

(a) 正视图   (b) 斜视图

图 9-92　节理极发育块体位移分类

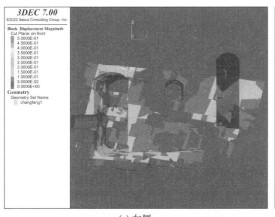 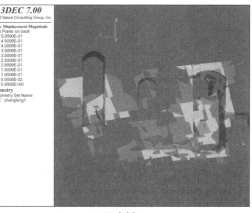

(a) 左侧　　　　　　　　　　　　　　　(b) 右侧

图 9-93　节理一般发育块体位移计算结果（m）

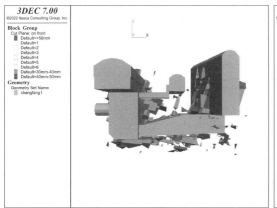 

(a) 正视图　　　　　　　　　　　　　　(b) 斜视图

图 9-94　节理一般发育块体位移分类

在节理极发育状态下，由图 9-91 可知，围岩在洞室开挖过程中发生严重失稳现象，洞室垮塌，造成巨大事故。其中，明显位移块体体积有 119832m³，潜在不稳定块体体积有 90583m³，不稳定块体体积有 180074m³。

岩体节理较发育的计算结果如 9.4.2 节中所示，其中，明显位移块体体积有 108167m³，潜在不稳定块体体积有 45691m³，不稳定块体体积有 34751m³。

在节理一般发育状况下，如图 9-54 和图 9-55 所示，洞室围岩整体稳定性较好，发生坠落岩体较少，岩体坠落主要发生在尾水洞顶拱。其中，明显位移块体体积有 48422m³，潜在不稳定块体体积有 23921m³，不稳定块体体积有 20756m³。

以上计算结果说明，围岩条件处于节理极发育状况下对洞室稳定性存在极大的风险，在洞室选址过程中，节理发育程度应是考虑的重要因素之一。在节理较发育状况下，围岩也会有岩块坠落风险，应加以适宜的系统支护，提高岩块完整性，保证施工开挖及后续生产过程中的作业安全。

4. 小结

（1）本章的计算中节理考虑为贯通节理，整体计算处于偏不安全考虑，计算结果也偏危险。不稳定块体对围岩稳定性及施工安全具有较大威胁，合理衬砌及系统锚杆支护可以较好改善块体坠落的风险。

（2）随机块体离散元分析中，地下洞室稳定性表现出既有与弹塑性计算相似的特征，也有很多不同特征。顶拱岩块具有较差自稳性能，特殊的节理面组合使得岩块产生滑落风险，当抗滑力小于滑动力时，岩块发生滑落。在上述计算中，顶拱部分区域表现出因随机节理产生的随机块体结构产生的较大失稳风险，突出表现为主厂房顶拱下游侧，建议在主厂房顶拱下游侧增加预应力锚索。

（3）在块体离散元计算中，高边墙也是洞室失稳的高风险部位，较大的开挖临空面造成更多的潜在失稳块体，当某些块体发生失稳后，使得其他块体失去支撑力，产生连锁反应。在该工程中建议在主厂房下游边墙、尾水调压室上游边墙与主变室对应区域增加对穿锚索。

（4）节理组合不仅影响着围岩稳定性，也影响不稳定块体的分布。节理组与开挖临空面的特定关系决定了不稳定块体的体积与位置。节理组的发育程度是影响洞室围岩稳定性的重要因素，洞室选址应尽量避开节理发育的地区。发育的节理组可能引起大体积岩体坠落甚至使洞室开挖失败。

9.5 QZ 抽水蓄能电站地下厂房计算

9.5.1 工程概况

海南 QZ 抽水蓄能电站位于南渡江腰仔河支流黎田河上游段，利用黎母山林场场部以南处原大丰水库库区作为上水库，控制流域面积 5.41km²，坝址至乌石（儋州省道 S307 路口）为乡村简易公路和机耕路；下水库位于黎母山林场一分区场部以南的黎田河上，坝址以上控制流域面积 17.51km²，坝址与大丰农场场部间有乡村简易公路，大丰农场与 S307 省道有水泥公路相连，对外交通条件较好（WANG 等，2020）。

QZ 抽水蓄能电站总装机容量 600MW，电站包括上水库、下水库、输水发电系统 3 大建筑物，电站额定水头 308m，为二等大（2）型工程，电站由上（下）水库、挡水坝、泄水建筑物与输水及发电厂房系统组成。上水库集雨面积 5.41km²，设计正常蓄水位 567m，相应库容为 780.6 万 m³，死水位 560m，消落深度 7m，调节库容 499.9 万 m³，死库容 280.7 万 m³，100 年一遇设计洪水位为 568.24m，2000 年一遇校核洪水位为 568.71m。枢纽建筑物主要由主坝、副坝 1、副坝 2 和主坝右岸开敞式无闸门溢洪道组成，大坝坝型均为沥青混凝土心墙土石坝。下水库集雨面积 17.51km²，设计正常蓄水位 253m，相应库容为 783.9 万 m³，死水位为 239m，消落深度 14m，调节库容 512.7 万 m³，死库容 271.2 万 m³，100 年一遇设计洪水位为 254.29m，2000 年一遇校核洪水位为 255.22m；挡水建筑物为混凝土面板堆石坝，大坝左坝肩布置岸边式溢洪道。输水系统建筑物主要包括主厂房、主变室、引水洞、尾水洞、调压井等，地下厂房采用首部式布置，开挖尺寸为 136.5m×24.0m×54.0m（长×宽×高），主变洞开挖设计尺寸为 98.87m×19.00m×

20.6m（长×宽×高），引水、尾水均采用一洞三机布置（童恩飞等，2016；周飞和童恩飞，2019）。

9.5.2　初始地应力场反演

岩体中的地应力水平和状态是地下洞室开挖等岩石工程设计中重点关注的问题之一，在进行地下工程设计时，应重点关注洞室开挖前地应力的大小和方向，以及开挖引起的围岩应力重分布特性，以确定合适的轴线布置方案、洞室尺寸和支护参数。总体上，地应力、岩体参数和结构面特征是岩石工程分析的三要素。其中，地应力是地下工程最重要的荷载。

影响地应力场的因素较多，一般认为是岩体重力和地壳运动发展产生的结果，并且还涉及地形地貌、地质构造、水文气象、风化剥蚀等众多因素。其中，大多数因素对岩体地应力的影响无法精确得知，如何准确地反映初始地应力场是岩体工程一直所面临的一个难题。目前，认识地应力场分布特征的方法有几种，如直接的地应力测量、数值模拟、地质构造分析、经验判断等。这几种方法各有利弊，其中地应力测量是直接获取方法，任何其他方法无法代替直接测量，目前应力场的测量方法主要有水压致裂法、应力解除法、井径测量、岩芯测井、地形变测量等，水电工程中应用最多的是水压致裂和应力解除法。但由于场地、经费及工期等现实问题，绝大部分工程不可能进行大量的地应力测量，而且地应力场成因复杂，影响因素众多，部分测量成果可能反映的是测点位置的局部应力场，且测量成果受到测量误差的影响，使得地应力测量成果有一定程度的离散性，很难达到全面了解工程区域地应力状态的要求。

在工程建设地点按数值计算的需要选取一定范围，在两侧加上某种规律分布的水平荷载，通过数值分析方法来反演获得水平分布荷载及重力场共同作用下的应力场。通过对边界荷载逐步调整，使得用数值分析方法求得的应力场在给定的观测点位置处等于或接近地应力的观测值，最终求得的应力场即可作为初始地应力场。

1. 反演分析方法

本报告将采用多元回归分析对厂房区岩体地应力进行反演研究，三维初始地应力场反演回归分析方法基本步骤：

（1）根据现场地质地形勘测资料，利用三维离散元程序 3DEC 建立厂区三维地质模型。

（2）根据地质力学分析，把影响初始地应力场形成的主要因素作为待定因素，对每种因素可利用数值计算得到监测点的应力值。然后，在每种因素监测点实测地应力值和计算应力值之间建立多元回归方程。

（3）利用最小二乘法，根据残差平方和最小原则求得多元回归方程中各自变量系数的最优解，从而获得区域的初始地应力场。多元回归法原理是将地应力回归计算值 $\hat{\sigma}_k$ 作为因变量，将由三维离散元程序 3DEC 计算求得的自重应力场和构造应力场中实测点的应力计算值 σ_k^i 作为自变量，则回归方程的形式为：

$$\hat{\sigma}_k = \sum_{i=1}^{n} L_i \sigma_k^i \qquad (9-3)$$

式中，k 为观测点的序号；$\hat{\sigma}_k$ 为第 k 观测点的回归计算值；L_i 为相应于自变量的多元回归系数；σ_k^i 为相应应力分量计算值的单列矩阵，n 为工况数。

假定有 m 个观测点，则最小二乘法的残差平方和为：

$$S_{残} = \sum_{k=1}^{m}\sum_{j=1}^{6}\left(\sigma_{jk}^* - \sum_{i=1}^{n}L_i\sigma_{jk}^i\right)^2 \tag{9-4}$$

式中，σ_{jk}^* 为 k 观测点 j 应力分量的观测值，σ_{jk}^i 为 i 工况下 k 观测点 j 应力分量的有限差分计算值。

根据最小二乘法原理，使得 $S_{残}$ 为最小值的方程式为：

$$对\left|\begin{array}{ccc}\sum_{k=1}^{m}\sum_{j=1}^{6}(\sigma_{jk}^1)^2 & \sum_{k=1}^{m}\sum_{j=1}^{6}\sigma_{jk}^1\sigma_{jk}^2 & \sum_{k=1}^{m}\sum_{j=1}^{6}\sigma_{jk}^1\sigma_{jk}^n \\ & \sum_{k=1}^{m}\sum_{j=1}^{6}(\sigma_{jk}^2)^2 & \sum_{k=1}^{m}\sum_{j=1}^{6}\sigma_{jk}^2\sigma_{jk}^n \vdots \\ 称 & & \sum_{k=1}^{m}\sum_{j=1}^{6}(\sigma_{jk}^n)^2\end{array}\right|\left|\begin{array}{c}L_1\\L_2\\\vdots\\L_n\end{array}\right| = \left|\begin{array}{c}\sum_{k=1}^{m}\sum_{j=1}^{6}\sigma_{jk}^*\sigma_{jk}^1\\\sum_{k=1}^{m}\sum_{j=1}^{6}\sigma_{jk}^*\sigma_{jk}^2\\\vdots\\\sum_{k=1}^{m}\sum_{j=1}^{6}\sigma_{jk}^*\sigma_{jk}^n\end{array}\right| \tag{9-5}$$

解此方程，得 n 个待定回归系数 $L=(L_1,L_2,\cdots,L_n)^{\mathrm{T}}$，则计算域内任一点 p 的回归初始应力，可由该点各工况有限差分计算值叠加而得：

$$\sigma_{jp} = \sum_{i=1}^{n}L_i\sigma_{jp}^i \tag{9-6}$$

式中，$j=1,2,\cdots,6$ 对应初始应力六个分量。

对于 QZ 抽水蓄能电站地下厂房区域地应力回归分析，根据实测结果，将计算域内的地应力场视为自重应力场和构造应力场的线性叠加，通过分解、模拟自重应力场及边界荷载应力场，最后通过叠加形成地应力场。

自重应力场：采用岩体重度计算在自重作用下产生的自重应力场，计算模型侧面及底面施加法向约束边界条件。

构造应力场：在计算模型的两个边界侧面分别施加单位法向位移来模拟水平方向挤压构造作用力，通过施加单位水平切向位移来模拟剪切构造作用力，对非加载侧面边界和底部边界施加法向约束边界条件。

2. 反演分析模型

利用实测数据反分析得到边界荷载值的大小。通过改变边界荷载和计算区域内岩体力学参数，利用 3DEC 程序进行应力场分析计算，可获得不同边界荷载作用下应力值。进一步，利用数值分析的数据进行回归分析得到回归方程。

计算模型坐标系见图 9-95。初始应力场模拟计算网格见图 9-96。共划分了 1078400 个单元（zones），数值模型 X 方向长度为 450m，Y 方向长度为 450m，模型下边界高程 0m，地面最大高程约 660m。地应力反演力学模型为线弹性模型。经过坐标系转换后的实测地应力值见表 9-14（水压致裂法）。

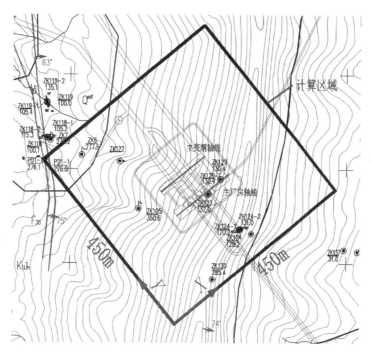

图 9-95　计算模型坐标系（Z 轴为铅直向上为正）

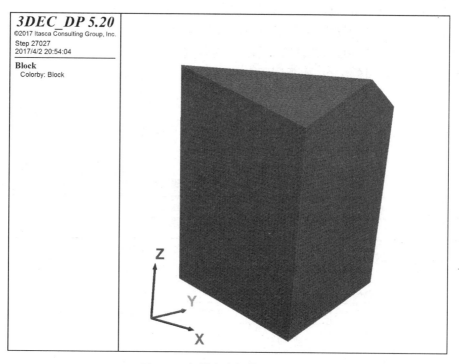

图 9-96　初始应力场模拟计算网格

坐标系转换后的实测地应力值　　　　　　　　　　　　表 9-14

测孔号	测点高程（m）	测点上覆岩体厚度（m）	大地坐标系岩体应力分量（MPa）			计算坐标（m）		
			σ_x	σ_y	τ_{xy}	X	Y	Z
ZK105	269.8	247.0	−8.40	−5.78	1.27	99.5	238.8	269.8
	185.3	331.5	−9.15	−6.75	0.75	99.5	238.8	185.3

3. 地应力场反演结果与分析

1）实测点应力反演回归分析

由于实测地应力钻孔仅 ZK105 在计算范围，且钻孔录像洗孔时有 4 段钻杆掉入孔底，地应力反演时对 ZK105 孔剩余的 2 个有效点进行反演，见表 9-14。

选取 4 种因素作为模拟岩体自重和地质构造力作用的基本因素：岩体自重应力 $\sigma_{自}$、厂房轴线 X 方向的构造应力 σ_x、垂直厂房轴线 Y 方向的构造应力 σ_y、XY 水平面内剪切构造地应力 τ_{xy}，共 4 种不同的荷载形式。采用三维离散元方法分别进行应力场模拟分析，获得 4 种应力场。在此基础上，按 9.3.1 节所述方法进行最小二乘法多元线性回归分析，获得 4 个回归系数分别是 $L1 = 0.8197$，$L2 = 2.077$，$L3 = 0.8416$，$L4 = 1.5781$，所得的回归方程为：

$$\sigma_{回归} = 0.8197\sigma_{自} + 2.077\sigma_x + 0.8416\sigma_y + 1.5781\tau_{xy} \tag{9-7}$$

复相关系数 $r = 0.9926$，表明回归公式的相关性好。将反演分析得到的水平边界荷载施加到建立的三维数值分析模型中，可得到初始地应力场的分布结果。表 9-15 为地应力实测点的构造初始地应力场实测值与数值模拟值对比结果，表中 ZK105 孔 7 个测点为水压致裂法试验成果。ZK105 孔水压致裂法 2 个有效实测点共 4 个应力实测值与模拟值的误差均小于 10%。表 9-16 为岩体水平侧压力系数实测值与数值解的对比表。ZK105 孔测点处的 Y 方向水平侧压力系数实测值分别为 0.88 和 0.76，数值反演的初始地应力反演系数在 0.82 左右。表明反演分析成果可以较好地反映初始构造作用对水平地应力的影响。ZK105 孔实测和反演 X 方向水平侧压力系数均大于 1，表明地下厂房部位受该方向构造水平应力影响较大。

初始地应力实测值与数值解对比　　　　　　　　　　　表 9-15

测孔号	高程（m）	实测值（MPa）		3DEC 数值解（MPa）		误差（%）	
		σ_x	σ_y	σ_x	σ_y	σ_x	σ_y
ZK105	319.4	—	—	−6.40	−4.50	—	—
	291.5	—	—	−7.00	−4.90	—	—
	269.8	−8.40	−5.78	−7.90	−5.60	−3.0	−6.0
	255.7	—	—	−8.10	−5.80	—	—
	227.5	—	—	−9.00	−6.40	—	—
	206	—	—	−9.60	−6.80	—	—
	185.3	−9.15	−6.75	−10.00	−7.20	+6.7	+9.2

水平侧压力系数实测值与数值解对比　　　表 9-16

测孔号	高程（m）	实测值		3DEC 数值解		误差（%）	
		k_x	k_y	k_x	k_y	k_x	k_y
ZK105	319.4	—	—	1.12	0.79	—	—
	291.5	—	—	1.13	0.79	—	—
	269.8	1.27	0.88	1.14	0.81	10.24	−7.95
	255.7	—	—	1.14	0.82	—	—
	227.5	—	—	1.15	0.82	—	—
	206	—	—	1.16	0.82	—	—
	185.3	1.03	0.76	1.15	0.83	11.65	9.21

　　2）基于三维数值模拟地应力反演回归分析

　　图 9-97～图 9-100 为部分三维数值计算地应力场等值分布云图，图中两条红色线段分别表示厂房的顶拱与底板高程。总的说来，岩体中的水平向及铅直向初始地应力场随深度的增加而加大的分布特性。由于厂房所处位置埋深相对较深，因此应力水平受地形影响比较小。反演结果显示，最大主应力在 9.5～11.0MPa 之间。

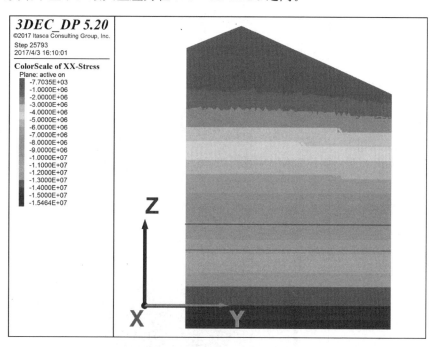

图 9-97　1 号机组轴线剖面（水平 X 向应力）

　　3）数值计算采用的厂区地应力场

　　将上述地应力回归分析的成果在高程方向上进行线性拟合，可以得到地下洞室群工程区域地应力场分布规律，见式（9-8）。表 9-17 给出了三个典型高程厂房拱顶（224.5m）及安装高程（184.5m）和主变洞底板（192.5m）处的地应力分量值。3DEC 中应力的计算按照单元来实现的，因此表中的计算坐标为单元中心坐标。

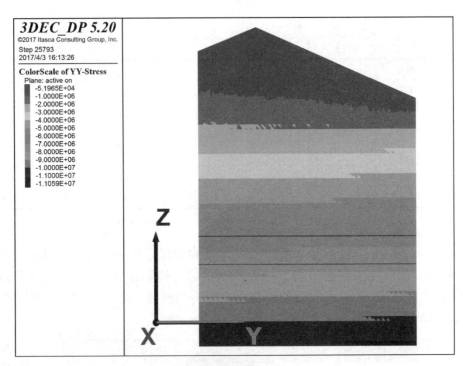

图 9-98 1号机组轴线剖面（水平 Y 向应力）

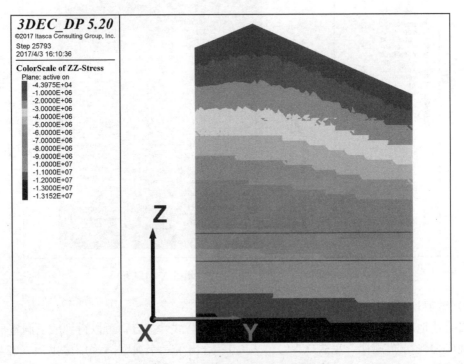

图 9-99 1号机轴线剖面（铅直向应力）

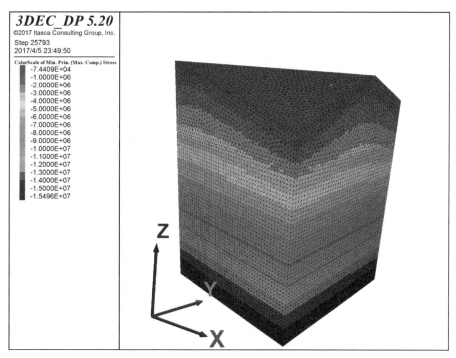

图 9-100　第一主应力分布三维效果图

洞室群典型高程的地应力值　表 9-17

典型高程（m）	应力分量（MPa）						计算坐标		
	σ_x	σ_y	σ_z	τ_{xy}	τ_{xz}	τ_{yz}	X	Y	Z
224.5	−9.0	−6.4	−8.1	−0.049	−0.061	0.14	209.5	173.5	224.5
184.5	−10.0	−7.2	−9.0	−0.039	−0.051	0.12	209.5	173.5	184.5
192.5	−9.9	−7.0	−8.6	−0.044	−0.080	0.14	209.5	235.0	192.5

　　基于表 9-17，可获得厂房区的初始地应力场按线性规律拟合的表达式（适用于地下厂房区域）如下：

$$\sigma_x = -15.648 + 0.030z$$
$$\sigma_y = -11.077 + 0.021z \tag{9-8}$$
$$\sigma_z = -13.780 + 0.026z$$

式中，z 方向表示高程方向。获取地应力分布方程以后，可以通过 3DEC 内置命令 Insitu Stress 施加到模型中，通过运行达到平衡即可以得到整个计算模型的初始应力场，可供后期的开挖、锚固及渗流分析使用。

9.5.3　模型建立与开挖方案

1. 计算区域及计算模型

　　为了研究地下洞室群开挖稳定性，建立的三维离散元（3DEC）计算模型包括主厂房、主变洞、母线洞、尾水洞、尾水闸门室等洞室。计算网格一共剖分了 1797508 个单元，开挖部分为 85414 个单元。三维计算坐标采用笛卡尔直角坐标系（遵守右手螺旋法则），计算区域及计算模型的坐标系如图 9-101 和图 9-102 所示，X 轴方向与厂房轴线平行，正向为 NE48°，计算范围为 $X=0\sim450\text{m}$，Y 轴方向与厂房轴线垂直，正向为 SE48°，计算范围为 $Y=0\sim450\text{m}$，取 Z 轴铅直向上为正，取高程 -30m 处为 $Z=0$ 点，计算范围为高程 -30m 到地表。三维计算模型内围岩主要是厂房洞室群部分的白垩系碎屑岩，以及洞室群上游部分和底部少量印支期花岗岩，计算中采用的围岩岩体物理力学参数取值见表 9-18。

岩体物理力学参数取值　　　　　　　　　　　　　　表 9-18

岩性	湿密度 (g/cm³)	变形模量 (GPa)	泊松比	抗剪断强度（岩/岩）		抗压强度 (MPa)
				f	C(MPa)	
白垩系碎屑岩	2.75	16.5	0.22	1.30	1.70	90
印支花岗岩	2.66	16.0	0.22	1.30	1.70	90

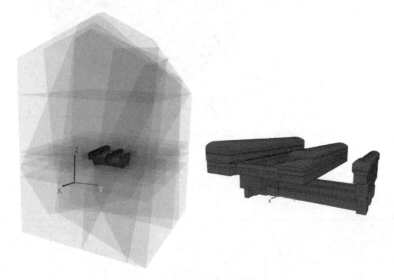

图 9-101　计算区域及计算模型坐标系

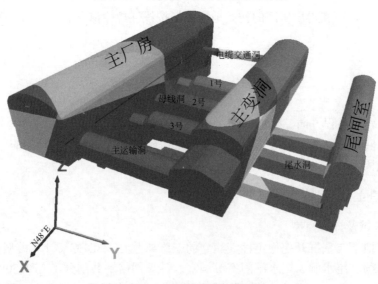

图 9-102　地下厂房模型

2. 结构面选取

模型共选取了穿过厂房开挖区域的 7 条断层（f13、f14、f22、f42、F40、F41、F48），其结构面位置示意图如图 9-103 所示。

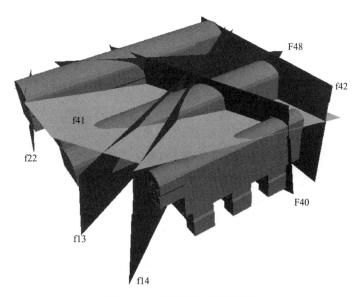

图 9-103　结构面位置示意图

3. 开挖顺序及支护方案

按照设计院提供的开挖时间数据，开挖步序如图 9-104 所示，开挖方案说明如表 9-19 所示，具体支护材料参数见表 9-20。

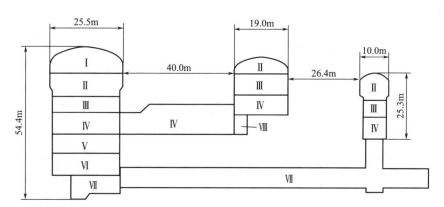

图 9-104　地下厂房开挖步序

开挖方案说明　　　　　　　　　　　　　　　　　　　　　　　　　　表 9-19

分期	一期	二期	三期	四期	五期	六期	七期	八期
开挖区域	I	II	III	IV	V	VI	VII	VIII

4. 结果分析断面及监测点布置

为便于对计算结果进行分析说明，本书选取 6 个典型断面，见图 9-105，分别为模型厂房平切面（$Z=234\mathrm{m}$，即对应 204m 高程）0-0、1 号机组横剖面（$X=190\mathrm{m}$）1-1、2号机组横剖面（$X=212.5\mathrm{m}$）2-2、3 号机组横剖面（$X=235\mathrm{m}$）3-3、主厂房中心轴线纵剖面 A-A（$Y=172\mathrm{m}$）、主变洞中心轴线纵剖面 B-B（$Y=234\mathrm{m}$）。另外图 9-106 给出了洞室典型机组截面上关键监测点布置情况，主要包括了顶拱、上下游拱座、上下游岩梁、上下游边墙等典型部位。

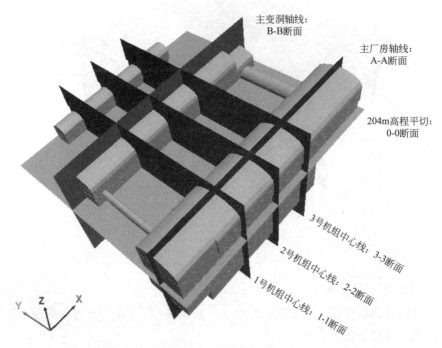

图 9-105　监测断面布置图

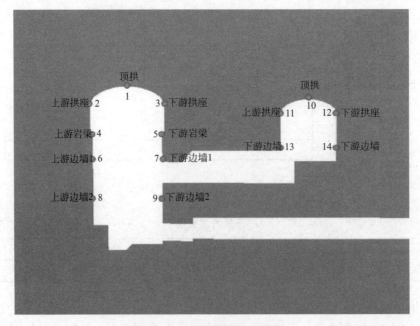

图 9-106　关键监测点布置图

476

9.5.4　支护情况下围岩稳定分析

1. 地下洞室群支护设计概述

本节根据设计院提供的系统支护方案及参数开展支护条件下围岩稳定性分析，一方面论证支护效果；另一方面分析支护单元自身的受力特征，论述支护系统的安全性。

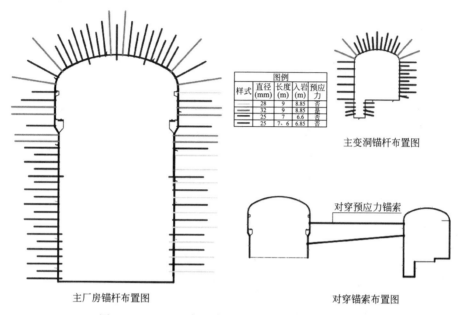

图 9-107　地下厂房设计支护方案锚杆（索）布置图

根据设计支护方案，预应力锚索主要施加位置为主厂房下游边墙中部与主变洞上游边墙中部两排对穿锚索，见图 9-107。但在实际施工过程中，由于地质条件和施工的复杂性，取消了 8 根锚索的安装施工。锚索的设计荷载为 2000kN，按照监测数据初次张拉锁定平均值 1700kN 施加预应力，见图 9-108。

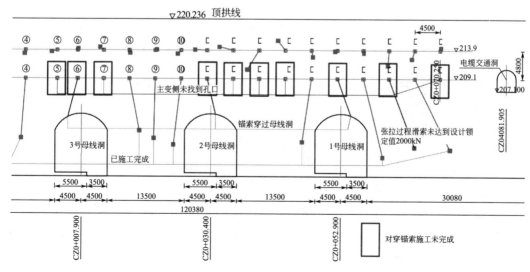

图 9-108　主厂房和主变室间未施加对穿锚索位置图

锚杆采用Ⅲ级钢筋，喷层采用素混凝土或钢纤维混凝土，计算采用的支护材料参数详见表 9-20。

支护材料参数

表 9-20

材料类型	弹性模量(N/mm²)	泊松比	重度(kN/m³)	抗拉强度(N/mm²)	抗压强度(N/mm²)
C30 衬砌混凝土	3.0×10^4	0.167	25	1.43	14.3
喷钢纤维混凝土 CF30	3.0×10^4	0.14	25.5	2.1	22
锚杆(Ⅲ级钢筋)	2.0×10^5	—	—	$360(d \leqslant 25)$	—
锚索	1.95×10^5	—	—	—	—

注：预应力锚杆为涨壳式预应力中空锚杆，锚杆的名义直径/壁厚为 32/6mm，杆体的极限拉力为 290kN，锚杆长度为 9m。锚索为无粘结式 2000kN 预应力锚索，对穿锚索的长度为 40m。

2. 支护条件下的主要洞室变形分布特征

图 9-109～图 9-111 显示了考虑系统支护后，主厂房洞典型机组段（1-1、2-2、3-3 剖面）各洞室特征点围岩变形随分期开挖的变化过程，因计算结果中设计支护方案与实际施工工况规律保持一致，数值差别不大，故这里主要分析实际施工工况数据，并对重点关心的位移数据作了对比分析。

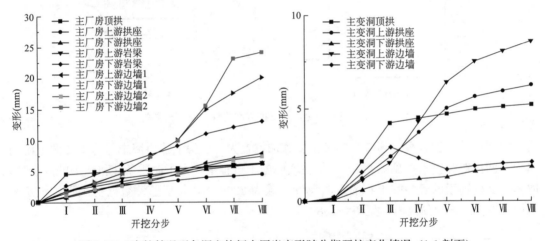

图 9-109　支护情况下各洞室特征点围岩变形随分期开挖变化情况（1-1 剖面）

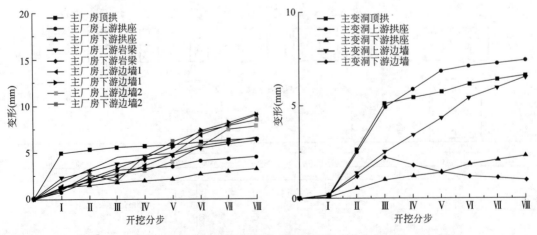

图 9-110　支护情况下各洞室特征点围岩变形随分期开挖变化情况（2-2 剖面）

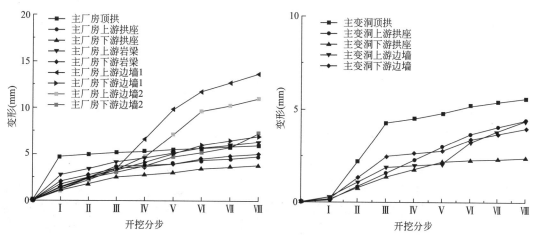

图 9-111　支护情况下各洞室特征点围岩变形随分期开挖变化情况（3-3 剖面）

由图 9-109～图 9-111 可见，各洞室典型断面监测点在分布开挖过程中的变形变化规律与无支护条件的总体规律基本一致，均随着开挖过程而逐渐增大，在洞室开挖结束后，围岩变形达到最大，并最终趋于稳定。考虑系统支护后，各关键监测点的最终累计变形量值或开挖过程中的变形量与无支护条件下相比，均有一定程度的降低。虽然洞室各关键部位的围岩位移的变形规律和减小幅度略有不同，但各点的变形增量较无支护工况有较大程度的减小，表明了当前系统支护体系设计合理，对围岩变形稳定起到了较好的控制作用。

为了更加清楚地说明系统支护情况下洞室各部位变形特征及加固效果，表 9-21 总结了主厂房、主变洞 1-1、2-2、3-3 剖面各关键监测点在开挖完成后两种支护工况以及无支护工况下的位移值及减少百分比。

支护前后各断面位移变幅　　　　　　　　　　　　表 9-21

分期		设计支护情况			实际支护情况		
		1-1	2-2	3-3	1-1	2-2	3-3
主厂房	顶拱	−16.10%	−14.70%	−16.31%	−14.74%	−13.39%	−14.00%
	上游拱座	−19.93%	−19.86%	−18.87%	−19.93%	−19.86%	−18.87%
	下游拱座	−21.22%	−29.94%	−26.29%	−19.95%	−27.81%	−26.29%
	上游岩梁	−21.25%	−19.64%	−17.77%	−21.25%	−19.64%	−17.77%
	下游岩梁	−17.51%	−21.99%	−24.38%	−14.97%	−20.80%	−22.84%
	上游边墙	−15.48%	−11.68%	−7.85%	−15.48%	−11.68%	−7.85%
	下游边墙	−13.79%	−18.68%	−19.91%	−11.21%	−17.78%	−18.73%
主变洞	顶拱	−20.25%	−16.98%	−19.59%	−20.25%	−16.98%	−19.59%
	上游拱座	−20.00%	−16.38%	−22.80%	−20.00%	−16.38%	−22.80%
	下游拱座	−38.51%	−37.50%	−36.11%	−38.51%	−37.50%	−36.11%
	上游边墙	−19.48%	−14.25%	−14.68%	−18.54%	−12.93%	−13.69%
	下游边墙	−28.08%	−42.20%	−21.37%	−28.08%	−42.20%	−21.37%

总体而言，施加了预应力锚杆以及对穿锚索的位置（主厂房顶拱、下游边墙、主变洞顶拱、上游边墙），位移减少量较多，对于围岩变形的约束效果较好。

图 9-112～图 9-114 分别给出了沿不同机组各监测剖面（1-1、2-2、3-3）在两种系统支护下围岩变形总体特征。系统支护后，厂区主要洞室围岩稳定条件得到较大程度改善，洞室围岩高边墙变形有较明显的减少。支护情况下最大总位移出现在 1 号机组（1-1 剖面）主厂房下游边墙与母线洞交叉区域附近，该位置有结构面穿过，设计支护方案变形量为 25.5mm，实际支护变形量为 25.8mm。

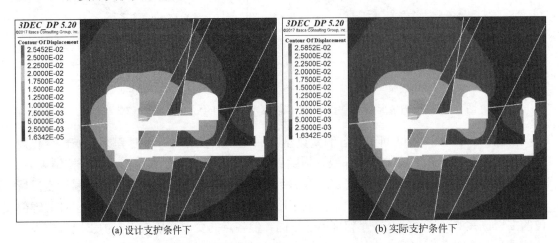

(a) 设计支护条件下   (b) 实际支护条件下

图 9-112　1 号机组围岩变形分布图（1-1 剖面）（m）

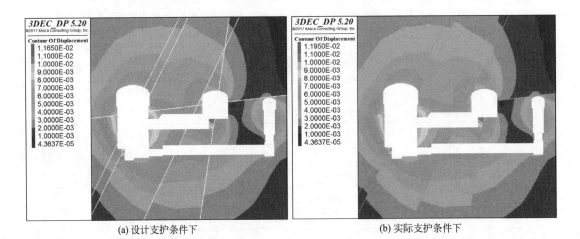

(a) 设计支护条件下   (b) 实际支护条件下

图 9-113　2 号机组围岩变形分布图（1-1 剖面）（m）

图 9-115～图 9-117 分别给出了几个典型监测断面（A-A 断面、B-B 断面、0-0 断面）在设计和实际支护条件下开挖的围岩变形总体特征。系统支护后厂房区域主要洞室变形具体特征简述如下：

洞室开挖完成后，厂房顶拱变形量值为 5～7mm，拱座位置位移为 3～7mm，上游边墙变形量一般为 6～13mm，受不利结构面影响，下游边墙变形明显大于上游边墙变形，位移变化范围较大为 7～20mm；主变洞顶拱变形量为 5～8mm，上游边墙变形量一般为

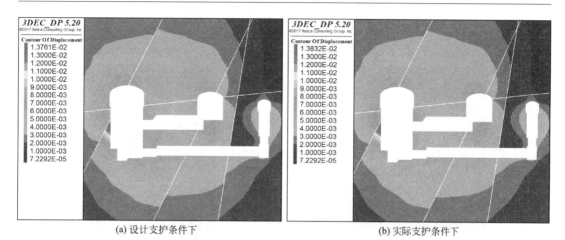

(a) 设计支护条件下　　　　　　　　　　　　(b) 实际支护条件下

图 9-114　3 号机组围岩变形分布图（1-1 剖面）（m）

5～11mm，下游边墙变形量为 6～13mm；尾闸室的变形量为 5～8mm，其变形受周围洞室开挖影响不大；总体位移水平比无支护情况下减小了 15%～25%；实际支护情况在对穿锚索区域比设计支护方案位移增加了 0.2mm 左右，变形范围仍在合理范围内。

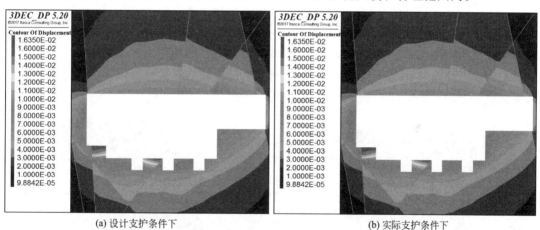

(a) 设计支护条件下　　　　　　　　　　　　(b) 实际支护条件下

图 9-115　主厂房轴线总位移（A-A 断面）分布图（m）

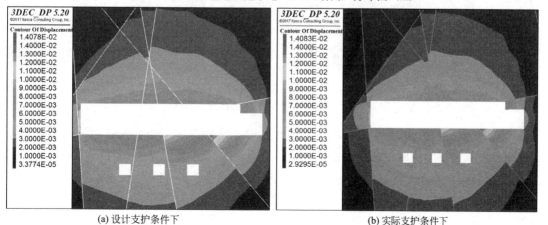

(a) 设计支护条件下　　　　　　　　　　　　(b) 实际支护条件下

图 9-116　主变洞轴线总位移（B-B 断面）分布图（m）

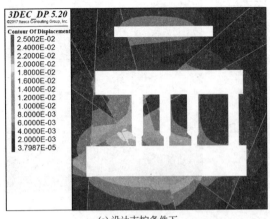
(a) 设计支护条件下

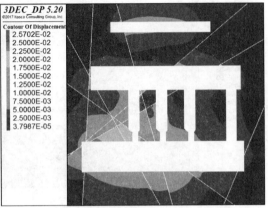
(b) 实际支护条件下

图 9-117　0-0 监测断面总位移分布图（204m 高程平切图）（m）

图 9-118～图 9-121 给出了在两种支护工况条件下主厂房和主变洞开挖完成后，其上、下游边墙的围岩变形特征。计算结果显示，无论是设计支护条件还是实际支护条件，在主厂房和主变洞局部受结构面影响洞段边墙的最终变形累计量值在 32mm 左右，比无支护情况下减小了约 11%，说明系统支护有效改善了非连续块体的稳定性。系统支护后与无支护情况下主厂房和主变洞上、下游边墙变形规律基本一致，但是支护条件下主厂房和主变洞的开挖对于围岩影响程度减小，上、下游边墙的整体位移变形量减少，其中设计支护方案较实际支护情况变形量减小更多。

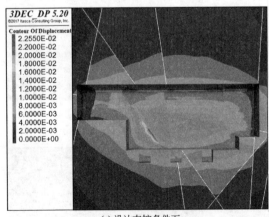

(a) 设计支护条件下

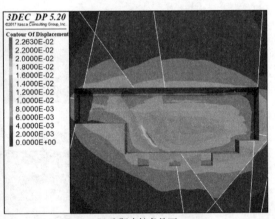
(b) 实际支护条件下

图 9-118　主厂房上游边墙总位移分布图（m）

图 9-122 和图 9-123 是《QZ 抽水蓄能电站安全监测系统工程监测月报》（以下简称《监测月报》）提供的典型断面监测仪器埋设布置图。厂房设置了 C1-C1、C2-C2、C3-C3 三个监测断面，在计算模型中的对应横剖面 $X=170.4m$、$X=197.4m$、$X=242.4m$。主变洞设置了 D1-D1、D2-D2、D3-D3 三个监测断面，在计算模型中的对应横剖面 $X=170.4m$、$X=201.9m$、$X=246.9m$。

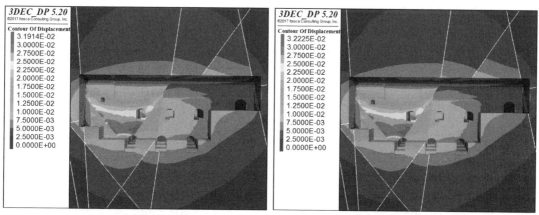

(a) 设计支护条件下　　　　　　　　　　(b) 实际支护条件下

图 9-119　主厂房下游边墙总位移分布图（m）

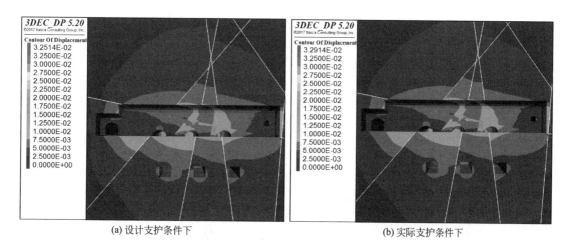

(a) 设计支护条件下　　　　　　　　　　(b) 实际支护条件下

图 9-120　主变洞上游边墙总位移分布图（m）

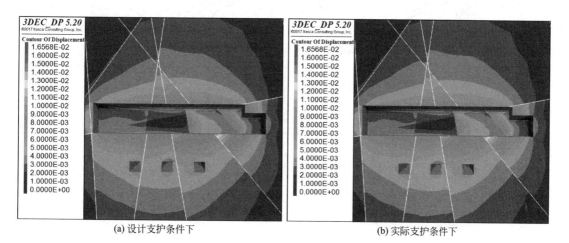

(a) 设计支护条件下　　　　　　　　　　(b) 实际支护条件下

图 9-121　主变洞下边墙总位移分布图（m）

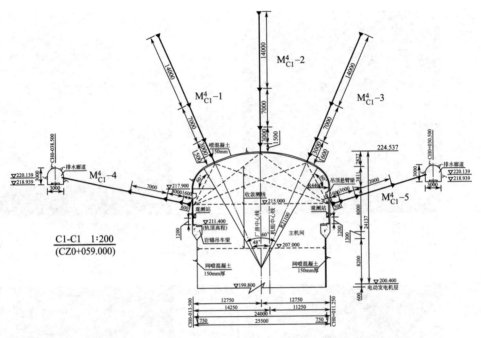

图 9-122　CZ0+59 主厂房监测断面（C1-C1）监测仪器埋设布置图（m）

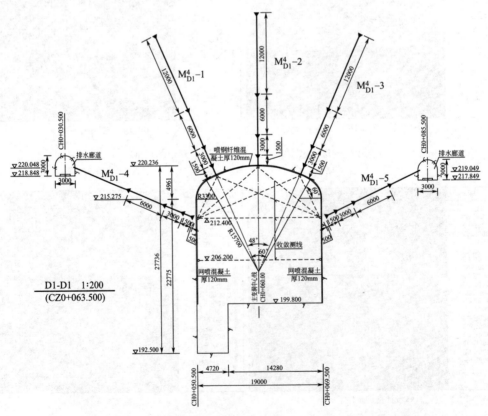

图 9-123　CZ0+63.5 主变洞监测断面（D1-D1）监测仪器埋设布置图（m）

　　厂房开挖施工阶段监测资料显示：主厂房共布设了 18 套多点位移计，其中 4 点多点位移计 16 套，5 点多点位移计 2 套，用以监测岩体变形位移情况。根据《监测月报》（2017 年第 8 期）：从测得的数据来看，除位于厂房 CZ0-13 桩号 C3 监测断面的 M_{C3}^4-3 多点位移计测得最大累计变形为 26.22mm 外（在主厂房Ⅲ层进行开挖爆破期间，该仪器测值变化较大，随着开挖爆破施工活动结束，其变形趋于收敛），其余各仪器测点累计变形范围在 $-0.46\sim5.50$mm 之间。主变洞布设有 15 套多点位移计，从测得的数据来看，主变洞边墙围岩变形总体稳定，多点位移计各测点位移测值范围在 $1.25\sim5.98$mm 之间，历次测得变形速率增大均发生在分层开挖过程中，比较典型的有 M_{D1}^4-4（上游边墙）和 M_{D1}^4-5（下游边墙）两套多点位移计（表 9-22），其中 M_{D1}^4-4 在Ⅱ层～Ⅵ层开挖过程中均受到一定影响，而 M_{D1}^4-5 仅在Ⅱ层和Ⅲ层开挖过程中测得较大变化，表明Ⅵ层开挖对上游侧边墙影响明显，但对下游侧边墙影响较小。表 9-22 列出了代表性测点在 11.5m 深处的监测数值（如果该深度测到数据无效，则采用 4.5m 深度数据）。

监测位移与模拟总位移对比　（mm）　　　　　　　　　　表 9-22

监测断面	典型监测位置	测点编号	监测位移值	模拟位移值	差值
CZ0+059	主厂房边墙上游侧	M_{C1}^4-4	4.07	4.64	0.57
	主厂房边墙下游侧	M_{C1}^4-5	4.90	5.83	0.93
CZ0+014	主厂房边墙上游侧	M_{C2}^4-3	5.50	5.72	0.22
	主厂房边墙下游侧	M_{C2}^4-4	-0.69	3.10	3.79
CZ0-013	主厂房边墙上游侧	M_{C3}^4-3	14.72	5.67	爆破影响
	主厂房边墙下游侧	M_{C3}^4-4	2.68	3.30	0.62
CZ0+063.5	主变洞边墙上游侧	M_{D1}^4-4	5.98	6.57	0.59
	主变洞边墙下游侧	M_{D1}^4-5	4.54	5.15	0.61
CZ0+018.5	主变洞边墙上游侧	M_{D2}^4-4	2.51	3.53	1.02
	主变洞边墙下游侧	M_{D2}^4-5	1.63	2.71	1.08
CZ0-013	主变洞边墙上游侧	M_{D3}^4-4	0.61	1.14	0.53
	主变洞边墙下游侧	M_{D3}^4-5	0.20	0.60	0.40

　　将设计院提供的几组典型断面的监测数据与数值模拟位移数据相对比，可以看出：数值模拟的结果与实际监测和位移数值规律保持一致，数值模拟的位移数值一般大于实际监测位移值 10% 左右，而位移差值一般在 1mm 以内。考虑到监测仪器安装的滞后性，数值计算结果基本可以正确反映工程开挖引起的岩体变形这一复杂物理过程，同时也说明了前期对力学参数的选择和计算模型的建立是可行的。如表 9-22 所示，在主厂房 CZ0+059 断面中，数值模拟的位移比实际监测大 1mm 以内，主变洞 CZ0+063.5 断面，主变洞上游边墙比实际监测大 0.7mm 以内。主厂房 CZ0-013 断面因受爆破影响数值差别较大，此处不再对比分析。数值模拟位移数据普遍大于实际监测数据的原因主要有以下两点：

● 实际监测设备的埋设是在岩体开挖露出后，在其开始工作前，岩体变形已经开始。

● 根据位移计的监测原理，其只能监测位移计两端的相对位移，而在数值模拟中，位移值采用全局坐标，其位移是相对于整体模型的边界条件。

基于以上两点，数值模拟中的位移数据是有效且准确的，可以很好地反映厂房开挖时岩体的变形响应和变形规律。

3. 围岩应力分析

根据计算结果，设计支护方案与实际支护情况规律保持一致，数值差别不大，故采用实际支护情况进行分析。图 9-124～图 9-129 为实际支护条件下开挖完成后围岩的应力分布图。由系统支护前后对比可见，系统支护后与无支护情况下洞室围岩应力场空间分布规律基本一致。主厂房顶拱最大主应力为 -0.5～2MPa，无明显变化，最小主应力也仍为 -15～-5MPa。主厂房拱座、上游底角、母线洞底角、尾水洞底角和主变洞下游拱座和底角出现应力集中现象，最小主应力为 -30MPa（压应力）左右。

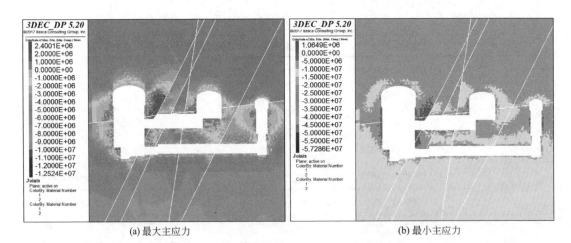

(a) 最大主应力　　　　　　　　　　　　　(b) 最小主应力

图 9-124　支护条件下 1 号机组开挖完成后围岩应力分布图（1-1 剖面）（Pa）

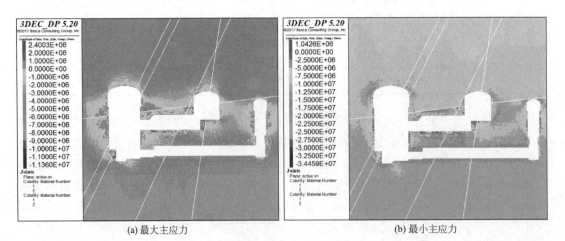

(a) 最大主应力　　　　　　　　　　　　　(b) 最小主应力

图 9-125　支护条件下 2 号机组开挖完成后围岩应力分布图（2-2 剖面）（Pa）

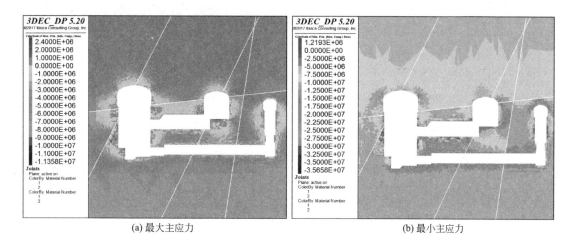

(a) 最大主应力　　　　　　　　　(b) 最小主应力

图 9-126　支护条件下 3 号机组开挖完成后围岩应力分布图（3-3）（Pa）

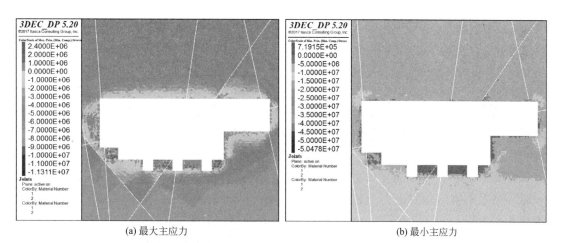

(a) 最大主应力　　　　　　　　　(b) 最小主应力

图 9-127　支护条件下主厂房轴线开挖完成后围岩应力分布图（A-A 剖面）（Pa）

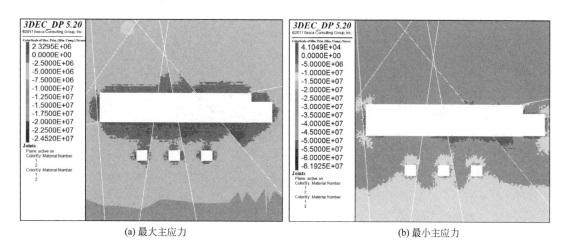

(a) 最大主应力　　　　　　　　　(b) 最小主应力

图 9-128　支护条件下主变洞轴线开挖完成后围岩应力分布图（B-B 剖面）（Pa）

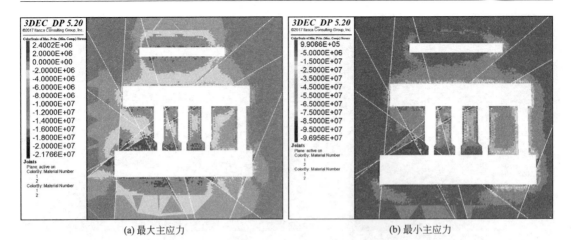

(a) 最大主应力   (b) 最小主应力

图 9-129　支护条件下高程 204m 开挖完成后围岩应力分布图（0-0 剖面）（Pa）

洞室群开挖完成后，围岩应力集中区主要分布在各洞室的顶拱一带；主厂房拱座和上游底角、母线洞底角、尾水洞底角、主变洞下游拱座和底角应力水平较高，边墙围岩一定深度内出现了应力松弛。支护施加后，各洞室浅部围岩的应力状态得到了一定程度的改善，洞壁应力分布发生两个方面的变化：一是应力松弛区的深度和程度减小；二是应力集中区中心距岩壁的深度减小，这些现象均表明支护结构使得围岩应力状态向有利于围岩稳定方向调整，支护系统一定程度上限制了因开挖卸荷而引起的显著塑性变形破坏向围岩深部扩展的趋势。同时岩壁的应力状态得到了较大程度的改善，这说明系统支护在一定程度上提高了围岩的承载能力。

4. 围岩塑性区分析

计算结果表明，设计支护方案与实际支护情况规律保持一致，数值差别不大，故采用实际支护情况下的计算成果进行分析。图 9-130 对比了设计支护和实际支护条件下计算得到的塑性区体积情况。图 9-131～图 9-137 为系统支护后厂区主要洞室开挖完成后的塑性屈服区分布情况。与无支护情况相比较，支护条件下洞壁围岩塑性区深度有一定程度减小，说明系统支护措施对洞周塑性区的扩展具备较好的控制作用，总体的加固效果较明显。

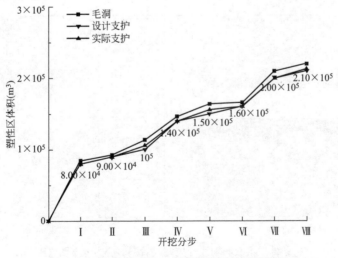

图 9-130　支护前后各工期下塑性区体积折线图

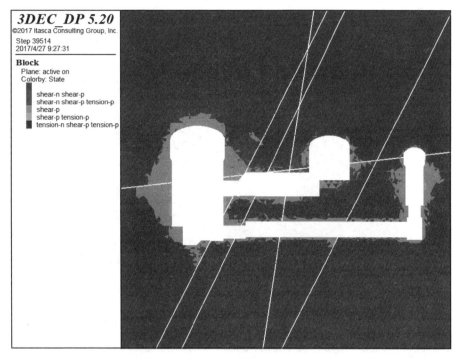

图 9-131　支护条件下 1 号机组断面开挖完成后塑性区分布（1-1 断面）

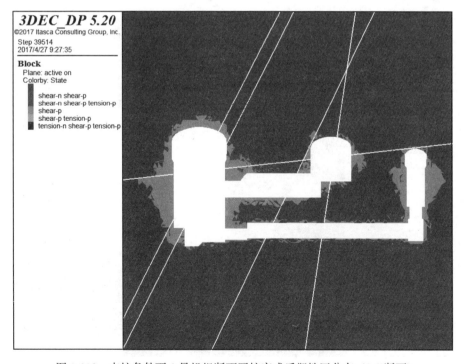

图 9-132　支护条件下 2 号机组断面开挖完成后塑性区分布（2-2 断面）

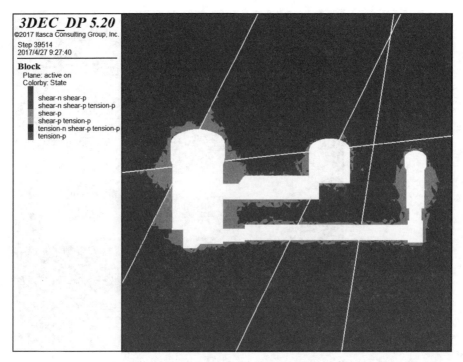

图 9-133　支护条件下 3 号机组断面开挖完成后塑性区分布（3-3 断面）

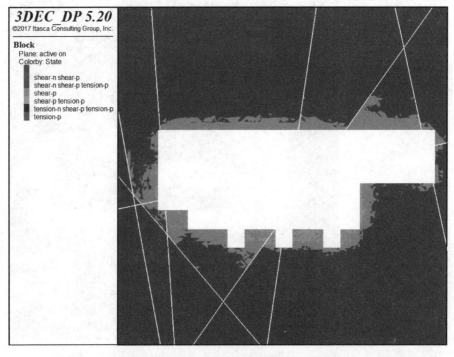

图 9-134　支护条件下主厂房轴线开挖完成后塑性区分布（A-A 断面）

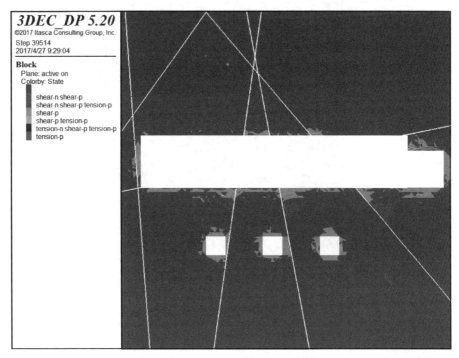

图 9-135　支护条件下主变洞轴线开挖完成后塑性区分布（B-B 断面）

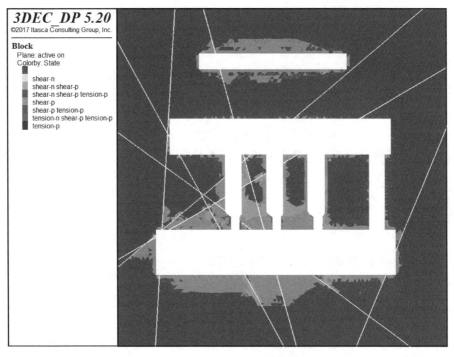

图 9-136　支护条件下高程 204m 开挖完成后塑性区分布（0-0 断面）

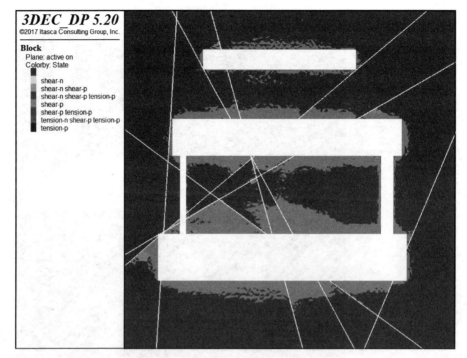

图 9-137　支护条件下高程 210m 开挖完成后塑性区分布

施加系统支护条件下，厂区主要洞室塑性区特征如下：主厂房顶拱围岩塑性区深度 2～5m，边墙塑性区深度 6～13m。主变室顶拱围岩塑性区深度约 1m，边墙塑性区深度 4～7m。母线洞壁围岩的塑性区深度为 2～4m。尾闸室围岩出现的塑性区较少，不会对邻近洞室造成明显的影响。

5. 小结

由系统支护前后计算结果对比可见：系统支护后与无支护情况下洞室围岩位移、应力、塑性区空间分布规律基本一致。系统支护后，主要洞室的围岩稳定性得到较大程度改善，边墙变形明显减小，塑性区有一定程度减小，边墙变形一般减少 15%～25%，塑性区深度一般减小 5%～8%。围岩应力状态得到较好的改善，整体稳定性得到加强。

同时，将设计院提供的几组典型断面的监测数据与数值模拟位移数据进行对比分析，可以看出：数值模拟的结果与实际监测和位移数值规律大体保持一致，位移相对误差一般在 10% 以内。

9.5.5　支护系统安全性分析评价

上一节简述了支护前后洞室群围岩变形的对比分析，目的是对支护系统的有效性进行评价，但是对于支护系统自身的安全性也是设计和施工非常关心的问题。本节对系统锚固施加的锚杆和锚索自身受力情况进行分析，论证在结构面控制下当前施工支护情况的可行性。

1. 锚杆受力情况

计算结果表明，设计支护方案与实际支护情况应力分布规律保持一致，数值差别不大，故本节以实际支护情况下的计算结果为主开展分析。图 9-138～图 9-142 显示了开挖完成后洞室群锚杆系统整体受力特征、典型截面及机组段锚杆受力特征。总体而言，锚杆系统受力与围岩变形规律有较好的一致性，主厂房和主变洞边墙变形较大的位置锚杆受力也相对较大，而主变洞顶拱、母线洞、尾水洞的变形较小，其相应支护的锚杆系统受力也较小。锚杆受力最大位置在主厂房下游边墙和母线洞连接处，这与该位置有较大变形也保持一致。为了突出厂房结构中的锚杆单元的受力情况，图 9-138 和图 9-139 中的锚索结构单元进行了隐藏，图中最大轴力为 320kN，对应的锚杆为直径 32mm 的预应力锚杆，锚杆应力为 396MPa。

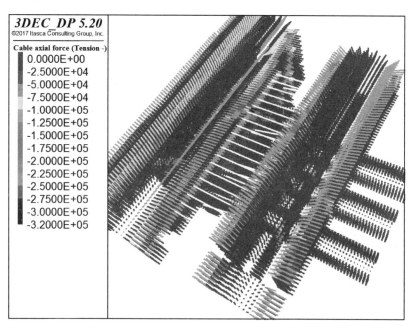

图 9-138　地下厂房实际支护系统锚杆受力正等轴视图（N）

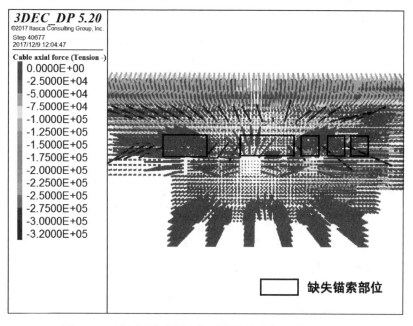

图 9-139　地下厂房实际支护系统整体受力上游视图（N）

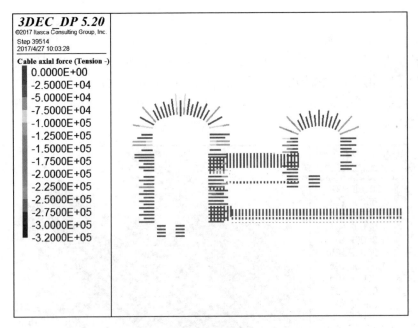

图 9-140　1 号机组段锚杆受力情况（N）

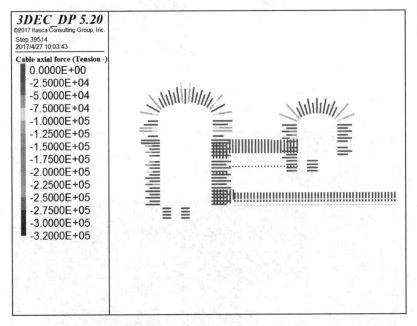

图 9-141　2 号机组段锚杆受力情况（N）

如图 9-140 所示，1 号机组段主厂房顶拱普通砂浆锚杆受力在 0～50kN，对应的锚杆应力最大值为 91MPa，拱座处锚杆受力较大，达到了 100～150kN（预应力锚杆），锚杆应力最大值为 305MPa，上游边墙锚杆受力为 0～75kN，锚杆应力最大值为 136MPa，下游边墙锚杆受力为 0～75kN，最大受力达到 175kN，部分锚杆达到设计强度。1 号机组段主变洞锚杆受力一般为 0～75kN，锚杆应力最大值为 136MPa，预应力锚杆为 100～150kN，

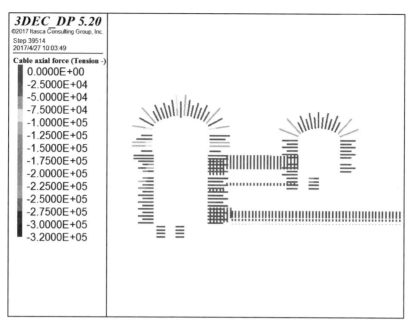

图 9-142　3 号机组段锚杆受力情况（N）

锚杆应力最大值为 190MPa，锚杆最大受力位于其上游边墙处为 125～200kN，部分预应力锚杆应力接近设计强度。

如图 9-141 所示，2 号机组段主厂房顶拱普通砂浆锚杆受力在 0～50kN，锚杆应力最大值为 91MPa，预应力锚杆 100～150kN，受力状态良好。拱座处预应力锚杆受力较大，达到了 100～150kN，锚杆应力最大值为 190MPa，上游边墙锚杆受力为 0～75kN，锚杆应力最大值为 136MPa，下游边墙锚杆受力为 0～75kN。2 号机组段主变洞锚杆受力一般为 0～50kN，锚杆应力最大值为 122MPa，预应力锚杆为 100～150kN，锚杆应力最大值为 190MPa，锚杆最大受力位于其上游边墙处为 100～175kN，锚杆应力最大值约为 285MPa。

如图 9-142 所示，3 号机组段主厂房顶拱普通锚杆受力在 0～50kN，锚杆应力最大值为 91MPa，预应力锚杆 100～150kN，受力状态良好。拱座处预应力锚杆受力较大，达到了 100～150kN，锚杆应力最大值为 190MPa，上游边墙最大锚杆受力为 125～175kN，锚杆应力最大值为 285MPa，下游边墙锚杆受力为 0～75kN。3 号机组段主变洞锚杆受力一般为 0～50kN，锚杆应力最大值为 91MPa，锚杆最大受力位于其上游边墙与母线洞连接处为 150～200kN，该部位部分锚杆接近屈服。母线洞及尾水洞施加的锚杆其受力一般在 0～50kN，不会发生屈服。

为了进一步了解锚杆系统的工作情况，对于洞室群整体锚杆系统的应力情况进行了统计，见图 9-143。对于非预应力锚杆而言，75％的锚杆应力处于 0～25MPa，23％处于 25～75MPa，1.5％处于 75～100MPa，仅有 0.5％处于 100MPa 以上，因此可认为非预应力锚杆整体安全性较强。而对于预应力锚杆，大多位于 125MPa 左右，占 90％左右。另外特别需要注意的是有 1％的预应力锚杆的锚杆应力处在 250MPa 左右，结合前面的分析，这些预应力锚杆的位置多处在附近含有较多结构面的主厂房母线洞贯通的下游边墙处，尤其是在 1 号机组段附近。

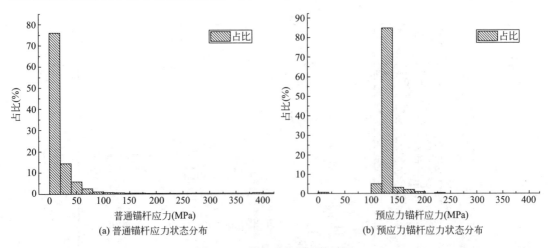

(a) 普通锚杆应力状态分布   (b) 预应力锚杆应力状态分布

图 9-143 锚杆系统受力统计图

  从设计院提供的资料得知,在实际施工中共埋设的 130 根应力计,监测锚杆应力情况,图 9-144 是从设计院提供的实际监测数据中统计而来,与数值模拟锚杆应力相比,可以发现两数据差别很小,绝大多数普通锚杆的应力都集中在 0~50MPa 这个区间,说明数值模拟的锚杆结果可以准确反映实际锚杆的受力情况。

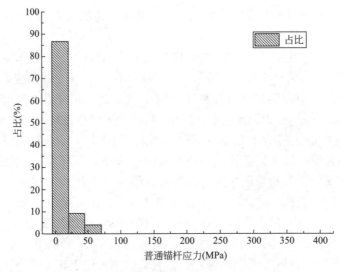

图 9-144 实际监测锚杆系统受力状态分布图

2. 锚索受力情况

  根据设计支护方案,预应力锚索主要施加位置为主厂房下游边墙中部与主变洞上游边墙中部两排对穿锚索。但在实际施工过程中,由于地质条件和施工的复杂性,取消了 8 根锚索的安装施工。锚索的设计荷载为 2000kN,按照监测数据初次张拉锁定平均值 1700kN 施加预应力。

  图 9-145~图 9-148 显示了设计支护方案和实际支护情况两种工况开挖完成后最终洞室群锚索系统整体受力特征和典型截面及机组段锚索受力特征。总体而言,锚索系统受力与围岩变形规律有较好的一致性,主厂房边墙变形较大的锚索最终受力也相对较大,见

图 9-145。

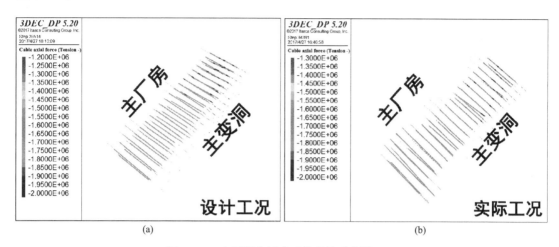

图 9-145　主要洞室锚索系统整体受力图（N）

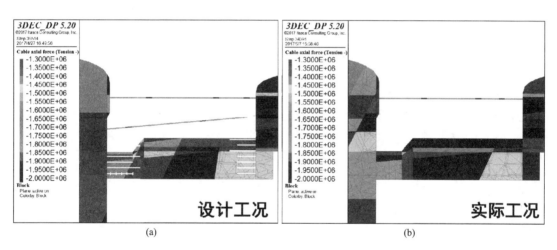

图 9-146　1 号机组段锚索系统受力图（N）

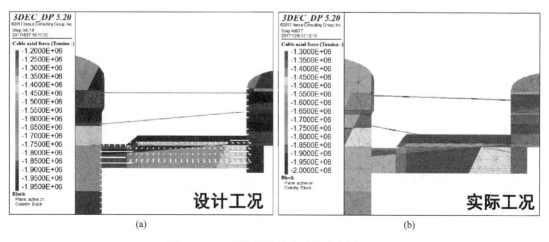

图 9-147　2 号机组段锚索系统受力图（N）

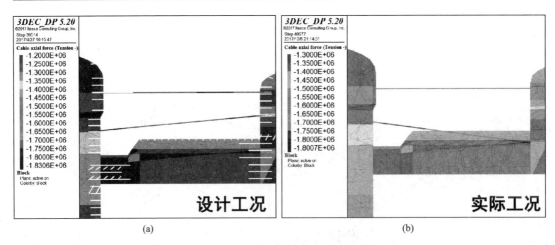

图 9-148　3 号机组段锚索系统受力图（N）

在设计支护方案下，锚索受力最大位置位于 1 号机组和 2 号机组之间的主厂房与主变洞被结构面切割的临空面，达到了 2000kN。如图 9-146（a）所示，1 号机组段主厂房顶拱锚索受力在 1700～2000kN。如图 9-147（a）所示 2 号机组段主厂房顶拱锚索受力在 1700～1950kN，第一排锚索为 1700kN 左右，第二排锚索受力为 1800kN 左右。如图 9-148（a）所示，3 号机组段主厂房顶拱锚索受力为 1700～1830kN。

在实际支护情况下，锚索受力最大位置依旧位于 1 号机组和 2 号机组之间的主厂房与主变洞被结构面切割的临空面，达到了 2000kN。如图 9-146（b）所示，1 号机组段主厂房顶拱锚索受力在 1700～2000kN，且位于 2000kN 区域较设计支护方案有一定程度增加。如图 9-147（b）所示 2 号机组段主厂房顶拱锚索受力在 1700～1950kN，第一排锚索为 1700～1800kN，第二排锚索受力为 1800～1900kN。如图 9-148（b）所示，3 号机组段主厂房顶拱锚索受力在 1700～1810kN。

为了进一步了解锚索系统的工作情况，对于洞室群整体锚索系统的应力情况进行了统计，见图 9-149。在设计支护方案下，90% 的锚索其轴力处于 1700～1800kN，设计张拉荷载（1700kN）有所增加，7% 的锚索其张拉力下滑，而有 0.5% 的锚索位于 2000kN 左右，

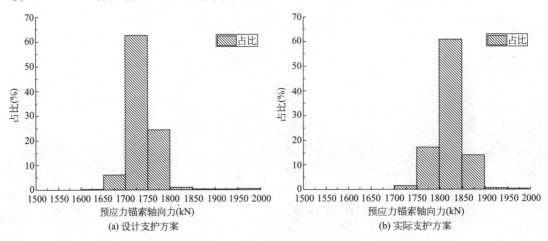

图 9-149　锚索系统计算受力统计图

处于超限状态，多发生在主厂房的下游边墙处。实际支护情况较设计支护方案轴力普遍增大 5%左右，主要是第二排对穿锚索施工缺失所造成。

图 9-150 是由实际监测的锚索轴力数据统计而来，因为实际监测的数据数量非常有限，所以与数值模拟数据相比，没能体现很好的分布效果，但仍能从图中看出，大部分锚索的当前轴力荷载集中在 1850～1950kN，比数值模拟数值稍大，也有些锚索的应力只有1500kN 左右。实际施工的锚索初始锁定值差别较大，较大的初始锁定值有 2300kN，最小的只有 1300kN。不过从初始锁定和当前值的对比中，也很容易发现大部分锚索的轴力的变化值比较小，变幅都在 10%以内，与数值模拟得出的规律非常接近。

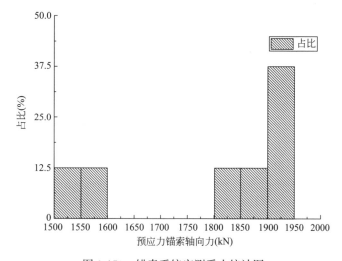

图 9-150　锚索系统实测受力统计图

3. 小结

通过对系统锚杆和锚索最终开挖后的受力情况进行分析，认为实际施工支护方案下锚固系统是安全的。非预应力锚杆整体受力较小，不会出现超限情况。预应力锚杆整体受力状态良好，绝大部分预应力锚杆应力较张拉预应力涨幅不大，极少数出现接近设计强度，主要分布在附近含有较多结构面的主厂房边墙与结构面大倾角相交处以及在主厂房、母线洞贯通的下游边墙处，尤其是在 1 号机组段附近。

预应力锚索整体工作情况较好，一般承受的轴力在其极限状态的 80%左右，实际支护条件下，部分较预应力锁定值有 5%～10%的涨幅，在 1 号机组厂房与母线洞之间的围岩区域，因多组结构面相互交错，造成锚索局部分段出现接近超限应力状态。特别需要注意的地方是，因实际施工中 3 个机组母线洞上部缺失了部分锚索以及部分锚索的安装位置出现偏差，与设计支护方案相比，3 个机组段上部围岩中的锚索应力普遍提高 5%左右，虽未对锚索的整体受力产生太大影响，但仍需注意对 3 个机组段上部加强围岩与支护应力的监测，保证施工长期安全运行与工程质量。

9.6　总结

采用数值计算方法研究地下工程围岩稳定问题是目前国际上应用非常广泛的方法。地下工程围岩稳定问题涉及的方面很多，根据问题的性质，合理地选择数值计算方法、进行合理的运算和成果解释很重要，同时清晰而又真实地对计算结果进行显示也是数值计算工程应用过程中非常重要的环节。

3DEC 使得复杂的地下工程在施工前后变形、稳定与受力状态可视化、透明化，从而为工程的决策、咨询提供有力的工具。

9.7　相关代码

1. YT 区域地形模型建立代码节选

```
fish define dixing
;地形区域关键点赋值
  x01  = 390.0000
  x02  = 368.1562
  ……  ……
  x60  = 120.0000
  y01  = 62.0000
  y02  = 69.2052
  ……  ……
  y60  = 62.0000
  z01  = 365.0000
  z02  = 365.0000
  ……  ……
  z60  = 295.0000
  y101 = 365.0000-500.0000
  y102 = 365.0000-500.0000
  ……  ……
  y160 = 295.0000-500.0000
end
@dixing
;建立地形三棱柱块体
block create prism face-1 @x01 @y01 @z01 @x02 @y02 @z02 @x03 @y03 @z03 face-2 @x01 @y101 @z01 @x02 @y102 @z02 @x03 @y103 @z03 ；1 1 2 3
……  ……
block create prism face-1 @x49 @y49 @z49 @x48 @y48 @z48 120 240 300 face-2 @x49 @y149 @z49 @x48 @y148 @z48 120 -260 300 ；106 49 48
;裁剪三棱柱多余部分
block cut joint-set dip 0 dip-dir 0 ori 120 300 240 jointset-id 9999
block delete range pos-z -10000 240
;粘结地形三棱柱之间的界面
block join on
;为地形区域模型命名，方便后续操作
```

```
mark reg 9999
block hide off
```

2. YT 厂房结构模型建立代码节选

```
;建立岩体区域模型
block create brick 120 390 62 300 50 280
;为岩体区域命名，方便后续操作
mark reg 1
;划分开挖区域
block cut joint-set dip 0 dip-direction 0 origin 180 110 100
block hide range plane below dip 0 dip-direction 0 origin 180 110 100
block cut joint-set dip 0 dip-direction 0 ori 180 110 210
block hide range plane dip 0 dip-direction 0 ori 180 110 210 above
block cut joint-set dip 90 dip-direction 90 ori 180 110 210
block hide plane dip 90 dip-direction 90 ori 180 110 210 below
block cut joint-set dip 90 dip-direction 90 ori 351.5554 110 210
block hide plane dip 90 dip-direction 90 ori 351.5554 110 210 above
;划分主厂房、副厂房和安装间开挖区域
block cut joint-set dip 90 dip-direction 0 ori 0 218.3 0
block cut joint-set dip 90 dip-direction 0 ori 0 156.9 0
block cut joint-set dip 90 dip-direction 0 ori 0 110 0
block hide plane dip 90 dip-direction 0 ori 0 110 0 below
block cut joint-set dip 90 dip-direction 0 ori 0 250 0
block hide   plane dip 90 dip-direction 0 ori 0 250 0   above
mark reg 3
;建立主厂房开挖模型
;划分主厂房顶拱开挖区域
block hide
block hide off reg 3
block cut   joint-set dip 0 dip-direction 0 ori 0 0 183.132
block hide plane dip 0 dip-direction 0 ori 0 0 183.132 below
mark reg 10
;定义顶拱模型建立函数
fish define house _ up
;输入顶拱模型关键点位置参数并建立顶拱模型
    x1 = 199.45
    x2 = 206.76
    x3 = 211.43
    x4 = 214.85
    x5 = 218.2736
    x6 = 222.94
    x7 = 230.25
```

```
            y1 = 110
            y2 = 233. 2
            z1 = 183. 132
            z2 = 187. 80
            z3 = 189. 06
            z4 = 189. 327
            z5 = 189. 06
            z6 = 187. 80
            z7 = 183. 132
      end
      @house _ up
      block cut tunnel face-1 @x1 @y1 @z1 @x2 @y1 @z2 @x3 @y1 @z3 @x4 @y1 @z4 @x5 @y1 @
z5 @x6 @y1 @z6 @x7 @y1 @z7 &
      face-2 @x1 @y2 @z1 @x2 @y2 @z2 @x3 @y2 @z3 @x4 @y2 @z4 @x5 @y2 @z5 @x6 @y2 @z6
@x7 @y2 @z7 &
      ; 按照上述方法，根据各洞室位置信息及分区开挖布置，划分各开挖区域
      ……   ……
      ; 粘结各开挖区域之间界面
      block hide off
      block join on
```

3. YT 厂房节理模型创建代码节选

```
      ; 自动创建
      fish automatic-create on
      ; 定义第一组节理函数
      fish define a
      L _ 1 = 4
      L _ joint = 1
      num _ id = 10
      n1 = 100
      x1 = 180
      y1 = 110
      z1 = 100
      alph1 = 10
      alph2 = 40
      beta1 = 20
      beta2 = 25
      end
      @a
      fish definemain _ j
        n _ id0 = num _ id
        p _ 1 = L _ joint
```

```
beta = (beta1 + beta2) * 3.14159/360
alph = (alph1 + alph2) * 3.14159/360
aa1 = math.sin(beta) * math.sin(alph)
bb1 = math.cos(beta)
cc1 = math.sin(beta) * math.cos(alph)


loop n(1, n1)
rr0 = math.exp(-math.random.gauss * math.random.gauss/2)/math.sqrt(2 * math.pi)
    n_id = n_id0 + n
        spacing = L_1
        xx = x1 + spacing * (n-1) * aa1
        yy = y1 + spacing * (n-1) * cc1
        zz = z1 + spacing * (n-1) * bb1
beta0 = beta1 + rr0 * (beta2-beta1)
alph0 = alph1 + rr0 * (alph2-alph1)
command
        block cut joint-set dip @beta0 dip-dir @alph0  ori @xx @yy @zz jointset-id @n_id
persistence 0.6
    end_command
      end_loop
    end
    @main_j
```

4. YT 厂房模型参数赋值代码节选

```
; 定义块体力学模型
block zone cmodel assign mohr-coulomb
block zone property density 2620 young 3.6e9 poisson 0.275 cohesion 0.36e6 friction 25.641
tension 2.1e6
block zone property density 2620 young 3.6e9 poisson 0.275 cohesion 0.36e6 friction 25.641
tension 2.1e6
; 定义弹性节理模型
block contact jmodel assign elastic
block contact prop stiff-norm 1e11 stiff-shear 1e11
; 定义莫尔-库仑节理模型
block contact jmodel assign mohr
block contact property stiffness-normal 1e10 stiffness-shear 5e6 cohesion 2.5e5 friction 30
cohesion-residual 1e3 range joint-set 90001 90002 90003 90004 90005 90006
; 定义默认的接触属性
block contact material-table default property stiffness-normal 1e10 stiffness-shear 5e6 cohesion
2.5e5 friction 30 cohesion-residual 1e3
```

5. YT 厂房开挖计算代码节选

```
；网格点信息初始化
block gridpoint initialize displacement (0, 0, 0)
history purge
model mechanical time-total 0
...... ......
；设置位移监测点
block history id = 1101 displacement pos 214. 85 192. 33 199. 87
block history id 1102 displacement pos 214. 85 172. 23 192. 33
...... ......
block history id 1509 displacement pos 323. 04 225. 75 164. 00
；分步开挖计算
；开挖第一步
block excavate range reg 31 310
model solve
model save 'step1. sav'
；开挖第二步
block excavate range reg 32 320
model solve
model save 'step2. sav'
...... ......
；开挖第十一步
block excavate range reg 41
model solve
model save 'step11. sav'
```

参考文献

[1] 张有天. 中国水工地下结构建设50年（上）[J]. 西北水电，1999（4）：8-14.

[2] 钱七虎. 地下工程建设安全面临的挑战与对策 [J]. 岩石力学与工程学报，2012，31（10）：1945-1956.

[3] 张明，孙思奥，李仲奎. 地下厂房布置优化及施工过程的显式有限差分法数值模拟 [J]. 岩石力学与工程学报，2008（S2）：3760-3767.

[4] 周宇，葛浩然. 水利水电地下工程发展现状 [J]. 岩土力学，2003（S2）：651-654.

[5] 郑守仁. 我国水能资源开发利用的机遇与挑战 [J]. 水利学报，2007（S1）：1-6.

[6] WANG T, FAN B, KHADKA S S. Flowchart of DEM modeling stability analysis of large underground powerhouse caverns [J]. Advances in Civil Engineering, 2020, 2020 (1).

[7] WANG T, WU H, LI Y, et al. Stability analysis of the slope around flood discharge tunnel under inner water exosmosis at Yangqu hydropower station [J]. Computers and Geotechnics, 2013, 51: 1-11.

[8]　胡正凯，李良权，姚新刚．句容抽水蓄能电站地下厂房洞室群支护措施研究［J］．海河水利，2015 (6)：55-58.

[9]　王涛，陈晓玲，于利宏．地下洞室群围岩稳定的离散元计算［J］．岩土力学，2005 (12)：1936-1940.

[10]　唐浩，解凌飞，韩晓凤．岩滩水电站扩建工程地下厂房围岩三维稳定分析［J］．红水河，2014，33 (2)：57-62.

[11]　周飞，童恩飞．海南琼中抽水蓄能电站地下厂房支护设计［J］．水力发电，2019，45 (1)：53-56.

[12]　童恩飞，张智敏，伍鹤皋，等．琼中抽水蓄能电站地下厂房结构振动特性分析［J］．水利水电技术，2016，47 (11)：29-35.